全国科学技术名词审定委员会

科学技术名词·自然科学卷（全藏版）

11

海峡两岸生物化学与分子生物学名词

海峡两岸生物化学与分子生物学名词工作委员会

国家自然科学基金资助项目

科学出版社
北京

内 容 简 介

本书是由海峡两岸生物化学与分子生物学专家会审的海峡两岸生物化学与分子生物学名词对照本，是在全国科学技术名词审定委员会公布名词的基础上加以增补修订而成。内容包括总论，氨基酸、蛋白质与多肽，酶，核酸与基因，基因表达与调控，糖类，脂质，生物膜，信号转导，激素与维生素，新陈代谢以及方法与技术等，共收词约6500条。本书供海峡两岸生物化学与分子生物学及相关领域的人士使用。

图书在版编目(CIP)数据

科学技术名词. 自然科学卷：全藏版 / 全国科学技术名词审定委员会审定. —北京：科学出版社，2017.1

ISBN 978-7-03-051399-1

I. ①科… II. ①全… III. ①科学技术–名词术语 ②自然科学–名词术语 IV. ①N61

中国版本图书馆CIP数据核字(2016)第314947号

责任编辑：高素婷 / 责任校对：陈玉凤

责任印制：张　伟 / 封面设计：铭轩堂

科学出版社 出版
北京东黄城根北街16号
邮政编码：100717
http://www.sciencep.com
北京厚诚则铭印刷科技有限公司印刷
科学出版社发行　各地新华书店经销
*
2017年1月第　一　版　开本：787×1092 1/16
2017年1月第一次印刷　印张：26 3/4
字数：640 000
定价：5980.00元(全30册)
(如有印装质量问题，我社负责调换)

海峡两岸生物化学与分子生物学名词工作委员会委员名单

召 集 人：祁国荣

委　　员（按姓氏笔画为序）：

王克夷　　祁国荣　　李　刚　　杨克恭　　陈苏民

明镇寰　　金冬雁　　周筠梅

秘　　书：高素婷

召 集 人：魏耀揮

委　　員（按姓氏筆畫為序）：

吳金洌　　吳華林　　高淑慧　　程樹德　　趙崇義

魏耀揮

序

科学技术名词作为科技交流和知识传播的载体,在科技发展和社会进步中起着重要作用。规范和统一科技名词,对于一个国家的科技发展和文化传承是一项重要的基础性工作和长期性任务,是实现科技现代化的一项支撑性系统工程。没有这样一个系统的规范化的基础条件,不仅现代科技的协调发展将遇到困难,而且,在科技广泛渗入人们生活各个方面、各个环节的今天,还将会给教育、传播、交流等方面带来困难。

科技名词浩如烟海,门类繁多,规范和统一科技名词是一项十分繁复和困难的工作,而海峡两岸的科技名词要想取得一致更需两岸同仁作出坚韧不拔的努力。由于历史的原因,海峡两岸分隔逾50年。这期间正是现代科技大发展时期,两岸对于科技新名词各自按照自己的理解和方式定名,因此,科技名词,尤其是新兴学科的名词,海峡两岸存在着比较严重的不一致。同文同种,却一国两词,一物多名。这里称“软件”,那里叫“软体”;这里称“导弹”,那里叫“飞弹”;这里写“空间”,那里写“太空”;如果这些还可以沟通的话,这里称“等离子体”,那里称“电浆”;这里称“信息”,那里称“资讯”,相互间就不知所云而难以交流了。“一国两词”较之“一国两字”造成的后果更为严峻。“一国两字”无非是两岸有用简体字的,有用繁体字的,但读音是一样的,看不懂,还可以听懂。而“一国两词”、“一物多名”就使对方既看不明白,也听不懂了。台湾清华大学的一位教授前几年曾给时任中国科学院院长周光召院士写过一封信,信中说:“1993年底两岸电子显微学专家在台北举办两岸电子显微学研讨会,会上两岸专家是以台湾国语、大陆普通话和英语三种语言进行的。”这说明两岸在汉语科技名词上存在着差异和障碍,不得不借助英语来判断对方所说的概念。这种状况已经影响两岸科技、经贸、文教方面的交流和发展。

海峡两岸各界对两岸名词不一致所造成的语言障碍有着深刻的认识和感受。具有历史意义的“汪辜会谈”把探讨海峡两岸科技名词的统一列入了共同协议之中,此举顺应两岸民意,尤其反映了科技界的愿望。两岸科技名词要取得统一,首先是需要了解对方。而了解对方的一种好的方式就是编订名词对照本,在编订过程中以及编订后,经过多次的研讨,逐步取得一致。

全国科学技术名词审定委员会(简称全国科技名词委)根据自己的宗旨和任务,始终把海峡两岸科技名词的对照统一工作作为责无旁贷的历史性任务。近些年一直本着积极推进,增进了解;择优选用,统一为上;求同存异,逐步一致的精神来开展这项工作。先后接待和安排了许多台湾同仁来访,也组织了多批专家赴台参加有关学科的名词对照研讨会。工作中,按照先急后缓、先易后难的精神来安排。对于那些与“三通”

有关的学科，以及名词混乱现象严重的学科和条件成熟、容易开展的学科先行开展名词对照。

在两岸科技名词对照统一工作中，全国科技名词委采取了“老词老办法，新词新办法”，即对于两岸已各自公布、约定俗成的科技名词以对照为主，逐步取得统一，编订两岸名词对照本即属此例。而对于新产生的名词，则争取及早在协商的基础上共同定名，避免以后再行对照。例如101～109号元素，从9个元素的定名到9个汉字的创造，都是在两岸专家的及时沟通、协商的基础上达成共识和一致，两岸同时分别公布的。这是两岸科技名词统一工作的一个很好的范例。

海峡两岸科技名词对照统一是一项长期的工作，只要我们坚持不懈地开展下去，两岸的科技名词必将能够逐步取得一致。这项工作对两岸的科技、经贸、文教的交流与发展，对中华民族的团结和兴旺，对祖国的和平统一与繁荣富强有着不可替代的价值和意义。这里，我代表全国科技名词委，向所有参与这项工作的专家们致以崇高的敬意和衷心的感谢！

值此两岸科技名词对照本问世之际，写了以上这些，权当作序。

2002年3月6日

前　言

随着海峡两岸学术交流不断加强，两岸科技名词的差异带来的不便也日益突显。鉴于此，在全国科学技术名词审定委员会和台湾李国鼎科技发展基金会的组织和推动下，海峡两岸分别邀请有关专家组成“海峡两岸生物化学与分子生物学名词工作委员会”，开展两岸生物化学与分子生物学名词的对照统一工作，以逐步消除该领域的名词差异。2006 年该工作委员会以全国科学技术名词审定委员会正在审定的《生物化学与分子生物学名词》的第三稿作为对照蓝本开始工作，2006 年底台湾专家参考有关资料整理出了《海峡两岸生物化学与分子生物学名词》对照初稿。

2007 年 1 月在台湾台北召开了“海峡两岸生物化学与分子生物学名词研讨会”。专家们进一步明确了收词原则，对初稿中存疑的问题和不一致的定名进行了认真、细致地讨论商讨，会后两岸专家又分别对相关部分进行了审核，完成了《海峡两岸生物化学与分子生物学名词》对照二稿。2009 年 5 月又将二稿同全国科学技术名词审定委员会公布的《生物化学与分子生物学名词》查重修改。2009 年 8 月在上海召开了两岸专家第二次对照研讨会，在研讨会上两岸专家本着尊重习惯、择优选择、取长补短、求同存异的原则，着重对两岸不一致的名词进行了认真讨论，使得一些名词达到了统一，对部分约定俗成的名词暂时各自保留，对一些学术上存在争议的名词进行了较为深入的讨论，使认识接近。如大陆对“氨(amino)”与“胺(amide)”区别使用，而台湾不加区分，全都使用“胺”；大陆用“糖”，不用“醣”，而台湾则有“糖”、“醣”之分；大陆将葡萄糖复合词中的“葡萄糖”省作“葡糖”，而台湾仍用全称等等。有些名词如模体(motif)、核酶(ribozyme)、泛素(ubiquitin)等，两岸专家基本取得一致。

《海峡两岸生物化学与分子生物学名词》的出版是海峡两岸专家共同努力的结果，对促进两岸学术交流和合作具有重要意义。热忱希望读者在使用过程中提出宝贵意见和建议，以便今后修改和补充，使尚未统一的名词趋于统一，并更加完善。

海峡两岸生物化学与分子生物学名词工作委员会

2009 年 10 月

编 排 说 明

一、本书是海峡两岸生物化学与分子生物学名词对照本。

二、本书分正篇和副篇两部分。正篇按汉语拼音顺序编排;副篇按英文的字母顺序编排。

三、本书[ ]中的字使用时可以省略。

正篇

四、本书中祖国大陆和台湾地区使用的科技名词以“大陆名”和“台湾名”分栏列出。

五、大陆名正名和异名分别排序,并在异名处用(=)注明正名。

六、汉文名对应英文名为多个时(包括缩写词)用“,”分隔。

副篇

七、英文名对应多个相同概念的汉文名时用“,”分隔,不同概念的用① ② ③分别注明。

八、英文名的同义词用(=)注明。

九、英文缩写词排在全称后的( )内。

目　　录

序
前言
编排说明

正篇……………………………………………………………………………… 1
副篇……………………………………………………………………………… 201

正　篇

A

大 陆 名	台 湾 名	英 文 名
阿比可糖	阿比可糖	abequose
阿黑皮素原	促黑激素肽，皮質激素肽原	proopiomelanocortin, POMC
阿拉伯半乳聚糖	阿拉伯－半乳聚醣	arabinogalactan
阿拉伯聚糖	阿拉伯聚醣	araban
阿拉伯糖	阿拉伯糖	arabinose
阿拉伯糖操纵子	阿拉伯糖操縱子	ara operon
阿洛糖	阿洛糖	allose
阿洛酮糖	阿洛酮糖	psicose
阿马道里重排	阿馬道裏重排	Amadori rearrangement
阿片样肽	類鴉片樣肽	opioid peptide
阿糖胞苷	阿[拉伯]糖胞苷	cytosine arabinoside, araC
阿糖胸苷	阿[拉伯]糖胸苷	thymine arabinoside, araT
阿魏酸	阿魏酸，4－羥－3－甲氧基肉桂酸	ferulic acid
阿魏酸酯酶	阿魏酸酯酶	feruloyl esterase
阿卓糖	阿卓糖	altrose
埃德曼[分步]降解法	艾德曼[逐步]降解法	Edman [stepwise] degradation
埃兹蛋白(=细胞绒毛蛋白)	細胞絨毛蛋白	ezrin(=cytovillin)
癌蛋白	致癌蛋白	oncoprotein
癌基因	致癌基因	oncogene
c 癌基因(=细胞癌基因)		
v 癌基因(=病毒癌基因)		
癌基因蛋白质(=癌蛋白)	致癌基因蛋白質	oncogene protein(=oncoprotein)

大 陆 名	台 湾 名	英 文 名
癌调蛋白	癌調蛋白	oncomodulin
艾杜糖	艾杜糖	idose
艾杜糖醛酸	艾杜糖醛酸	iduronic acid
氨苄青霉素	胺苄青黴素	ampicillin
氨化[作用]	氨化作用	ammonification
氨基半乳糖(=半乳糖胺)		
氨基苯甲酸	胺基苯甲酸	aminobenzoic acid
氨基氮	胺基氮	amino nitrogen
氨基蝶呤	胺基蝶呤	aminopterin
γ氨基丁酸	γ-胺基丁酸	γ-aminobutyric acid, GABA
氨基端(=N端)	胺基端(=N-端)	amino terminal(=N-terminal)
c-Jun 氨基端激酶	c-Jun 胺基端激酶	c-Jun N-terminal kinase, JNK
氨基化,胺化	胺基化,胺化	amination
1-氨基环丙烷-1-羧酸合酶,ACC合酶	ACC合酶	1-aminocyclopropane-1-carboxylate synthase, ACC synthase
1-氨基环丙烷-1-羧酸氧化酶,ACC氧化酶	ACC氧化酶	1-aminocyclopropane-1-carboxylate oxidase, ACC oxidase
α氨基己二酸	α-胺基己二酸	α-aminoadipic acid
氨基己糖苷酶	胺基己糖苷酶	hexosaminidase
氨基甲酸	胺基甲酸	carbamic acid
氨基马尿酸	胺基馬尿酸	aminohippuric acid
氨基咪唑核糖核苷酸	胺基咪唑核糖核苷酸	aminoimidazole ribonucleotide
氨基葡糖(=葡糖胺)		
氨基酸	胺基酸	amino acid
氨基酸臂	胺基酸臂	amino acid arm
氨基酸代谢库	胺基酸代謝庫	amino acid metabolic pool
氨基酸尿症	胺基酸尿症	aminoaciduria
氨基糖	胺基糖	amino sugar
氨基糖苷磷酸转移酶	胺基糖苷磷酸轉移酶	aminoglycoside phosphotransferase, APH
δ-氨基-γ-酮戊酸	δ-胺基-γ-酮戊酸	δ-aminolevulinic acid, ALA
氨基乙磺酸(=牛磺酸)		
β氨基异丁酸	β-胺基異丁酸	β-aminoisobutyric acid
氨基转移酶	胺基轉移酶	aminotransferase
氨甲酰基转移酶	胺甲醯轉移酶	carbamyl transferase, carbamoyl transferase

大　陆　名	台　湾　名	英　文　名
氨甲酰磷酸	胺甲醯磷酸	carbamyl phosphate
氨甲酰磷酸合成酶	胺甲醯磷酸合成酶	carbamyl phosphate synthetase, carbamoyl phosphate synthetase
氨甲酰鸟氨酸	胺甲醯鳥胺酸	carbamyl ornithine
氨解	氨解[作用]	ammonolysis
氨裂合酶	氨裂解酶	ammonia-lyase
氨肽酶	胺肽酶	aminopeptidase
氨肽酶抑制剂	胺肽酶抑制劑	amastatin
氨酰 tRNA	胺醯 tRNA	aminoacyl tRNA
氨酰 tRNA 合成酶	胺醯 tRNA 合成酶	aminoacyl tRNA synthetase
氨酰化	胺醯化	aminoacylation
氨酰[基]脯氨酸二肽酶	胺醯基脯胺酸二肽酶	prolidase
氨酰 tRNA 连接酶(=氨酰 tRNA 合成酶)	胺醯 tRNA 連接酶(=胺醯 tRNA 合成酶)	aminoacyl tRNA ligase(=aminoacyl tRNA synthetase)
氨酰磷脂酰甘油	胺醯磷脂醯甘油	aminoacyl phosphatidylglycerol
氨酰位, A 位	胺醯位, A 位	aminoacyl site, A site
氨酰酯酶	胺醯酯酶	aminoacyl esterase
胺化(=氨基化)		
暗视蛋白	暗視蛋白	scotopsin
凹端	凹端	recessed terminus
螯合物	螯合物	chelate

B

大　陆　名	台　湾　名	英　文　名
八糖	八糖	octaose
巴豆毒蛋白	巴豆毒蛋白	crotin
巴斯德效应	巴斯德效應	Pasteur effect
靶 DNA	標的 DNA	target DNA
靶向, 寻靶作用	標的作用	targeting
RNA 靶向	RNA 標靶	RNA targeting
靶向序列	標的序列	targeting sequence
白蛋白(=清蛋白)		
白喉毒素	白喉毒素	diphtheria toxin, DT
白喉酰胺	白喉醯胺	diphthamide
白激肽	白激肽	leukokinin
白溶素	白血球溶素	leucolysin

大　陆　名	台　湾　名	英　文　名
白三烯	白三烯	leukotriene
白唾液酸蛋白（=载唾液酸蛋白）	白唾液酸蛋白	leukosialin（=sialophorin）
白细胞共同抗原相关蛋白质	白血球共同抗原相關蛋白質	leukocyte common antigen-related protein, LAR protein
白[细胞]介素	白[細胞]介素，介白質	interleukin, IL
白细胞凝集素	白血球凝集素	leucoagglutinin
白细胞弹性蛋白酶	白細胞彈性蛋白酶	leukocyte elastase
白细胞移动抑制因子	白細胞移動抑制因子	leukocyte inhibitory factor, LIF
白血病抑制因子	白血病抑制因子	leukemia inhibitory factor, LIF
摆动法则	搖擺法則	wobble rule
摆动假说	搖擺假說	wobble hypothesis
摆动配对	搖擺配對	wobble pairing
斑点印迹[法]	斑點印漬	dot blotting
斑点杂交	斑點雜交	dot hybridization
斑鸠菊酸	班鳩菊酸，環氧－十八碳－9－烯酸，12，13－環氧油酸	vernalic acid, vernolic acid
斑联蛋白	斑聯蛋白	zyxin
斑珠蛋白	斑珠蛋白	plakoglobin
板电泳	板電泳	plate electrophoresis, slab electrophoresis
半保留复制	半保留複製	semiconservative replication
半不连续复制	半不連續複製	semicontinuous replication
半巢式 PCR（=半巢式聚合酶链反应）		
半巢式聚合酶链反应，半巢式 PCR	半巢式 PCR	semi-nested PCR, hemi-nested PCR
半胱氨酸	半胱胺酸	cysteine, Cys
半胱氨酸蛋白酶（=巯基蛋白酶）	半胱胺酸蛋白酶（=巰基蛋白酶）	cysteine protease（=thiol protease）
半胱氨酸蛋白酶抑制剂	半胱胺酸蛋白酶抑制劑	cystatin
半胱氨酸双加氧酶	半胱胺酸雙加氧酶	cysteine dioxygenase
半环扁尾蛇毒素	半環扁尾蛇毒素	erabotoxin
半人马蛋白	半人馬蛋白	centaurin
半乳甘露聚糖	半乳甘露聚醣	galactomannan
半乳聚糖	半乳聚醣	galactan
半乳凝素	半乳凝素	galectin
半乳葡萄甘露聚糖	半乳葡萄甘露聚醣	galactoglucomannan

大 陆 名	台 湾 名	英 文 名
半乳糖	單乳糖，半乳糖	galactose
半乳糖胺，氨基半乳糖	半乳糖胺，胺基半乳糖	galactosamine
半乳糖操纵子	半乳糖操縱子	*gal* operon
半乳糖甘油二酯	半乳糖甘油二酯	galactosyl diglyceride
半乳糖苷	半乳糖苷	galactoside
半乳糖苷酶	半乳糖苷酶	galactosidase
α半乳糖苷酶	α－半乳糖苷酶	α-galactosidase
β半乳糖苷酶	β－半乳糖苷酶	β-galactosidase
半乳糖苷通透酶	半乳糖苷通透酶	galactoside permease
半乳糖苷转乙酰基酶	半乳糖苷轉乙醯基酶	galactoside transacetylase
半乳糖基转移酶	半乳糖苷轉移酶	galactosyltransferase
半乳糖激酶	半乳糖激酶	galactokinase
半乳糖脑苷脂	半乳糖腦苷脂	galactocerebroside
半乳糖唾液酸代谢病（＝半乳糖唾液酸贮积症）		
半乳糖唾液酸贮积症，半乳糖唾液酸代谢病	半乳糖唾液酸代謝病	galactosialidosis
半乳糖血症	半乳糖血症	galactosemia
半缩醛	半縮醛	hemiacetal
半缩酮	半縮酮	hemiketal
半微量分析	半微量分析	semi-microanalysis
半夏蛋白	半夏蛋白	pinellin
半纤维素	半纖維素	hemicellulose
半纤维素酶	半纖維素酶	hemicellulase
半致死基因	半致死基因	semilethal gene
伴白蛋白（＝伴清蛋白）		
伴刀豆球蛋白	伴刀豆球蛋白	concanavalin，ConA
伴肌动蛋白	伴肌動蛋白	nebulin
伴侣伴蛋白	保護子伴蛋白	chaperone cohort
伴侣蛋白	保護子蛋白	chaperonin
伴侣分子	保護子	chaperone
伴清蛋白，伴白蛋白	伴清蛋白，伴白蛋白，附蛋白素	conalbumin
包含体	包涵體，內涵體	inclusion body
包膜糖蛋白	套膜醣蛋白	envelope glycoprotein
包装	包裝	packaging

大 陆 名	台 湾 名	英 文 名
DNA 包装	DNA 包裝	DNA packaging
RNA 包装	RNA 包裝	RNA packaging
包装提取物	包裝萃取物	packaging extract
胞壁酸	胞壁酸	muramic acid
胞壁酸酶(=溶菌酶)	胞壁質酶(=溶菌酶)	muramidase(=lysozyme)
胞壁酰二肽	胞壁醯二肽, *N*-乙醯胞壁醯-D-丙胺醯-D-異穀胺醯胺	muramyl dipeptide, MDP
胞衬蛋白	血影蛋白	fodrin
胞触蛋白(=生腱蛋白)	胞觸蛋白(=腱生蛋白)	cytotactin(=tenascin)
胞二磷(=胞苷二磷酸)		
胞苷	胞苷	cytidine, C
胞苷二磷酸, 胞二磷	胞苷二磷酸, 胞二磷	cytidine diphosphate, CDP
胞苷三磷酸, 胞三磷	胞苷三磷酸, 胞三磷	cytidine triphosphate, CTP
胞苷酸	胞苷酸	cytidylic acid
胞苷一磷酸, 胞一磷	胞苷一磷酸, 胞一磷	cytidine monophosphate, CMP
胞嘧啶	胞嘧啶	cytosine
胞内分泌	胞内分泌	intracrine
胞三磷(=胞苷三磷酸)		
胞吞转运	穿細胞運輸	transcytosis
胞外基质	胞外基質	extracellular matrix
胞外信号调节激酶	胞外信號調節激酶	extracellular signal-regulated kinase, ERK
胞外域	細胞外區域	ectodomain
胞外域脱落	細胞外區域脫落	ectodomain shedding
胞一磷(=胞苷一磷酸)		
胞质基因, 核外基因	胞質基因, 核外基因	plasmagene, plasmogene, cytogene
胞质基因组	胞質基因體	plasmon
胞质尾区	胞質尾區	cytoplasmic tail
胞质小 RNA	胞質小 RNA	small cytoplasmic RNA, scRNA
薄层层析	薄層層析	thin-layer chromatography, TLC
薄膜电泳	薄膜電泳	film electrophoresis
饱和分析	飽和分析	saturation analysis
饱和诱变	飽和誘變	saturation mutagenesis

大　陆　名	台　湾　名	英　文　名
饱和杂交	飽和雜交	saturation hybridization
饱和脂肪酸	飽和脂肪酸	saturated fatty acid
保持甲基化酶	保持甲基化酶	maintenance methylase
DMS 保护分析，硫酸二甲酯保护分析	DMS 保護分析，硫酸二甲酯保護分析	dimethyl sulfate protection assay, DMS protection assay
保留时间	保留時間	retention time
保留体积	保留體積	retention volume
保留系数	保留係數	retention coefficient
保守序列	保守序列	conserved sequence
保幼激素，咽侧体激素	保幼激素，咽側體激素	juvenile hormone, JH
报道分子	報導分子	reporter molecule
报道基因	報導基因	reporter gene, reporter
报道载体	報導載體	reporter vector
报道转座子	報導轉座子	reporter transposon
豹蛙肽	豹蛙肽	pipinin
贝壳杉烯	貝殼杉烯	kaurene
贝可[勒尔]	貝可[勒爾]	Becquerel, Bq
备解素	備解素，制菌前素，血清滅菌蛋白	properdin
倍半萜	倍半萜	sesquiterpene
倍半萜环化酶	倍半萜環化酶	sesquiterpene cyclase
被动扩散	被動擴散	passive diffusion
被动转运	被動轉運	passive transport
本胆烷醇酮	本膽烷醇酮	aetiocholanolone
本底辐射	背景輻射	background radiation
本尼迪克特试剂	本氏試劑，本耐德試劑	Benedict reagent
本周蛋白	本瓊蛋白	Bence-Jones protein
苯	苯	benzene
苯胺	苯胺	aniline
苯丙氨酸	苯丙胺酸	phenylalanine, Phe
苯丙氨酸氨裂合酶	苯丙胺酸氨裂解酶	phenylalanine ammonia-lyase, PAL
苯丙酮尿症	苯丙酮尿症	phenylketonuria, PKU
苯丙酮酸	苯丙酮酸	phenylpyruvic acid
苯基乙醇胺－*N*－甲基转移酶	苯基乙醇胺－*N*－甲基轉移酶	phenylethanolamine-*N*-methyltransferase, PNMT
苯甲基磺酰氟	苯甲基磺醯氟	phenylmethylsulfonyl fluoride, PMSF
苯甲酸	苯甲酸	benzoic acid
苯甲酰胆碱	苯甲醯膽鹼	benzoylcholine

大陆名	台湾名	英文名
苯肼	苯肼	phenylhydrazine
苯乳酸	苯乳酸	phenylactic acid
苯乙胺	苯乙胺	phenylethylamine
苯乙酰胺酶	苯乙醯胺酶	phenylacetamidase
比对(=排比)		
比活性	比活性	specific activity, SA
比较基因组学	比較基因體學	comparative genomics
比色杯(=吸收池)		
比色法	比色法	colorimetry
比色计	比色計	colorimeter
比浊法，浊度[测量]法	濁度測定法，散射比濁法	turbidimetry, nephelometry
比浊计，浊度计	濁度計，散射比濁計	turbidimeter, nephelometer
吡啶	吡啶	pyridine
吡啶甲酸	吡啶甲酸	picolinic acid
吡哆胺	吡哆胺	pyridoxamine
吡哆醇	吡哆醇，維生素 B_6	pyridoxine
吡哆醛	吡哆醛	pyridoxal
吡咯	吡咯	pyrrole
吡咯并喹啉醌	吡咯並喹啉醌	pyrroloquinoline quinone, PQQ
吡咯赖氨酸	吡咯賴胺酸	pyrrolysine
吡喃糖	吡喃糖	pyranose
吡喃型葡糖	吡喃型葡萄糖	glucopyranose
必需氨基酸	必需胺基酸	essential amino acid
必需脂肪酸	必需脂肪酸	essential fatty acid
闭合蛋白	閉合蛋白	occludin
蓖麻毒蛋白	蓖麻毒蛋白	ricin
蓖麻油酸，12-羟油酸	蓖麻酸	ricinolic acid, ricinoleic acid
壁虱抗凝肽，蜱抗凝肽	壁虱抗凝肽，蜱抗凝肽	tick anticoagulant peptide, TAP
壁效应	器壁效應	wall effect
避孕四肽(=肯特肽)		
D 臂(=二氢尿嘧啶臂)		
臂粘连蛋白(=生腱蛋白)	臂黏連蛋白(=腱生蛋白)	brachionectin(=tenascin)
编辑	編輯	editing
RNA 编辑	RNA 編輯	RNA editing
编辑体	編輯體	editosome

大陆名	台湾名	英文名
编码	編碼	coding
编码链	編碼股	coding strand
编码区	編碼區	coding region
编码区连接	編碼連接	coding joint
编码容量	編碼容量	coding capacity
编码三联体(=密码子)	編碼三聯體(=密碼子)	coding triplet(=codon)
编码序列(=编码区)	編碼序列(=編碼區)	coding sequence(=coding region)
鞭毛蛋白	鞭毛蛋白	flagellin
变清蛋白	變白蛋白，變清蛋白	metalbumin
变肾上腺素，间位肾上腺素，3-*O*-甲基肾上腺素	變腎上腺素，間位腎上腺素	metadrenaline
变视紫质	變視紫紅質，後視紫質	metarhodopsin
变位酶	變位酶	mutase
变性	變性[作用]	denaturation
变性 DNA	變性 DNA	denatured DNA
变性蛋白质	變性蛋白質	metaprotein
变性剂	變性劑	denaturant
变性聚丙烯酰胺凝胶	變性聚丙烯醯胺凝膠	denaturing polyacrylamide gel
变性凝胶电泳	變性凝膠電泳	denaturing gel electrophoresis
变性梯度聚丙烯酰胺凝胶	變性梯度聚丙烯醯胺凝膠	denaturing gradient polyacrylamide gel
变旋	變旋[現象]	mutarotation
变旋酶	變旋酶	mutarotase
辫苷	Q 核苷	queuosine, Q
标记	標記	labeling
标记基因(=标志基因)		
标记示踪物	標記追蹤物	labeled tracer
标记物比活性	標記物比活性	specific activity of label
标志	標記	marker
标志基因，标记基因	標記基因	marker gene
标志酶	標記酶	marker enzyme
表达度，表现度	表達度	expressivity
表达克隆	表達克隆，表達選殖	expression cloning
表达筛选	表達篩選	expression screening
表达文库	表達庫	expression library

大　陆　名	台　湾　名	英　文　名
表达序列标签	表達序列標簽	expressed sequence tag, EST
表达载体	表達載體	expression vector
表达质粒	表達質體	expression plasmid
表达组件	表達元件，表達盒	expression cassette
表胆固醇	表膽甾醇	epicholeslerol, epiCh
表睾固酮	表睾甾酮	epitestosterone
表观相对分子量	表觀相對分子量	apparent relative molecular weight
表观遗传基因调节	漸成的基因調節，後成的基因調節	epigenetic gene regulation
表观遗传调节	漸成遺傳調節，後成遺傳調節	epigenetic regulation
表观遗传信息	漸成的資訊，後成的資訊	epigenetic information
表面活化剂	表面活性劑	surfactant, surface-active agent
表面活性肽	表面活性肽	surfactin
表面活性型蛋白质	表面活性型蛋白質	surfactant protein
表皮抗菌肽	表皮抗菌肽	epidermin
表皮生长因子，上皮生长因子	表皮生長因子，上皮生長因子	epidermal growth factor, epithelial growth factor, EGF
表皮整联配体蛋白	表皮整聯配體蛋白	epiligrin
表位	表位，抗原決定部位	epitope
表现度(=表达度)		
表型	表型	phenotype
表型组	表型體	phenome
表型组学	表型體學	phenomics
表抑氨肽酶肽	表抑胺肽酶肽	epiamastatin
表游因子	表遊因子	epitaxin
别构部位	別構部位	allosteric site
别构活化(=别构激活)		
别构激活，别构活化	別構活化	allosteric activation
别构激活剂	別構活化子	allosteric activator
别构酶	別構酶，別構酵素	allosteric enzyme
别构配体	別構配體	allosteric ligand
别构调节(=别构调控)	別構調節	allosteric regulation(=allosteric control)
别构调节物	別構調節物	allosteric modulator
别构调控	別構調控	allosteric control

大陆名	台湾名	英文名
别构相互作用	別構相互作用	allosteric interaction
别构效应	別構效應	allosteric effect
别构效应物（=别构调制物）	別構效應物	allosteric effector（=allosteric modulator）
别构性	別構性	allostery
别构抑制	別構抑制	allosteric inhibition
别构抑制剂	別構抑制劑	allosteric inhibitor
别嘌呤醇	別嘌呤醇，異嘌呤醇	allopurinol
别乳糖	別乳糖	allolactose
别藻蓝蛋白	別藻藍蛋白	allophycocyanin，APC
冰冻干燥（=冷冻干燥）		
冰冻蚀刻（=冷冻蚀刻）		
冰冻撕裂（=冷冻撕裂）		
丙氨酸	丙胺酸	alanine，Ala
丙氨酸转氨酶（=谷丙转氨酶）	丙胺酸胺基轉移酶（=穀胺酸－丙酮酸轉胺酶）	alanine aminotransferase，ALT（=glutamic-pyruvic transaminase）
丙二醛	丙二醛	malondialdehyde
丙二酸	丙二酸	malonic acid
丙二酸单酰辅酶A（=丙二酰辅酶A）		
丙二酰辅酶A，丙二酸单酰辅酶A	丙二酸單醯輔酶A	malonyl CoA
丙甲甘肽	丙甲甘肽	alamethicin
丙酸	丙酸	propionic acid
丙酸睾丸素	丙酸睪丸素	androlin
丙酸尿症	丙酸尿症	propionic aciduria
丙酸血症	丙酸血症	propionic acidemia
丙糖	丙糖，三碳糖	triose
丙糖磷酸异构酶	丙糖磷酸異構酶	triose-phosphate isomerase，TIM
丙酮	丙酮	acetone
丙酮酸	丙酮酸	pyruvic acid
丙酮酸激酶	丙酮酸激酶	pyruvate kinase
丙酮酸脱氢酶复合物	丙酮酸脫氫酶複合物	pyruvate dehydrogenase complex
丙酮酸脱羧酶	丙酮酸脫羧酶	pyruvate decarboxylase

大 陆 名	台 湾 名	英 文 名
丙酮体	丙酮體	acetone body
丙烯酰胺	丙烯醯胺	acrylamide
丙酰辅酶 A	丙醯輔酶 A	propionyl coenzyme A
丙种球蛋白，γ 球蛋白	丙種球蛋白，γ－球蛋白	gamma globulin
柄蛋白（＝连接蛋白）		
并发抑制（＝协作抑制）		
并行复制	併行複製	concurrent replication
病毒	病毒	virus
病毒癌基因，v 癌基因	病毒癌基因，v－癌基因	viral oncogene, v-oncogene
病毒粒子，毒粒	病毒粒子	virion
波形蛋白	微絲蛋白	vimentin
波－伊匀浆器	波－伊氏勻質器	Potter-Elvehjem homogenizer
玻连蛋白，血清铺展因子	透明質蛋白，血清鋪展因子	vitronectin
剥离的血红蛋白	剝離的血紅蛋白	stripped hemoglobin
剥离的转移 RNA	剝離的轉移 RNA	stripped transfer RNA
剥离膜	剝離膜	stripped membrane
菠萝蛋白酶	鳳梨蛋白酶	bromelin, bromelain
博来霉素	博來黴素	bleomycin
薄荷醇	薄荷醇	menthol
卟胆原，胆色素原	膽色素原，紫質原	porphobilinogen
卟胆原脱氨酶，胆色素原脱氨酶	膽色素原脱胺酶，紫質原脱胺酶	porphobilinogen deaminase
卟啉	卟啉	porphyrin
卟啉原	卟啉原	porphyrinogen
补救途径	補救途徑	salvage pathway
补料分批培养	饋料批次，饋料批式	fed-batch cultivation
补体	補體	complement
补体蛋白质	補體蛋白質	complement protein
不饱和脂肪酸	不飽和脂肪酸	unsaturated fatty acid
不对称 PCR（＝不对称聚合酶链反应）		
不对称标记	不對稱標記	asymmetric labeling
不对称聚合酶链反应，不对称 PCR	不對稱 PCR，不對稱聚合酶鏈反應	asymmetric PCR

大　陆　名	台　湾　名	英　文　名
不对称转录	不對稱轉錄	asymmetrical transcription
不均一性	異質性，不均一性	heterogeneity, heterogenicity
不可逆抑制	不可逆抑制	irreversible inhibition
不连续复制	不連續複製	discontinuous replication
不连续凝胶电泳	不連續凝膠電泳	discontinuous gel electrophoresis
不依赖 ρ 因子的终止	不依賴 ρ 因子的終止	ρ-independent termination
布雷菲德菌素 A	佈雷非定 A	brefeldin A
布鲁克海文蛋白质数据库	Brookhaven 蛋白質資料庫，PDB 資料庫	Brookhaven Protein Data Bank
布罗莫结构域	布羅莫結構域	bromodomain

C

大　陆　名	台　湾　名	英　文　名
菜豆蛋白	腰豆蛋白	phaseolin
菜籽固醇	菜籽甾醇	brassicasterol
菜籽固醇内酯，菜籽素	菜籽甾醇內酯	brassinolide
菜籽类固醇	菜籽類甾醇	brassinosteroid
菜籽素（=菜籽固醇内酯）		
残基	殘基	residue
蚕食蛋白	蠶食蛋白	depactin
操纵基因	操縱基因，操作基因	operator gene, operator
操纵子	操縱子	operon
草酸	草酸，乙二酸	oxalic acid
草酰琥珀酸	草醯琥珀酸	oxalosuccinic acid
草酰乙酸	草醯乙酸	oxaloacetic acid
侧链	側鏈	side chain
测序	測序	sequencing
DNA 测序	DNA 定序	DNA sequencing
测序仪（=序列分析仪）		
层析	層析法，色譜法	chromatography
层析基质	層析基質	substrate in chromatography
层析谱	層析譜	chromatogram
层析仪	層析儀	chromatograph
层粘连蛋白	海帶胺酸，昆布胺酸	laminin, LN
插入	插入	insertion

大　陆　名	台　湾　名	英　文　名
插入片段	插入片段	insert
插入失活	插入失活	insertional inactivation
插入突变	插入突變	insertional mutation
插入型载体	插入型載體	insertion vector
插入序列	插入序列	insertion sequence
插入元件	插入元件	insertion element
查耳酮	查耳酮	chalcone
查耳酮合酶	查耳酮合酶	chalcone synthase, CS
查耳酮黄烷酮异构酶	查耳酮黃烷酮異構酶	chalcone flavanone isomerase
差示 PCR(＝差示聚合酶链反应)		
差示聚合酶链反应，差示 PCR	差異性顯示 PCR，差異性顯示聚合酶鏈反應	differential display PCR
差示筛选	差異性雜交反應篩選法	differential screening
差示杂交	差異性雜交	differential hybridization
差速离心	差速離心	differential centrifugation
差向异构化	表異構化作用	epimerization
差向异构酶	表異構酶	epimerase
差向异构体	表異構物	epimer
差异表达	差異表達	differential expression
mRNA 差异显示	mRNA 差異顯示	mRNA differential display
差异显示分析，代表性差异分析	代表性差異分析	representational difference analysis
缠绕数	超螺旋數	writhing number
蟾毒色胺	蟾蜍毒色胺，*N*－二甲基－5－羥色胺	bufotenine
产婆蟾紧张肽	产婆蟾紧张肽	alytensin
产物未定读框	產物未定讀碼框	unidentified reading frame, URF
颤搐蛋白	顫搐蛋白	twitchin
长末端重复[序列]	長末端重複[序列]	long terminal repeat, LTR
长萜醇(＝多萜醇)		
长萜醇寡糖前体	長萜醇寡醣前趨物	dolichol oligosaccharide precursor
肠毒素	腸毒素	enterotoxin
肠高血糖素	腸高血糖素	enteroglucagon
肠激酶	腸激酶	enterokinase
肠激肽	腸激肽	enterokinin
肠降血糖素	腸降血糖素，腸促胰島素	incretin

大陆名	台湾名	英文名
肠绒毛促动素	腸絨毛收縮素	villikinin
肠肽酶(=肠激酶)	腸肽酶(=腸激酶)	enteropeptidase(=enterokinase)
肠抑肽	腸抑肽	enterostatin
肠抑胃素(=肠抑胃肽)		
肠抑胃肽，肠抑胃素	腸抑胃肽，腸[泌]抑胃素	enterogastrone, gastric inhibitory polypeptide, GIP
常居 DNA	常居 DNA	resident DNA
超变小卫星	超變小衛星	hypervariable minisatellite
DNA 超变小卫星	DNA 高度變異的小衛星	DNA hypervariable minisatellite
超表达	過量表達	overexpression
超操纵子	超操縱子	superoperon
超二级结构	超二級結構	super-secondary structure
超分子反应	超分子反應	supramolecular reaction
超家族	超族	superfamily
DNA 超卷曲化	DNA 超捲曲化	DNA supercoiling
超量原子百分数	超量原子百分數	atom percent excess, APE
超临界液体层析	超臨界液體層析	supercritical fluid chromatography
超滤	超濾，超過濾作用	ultrafiltration, hyperfiltration
超滤膜	超濾膜	ultrafiltration membrane, hyperfiltration membrane
超滤浓缩	超濾濃縮	ultrafiltration concentration
超滤器	超濾器	ultrafilter
超螺旋	超螺旋	superhelix, superhelical twist
超螺旋 DNA	超螺旋 DNA	supercoiled DNA, superhelical DNA
超声波作用	超聲波作用，超音波破碎	ultrasonication
超速离心	超速離心	ultracentrifugation
超氧化物歧化酶	超氧化物歧化酶	superoxide dismutase, SOD
超氧阴离子	超氧陰離子	superoxide anion
巢蛋白	巢蛋白	entactin, nidogen
巢式 PCR(=巢式聚合酶链反应)		
巢式聚合酶链反应，巢式 PCR	巢式 PCR，巢式聚合酶鏈反應	nested PCR
巢式引物	巢式引子	nested primer
潮霉素 B	潮黴素 B	hygromycin B

大　陆　名	台　湾　名	英　文　名
沉降	沈降作用	sedimentation
沉降平衡	沈降平衡	sedimentation equilibrium
沉降系数	沈降係數	sedimentation coefficient
RNA 沉默	RNA 緘默	RNA silencing
沉默等位基因	沈默等位基因	silent allele
沉默子	沈默子	silencer
成层胶	成層膠	spacer gel
成对碱性氨基酸蛋白酶(=弗林蛋白酶)		
成骨蛋白，骨生成蛋白	成骨蛋白	osteogenin
成骨生长性多肽	成骨生長性多肽	osteogenic growth polypeptide, OGP
成骨生长性肽	成骨生長性肽	osteogenic growth peptide
成孔蛋白	成孔蛋白	pore-forming protein
成视网膜细胞瘤蛋白	視網膜胚細胞瘤蛋白質	retinoblastoma protein
成熟酶	成熟酶	maturase
成髓细胞蛋白酶	成髓細胞蛋白酶	myeloblastin
成纤维细胞生长因子	纖維原細胞生長因子	fibroblast growth factor, FGF
程序变流层析	程式變流層析	flow programmed chromatography
弛豫时间	鬆弛時間	relaxation time
持家基因(=管家基因)		
赤霉素	赤黴素	gibberellin
赤藓糖	赤蘚糖	erythrose
赤[藓糖]型构型	赤蘚糖組態	erythro-configuration
赤藓酮糖	赤蘚酮糖	erythrulose
重叠可读框	重疊開放讀碼區	overlapping open reading frame
重叠群，叠连群	重疊群單元	contig
重叠群作图	重疊群作圖	contig mapping
重复	重複，複製	duplication
重复 DNA	重複 DNA	repetitive DNA
DNA 重复	DNA 複製	DNA duplication
重复序列	重複序列	repetitive sequence
重复子	複製子	duplicon
DNA 重排	DNA 重排	DNA rearrangement
重排基因	重排基因	rearranging gene
重塑	重塑	remodeling
重退火	重復性	reannealing
重折叠	重折疊	refolding

大陆名	台湾名	英文名
重组	重組	recombination
重组 DNA	重組 DNA	recombinant DNA
重组 RNA	重組 RNA	recombinant RNA
DNA 重组	DNA 重組	DNA recombination
RNA 重组	RNA 重組	RNA recombination
重组蛋白质	重組蛋白	recombinant protein
重组工程	重組工程	recombineering
重组活化基因	重組活化基因	recombination activating gene
重组 DNA 技术	重組 DNA 技術	recombinant DNA technique
重组克隆	重組克隆	recombinant clone
重组酶	重組酶	recombinase
Cre 重组酶	Cre 重組酶	Cre recombinase
重组体	重組體	recombinant
抽提	萃取	extraction
出口位，E 位	出口位，E 位	exit site, E site
初级胆汁酸	初級膽汁酸	primary bile acid
初级转录物	初級轉錄物	primary transcript
初乳激肽	初乳激肽	colostrokinin
初生代谢	初級代謝	primary metabolism
初生代谢物	初級代謝物	primary metabolite
储脂	儲脂	depot lipid
触发因子	觸發因子	trigger factor
触珠蛋白	結合球蛋白	haptoglobin
穿胞转运，跨胞转运	跨細胞轉運	transcellular transport
穿孔蛋白	穿孔蛋白	perforin
穿膜蛋白，跨膜蛋白	跨膜蛋白	membrane-spanning protein, transmembrane protein
穿膜电位，跨膜电位	跨膜電位	transmembrane potential
穿膜螺旋	跨膜螺旋	transmembrane helix
穿膜区	跨膜區	membrane-spanning region
穿膜肽酶	跨膜肽酶	meprin
穿膜梯度	跨膜梯度	transmembrane gradient
穿膜通道，跨膜通道	跨膜通道	transmembrane channel
穿膜通道蛋白	跨膜通道蛋白	transmembrane channel protein
穿膜信号传送	跨膜信号传送，跨膜信號傳導	transmembrane signaling
穿膜信号转导，跨膜信号转导	跨膜信號轉導	transmembrane signal transduction

大　陆　名	台　湾　名	英　文　名
穿膜易化物	跨膜易化劑	transmembrane facilitator
穿膜域，跨膜域	跨膜域	transmembrane domain
穿膜域受体	跨膜域受體	transmembrane domain receptor
穿膜转运，跨膜转运	跨膜運輸	transmembrane transport
穿膜转运蛋白	跨膜運輸蛋白	transmembrane transporter
穿梭载体	穿梭載體	shuttle vector
传导	傳導	transmission
船型构象	船形構象	boat conformation
串联酶	串聯酶	tandem enzyme
串流	串流	cross-talk
串珠蛋白聚糖	串珠蛋白聚醣	perlecan
床体积	柱床體積	bed volume
垂体后叶激素	腦垂體後葉激素	hypophysin, neurohypophyseal hormone
垂体激素	[腦下]垂體激素	pituitary hormone
垂直板凝胶电泳	直立式板凝膠電泳	vertical slab gel electrophoresis
垂直转头	直立式轉子	vertical rotor
醇脱氢酶	醇脫氫酶	alcohol dehydrogenase, ADH
磁性免疫测定，磁性免疫分析	磁性免疫分析	magnetic immunoassay
磁性免疫分析(=磁性免疫测定)		
雌二醇	雌[甾]二醇	estradiol
雌激素	雌激素，雌性素，动情素	estrogen, estrin, oestrogen, female sex hormone
α雌激素受体	α-雌激素受體	α-estrogen receptor
雌三醇	雌[甾]三醇	estriol
雌酮	雌酮	estrone
雌烷	雌[甾]烷	estrane
次黄苷(=肌苷)	次黃苷	hypoxanthosine(=inosine)
次黄嘌呤	次黃嘌呤，次黃鹼，亞黃鹼，6-羥基嘌呤	hypoxanthine
次黄嘌呤核苷(=肌苷)	次黃嘌呤核苷	hypoxanthine riboside(=inosine)
次黄嘌呤鸟嘌呤磷酸核糖基转移酶	次黃嘌呤-鳥嘌呤轉磷酸核糖基酶	hypoxanthine-guanine phosphoribosyl-transferase, HGPRT
次黄嘌呤脱氧核苷(=脱氧肌苷)	次黃嘌呤去氧核苷	hypoxanthine deoxyriboside(=deoxyinosine)
次级胆汁酸	次級膽汁酸	secondary bile acid

大陆名	台湾名	英文名
次晶[形成]蛋白	次晶形成蛋白	assemblin
次生代谢	二級代謝	secondary metabolism
次生代谢物	二級代謝物	secondary metabolite
刺激甲状腺免疫球蛋白	促甲狀腺免疫球蛋白	thyroid stimulating immunoglobulin, TSI
从头合成	从头合成	de novo synthesis
促肠液蛋白，促肠液素	促腸液[激]素	enterocrinin
促肠液素(=促肠液蛋白)		
DNA 促超螺旋酶(=DNA 促旋酶)		
促分裂因子	促分裂因子	mitogenic factor
促分裂原活化蛋白质	促分裂原活化蛋白質	mitogen-activated protein, MAP
促分裂原活化的蛋白激酶，MAP 激酶	促分裂原活化蛋白激酶	mitogen-activated protein kinase, MAPK
促分裂原活化的蛋白激酶激酶，MAP 激酶激酶	促分裂原活化蛋白激酶激酶	mitogen-activated protein kinase kinase, MAPKK
促分裂原活化的蛋白激酶激酶激酶，MAP 激酶激酶激酶	促分裂原活化蛋白激酶激酶激酶	mitogen-activated protein kinase kinase kinase, MAPKKK
促黑素释放素	促黑素釋放素，促黑激素釋放激素	melanoliberin, melanotropin releasing hormone, MRH, melanocyte stimulating hormone releasing hormone, MSHRH
促黑素调节素	促黑激素調節激素	melanocyte stimulating hormone regulatory hormone
促黑素抑释素	促黑素釋放抑制素，促黑激素釋放抑制激素	melanostatin, melanocyte stimulating hormone release inhibiting hormone, MRIH
促黑[细胞激]素	促黑激素，促黑色素細胞激素，黑細胞促素	melanocortin, melonotropin, melanocyte stimulating hormone, MSH
促红细胞生成素	[促]紅血球生成素，生紅血球素	erythropoietin, EPO, erythrogenin
促黄体素	促黃體素	lutropin
促黄体素释放素	促黃體激素釋放激素	luliberin, luteinizing hormone releasing hormone, LHRH
促黄体素释放因子(=促黄体素释放素)	促黃體激素釋放因子	luteinizing hormone releasing factor, LHRF(=luliberin)

大　陆　名	台　湾　名	英　文　名
促甲状腺[激]素	促甲狀腺[激]素	thyrotropin, thyroid stimulating hormone, TSH
促甲状腺素释放素	促甲狀腺素釋放[激]素，甲促素釋素	thyroliberin, thyrotropin releasing hormone, TRH
促甲状腺素释放因子(=促甲状腺素释放素)	促甲狀腺素釋放因子	thyrotropin releasing factor, TRF(=thyroliberin)
促甲状腺素调节素(=神经调节肽B)	促甲狀腺素調節素(=神經調節肽B)	thyromodulin(=neuromedin B)
促进扩散(=易化扩散)		
促滤泡素(=促卵泡[激]素)		
促滤泡素释放因子(=促卵泡[激]素释放素)	促濾泡素釋放因子(=促濾泡素釋放素)	follicle stimulating hormone releasing factor(=folliliberin)
促卵泡[激]素，促滤泡素	促卵泡[激]素，促濾泡素	follitropin, follicle stimulating hormone, FSH
促卵泡[激]素释放素	促濾泡素釋放素	folliliberin, follicle stimulating hormone releasing hormone, FSHRH
促卵泡[激]素抑释素	促濾泡素抑制素	follistatin
促凝血酶原激酶	凝血致活酶	thromboplastin, thrombokinase
促配子成熟激素	促配子成熟激素	menotropin
促皮质素(=促肾上腺皮质[激]素)		
促前胸腺激素	促前胸腺激素	prothoracicotropic hormone, PTTH
促醛固酮激素，促肾上腺球状带细胞激素	促醛固酮激素，促腎上腺球狀帶細胞激素	adrenoglomerulotropin, adrenoglomerulotropic hormone, AGTH
促乳素(=催乳素)		
促肾上腺皮质[激]素，促皮质素	促腎上腺皮質[激]素，促皮激素，腎上皮促素	corticotropin, adrenocorticotropic hormone, ACTH
促肾上腺皮质素释放素	促腎上腺皮質素釋放[激]素	corticoliberin, corticotropin releasing hormone, CRH
促肾上腺皮质素释放素结合蛋白质	促腎上腺皮質素釋放素結合蛋白	corticoliberin-binding protein
促肾上腺皮质素释放因子(=促肾上腺皮质	促腎上腺皮質素釋放因子	corticotropin releasing factor, CRF(=corticoliberin)

大 陆 名	台 湾 名	英 文 名
素释放素)		
促肾上腺球状带细胞激素(=促醛固酮激素)		
促生长素，生长激素	促生長素，生長激素	somatotropin, growth hormone, GH
促生长素释放素	生長激素釋放[激]素	somatoliberin, somatotropin releasing hormone
促生长素释放抑制激素	促生長素釋放抑制激素	somatotropin release inhibiting hormone
促生长素释放抑制因子	生長激素釋放抑制因子	somatotropin release inhibiting factor
促生长素释放因子(=促生长素释放素)	生長激素釋放因子	somatotropin releasing factor, SRF(=somatoliberin)
促生长素抑制素，生长抑素	生長激素釋放抑制素，體抑素	somatostatin, growth hormone release inhibiting hormone, GIH
促十二指肠液素	促十二指腸液素	duocrinin
促吞噬肽，脾白细胞激活因子	促吞噬肽，塔夫茲肽	tuftsin
促胃动素	胃動素	motilin
促胃液素，胃泌素	胃泌激素，胃催素	gastrin
促性腺[激]素	促性腺[激]素，性促素	gonadotropin, gonadotropic hormone, GTH
促性腺素释放[激]素	促性腺素釋放激素，促性腺素釋放素，性釋素	gonadoliberin, gonadotropin releasing hormone, GnRH
DNA 促旋酶，DNA 促超螺旋酶	DNA 回旋酶	DNA gyrase
促咽侧体神经肽	促咽側體素肽	allatotropin
促炎性细胞因子	發炎前期細胞激素	proinflammatory cytokine
促炎症蛋白质	發炎前期蛋白	proinflammatory protein
促胰岛素，胰岛素调理素	促胰島素，胰島素調理素	insulinotropin
促胰酶素	胰酶催素	pancreozymin
促胰凝乳蛋白酶原释放素	促胰凝乳蛋白酶原釋放素	chymodenin
促胰液素	促腸泌素，腸泌肽	secretin
促胰液肽酶	腸促胰液肽酶	secretinase
促脂解剂	抗脂肪肝劑	lipotropic agent
促脂解素，抗脂肪肝激素，脂肪动员激素	促脂解[激]素	lipotropin, lipotropic hormone, LPH
促脂解作用	促脂解作用	lipotropic action

大　陆　名	台　湾　名	英　文　名
催产素	催產素	oxytocin, pitocin
催化部位	催化部位	catalytic site
催化常数	催化常數	catalytic constant
催化核心	催化核心	catalytic core
催化活性	催化活性	catalytic activity
催化机制	催化機制	catalytic mechanism
催化剂	催化劑	catalyst
催化亚基	催化次單元	catalytic subunit
催化作用	催化作用	catalysis
催乳素，促乳素	催乳[激]素，乳促素	prolactin, galactin, lactogen
催乳素释放素	催乳[激]素釋放[激]素	prolactoliberin, prolactin releasing hormone, PRH
催乳素释放抑制素，催乳素抑释素	催乳[激]素釋放抑制[激]素	prolactin release inhibiting hormone, PRIH
催乳素释放抑制因子(＝催乳素释放抑制素)	催乳[激]素釋放抑制因子	prolactin release inhibiting factor, PRIF (＝prolactin release inhibiting hormone)
催乳素释放因子(＝催乳素释放素)	催乳[激]素釋放因子	prolactin releasing factor, PRF(＝prolactoliberin)
催乳素抑释素(＝催乳素释放抑制素)		
催涎肽	催涎肽	sialogogic peptide
存活蛋白	存活蛋白	survivin
错编	錯誤編碼	miscoding
错参	錯參	misincorporation
错插	錯插	misinsertion
错配	錯配	mispairing, mismatching
错配修复	錯配修復	mismatch repair
错义突变	誤義突變	missense mutation
错载	錯載	mischarging
错折叠	錯誤折疊	misfolding

D

大陆名	台湾名	英文名
打点	打點	dotting
大豆凝集素	大豆凝集素	soybean agglutinin, SBA
大豆球蛋白	大豆球蛋白	glycinin
大枫子酸	大風子雜酸，13－環戊基－十三烷酸	gynocardic acid
大沟	主溝槽	major groove
大规模制备	大規模製備	megapreparation, megaprep
大核酶	大核酶	maxizyme
大戟二萜醇（＝佛波醇）		
大戟二萜醇酯（＝佛波酯）		
大麦醇溶蛋白	大麥醇溶蛋白，大麥蛋白	hordein
大脑蛋白聚糖	大腦蛋白聚醣	cerebroglycan
大片段酶	大片段酶	large fragment enzyme
大小排阻层析（＝空间排阻层析）	尺寸排除色層分析法	size exclusion chromatography（＝steric exclusion chromatography）
大阵列	巨陣列	macroarray
呆蛋白	呆蛋白	nicastrin
代表性差异分析（＝差异显示分析）		
代谢（＝新陈代谢）		
代谢工程	代謝工程	metabolic engineering
代谢库	代謝庫	metabolic pool
代谢率	代謝率	metabolic rate
代谢酶	代謝酶	metabolic enzyme
代谢偶联	代謝偶聯	metabolic coupling
代谢区室	代謝區室	metabolon
代谢调节	代謝調節	metabolic regulation
代谢调控	代謝調控	metabolic control
代谢途径	代謝途徑	metabolic pathway
代谢物	代謝物	metabolite
代谢物组	代謝物體	metabolome

大 陆 名	台 湾 名	英 文 名
代谢物组学	代謝物體學	metabolomics
代谢型受体	代謝型受體	metabotropic receptor
代谢性碱中毒	代謝性鹼中毒	metabolic alkalosis
代谢性酸中毒	代謝性酸中毒	metabolic acidosis
代谢综合征	代謝性綜合症	metabolic syndrome
带 3 蛋白	帶 3 蛋白	band 3 protein
带切口 DNA	帶切口 DNA	nicked DNA
带切口环状 DNA	帶切口環狀 DNA	nicked circular DNA
丹磺酰法	丹醯法	dansyl method, DNS method
单胺氧化酶	單胺氧化酶	monoamine oxidase, MAO
单胺转运[蛋白]体	單胺轉運蛋白	monoamine transporter
单纯蛋白质	單純蛋白質	simple protein
单纯扩散	簡單擴散	simple diffusion
单核苷酸	單核苷酸	mononucleotide
单核苷酸多态性	單一核苷酸多型性	single nucleotide polymorphism, SNP
单核因子	單核因子	monokine
单加氧酶	單加氧酶	monooxygenase
单拷贝 DNA(=单一[序列]DNA)	單拷貝 DNA	single-copy DNA(=unique [sequence] DNA)
单拷贝基因	單拷貝基因	single-copy gene
单拷贝序列	單拷貝序列	single-copy sequence
单克隆抗体	單株抗體	monoclonal antibody, McAb
单链 DNA	單鏈 DNA	single-stranded DNA, ssDNA
单链 RNA	單鏈 RNA	single-stranded RNA, ssRNA
单链构象多态性	單鏈構象多型性,單鏈 DNA 構象多型性	single-strand conformation polymorphism, SSCP
单链互补 DNA	單鏈互補 DNA	single-strand cDNA, sscDNA
单链结合蛋白(=松弛蛋白)	單鏈結合蛋白	single-strand-binding protein(=relaxation protein)
单链特异性外切核酸酶	單鏈特異性外切核酸酶	single-strand specific exonuclease
单链突出端	單鏈突出端	overhang
单色器,单色仪	單色器,單色儀	monochromator
单色仪(=单色器)		
单顺反子	單順反子	monocistron
单顺反子 mRNA	單順反子 mRNA	monocistronic mRNA
单糖	單醣,單糖	monosaccharide
单体	單體	monomer
单萜	單萜	monoterpene

大　陆　名	台　湾　名	英　文　名
单烯酸	單烯酸	monoenoic acid
单酰甘油	單醯甘油	monoacylglycerol, MAG
单线态氧	單一態氧	singlet oxygen
单向复制	單向複製	unidirectional replication
单向转运	單向運輸	uniport
单一染色体基因文库	單一染色體基因庫	unichromosomal gene library
单一[序列]DNA	單一[序列]DNA	unique [sequence] DNA
单油酰甘油	單油醯甘油[酯]	mono-olein, monooleoglyceride
单脂	單脂	simple lipid, homolipid
胆钙蛋白	膽鈣蛋白	cholecalcin, visnin
胆钙化[固]醇(=维生素 D_3)	膽鈣化[甾]醇	cholecalciferol(=vitamin D_3)
胆固醇	膽固醇，膽甾醇	cholesterol, Ch
胆固醇合成酶抑制剂	膽固醇合成酶抑制劑	statin
胆固醇酯	膽固醇酯	cholesterol ester, cholesteryl ester, ChE
胆固醇酯转移蛋白	膽固醇酯轉移蛋白	cholesterol ester transfer protein, CETP
胆固烷醇，5，6-二氢胆固醇	膽固烷醇，5，6-二氫膽固醇	cholestanol
胆固烯酮	膽固烯酮	cholestenone
胆红素	膽紅素	bilirubin
胆红素二葡糖醛酸酯	膽紅素二葡萄糖醛酸苷	bilirubin diglucuronide
胆碱	膽鹼，*N*-三甲基乙醇	choline
胆碱单加氧酶	膽鹼單加氧酶	choline monooxygenase, CMO
胆碱乙酰转移酶	膽鹼乙醯轉移酶	choline acetyltransferase
胆碱酯酶	膽鹼酯酶	choline esterase
胆绿蛋白	膽綠蛋白，膽球蛋白	choleglobin
胆绿素	膽綠素	biliverdin
胆色素原(=卟胆原)		
胆色素原脱氨酶(=卟胆原脱氨酶)		
胆素，后胆色素	膽素，後膽色素，膽汁三烯	bilin
胆素原	膽素原，後膽色素原類，膽汁烷	bilinogen
胆酸	膽酸，3α，7α，12α-三羥膽烷酸	cholic acid
胆酸盐	膽酸鹽	cholate
胆汁酸	膽汁酸	bile acid

大 陆 名	台 湾 名	英 文 名
胆藻[色素]蛋白(=藻胆[色素]蛋白)		
胆紫素	膽紫素	bilipurpurin
ABC 蛋白(=ATP 结合盒蛋白)		
Cro 蛋白	Cro 蛋白	Cro protein
G 蛋白(=GTP 结合蛋白质)		
Ras 蛋白	Ras 蛋白	Ras protein
蛋白激酶	蛋白激酶	protein kinase
蛋白激酶激酶	蛋白激酶激酶	protein kinase kinase
蛋白聚糖	蛋白聚醣	proteoglycan
NG2 蛋白聚糖	NG2 蛋白聚醣	NG2 proteoglycan
β 蛋白聚糖	β-蛋白聚醣	betaglycan
蛋白磷酸酶	蛋白質磷酸酶	protein phosphatase
蛋白酶	蛋白[水解]酶	protease, proteinase
V8 蛋白酶	V8 蛋白酶	V8 protease
蛋白酶连接蛋白	蛋白酶連接蛋白	protease nexin
蛋白酶体	蛋白酶體	proteasome
α_1 蛋白酶抑制剂	α_1-蛋白酶抑制劑	α_1-proteinase inhibitor, α_1-antiproteinase
G 蛋白偶联受体	G-蛋白結合受體	G-protein coupled receptor
蛋白水解酶(=蛋白酶)	蛋白[水解]酶	proteolytic enzyme(=protease)
G 蛋白调节蛋白质	G-蛋白活性調節蛋白	G-protein regulatory protein
蛋白血症	蛋白血症	proteinemia
蛋白脂质	蛋白脂質, 蛋白脂類	proteolipid
蛋白质	蛋白質	protein
蛋白质测序	蛋白質定序	protein sequencing
蛋白质二硫键还原酶	蛋白質二硫鍵還原酶	protein disulfide reductase
蛋白质二硫键氧还酶(=蛋白质二硫键还原酶)	蛋白質二硫鍵氧化還原酶	protein disulfide oxidoreductase(=protein disulfide reductase)
蛋白质二硫键异构酶	蛋白質二硫鍵異構酶	protein disulfide isomerase, PDI
蛋白质工程	蛋白質工程	protein engineering
蛋白质谷氨酸甲酯酶	蛋白質谷胺酸甲酯酶	protein-glutamate methylesterase
蛋白质合成	蛋白質合成	protein synthesis
蛋白质家族	蛋白質[家]族	protein family
蛋白质剪接	蛋白質剪接	protein splicing

大陆名	台湾名	英文名
蛋白质检测蛋白质印迹法，Farwestern 印迹法	Farwestern 印漬法，Farwestern 墨點法	Farwestern blotting
蛋白质截短试验，蛋白质截断测试	蛋白質截斷測試	protein truncation test，PTT
蛋白质截断测试（=蛋白质截短试验）		
蛋白质可消化性评分	蛋白質消化率校正的胺基酸計分法	protein digestibility-corrected amino acid scoring，PDCAAS
蛋白质酪氨酸激酶	蛋白質酪胺酸激酶	protein tyrosine kinase，PTK
蛋白质酪氨酸磷酸酶	蛋白質酪胺酸磷酸酶	protein tyrosine phosphatase，PTP
蛋白质数据库	蛋白質資料庫	protein database，protein data bank
蛋白质水解	蛋白質水解	proteolysis
蛋白质丝氨酸/苏氨酸激酶	蛋白質絲胺酸/蘇胺酸激酶	protein serine/threonine kinase
蛋白质丝氨酸/苏氨酸磷酸酶	蛋白質絲胺酸/蘇胺酸磷酸酶	protein serine/threonine phosphatase
蛋白质微阵列（=蛋白质芯片）	蛋白質微陣列	protein microarray（=protein chip）
蛋白质芯片	蛋白質晶片	protein chip
蛋白质异形体	蛋白質同分異構物	protein isoform
蛋白质印迹法，Western 印迹法	西方印墨法，蛋白質印墨法	Western blotting
DNA-蛋白质印迹法	南方-西方印漬法	Southwestern blotting
RNA-蛋白质印迹法	北方-西方印漬法，RNA-蛋白質印漬法	Northwestern blotting
蛋白质原	蛋白[質]原	proprotein
蛋白质原转换酶	蛋白質原轉換酶	proprotein convertase
蛋白质阵列	蛋白質陣列	protein array
蛋白质转位体	蛋白質轉運物	protein translocator
蛋白质组	蛋白質體	proteome
蛋白质组氨酸激酶	蛋白質組胺酸激酶	protein histidine kinase
蛋白质组数据库	蛋白質體資料庫	proteome database
蛋白质组芯片	蛋白質體晶片	proteome chip
蛋白质组学	蛋白質體學	proteomics
蛋白质作图	蛋白質作圖	protein mapping
氮平衡	氮平衡	nitrogen equilibrium，nitrogen balance
氮循环	氮循環	nitrogen cycle
刀豆氨酸	刀豆胺酸	canavanine

大　陆　名	台　湾　名	英　文　名
CpG 岛	CpG 島	CpG island
等电点	等電點	isoelectric point
等电聚焦	等電聚焦	isoelectric focusing
等电聚焦电泳	等電聚焦電泳	isoelectric focusing electrophoresis
等离子点	等離子點	isoionic point
等密度离心	等密度離心	isodensity centrifugation, isopycnic centrifugation
等速电泳	等速電泳	isotachophoresis
等位基因酶	等位基因酶，對偶基因酶	allozyme
等位基因特异的寡核苷酸	對偶基因特異性寡核苷酸	allele-specific oligonucleotide, ASO
低丙种球蛋白血症	低丙种球蛋白血症	hypogammaglobulinemia
低度重复 DNA	低度重複 DNA	lowly repetitive DNA
低密度脂蛋白	低密度脂蛋白	low density lipoprotein, LDL
低熔点琼脂糖	低熔點瓊脂糖	low melting-temperature agarose
低速离心	低速離心	low speed centrifugation
低温生物化学	低溫生物化學	cryobiochemistry
低血糖	低糖血症	hypoglycemia
低压电泳	低壓電泳	low voltage electrophoresis
低压液相层析	低壓液相層析	low pressure liquid chromatography
低氧血症	低氧血症	hypoxemia
滴度	滴定度	titer
底物	基質，底物，受質	substrate
底物磷酸化	底物磷酸化	substrate phosphorylation
底物循环	基質循環	substrate cycle
地高辛精系统	地高辛醯基系統	digoxigenin system
地球生物化学	地球生物化學	geobiochemistry
地衣淀粉（=地衣多糖）		
地衣多糖，地衣淀粉，地衣胶	地衣多醣，地衣膠	lichenan, lichenin
地衣胶（=地衣多糖）		
地衣酸（=松萝酸）		
地中海贫血（=珠蛋白生成障碍性贫血）		
递质门控离子通道	递质门控离子通道，遞質調控型離子通道	transmitter-gated ion channel
第二抗体（=抗-抗体）		

大　陆　名	台　湾　名	英　文　名
第二闪烁剂	第二閃爍劑	secondary scintillator
第二信号系统	第二信號系統	second signal system
第二信使	第二信使	second messenger
第二信使分子	第二信使分子	second messenger molecule
第二信使通路	第二信使路徑	second messenger pathway
第三碱基简并性	第三鹼基簡併性	third-base degeneracy
第一闪烁剂	第一閃爍劑	primary scintillator
第一信使	第一信使，一次訊息	first messenger
缔合	締合	association
缔合常数	締合常數	association constant
颠换	顛換，易位	transversion
点突变	點突變	point mutation
碘值	碘值	iodine number, iodine value
电穿孔	電穿透作用	electroporation
电化学	電化學	electrochemistry
电化学发光	電化學發光	electrochemiluminescence
电化学梯度	電化學梯度	electrochemical gradient
电极电位	電極電位	electrode potential
电聚焦(=等电聚焦)	電聚焦(=等電聚焦)	electrofocusing(=isoelectric focusing)
电喷射质谱	電噴射質譜	electrospray mass spectroscopy, ESMS
电渗	電滲[透]	electroosmosis
电透析	電透析	electrodialysis
电洗脱	電溶析	electroelution
电压门控离子通道	电压门控離子通道	voltage-gated ion channel
电印迹法	電印漬	electroblotting
电泳	電泳[法]	electrophoresis
电泳槽	電泳槽	electrophoresis tank
电泳分析	電泳分析	electrophoretic analysis
电泳免疫扩散	電泳免疫擴散[法]	electroimmunodiffusion
电泳迁移率	電泳遷移率	electrophoretic mobility
电泳迁移率变动分析	電泳遷移率變動分析	electrophoretic mobility shift assay, EMSA
电泳图[谱]	電泳圖[譜]	electrophoretogram, electrophorogram, electrophoresis pattern
电泳仪，电泳装置	電泳儀，電泳裝置	electrophoresis apparatus
电泳装置(=电泳仪)		
电转化法	電轉化法	electrotransformation
电转移	電轉移	electrotransfer
电子传递	電子轉移	electron transport

大陆名	台湾名	英文名
电子传递链	電子傳遞鏈	electron transport chain, electron transfer chain
电子传递系统	電子傳遞系統	electron transfer system
电子 - 核双共振	電子 - 核雙共振	electron-nuclear double resonance, ENDS
电子漏	電子漏	electron leakage
电子顺磁共振(= 电子自旋共振)	電子順磁共振	electron paramagnetic resonance, EPR (= electron spin resonance)
电子载体	電子載體	electron carrier
电子自旋共振	電子自旋共振	electron spin resonance, ESR
淀粉	澱粉	starch
淀粉酶	澱粉酶	amylase
α 淀粉酶	α - 澱粉酶	α-amylase
β 淀粉酶	β - 澱粉酶	β-amylase
淀粉酶制剂	澱粉醣化酶	diastase
淀粉凝胶电泳	澱粉凝膠電泳	starch gel electrophoresis
淀粉葡糖苷酶(= 葡糖淀粉酶)	澱粉葡萄糖苷酶(= 葡萄糖澱粉酶)	amyloglucosidase(= glucoamylase)
淀粉 - 1, 6 - 葡糖苷酶, 糊精 6 - α - D - 葡糖水解酶	澱粉 - 1, 6 - 葡萄糖苷酶, 糊精 6 - α - D - 葡萄糖水解酶	amylo-1, 6-glucosidase
淀粉样物质	澱粉樣物質	amyloid
凋亡蛋白	凋亡蛋白	apoptin
凋亡蛋白酶激活因子	凋亡蛋白酶活化因子	apoptosis protease activating factor, Apaf
吊篮式转头	吊籃式轉頭, 水平轉子	swinging-bucket rotor
叠氮化物	疊氮化物	azide
叠连群(= 重叠群)		
叠群杂交	疊群雜交	contiguous stacking hybridization, CSH
蝶酸	蝶酸	pteroic acid
蝶酰谷氨酸(= 叶酸)		
丁醇	丁醇	butanol
丁酸	丁酸	butyric acid
丁酸甘油酯	酪酯	butyrin
丁酰胆碱酯酶	丁醯膽鹼酯酶	butyrylcholine esterase
丁香酸	丁香酸	syringic acid
顶层琼脂	頂層瓊脂	top agar
顶体蛋白	頂體蛋白	acrosin
顶体蛋白酶	頂體蛋白酶	acrosomal protease

大　陆　名	台　湾　名	英　文　名
顶体正五聚蛋白	頂體正五聚蛋白	apexin
顶替层析，置换层析	置換層析	displacement chromatography
定步酶	定步酶	pacemaker enzyme
定点诱变（=位点专一诱变）		
定量 PCR（=定量聚合酶链反应）		
定量聚合酶链反应，定量 PCR	定量 PCR	quantitative PCR, qPCR
RNA 定位	RNA 定位	RNA localization
定位克隆	定位克隆，定位選殖	positional cloning
定向测序	定向測序	directed sequencing
定向克隆	定向克隆	directional cloning
定向选择	定向選擇	directional selection
动力蛋白	動力蛋白	dynein
动力蛋白激活蛋白	動力蛋白活化蛋白	dynactin
动粒蛋白质	動粒蛋白質，著絲性蛋白質	kinetochore protein
动物固醇	動物甾醇	zoosterol
动质体 DNA	動基體 DNA	kinetoplast DNA
冻干（=冷冻干燥）		
冻干酶	凍乾酶	lyphozyme
冻干仪	凍乾儀	freeze-drier, lyophilizer
冻融	凍融	freeze-thaw
胨	[蛋白]腖	peptone
兜甲蛋白	兜甲蛋白	loricrin
豆胆绿蛋白	豆膽綠蛋白	legcholeglobin
豆固醇	豆固醇	stigmasterol
豆蔻酸	豆蔻酸，十四烷酸	myristic acid
豆蔻酸甘油酯，豆蔻酰甘油	豆蔻酸甘油酯，三豆蔻酸甘油	myristin, trimyristin
豆蔻酰甘油（=豆蔻酸甘油酯）		
豆蔻酰化	豆蔻醯化，十四醯化	myristoylation
豆球蛋白	豆球蛋白	legumin
豆血红蛋白	豆血紅蛋白	leghemoglobin
毒环肽	毒環肽	toxic cyclic peptide
毒粒（=病毒粒子）		

大　陆　名	台　湾　名	英　文　名
毒毛旋花二糖	毒毛旋花二糖	strophanthobiose
毒素	毒素	toxin
δ毒素	δ－毒素	δ-toxin
毒蕈肽	毒蕈肽	phallotoxin
毒液肽	毒液肽	venom peptide
读框重叠	讀碼框重疊	reading-frame overlapping
读框移位(＝移码)	讀碼框移位(＝移碼)	reading-frame displacement(＝frame-shift)
3′端	3′－端	3′-end
5′端	5′－端	5′-end
C端	C－端，羧基末端	C-terminal
N端	N－端	N-terminal
端粒	端粒	telomere
端粒酶	端粒酶	telomerase
端锚聚合酶	端錨聚合酶	tankyrase
短串联重复(＝微卫星DNA)	短串聯重複	short tandem repeat，STR(＝microsatellite DNA)
短蛋白聚糖	短蛋白聚醣	brevican
短杆菌酪肽	短桿菌酪肽	tyrocidine
短杆菌素，混合短杆菌肽	混合短桿菌肽，短桿菌素	tyrothricin
短杆菌肽	短桿菌素，瀛格蘭菌素	gramicidin
短梗霉多糖酶	支鏈澱粉酶	pullulanase
短梗霉聚糖	普魯聚醣	pullulan
短暂表达，瞬时表达	暫時表現	transient expression
短暂转染	暫時轉染	transient transfection
短制菌素	短制菌素	brevistin
对氨基苯甲酸	對胺基苯甲酸	*p*-aminobenzoic acid
对角线层析	對角線層析	diagonal chromatography
对角线电泳	對角線電泳	diagonal electrophoresis
对流层析	逆流層析	countercurrent chromatography
对流免疫电泳	對流免疫電泳	counter immunoelectrophoresis
对映[异构]体	對映[異構]體	enantiomer
多(A)(＝多腺苷酸)		
多(A)RNA	多聚腺苷酸RNA	poly(A)RNA
多(U)(＝多尿苷酸)		
多胺	多胺	polyamine
多巴(＝3，4－二羟苯		

大陆名	台湾名	英文名
丙氨酸)		
多巴胺(=3,4-二羟苯乙胺)	多巴胺,度巴胺(=3,4-二羥苯乙胺)	dopamine(=3,4-dihydroxy phenylethylamine)
多半乳糖醛酸酶	多聚半乳糖醛酸酶	polygalacturonase
多不饱和脂肪酸	多元不飽和脂肪酸	polyunsaturated fatty acid
多重 PCR(=多重聚合酶链反应)		
多重聚合酶链反应,多重 PCR	多重 PCR,多重聚合酶鏈反應	multiplex PCR
多重同晶置换	多重同晶置換	multiple isomorphous replacement, MIR
多(I)·多(C)(=多肌胞苷酸)		
多酚	多酚	polyphenol
多酚氧化酶	多酚氧化酶	polyphenol oxidase
多功能酶	多功能酶	multifunctional enzyme
多核苷酸激酶	多聚核苷酸激酶	polynucleotide kinase
T4 多核苷酸激酶,T4 激酶	T4 多核苷酸激酶	T4 polynucleotide kinase
多核苷酸连接酶	多聚核苷酸連接酶	polynucleotide ligase
多核苷酸磷酸化酶	多聚核苷酸磷酸化酶	polynucleotide phosphorylase
多[核糖]核苷酸	多聚[核糖]核苷酸	poly[ribo]nucleotide
多核糖体	多核糖體	polysome, polyribosome
多花白树毒蛋白	多花白樹毒蛋白	gelonin
多肌胞苷酸,多(I)·多(C)	多聚肌苷酸多聚胞苷酸,多聚(I)·多聚(C)	polyinosinic acid-polycytidylic acid, poly(I)·poly(C)
多基因	多基因	polygene
多基因学说	多基因學說	polygenic theory
多集落刺激因子	多潛能集落刺激因子	multi-colony stimulating factor, multi-CSF
多角体蛋白	多角體蛋白	polyhedrin
多(A)聚合酶(=多腺苷酸聚合酶)		
多聚体	聚合體	polymer
多拷贝基因	多拷貝基因	multicopy gene
多克隆抗体	多克隆抗體	polyclonal antibody
多克隆位点	多克隆位點,多克隆	multiple cloning site, MCS, polycloning

大 陆 名	台 湾 名	英 文 名
	部位，多重選殖位點	site, multicloning site
多酶簇(=多酶复合物)	多酶簇(=多酶複合物)	multienzyme cluster(=multienzyme complex)
多酶蛋白质	多酶蛋白質	multienzyme protein
多酶复合物	多酶複合物	multienzyme complex
多酶体系	多酶體系	multienzyme system
多能蛋白聚糖	多能蛋白聚醣	versican
多尿苷酸，多(U)	多尿苷酸，多(U)	polyuridylic acid, poly(U)
多乳糖胺	多聚乳糖胺	polylactosamine
多顺反子	多順反子	polycistron
多顺反子 mRNA	多順反子 mRNA	polycistronic mRNA, multicistronic mRNA
多态性	多型性	polymorphism, pleiomorphism
DNA 多态性	DNA 多型性	DNA polymorphism
多肽	多肽	polypeptide
多肽激素	多肽激素	polypeptide hormone
多肽链	多肽鏈	polypeptide chain
多糖	多醣	polysaccharide
多糖包被(=糖萼)		
多体	多聚體	multimer
多萜醇，长萜醇	多萜醇，長萜醇	polyprenol, dolichol
多脱氧核糖核苷酸合成酶	多聚脫氧核糖核苷酸合成酶	polydeoxyribonucleotide synthetase
多唾液酸	多聚唾液酸	polysialic acid, PSA
多维层析	多維層析	multidimensional chromatography, boxcar chromatography, multicolumn chromatography
多维核磁共振波谱学	多維核磁共振波譜學	multidimensional nuclear magnetic resonance spectroscopy
多(A)尾	多聚腺苷酸尾巴	poly(A) tail
多位点人工接头	多位點[人工]接頭	polylinker
多腺苷二磷酸核糖聚合酶	多聚腺苷二磷酸核糖聚合酶，多聚 ADP－核糖聚合酶	poly(ADP-ribose)polymerase, PARP
多腺苷酸，多(A)	多聚腺苷酸	polyadenylic acid, poly(A)
多腺苷酸化	多聚腺苷酸化	polyadenylation
mRNA 多腺苷酸化	mRNA 聚腺苷酸化	mRNA polyadenylation
多腺苷酸化信号	多聚腺苷酸化信號	polyadenylation signal
多腺苷酸聚合酶，多	多聚腺苷酸聚合酶，多	polyadenylate polymerase, poly(A) poly-

大　陆　名	台　湾　名	英　文　名
(A)聚合酶	聚(A)聚合酶	merase
多效基因	多效性基因	pleiotropic gene
多义密码子	多義密碼子	ambiguous codon
多元醇	多元醇	polyol

E

大　陆　名	台　湾　名	英　文　名
鹅膏蕈碱	鵝膏蕈鹼	amanitin
鹅肌肽	鵝肌肽	anserine
鹅脱氧胆酸	鵝脱氧膽酸，3α，7α－二羥膽烷酸	chenodeoxycholic acid，CDCA
鳄梨糖醇	鱷梨糖醇	persitol
儿茶酚，邻苯二酚	兒茶酚，鄰苯二酚	catechol
儿茶酚胺	兒茶酚胺，鄰苯二酚胺	catecholamine
儿茶酚胺类激素	兒茶酚胺類激素	catecholamine hormone
儿茶酚胺能受体	兒茶酚胺能受體	catecholaminergic receptor
儿茶酚－*O*－甲基转移酶	兒茶酚－*O*－甲基轉移酶	catechol-*O*-methyltransferase，COMT
耳腺蛙肽	耳腺蛙肽	uperolein
二氨基庚二酸	二胺基庚二酸	diaminopimelic acid
二醇脂质	二醇脂類	diol lipid
二碘甲腺原氨酸	二碘甲腺胺酸	diiodothyronine
二碘酪氨酸	二碘酪胺酸	diiodotyrosine
二甘露糖二酰甘油	二甘露基二脂醯甘油	dimannosyldiacyl glycerol
二环己基碳二亚胺	二環己基碳二亞胺	dicyclohexylcarbodiimide，DCC
二级结构	二級結構	secondary structure
二级结构预测	二級結構預測	secondary structure prediction
二级氢键	二級氫鍵	secondary hydrogen bond
二甲苯腈蓝 FF	二甲苯藍 FF	xylene cyanol FF
γ，γ－二甲丙烯焦磷酸	γ，γ－二甲丙烯焦磷酸	γ，γ-dimethylallyl pyrophosphate
二甲基亚砜	二甲亞碸	dimethyl sulfoxide，DMSO
2，3－二磷酸甘油酸（＝2，3－双磷酸甘油酸）	2，3－二磷酸甘油酸（＝2，3－雙磷酸甘油酸）	2，3-diphosphoglycerate，2，3-DPG（＝2，3-bisphosphoglycerate）
二磷酸肌醇磷脂	二磷酸肌醇磷脂，磷脂醯二磷酸肌醇	diphosphoinositide
二硫赤藓糖醇	二硫赤蘚糖醇	dithioerythritol，DTE

大　陆　名	台　湾　名	英　文　名
二硫键	二硫鍵	disulfide bond
二硫苏糖醇	二硫蘇糖醇	dithiothreitol, DTT
二面角(=双面角)		
3,4-二羟苯丙氨酸,多巴	3,4-二羥苯丙胺酸,多巴	3, 4-dihydroxy phenylalanine, DOPA
3,4-二羟苯乙胺	3,4-二羥苯乙胺	3, 4-dihydroxy phenylethylamine
1,25-二羟胆钙化醇	1,25-二羥膽鈣化醇	1, 25-dihydroxycholecalciferol
5,6-二氢胆固醇(=胆固烷醇)		
二氢蝶啶	二氫蝶啶	dihydropteridine
二氢蝶啶还原酶	二氫蝶啶還原酶	dihydropteridine reductase
二氢硫辛酰胺	二氫硫辛醯胺	dihydrolipoamide
二氢硫辛酰胺脱氢酶	二氫硫辛醯胺脫氫酶	dihydrolipoamide dehydrogenase
二氢尿苷	二氫尿苷	dihydrouridine
二氢尿嘧啶	二氫尿嘧啶	dihydrouracil
二氢尿嘧啶臂,D臂	二氫尿嘧啶臂	dihydrouracil arm, D arm
二氢尿嘧啶环,D环	二氫尿嘧啶環	dihydrouracil loop, D loop
二氢鞘氨醇	二氫鞘氨醇	D-sphinganine
二氢乳清酸	二氫乳清酸	dihydroorotic acid
二氢乳清酸酶	二氫乳清酸酶	dihydroorotase
二氢生物蝶呤	二氫生物蝶呤	dihydrobiopterin
二氢叶酸还原酶	二氫葉酸還原酶	dihydrofolate reductase, DHFR
二十八烷醇	二十八烷醇	octacosanol
二十二碳六烯酸	二十二碳六烯酸	docosahexoenoic acid, DHA
二十二碳四烯酸	二十二碳四烯酸	docosatetraenoic acid
二十二烷醇	二十二烷醇	docosanol
二十二烷酸(=山萮酸)	二十二烷酸(=山萮酸)	docosanoic acid(=behenic acid)
二十六[烷]醇(=蜡醇)		
二十六烷酸(=蜡酸)		
二十四碳烯酸(=神经酸)	二十四碳烯酸(=神經酸)	tetracosenic acid (=nervonic acid)
二十四烷酸(=木蜡酸)	二十四烷酸(=木蠟酸)	tetracosanoic acid (=lignoceric acid)
二十碳五烯酸	二十碳五烯酸	eicosapentaenoic acid, EPA
二十烷醇	二十烷醇	eicosanol
二十烷酸(=花生酸)		
C_4 二羧酸途径	C_4 型植物雙羧酸路徑	C_4 dicarboxylic acid pathway
二肽	二肽	dipeptide
二肽基羧肽酶 I(=血	二肽基羧肽酶 I(=血	dipeptidyl carboxypeptidase I (=angio-

大　陆　名	台　湾　名	英　文　名
管紧张肽 I 转化酶）	管緊張素 I 轉化酶）	tensin I -converting enzyme）
二肽酶	二肽酶	dipeptidase
二糖，双糖	二醣，雙醣	disaccharide
二烷基甘氨酸脱羧酶	二烷基甘胺酸脱羧酶	dialkylglycine decarboxylase
二维核磁共振	二維核磁共振	two-dimensional NMR
二维结构	二維結構	two-dimensional structure
二酰甘油	二醯甘油	diacylglycerol，DAG
二酰亚胺	醯亞胺	imide
二硝基苯	二硝基苯	dinitrobenzene
二硝基酚	二硝基酚	dinitrophenol
二硝基氟苯	二硝基氟苯	dinitrofluorobenzene，DNFB
二乙氨乙基葡聚糖凝胶（=DEAE葡聚糖凝胶）		
二乙氨乙基纤维素膜（=DEAE 纤维素膜）		
二乙基己烯雌酚（=乙底酚）		

F

大　陆　名	台　湾　名	英　文　名
发动蛋白	發動蛋白	dynamin
发光酶免疫测定，发光酶免疫分析	發光酶免疫分析	luminescent enzyme immunoassay，LEIA
发光酶免疫分析（=发光酶免疫测定）		
发光免疫测定，发光免疫分析	發光免疫分析	luminescent immunoassay，LIA
发光免疫分析（=发光免疫测定）		
发酵	發酵	fermentation
发酵罐	發酵槽	fermenter，fermentor
筏脂	筏脂	raft lipid
RYN 法	RYN 法	RYN method
法尼醇	法尼醇	farnesol
法尼基半胱氨酸	法尼基半胱胺酸	farnesylcysteine
法尼[基]焦磷酸	法尼基焦磷酸	farnesyl pyrophosphate，FPP
法尼基转移酶	法尼基轉移酶	farnesyl transferase

大　陆　名	台　湾　名	英　文　名
GT-AG 法则	GT-AG 法則	GT-AG rule
β 发夹	β－髮夾	β-hairpin, beta hairpin
发夹环	髮夾環	hairpin loop
发夹结构	髮夾結構	hairpin structure
番茄红素	番茄紅素	lycopene, licopin
翻滚启动子	翻轉啟動子	flip-flop promoter
翻译	轉譯	translation
翻译后加工	轉譯後加工	post-translational processing
翻译后修饰	轉譯後修飾	post-translational modification
翻译起始	轉譯起始	translation initiation
翻译起始密码子	轉譯起始密碼子	translation initiation codon
翻译起始因子	轉譯起始因子	translation initiation factor
翻译调节	轉譯調節	translation regulation
翻译移码	轉譯移碼	translation frameshift
翻译装置	轉譯機器	translation machinery
翻译阻遏	轉譯阻遏	translation repression
翻转	翻轉	flip-flop
反编码链	反编碼股	anticoding strand
反丁烯二酸（＝延胡索酸）		
反基因组	反基因組	antigenome
反竞争性抑制	反競爭性抑制	uncompetitive inhibition
反馈	回饋	feedback
反馈抑制	回饋抑制	feedback inhibition
反类固酮	反類固酮	retrosterone
反密码子	反密碼子	anticodon
反密码子臂	反密碼子臂	anticodon arm
反密码子环	反密碼子環	anticodon loop
反密码子茎	反密碼子莖	anticodon stem
反式激活	異位活化作用	trans-activation
反式激活蛋白	異位活化因子	trans-activator
反式剪接	反式剪接	trans-splicing
RNA 反式剪接	RNA 反式剪接	RNA trans-splicing
反式切割	反式切割	trans-cleavage
反式调节	反式調節	trans-regulation
反式乌头酸－2－甲基转移酶	反式烏頭酸－2－甲基轉移酶	trans-aconitate 2-methyltransferase
反式乌头酸－3－甲基	反式烏頭酸－3－甲基	trans-aconitate 3-methyltransferase

大　陆　名	台　湾　名	英　文　名
转移酶	轉移酶	
反式异构	反式異構	trans-isomerism
反式异构体	反式異構體	trans-isomer
反式阻遏	反式阻遏	transrepression
反式作用 RNA	反式作用 RNA	trans-acting RNA
反式作用核酶	反式作用核酶	trans-acting ribozyme
反式[作用]因子	反式作用因子	trans-[acting] factor
反受体	反受體	counter receptor
反向 PCR(=反向聚合酶链反应)		
反向重复[序列]	反向重複[序列]	inverted repeat
反向剪接	反向剪接	reverse splicing
反向聚合酶链反应，反向 PCR	反向 PCR，反向聚合酶鏈反應	inverse PCR
反向平行链	反向平行股	antiparallel strand
反向生物化学	反向生物化學	reverse biochemistry
反向生物学	反向生物學	reverse biology
反向调节	逆向調節，逆轉錄調節	retroregulation
反向透析	反向透析	reverse dialysis
反向引物	逆向引子	reverse primer
反向转运	反向運輸	antiport, counter transport
反向转运体	反向運輸體	antiporter
反向自剪接	反向自剪接	reverse self-splicing
反相层析	反相層析	reverse phase chromatography
反相分配层析	反相分配層析	reversed-phase partition chromatography
反相高效液相层析	反相高效液相層析	reversed-phase high-performance liquid chromatography, RP-HPLC
反相离子对层析(=离子配对层析)	反相離子對層析	reversed-phase ion pair chromatography (=ion-pairing chromatography)
反相渗透	反滲透	reverse osmosis
反硝化作用(=脱氮作用)		
反型异油酸	反型異油酸，十八碳-反-11-烯酸	vaccenic acid
反义 DNA	反義 DNA	antisense DNA
反义 RNA	反義 RNA	antisense RNA
反义寡[脱氧]核苷酸	反義寡聚[脫氧]核苷酸	antisense oligo[deoxy]nucleotide

大陆名	台湾名	英文名
反义链	反義股	antisense strand
C 反应蛋白	C 反應蛋白	C-reactive protein, CRP
反油酸	反油酸，反十八碳烯－9－酸	elaidic acid
反转电场凝胶电泳	反轉電場凝膠電泳	field-inversion gel electrophoresis, FIGE
反转录(＝逆转录)		
反转录酶(＝逆转录酶)		
泛醌	泛醌	ubiquinone
泛素	泛素，泛激素	ubiquitin
泛素蛋白激酶	泛素蛋白激酶	ubiquitin-protein kinase
泛素－蛋白质连接酶	泛素－蛋白質連接酶	ubiquitin-protein ligase
泛素－蛋白质缀合物	泛素－蛋白質綴合物	ubiquitin-protein conjugate
泛素化	泛素化	ubiquitination
泛素活化酶	泛素活化酶	ubiquitin-activating enzyme
泛素载体蛋白质	泛素載體蛋白質	ubiquitin carrier protein
泛素缀合蛋白质	泛素綴合蛋白質	ubiquitin-conjugated protein
泛素缀合酶	泛素綴合酶	ubiquitin-conjugating enzyme
泛酸	泛酸，遍多酸	pantothenic acid
范斯莱克仪	範斯萊克儀	van Slyke apparatus
芳基硫酸酯酶	芳香基硫酸酯酶	aryl sulfatase
芳基－醛氧化酶	芳基－醛氧化酶	aryl-aldehyde oxidase
芳烃羟化酶	芳烴羥化酶	aryl hydrocarbon hydroxylase, AHH
防御肽	防衛肽	defensin
仿生学	仿生學	bionics
纺锤菌素	紡錘菌素	netropsin
放能反应	放能反應	exergonic reaction
放射免疫测定，放射免疫分析	放射免疫分析，放射免疫擴散[法]	radioimmunoassay, RIA
放射免疫沉淀法	放射免疫沈澱法	radioimmunoprecipitation
放射免疫电泳	放射免疫電泳	radioimmunoelectrophoresis
放射免疫分析(＝放射免疫测定)		
放射免疫化学	放射免疫化學	radioimmunochemistry
放射生物化学	放射生物化學	radiobiochemistry
放射性受体测定，放射性受体分析	放射受體分析	radioreceptor assay
放射性受体分析(＝放射性受体测定)		

大 陆 名	台 湾 名	英 文 名
放射性同位素	放射性同位素	radioactive isotope
放射性同位素扫描	放射性同位素掃描	radioisotope scanning
放射自显影[术]	放射自顯影術	autoradiography, ARG
非必需氨基酸	非必需胺基酸	non-essential amino acid
非必需脂肪酸	非必需脂肪酸	non-essential fatty acid
非编码链	非編碼股	non-coding strand
非编码区	非編碼區	non-coding region
非编码小 RNA	非編碼小 RNA	small non-messenger RNA, snmRNA
非编码序列	非編碼序列	non-coding sequence
非变性聚丙烯酰胺凝胶电泳	非變性聚丙烯醯胺凝膠電泳	native polyacrylamide gel electrophoresis, nondenaturing polyacrylamide gel electrophoresis
非变性凝胶电泳	非變性凝膠電泳	native gel electrophoresis, nondenaturing gel electrophoresis
非重复 DNA(=单一[序列]DNA)	非重複 DNA	nonrepetitive DNA(=unique [sequence] DNA)
非蛋白质氮	非蛋白氮	non-protein nitrogen
非蛋白质呼吸商	非蛋白質呼吸商	non-protein respiratory quotient, NPRQ
非对映[异构]体	非對映[立體]異構體	diastereomer
非翻译区	非轉譯區	untranslated region, UTR, nontranslated region
3′非翻译区	3′-非轉譯區	3′-untranslated region, 3′-UTR
5′非翻译区	5′-非轉譯區	5′-untranslated region, 5′-UTR
非放射性标记	非放射性標記	nonradiometric labeling, nonradioactive labeling
非核糖体肽合成酶	非核糖體肽合成酶	nonribosomal peptide synthetase, NRPS
非还原性聚丙烯酰胺凝胶电泳	非還原性聚丙烯醯胺凝膠電泳	nonreductive polyacrylamide gel electrophoresis
非竞争性抑制	非競爭性抑制	noncompetitive inhibition
非离子去污剂	非離子去污劑	non-ionic detergent
非受体酪氨酸激酶	非受體酪胺酸激酶	nonreceptor tyrosine kinase
非双层脂	非雙層脂	nonbilayor lipid
非特异性单加氧酶(=芳烃羟化酶)	非特異性單加氧酶	unspecific monooxygenase(=aryl hydrocarbon hydroxylase)
非特异性抑制	非專一性抑制	non-specific inhibition
非特异性抑制剂	非專一性抑制劑	non-specific inhibitor
非沃森-克里克碱基对	非華生-克里克鹼基對	non-Watson-Crick base pairing
非选择性标记	非選擇性標記	unselected marker

大 陆 名	台 湾 名	英 文 名
非循环光合磷酸化	非循環式光合磷酸化	noncyclic photophosphorylation
非酯化脂肪酸	非酯化脂肪酸	non-esterified fatty acid, NEFA
非转录间隔区	非轉錄間隔區	nontranscribed spacer
非组蛋白型蛋白质	非組蛋白型蛋白質	nonhistone protein, NHP
δ 啡肽	δ 啡肽	deltorphin
蜚蠊激肽	白血球激肽	leucokinin
蜚蠊焦激肽	白血球焦激肽	leucopyrokinin, LPK
鲱精肽	鯡精肽	clupein
费林反应	費林反應	Fehling reaction
费林溶液	費林溶液	Fehling solution
费歇尔投影式	費歇爾投影式	Fischer projection
分辨率	分辨率，解析度，清晰度	resolution
分部收集器	分液收集器	fraction collector
分叉信号转导途径	分叉信號傳遞路徑	bifurcating signal transduction pathway
分光光度计	分光光度計	spectrophotometer
分化因子	分化因子	differentiation factor
分级沉淀	分[段]沈澱	fractional precipitation
分级[分离]	分級	fractionation
分级式梯度	分級式梯度	stepwise gradient
分拣，分选	分揀，分選	sorting
分拣信号	揀選信號	sorting signal
分解代谢	降解代謝	catabolism
分解代谢物	降解物	catabolite
分解代谢物激活蛋白质（=cAMP 结合蛋白质）	降解物基因活化蛋白（=cAMP 結合蛋白）	catabolite activator protein, CAP(=cAMP binding protein)
分解代谢物阻遏	降解物阻遏	catabolite repression
分离胶	分離膠	separation gel, resolving gel
分泌粒蛋白(=嗜铬粒蛋白 B)	分泌粒蛋白	secretogranin(=chromogranin B)
分泌酶	分泌酶	secretase
β 分泌酶(=膜天冬氨酸蛋白酶)	β－分泌酶	β-secretase(=memapsin)
分泌[肽]片	分泌[肽]段	secretory piece
分泌型受体	分泌型受體	secreted receptor
分配层析	分配層析	partition chromatography
分配系数	分配係數	partitional coefficient

大　陆　名	台　湾　名	英　文　名
分散酶	分散酶，中性蛋白酶	dispase
分析超离心	分析超離心	analytical ultracentrifugation
分析电泳	分析電泳	analytical electrophoresis
分形趋化因子	分形趨化因子	fractalkine
DNA 分型	DNA 分型	DNA typing
分选（=分拣）		
分支 DNA	分支 DNA	branched DNA
分支 RNA	分支 RNA	branched RNA
RNA 分支点	RNA 分支點	RNA branch point
分支酶	分支酶	branching enzyme
分子伴侣	分子保護子	chaperone, molecular chaperone
分子伴侣性蛋白质	保護子類蛋白質	chaperone protein
分子标志	分子標誌	molecular marker
分子病	分子疾病	molecular disease
分子导标	分子信標	molecular beacon
分子定向进化	分子定向進化	directed molecular evolution
分子克隆	分子克隆，分子選殖	molecular cloning
分子量标志	分子量標誌	molecular weight marker
分子量标准	分子量標準	molecular weight standard
分子量梯状标志	分子量梯狀標誌	molecular weight ladder marker
分子模拟	分子類比	molecular mimicry
分子模型	分子模型	molecular model
分子排阻层析（=凝胶［过滤］层析）	分子排阻層析（=凝膠［過濾］層析）	molecular exclusion chromatography (=gel [filtration] chromatography)
分子筛	分子篩	molecular sieve
分子筛层析（=凝胶［过滤］层析）	分子篩層析	molecular sieve chromatography (=gel [filtration] chromatography)
分子生物学	分子生物學	molecular biology
分子探针	分子探針	molecular probe
分子遗传学	分子遺傳學	molecular genetics
分子印记技术	分子拓印技術	molecular imprinting technique, MIT
分子印记聚合物	分子拓印聚合物	molecular imprinting polymer, MIP
分子杂交	分子雜交	molecular hybridization
酚酞	酚酞	phenolphthalein
粪卟啉	糞卟啉，糞紫質	coproporphyrin
粪卟啉原	糞卟啉原，糞紫質原	coproporphyrinogen
粪胆素	糞膽色素	stercobilin
粪胆素原	糞膽色素原	stercobilinogen

大　陆　名	台　湾　名	英　文　名
粪固醇	糞甾醇，糞硬脂醇	coprostanol, coprosterol, stercorin
粪固酮	糞甾酮	coprostanone, coprosterone
丰度	多度	abundance
丰余 DNA	豐餘 DNA	redundant DNA
蜂毒明肽	蜂毒明肽	apamin
蜂毒肽	蜂毒肽	melittin
蜂花酸	蜂花酸，三十烷酸	melissic acid
蜂蜡	蜂蠟	bees wax
蜂蜡醇	蜂蠟醇，三十烷醇	myricyl alcohol
佛波醇，大戟二萜醇	佛波醇	phorbol
佛波酯，大戟二萜醇酯	佛波酯	phorbol ester
佛波酯应答元件	佛波酯應答元件	phorbol ester response element
呋喃果聚糖	聚果呋喃糖	fructofuranosan
呋喃果糖苷酶	果呋喃糖苷酶	fructofuranosidase
呋喃糖	呋喃糖	furanose
呋喃型葡糖	呋喃型葡萄糖	glucofuranose
呋喃型酸	呋喃型酸	furanoid acid
弗林蛋白酶，成对碱性氨基酸蛋白酶	弗林蛋白酶，成對鹼性胺基酸蛋白酶	furin
弗氏细胞压碎器，均质机	弗氏細胞壓碎機，細胞均質機	French cell press
俘获性探针	捕捉性探針	capture probe
5－氟尿嘧啶	5－氟尿嘧啶	5-fluorouracil, 5-FU
浮力密度离心	浮力密度離心	buoyant density centrifugation
福林试剂	福林試劑	Folin reagent
福斯曼抗原(＝嗜异性抗原)	福斯曼抗原	Forssman antigen(＝heterophil antigen)
辐射生物化学	輻射生物化學	radiation biochemistry
斧头状核酶	斧狀核酶	axehead ribozyme
辅肌动蛋白	輔肌動蛋白	actinin
辅激活蛋白(＝辅激活物)		
辅激活物，辅激活蛋白	協同活化子，輔活化蛋白	co-activator
辅酶	輔酶	coenzyme
辅酶 A	輔酶 A	coenzyme A
辅酶 M	輔酶 M	coenzyme M
辅酶 Q(＝泛醌)	輔酶 Q	coenzyme Q(＝ubiquinone)

大　陆　名	台　湾　名	英　文　名
辅酶Ⅰ(=烟酰胺腺嘌呤二核苷酸)		
辅酶Ⅱ(=烟酰胺腺嘌呤二核苷酸磷酸)		
辅酶 A-二硫键还原酶	輔酶 A-二硫鍵還原酶	CoA-disulfide reductase
辅酶 A-谷胱甘肽还原酶	輔酶 A-穀胱甘肽還原酶	CoA-glutathione reductase
NADH-辅酶 Q 还原酶(=NADH 脱氢酶复合物)	NADH-輔酶 Q 還原酶	NADH-coenzyme Q reductase(=NADH dehydrogenase complex)
辅酶 A 转移酶	輔酶 A 轉移酶	CoA-transferase
辅羧酶	輔羧酶	cocarboxylase
辅因子	輔因子	cofactor
辅脂肪酶	輔脂肪酶	colipase
辅助病毒	輔助病毒	help virus
辅助蛋白	輔助蛋白	auxilin
辅助噬菌体	輔助噬菌體	help phage, help bacteriophage
辅阻遏物，协阻遏物	輔阻遏物	corepressor
腐胺	腐胺，丁二胺	putrescine
负超螺旋	負超螺旋	negative supercoil
负超螺旋 DNA	負超螺旋 DNA	negatively supercoiled DNA
负超螺旋化	負超螺旋化	negative supercoiling
负反馈	負回饋	negative feedback
负链	負股	negative strand
负调节，下调[节]	負調節作用	negative regulation
负调控	負調控	negative control
负效应物	負效應物	negative effector
负协同	負協同作用	negative cooperation
负义链	負義股	negative-sense strand
附加体	游離基因體，附加體	episome
附加体质粒	附加體質體	episome plasmid
复合糖类	複合碳水化合物	complex carbohydrate
复合维生素 B	複合維生素 B	vitamin B complex
复合脂	複合脂	complex lipid, heterolipid
复敏	復敏	resensitization
复性	復性	renaturation
复印接种，影印培养	複製平板	replica plating
DNA 复杂度	DNA 複雜性	DNA complexity

大　陆　名	台　湾　名	英　文　名
复制	複製	replication
DNA 复制	DNA 複製	DNA replication
RNA 复制	RNA 複製	RNA replication
复制叉	複製叉	replication fork
复制错误	複製錯誤	replication error
复制工厂模型	複製工廠模型	replication factory model
复制后错配修复	複製後錯配修復	post-replicative mismatch repair
复制后修复	複製後修復	post-replication repair
复制滑移	複製滑移	replication slipping
复制解旋酶	複製解旋酶	replicative helicase
复制聚合酶	複製聚合酶	replication polymerase
复制酶	複製酶	replicase
Qβ 复制酶	Qβ 複製酶	Qβ replicase
RNA 复制酶	RNA 複製酶	RNA replicase
Qβ 复制酶技术	Qβ 複製酶技術	Qβ replicase technique
复制泡	複製泡	replication bubble
复制期	複製期	replicative phase
DNA 复制起点	DNA 複製起點	DNA replication origin
复制体	複製體	replisome, replication complex
复制型	複製型	replicative form
复制型 DNA	複製型 DNA	replicative form DNA
复制眼(=复制泡)	複製眼(=複製泡)	replication eye(=replication bubble)
复制执照因子	複製執照因子	replication licensing factor, RLF
复制中间体	複製中間體	replication intermediate, RI
复制终止子	複製終止子	replication terminator
复制周期	複製週期	replicative cycle
复制子	複製子	replicon
副白蛋白(=副清蛋白)		
副产物	副產物	side product
副蛋白质	病變蛋白	paraprotein
副刀豆氨酸	副刀豆胺酸，刀豆球蛋白	canaline
副淀粉	副澱粉	paramylon, paramylum
副反应	副反應	side reaction
副肌球蛋白	副肌球蛋白	paramyosin
副酪蛋白，衍酪蛋白	副酪蛋白，衍酪蛋白	paracasein
副密码子	副密碼子	paracodon
副清蛋白，副白蛋白	副白蛋白，副清蛋白	paralbumin

大　陆　名	台　湾　名	英　文　名
副清蛋白血症	副白蛋白血症	paralbuminemia
副球蛋白	副球蛋白	paraglobulin
副作用	副作用	side effect
傅里叶变换	傅立葉轉換	Fourier transform
富组亲动蛋白	富組親動蛋白	hisactophilin

G

大　陆　名	台　湾　名	英　文　名
钙泵	鈣泵	calcium pump
钙传感性蛋白质	鈣感應蛋白質	calcium sensor protein
钙促蛋白	鈣促蛋白	caltropin
钙蛋白酶	鈣蛋白酶	calpain
钙蛋白酶抑制蛋白	鈣蛋白酶抑制蛋白	calpastatin
钙电蛋白(=膜联蛋白Ⅵ)	鈣電蛋白(=膜聯蛋白Ⅵ)	calelectrin(=annexin Ⅵ)
钙动用激素(=1,25-二羟胆钙化醇)	鈣動用激素(=1,25-二羥膽鈣化固醇)	calcium mobilizing hormone(=1,25-dihydroxycholecalciferol)
钙防卫蛋白	鈣防衛蛋白	calprotectin
钙感光蛋白	鈣感光蛋白	calphotin
钙化[固]醇(=维生素 D_2)	沈鈣固醇，促鈣醇，鈣化醇(=維生素 D_2)	calciferol, viosterol (=vitamin D_2)
钙结合蛋白	鈣結合蛋白	calbindin
钙结合性蛋白质	鈣結合蛋白質	calcium binding protein
钙介蛋白(=膜联蛋白Ⅵ)	鈣介蛋白	calcimedin(=annexin Ⅵ)
钙精蛋白	鈣精蛋白	calspermin
钙粒蛋白	鈣粒蛋白	calgranulin
钙连蛋白	鈣聯蛋白	calnexin
钙磷蛋白	鈣磷蛋白	calcyphosine
钙磷脂结合蛋白(=膜联蛋白Ⅵ)	鈣磷脂結合蛋白(=膜聯蛋白Ⅵ)	calphobindin(=annexin Ⅵ)
钙 ATP 酶	鈣 ATP 酶	Ca^{2+}-ATPase
钙黏着蛋白	鈣黏著蛋白	cadherin
钙牵蛋白	鈣牽蛋白	caltractin
钙[视]网膜蛋白	鈣視網膜蛋白	calretinin
钙调蛋白	鈣調蛋白	calmodulin, CaM
钙调蛋白结合蛋白	鈣調蛋白結合蛋白	caldesmon

大 陆 名	台 湾 名	英 文 名
钙调理蛋白	鈣調理蛋白	calponin
钙调磷酸酶	鈣調磷酸酶	calcineurin
钙网蛋白	鈣網蛋白	calreticulin, calregulin
钙血症	鈣血症	calcemia
钙依赖蛋白质	依賴鈣蛋白質	calcium-dependent protein
钙影蛋白(=胞衬蛋白)	鈣影蛋白(=胞襯蛋白)	calspectin(=fodrin)
钙中介蛋白质	鈣中介蛋白質	calcium mediatory protein
钙周期蛋白	鈣週期蛋白	calcyclin
钙阻蛋白	鈣阻蛋白	calcicludine
盖革计数器(=盖革-米勒计数器)	蓋革計數器(=蓋革-穆勒計數器)	Geiger counter(=Geiger-Müller counter)
盖革-米勒[计数]管	蓋革-穆勒[計數]管	Geiger-Müller tube
盖革-米勒计数器,盖革计数器	蓋革-穆勒計數器	Geiger-Müller counter
RNA 干扰	RNA 干擾	RNA interference, RNAi
干扰短 RNA(=干扰小 RNA)	小片段干擾核酸,干擾小 RNA	short interfering RNA (=small interfering RNA)
干扰素	干擾素	interferon, IFN
γ 干扰素诱生因子	γ-干擾素誘生因子	interferon-γ inducing factor, IGIF
干扰小 RNA	小片段干擾 RNA	small interfering RNA, siRNA
干扰小 RNA 随机文库	小片段干擾核酸隨機文庫,siRNA 隨機文庫	siRNA random library
甘氨酸	甘胺酸	glycine, Gly
甘氨酰胺核糖核苷酸	甘胺醯胺核苷酸	glycinamide ribonucleotide
甘丙肽,神经节肽	甘丙肽	galanin
甘草根糖苷	甘草根糖苷	liquiritoside
甘草甜素(=甘草皂苷)		
甘草皂苷,甘草甜素	甘草皂苷	glycyrrhizin
甘露氨酸	甘露胺酸	mannopine
甘露聚糖	甘露聚醣	mannan
甘露乌氨酸	甘露鳥胺酸	mannopinic acid
甘露糖	甘露糖	mannose
甘露糖醇	甘露醇	mannitol
甘露糖苷过多症	甘露苷症	mannosidosis
甘露糖苷酶	甘露糖苷酶	mannosidase
甘露糖结合蛋白质	甘露糖結合蛋白	mannose-binding protein, MBP
甘露糖醛酸	甘露糖醛酸	mannuronic acid
甘油	甘油,1,2,3-丙三醇	glycerol, glycerin

大　陆　名	台　湾　名	英　文　名
甘油单油酸酯	甘油單油酸酯	glycerol monooleate
甘油单酯(＝单酰甘油)	甘油單酯(＝單醯甘油)	monoglyceride(＝monoacylglycerol)
甘油二酯(＝二酰甘油)	甘油二酯(＝二醯甘油)	diglyceride(＝diacylglycerol)
甘油磷酸	磷酸甘油	glycerophosphate
α 甘油磷酸循环	α－甘油磷酸循環	α-glycerophosphate cycle
甘油磷酰胆碱	甘油磷醯膽鹼	glycerophosphocholine, glycerophosphoryl choline
甘油磷酰乙醇胺	甘油磷醯乙醇胺	glycerophosphoethanolamine, glycerophosphoryl ethanolamine, GPE
甘油磷脂	甘油磷脂	glycerophosphatide
甘油醛	甘油醛	glyceraldehyde
甘油醛－3－磷酸	甘油醛－3－磷酸	glyceraldehyde-3-phosphate
甘油醛－3－磷酸脱氢酶	甘油醛－3－磷酸脫氫酶	glyceraldehyde-3-phosphate dehydrogenase
甘油三酯(＝三酰甘油)	三醯甘油，三酸甘油酯	triglyceride(＝triacylglycerol)
甘油酸	甘油酸	glyceric acid, glycerate
甘油酸－3－磷酸	甘油酸－3－磷酸	glycerate-3-phosphate
甘油酸途径	甘油酸途徑	glycerate pathway
甘油脂质	甘油脂類	glycerolipid
甘油酯	甘油酯，脂醯基甘油酯	glyceride
肝抗胰岛素物质	肝抗胰島素物質	glycemin
肝清蛋白	肝白蛋白	hepatoalbumin
肝球蛋白	肝球蛋白	hepatoglobulin
肝素	肝素	heparin
肝酸	肝酸，十八碳三烯酸	jacaric acid
肝糖磷脂	肝醣磷脂	jecorin
肝细胞生长因子	肝細胞生長因子	hepatocyte growth factor, HGF
苷元(＝糖苷配基)		
杆菌肽	桿菌素	bacitracin
杆状病毒表达系统	桿狀病毒表達系統	baculovirus expression system
感受态细胞	勝任細胞	competent cell
干细胞生长因子	幹細胞生長因子	stem cell growth factor
冈崎片段	岡崎片段	Okazaki fragment
岗哨细胞	崗哨細胞	sentinel cell
高半胱氨酸	高半胱胺酸	homocysteine
高胆红素血[症]	高膽紅素血症	hyperbilirubinemia
高度重复 DNA	高度重複 DNA	highly repetitive DNA, hyperreiterated DNA

大　陆　名	台　湾　名	英　文　名
高度重复序列	高度重複序列	highly repetitive sequence
高尔基体蛋白	高爾基蛋白	golgin
高甘露糖型寡糖	高甘露糖型寡醣	high-mannose oligosaccharide
高胱氨酸	高胱胺酸	homocystine
高胱氨酸尿	高胱胺酸尿症	homocystinuria
高精氨酸	高精胺酸	homoarginine
高粱醇溶蛋白	高粱醇溶蛋白	kafirin
高磷酸盐血症	高磷酸鹽血症	hyperphosphatemia
高密度脂蛋白	高密度脂蛋白	high density lipoprotein, HDL
高密度脂蛋白胆固醇	高密度脂蛋白膽固醇	HDL-cholesterol
高钠血	高鈉血症	hypernatremia
高能键	高能鍵	energy-rich bond
高能磷酸化合物	高能磷酸化合物	energy-rich phosphate
高能磷酸键	高能磷酸鍵	high energy phosphate bond
高丝氨酸	高絲胺酸	homoserine
高速离心	高速離心	high speed centrifugation
高速泳动族蛋白	高速泳動族蛋白，高遷移率族蛋白質	high-mobility group protein, HMG protein
高铁螯合物还原酶	高鐵螯合物還原酶	ferric-chelate reducetase
高铁血红蛋白	高鐵血紅素，氧化血紅素，高鐵血紅蛋白	methemoglobin, methaemoglobin
高铁血红蛋白血症	高鐵血紅蛋白血症	methemoglobinemia
高铁血红素	血質，高鐵血紅素	hematin
高通量毛细管电泳	高通量毛細管電泳	high throughput capillary electrophoresis
高效亲和层析	高效親和層析	high-performance affinity chromatography, HPAC
高效液相层析	高效液相層析法	high performance liquid chromatography, HPLC
高血钙	高鈣血症	hypercalcemia
高血糖	高糖血症	hyperglycemia
高压电镜	高壓電子顯微鏡	high voltage electron microscope, HVEM
高压电泳	高壓電泳	high voltage electrophoresis
高压液相层析(=高效液相层析)	高壓液相層析法	high pressure liquid chromatography (=high performance liquid chromatography)
高异亮氨酸	高異亮胺酸	homoisoleucine
高脂血症	高脂血症	hyperlipemia
睾酮	睾固酮	testosterone

大 陆 名	台 湾 名	英 文 名
睾酮雌二醇结合球蛋白(=性激素结合球蛋白)	睾固酮雌二醇結合球蛋白(=性激素結合球蛋白)	testosterone-estradiol binding globulin, TEBG(=sex hormone binding globulin)
睾丸蛋白聚糖	睾丸蛋白聚醣	testican
睾丸雄激素	睾丸雄激素	andrin
隔离臂	隔離臂	spacer arm
根蛋白	根蛋白	radixin
庚二酸	庚二酸	pimelic acid
庚糖	庚糖,七碳糖	heptose
功能丰余性	功能重複性	functional redundancy
功能基因组	功能基因體	functional genome
功能基因组学	功能基因體學	functional genomics
功能未定读框	功能未定讀碼框	unassigned reading frame
攻膜复合物	攻膜複合體	membrane attack complex, MAC
攻膜复合物抑制因子	攻膜複合體抑制因子	membrane attack complex inhibitory factor, MACIF
供体	提供體	donor
共表达	共同表達	coexpression
共轭多烯酸,结合多烯酸	共軛多烯酸	conjugated polyene acid
共轭亚油酸,结合亚油酸	共軛亞油酸	conjugated linoleic acid, CLA
共翻译	共轉譯	cotranslation
共济蛋白	共濟蛋白	frataxin
共价闭合环状 DNA,共价闭环 DNA	共價閉鎖式環狀 DNA	covalently closed circular DNA, cccDNA
共价闭环 DNA(=共价闭合环状 DNA)		
共价层析	共價層析	covalent chromatography
共价键	共價鍵	covalent bond
共凝素,胶固素	共凝集素,膠固素,團集素	conglutinin
共有模体	共有模體	consensus motif
共有序列	共有序列	consensus sequence
共转导	共轉導,並發轉導	cotransduction
共转化	共轉化	cotransformation
共转录	共轉錄	cotranscription
共转录物	共轉錄物	cotranscript

大 陆 名	台 湾 名	英 文 名
共转染	共轉染	cotransfection
共阻抑	共阻抑	cosuppression
构象	構象	conformation
RNA 构象	RNA 構象	RNA conformation
构型	構型	configuration
孤独基因	離析基因	orphan gene, orphon
孤儿受体	孤兒受體	orphan receptor
古洛糖	古洛糖	gulose
古嘌苷	古嘌苷	archaeosine
古生物化学	古生物化學	paleobiochemistry
谷氨酸	穀胺酸	glutamic acid, Glu
谷氨酸合酶	穀胺酸合酶	glutamate synthase
谷氨酸脱氢酶	穀胺酸脱氫酶	glutamate dehydrogenase
谷氨酸脱羧酶	穀胺酸脱羧酶	glutamate decarboxylase
谷氨酰胺	穀胺醯胺	glutamine, Gln
谷氨酰胺酶	穀胺醯胺酶	glutaminase
γ 谷氨酰循环	γ－穀氨醯迴圈	γ-glutamyl cycle
谷氨酰转移酶	穀胺醯轉移酶	glutamyltransferase
谷丙转氨酶	穀胺酸－丙胺酸轉胺酶，穀丙轉胺酶，丙胺酸胺基轉移酶	glutamic-pyruvic transaminase, GPT
谷草转氨酶	穀胺酸草醯乙酸轉胺酶，穀草轉胺酶，天門冬胺酸胺基轉移酶	glutamic-oxaloacetic transaminase, GOT
谷醇溶蛋白	穀醇溶蛋白	prolamin, prolamine
谷蛋白	穀蛋白	glutelin
谷固醇	穀甾醇，穀脂醇	sitosterol
谷固醇血症	穀脂醇血症	sitosterolemia
谷胱甘肽	穀胱甘肽	glutathione
谷胱甘肽过氧化物酶	穀胱甘肽過氧化物酶	glutathione peroxidase
谷胱甘肽合成酶	穀胱甘肽合成酶	glutathione synthetase
谷胱甘肽还原酶	穀胱甘肽還原酶	glutathione reductase
谷氧还蛋白	穀氧化還原蛋白	glutaredoxin
骨钙蛋白	骨鈣蛋白	osteocalcin
骨甘蛋白聚糖	骨甘蛋白聚醣	osteoglycin, OC
骨骼生长因子	骨骼生長因子	skeletal growth factor, SGF
骨架蛋白	骨架蛋白	skelemin
骨架连接蛋白	骨架聯接蛋白	articulin

大　陆　名	台　湾　名	英　文　名
骨架型蛋白质	骨架型蛋白質	skeleton protein
骨胶原	骨膠原	ossein
骨黏附蛋白聚糖	骨黏附蛋白聚醣	osteoadherin
骨桥蛋白	骨橋蛋白	osteopontin
骨生成蛋白(=成骨蛋白)		
骨形成蛋白(=骨形态发生蛋白质)		
骨形态发生蛋白质，骨形成蛋白	骨形態發生蛋白，骨形成蛋白	bone morphogenetic protein, BMP
骨诱导因子(=骨甘蛋白聚糖)	骨誘導因子	osteoinductive factor(=osteoglycin)
骨粘连蛋白	骨黏連蛋白	osteonectin
钴胺传递蛋白	鈷胺傳遞蛋白	transcobalamin
钴胺素(=维生素 B_{12})	鈷胺素(=維生素 B_{12})	cobalamin(=vitamin B_{12})
钴胺素还原酶	鈷胺素還原酶	cobalamin reductase
钴胺酰胺	鈷胺醯胺	cobamide
固醇	甾醇，固醇	sterol
固醇类生物碱	固醇類生物鹼	sterol alkaloid
固醇载体蛋白质	固醇載體蛋白，運固醇蛋白	sterol carrier protein, SCP
固氮	固氮作用	nitrogen fixation
固氮酶	固氮酶	nitrogenase
固氮酶组分 1	固氮酶組分 1	nitrogenase 1
固氮酶组分 2	固氮酶組分 2	nitrogenase 2
固定化酶	固定化酶	immobilized enzyme, fixed enzyme
固定相	固定相	fixed phase, stationary phase
固体闪烁计数仪	固體閃爍計數器	solid scintillation counter
固相技术	固相技術	solid phase technique
瓜氨酸	瓜胺酸	citrulline
胍乙酸	胍乙酸	guanidinoacetic acid
2′,5′-寡(A)(=2′,5′-寡腺苷酸)		
寡(dT)(=寡脱氧胸苷酸)		
寡核苷酸[定点]诱变	寡聚核苷酸指導的誘變，寡聚核苷酸誘變	oligonucleotide-[directed] mutagenesis
寡核苷酸连接分析	寡聚核苷酸連接分析	oligonucleotide ligation assay

大陆名	台湾名	英文名
寡核苷酸微阵列	寡聚核苷酸微陣列	oligonucleotide array
寡[核糖]核苷酸	寡聚[核糖]核苷酸	oligo[ribo]nucleotide
寡聚蛋白质	寡聚蛋白質	oligomeric protein
寡聚体	寡聚物，低聚物	oligomer
寡肽	寡肽	oligopeptide
寡糖	寡醣	oligosaccharide
寡糖基转移酶	寡醣轉移酶	oligosaccharyltransferase, OT
寡糖素	寡醣素	oligosaccharin
寡脱氧[核糖]核苷酸	寡聚去氧[核糖]核苷酸	oligodeoxy[ribo]nucleotide
寡脱氧胸苷酸，寡(dT)	寡聚去氧胸苷酸	oligodeoxythymidylic acid, oligo(dT)
寡脱氧胸苷酸纤维素，寡(dT)纤维素	寡聚去氧胸腺苷酸纖維素	oligo(dT)-cellulose
寡脱氧胸苷酸纤维素亲和层析，寡(dT)纤维素亲和层析	寡聚去氧胸腺苷酸纖維素親和層析	oligo(dT)-cellulose affinity chromatography
寡(dT)纤维素(=寡脱氧胸苷酸纤维素)		
寡(dT)纤维素亲和层析(=寡脱氧胸苷酸纤维素亲和层析)		
2′, 5′－寡腺苷酸，2′, 5′－寡(A)	2′, 5′－寡腺苷酸，2′, 5′－寡(A)	2′, 5′-oligoadenylate, 2′, 5′-oligo(A)
2′, 5′－寡腺苷酸合成酶	2′, 5′－寡腺苷酸合成酶	2′, 5′-oligoadenylate synthetase
关键步骤	關鍵步驟，關鍵反應	committed step
关联 tRNA	關聯 tRNA	cognate tRNA
冠蛋白	冠蛋白	coronin
冠瘿氨酸(=冠瘿碱)		
冠瘿碱，冠瘿氨酸	冠瘿鹼，冠瘿胺酸	opine
管家基因，持家基因	管家基因	house-keeping gene
管式凝胶电泳(=盘状凝胶电泳)	管式凝膠電泳(=盤狀凝膠電泳)	tube gel electrophoresis (=disk gel electrophoresis)
光胆红素	光膽紅素	photobilirubin
光蛋白聚糖	光蛋白聚醣	lumican
光度计	光度計	photometer
光合产物	光合產物	photosynthate, photosynthetic product
光合磷酸化	光合磷酸化[作用]	photophosphorylation

大 陆 名	台 湾 名	英 文 名
光合碳还原环(=卡尔文循环)	光合碳還原環(=卡爾文循環)	photosynthetic carbon reduction cycle (=Calvin cycle)
光合作用	光合作用	photosynthesis
光呼吸[作用]	光呼吸	photorespiration
光极	光極	optrode
光聚合	光聚合[作用]	photopolymerization
光裂合酶(=DNA 光裂合酶)	光解酶,光裂解酶	photolyase(=DNA photolyase)
DNA 光裂合酶	DNA 光裂解酶	DNA photolyase
光密度	光密度	optical density, OD
光密度法	光密度法	densitometry
光密度计	光密度計	densitometer, photodensitometer
光密度扫描仪	光密度掃描器	scanning densitometer
光敏黄蛋白	光激活黃蛋白質	photoreactive yellow protein
光谱分析	光譜分析	spectral analysis, spectroanalysis
光亲和标记	光親和標記	photoaffinity labeling
光亲和探针	光親和探針	photoaffinity probe
光生物传感性蛋白质	光生物感應蛋白質	optical biosensor protein
光视蛋白	光視蛋白	photopsin
光学活性(=旋光性)	光學活性	optical activity(=optical rotation)
光转导	光轉導	phototransduction
胱氨酸	胱胺酸	cystine
胱氨酸还原酶	胱胺酸還原酶	cystine reductase
胱氨酸尿症	胱胺酸尿症	cystinuria
胱硫醚	胱硫醚	cystathionine
胱硫醚酶	胱硫醚酶	cystathionase
胱天蛋白酶	硫胱胺酸蛋白酶	caspase
归巢	回歸,尋靶	homing
归巢内含肽	回歸內含肽	homing intein
归巢内含子	回歸內含子	homing intron
归巢受体	回歸受體	homing receptor
硅烷化	矽烷化	silanizing, silanization
硅藻土	矽藻土	diatomaceous earth
鲑精蛋白	鮭精蛋白	salmin
癸酸,十碳烷酸	癸酸,羊脂酸,十碳烷酸	capric acid, decanoic acid
癸酸甘油酯	癸酸甘油酯,三癸酸甘油酯,三癸醯甘油	caprin, decanoin

大陆名	台湾名	英文名
鬼笔[毒]环肽	鬼筆環肽	phalloidin
滚环复制	滾環複製	rolling circle replication
果胶	果膠	pectin
果胶裂合酶	果膠裂合酶	pectin lyase
果胶酶	果膠酶	pectinase
果胶溶酶(=溶果胶酶)		
果胶酸二糖裂合酶	果膠酯二醣裂合酶	pectate disaccharide-lyase
果胶酸裂合酶	果膠酸裂合酶	pectate lyase
果胶酯酶	果膠酯酶	pectin esterase
果胶酯酸	果膠酯酸	pectinic acid
果聚糖	果聚醣	fructan, fructosan, levan
果聚糖β果糖苷酶(=果糖苷酶)	果聚醣β-果糖苷酶	fructan β-fructosidase(=fructosidase)
果糖	果糖	fructose
果糖-1,6-二磷酸(=果糖-1,6-双磷酸)	果糖1,6-二磷酸(=果糖-1,6-雙磷酸)	fructose-1,6-diphosphate(=fructose-1, 6-bisphosphate)
果糖-2,6-二磷酸(=果糖-2,6-双磷酸)	果糖-2,6-二磷酸(=果糖-2,6-雙磷酸)	fructose-2,6-diphosphate(=fructose-2, 6-bisphosphate)
果糖-1,6-二磷酸[酯]酶(=果糖-1,6-双磷酸[酯]酶)	果糖-1,6-二磷酸酯酶(=果糖-1,6-雙磷酸酯酶)	fructose-1,6-diphosphatase(=fructose-1,6-bisphosphatase)
果糖苷	果糖苷	fructoside
果糖苷酶	果糖苷酶	fructosidase
果糖激酶	果糖激酶	fructokinase
果糖-6-磷酸	果糖-6-磷酸	fructose-6-phosphate
果糖尿症	果糖尿症	fructosuria
果糖-1,6-双磷酸	果糖-1,6-雙磷酸	fructose-1, 6-bisphosphate
果糖-2,6-双磷酸	果糖-2,6-雙磷酸	fructose-2, 6-bisphosphate
果糖血症	果糖血症	fructosemia
过碘酸希夫反应	高碘酸希夫反應	periodic acid-Schiff reaction, PAS reaction
过碘酸氧化	過碘酸氧化	periodate oxidation
过渡态	過渡態	transition state
过渡态类似物	過渡態類似物	transition state analogue
过客 DNA	過客 DNA	passenger DNA
过滤	過濾	filtration

大陆名	台湾名	英文名
过敏毒素	過敏毒素	anaphylatoxin
过氧化氢酶	過氧化氫酶，觸媒	catalase
过氧化物酶	過氧化物酶	peroxidase
过氧化物酶－抗过氧化物酶染色，PAP 染色	過氧化物酶－抗過氧化物酶染色	peroxidase-antiperoxidase staining, PAP staining
过氧化物酶体	過氧化物酶體	peroxisome

H

大陆名	台湾名	英文名
哈沃斯投影式	哈沃斯投影式	Haworth projection
海带多糖（＝昆布多糖）		
海带二糖（＝昆布二糖）		
海胆凝[集]素	海膽凝素	echinoidin
海马钙结合蛋白	海馬鈣結合蛋白	hippocalcin
海绵硬蛋白	海綿質	spongin
海藻酸，褐藻酸	藻酸	alginic acid
海藻糖	海藻糖	trehalose
海藻糖酶	海藻糖酶	trehalase
含铁蛋白质	含鐵蛋白質	iron protein
含铁钼蛋白质	含鐵鉬蛋白質	iron-molybdenum protein
含硒 tRNA	含硒 tRNA	selenium-containing tRNA
含硒蛋白质	含硒蛋白質	selenoprotein
含硒酶	含硒酶	selenoenzyme
含锌酶（＝锌酶）		
含羞草氨酸	含羞草胺酸	mimosine
罕用密码子	罕用密碼子	rare codon
DNA 合成	DNA 合成	DNA synthesis
合成代谢	合成代謝	anabolism
合成酶	合成酶	synthetase
合成仪	合成儀	synthesizer
合欢氨酸	合歡胺酸，脲基丙胺酸	albizziin
合酶	合酶	synthase
ACC 合酶（＝1－氨基环丙烷－1－羧酸合酶）		
ATP 合酶	ATP 合酶	ATP synthase
核 RNA	核 RNA	nuclear RNA
核奥弗豪泽效应	核奧弗豪澤效應	nuclear Overhauser effect, NOE

大 陆 名	台 湾 名	英 文 名
核磁共振	核磁共振	nuclear magnetic resonance, NMR
核磁共振波谱法	核磁共振波譜法	nuclear magnetic resonance spectroscopy
核蛋白	核蛋白	nucleoprotein
核定位	核定位	nuclear localization
核定位信号	核定位訊號	nuclear localization signal
核苷	核苷	nucleoside
核苷二磷酸	核苷二磷酸	nucleoside diphosphate, NDP
核苷二磷酸还原酶	核苷二磷酸還原酶	ribonucleoside diphosphate reductase
核苷酶	核苷酶	nucleosidase
核苷三磷酸	核苷三磷酸	nucleoside triphosphate, NTP
核苷三磷酸还原酶	核苷三磷酸還原酶	ribonucleoside triphosphate reductase
核苷酸	核苷酸	nucleotide
核苷酸残基	核苷酸殘基	nucleotide residue
核苷酸对	核苷酸對	nucleotide pair
核苷酸[基]转移酶	核苷酸[基]轉移酶	nucleotidyltransferase
核苷酸酶	核苷酸酶	nucleotidase
核苷酸切除修复	核苷酸切除修復	nucleotide excision repair, NER
核苷酸水解酶(=核苷酸酶)	核苷酸水解酶(=核苷酸酶)	nucleotidyl hydrolase(=nucleotidase)
核苷酸糖	核苷酸糖	nucleotide sugar
核苷酸序列	核苷酸序列，核酸的一級結構	nucleotide sequence
EMBL 核苷酸序列数据库	EMBL 核苷酸序列資料庫	EMBL nucleotide sequence database
RNA 核苷酸转移酶	RNA 核苷醯轉移酶	RNA nucleotidyltransferase
核苷一磷酸	核苷一磷酸	nucleoside monophosphate, NMP
核黄素(=维生素 B_2)	核黃素(=維生素 B_2)	riboflavin(=vitamin B_2)
核基因	核基因	nuclear gene
核孔	核孔	nuclear pore
核孔蛋白	核孔蛋白	nucleoporin
核孔复合体	核孔複合體	nuclear pore complex
核连缀[转录]分析(=新生链转录分析)	核連綴分析，連綴轉錄分析(=新生鏈轉錄分析)	nuclear run-on [transcription] assay (=nascent chain transcription analysis)
核酶	核酶	ribozyme
核膜	核膜	nuclear membrane
核膜层蛋白(=核[纤]层蛋白)		

大　陆　名	台　湾　名	英　文　名
核内不均一 RNA，核内异质 RNA	異源核 RNA	heterogeneous nuclear RNA，hnRNA
核内含子	核内含子	nuclear intron
核内异质 RNA（ =核内不均一 RNA）		
核仁 RNA	核仁 RNA	nucleolar RNA
核仁蛋白	核仁蛋白	nucleolin
核仁磷蛋白	核仁磷蛋白	nucleophosmin
核仁纤维蛋白	核仁纖維蛋白	fibrillarin
核仁小 RNA	小分子核仁 RNA	small nucleolar RNA，snoRNA
核受体	核受體	nuclear receptor
核酸	核酸	nucleic acid
核酸酶	核酸酶	nuclease
S1 核酸酶	S1 核酸酶	S1 nuclease
核酸酶保护分析	核酸酶保護分析	nuclease protection assay
S1 核酸酶保护分析	S1 核酸酶保護分析	S1 nuclease protection assay
S1［核酸酶］作图	S1［核酸酶］作圖	S1［nuclease］mapping
AP 核酸内切酶（ =AP 裂合酶）	AP 核酸内切酶（ =AP 裂解酶）	AP endonuclease（ =AP lyase）
核酸数据库	核酸資料庫	nucleic acid data bank
核酸探针	核酸探針	nucleic acid probe
3′→5′核酸外切编辑	3′→5′核酸外切編輯	3′→5′ exonucleolytic editing
核酸杂交	核酸雜交	nucleic acid hybridization
核酸组蛋白	核組蛋白	nucleohistone
核糖	核糖	ribose
核糖核蛋白［复合体］	核糖核蛋白［複合體］	ribonucleoprotein［complex］
核糖核蛋白颗粒	核糖核蛋白顆粒	ribonucleoprotein particle
核糖核苷	核糖核苷	ribonucleoside
核糖核苷酸	核糖核苷酸	ribonucleotide
核糖核苷酸还原酶	核糖核苷酸還原酶	ribonucleotide reductase
核糖核酸	核糖核酸	ribonucleic acid，RNA
核糖核酸多聚体	核糖核酸多聚體	ribopolymer
核糖核酸酶	核糖核酸酶	ribonuclease
核糖核酸酶 A	核糖核酸酶 A	ribonuclease A
核糖核酸酶 H	核糖核酸酶 H	ribonuclease H
核糖核酸酶 P	核糖核酸酶 P	ribonuclease P
核糖核酸酶 T1	核糖核酸酶 T1	ribonuclease T1
核糖基化	核糖基化作用	ribosylation

大陆名	台湾名	英文名
ADP 核糖基化	ADP 核糖基化[作用]	ADP-ribosylation
ADP 核糖基化因子	ADP 核糖基化因子	ADP-ribosylation factor, ARF
ADP 核糖基化因子结合蛋白	ADP 核糖基化因子結合蛋白	arfaptin
D－核糖 1，5－磷酸变位酶（＝脱氧核糖变位酶）	D－核糖 1，5－磷酸變位酶（＝去氧核糖變位酶）	D-ribose 1, 5-phosphamutase(= deoxyribomutase)
核糖体	核糖體	ribosome
核糖体 DNA	核糖體 DNA	ribosomal DNA
核糖体 RNA	核糖體 RNA	ribosomal RNA
核糖体基因	核糖體基因	ribosomal gene
核糖体结合糖蛋白	核糖體結合糖蛋白，核糖體受體蛋白	ribophorin
核糖体结合位点	核糖體結合位點	ribosome binding site
核糖体进入位点	核糖體進入位點	ribosome entry site
核糖体失活蛋白质	核糖體失活蛋白質	ribosome inactivating protein, RIP
核糖体识别位点（＝核糖体结合位点）	核糖體識別部位	ribosome recognition site (= ribosome binding site)
核糖体小 RNA	小分子核糖體 RNA	small ribosomal RNA
核糖体亚基	核糖體亞基	ribosomal subunit
核糖体移动	核糖體移動	ribosome movement
核糖体移码	核糖體移碼	ribosomal frameshift
核糖体装配	核糖體裝配	ribosome assembly
核糖胸苷（＝胸腺嘧啶核糖核苷）	核糖胸苷	ribothymidine(= thymine ribnucleoside)
核酮糖	核酮糖	ribulose
核酮糖－1，5－二磷酸羧化酶（＝羧基歧化酶）	核酮糖－1，5－二磷酸羧化酶	ribulose-1, 5-diphosphate carboxylase (= carboxydismutase)
核酮糖双磷酸	雙磷酸核酮糖	ribulose bisphosphate
核酮糖－1，5－双磷酸羧化酶/加氧酶（＝羧基歧化酶）	核酮糖二磷酸羧化酶/加氧酶	ribulose-1, 5-bisphosphate carboxylase/oxygenase, rubisco(= carboxydismutase)
核外基因（＝胞质基因）		
核[纤]层蛋白，核膜层蛋白	核[纖]層蛋白，薄片質	lamin
核小 RNA	小分子胞核 RNA	small nuclear RNA, snRNA
核小核糖核蛋白颗粒	核内核酸蛋白小粒	small nuclear ribonucleoprotein particle,

大陆名	台湾名	英文名
		snRNP, snurp
核小体	核小體	nucleosome
核小体核心颗粒	核小體核心顆粒	nucleosome core particle
核小体装配	核小體裝配	nucleosome assembly
核心 *O*－聚糖	核心 *O*－聚醣	core *O*-glycan
核心酶	核心酶	core enzyme
核心启动子元件	核心啟動子元件	core promoter element
核心糖基化	核心糖基化	core glycosylation
核质蛋白	核質蛋白	nucleoplasmin
核转录终止分析	核失控[轉錄]分析	nuclear run-off assay, run-off transcription assay
核转位信号	核移位訊號	nuclear translocation signal, NTS
盒式模型(＝组件模型)		
颌下腺蛋白酶	頜下腺蛋白酶	submaxillary gland protease
褐煤酸	褐煤酸，二十八烷酸	montanic acid
褐藻素(＝脱镁叶绿素)		
褐藻酸(＝海藻酸)		
黑[色]素	黑色素	melanin
黑素尿	黑色素尿症	melanuria
黑素浓集激素	黑色素濃集激素	melanin concentrating hormone, MCH
红光视紫红质	紅光視紫紅質	bathorhodopsin
红糊精	紅糊精	erythrodextrin
红肾豆凝集素(＝植物凝集素)		
红外分光光度计	紅外分光光度計	infrared spectrophotometer
红细胞集落刺激因子	紅血球集落刺激因子	erythroid-colony stimulating factor
红细胞克吕佩尔样因子	紅血球克呂佩爾樣因子	erythroid Krüppel-like factor, EKLF
红细胞凝集素(＝血凝素)		
红细胞糖苷脂	紅血球糖苷脂	globoside
红细胞系列糖鞘脂(＝球系列)		
红藻氨酸	紅藻胺酸	kainic acid
后白蛋白(＝后清蛋白)		
后胆色素(＝胆素)		
后清蛋白，后白蛋白	後白蛋白，後清蛋白	postalbumin
后随链	延遲股，不連續股	lagging strand
后叶激素运载蛋白，神	後葉激素運載蛋白	neurophysin

大陆名	台湾名	英文名
经垂体素运载蛋白		
鲎抗菌肽	鱟抗菌肽	tachyplesin
呼吸链	呼吸鏈	respiratory chain
呼吸色素	呼吸色素	respiratory pigment
呼吸商	呼吸商	respiratory quotient, RQ
胡萝卜醇(=叶黄素)		
胡萝卜素	胡蘿蔔素	carotene
β胡萝卜素，维生素A原	β-胡蘿蔔素	β-carotene
胡萝卜素双加氧酶	胡蘿蔔素雙加氧酶	carotene dioxygenase
胡斯坦碱基配对	Hoogsteen 鹼基配對	Hoogsteen base pairing
槲寄生毒蛋白	槲寄生毒蛋白	viscusin
槲寄生凝集素	槲寄生凝集素	mistletoe lectin, viscumin
糊精	糊精	dextrin, amylin
α糊精内切1,6-α-葡糖苷酶(=短梗霉多糖酶)	α-糊精内切1,6-α-葡糖苷酶(=短梗黴多糖酶)	α-dextrin endo-1, 6-α-glucosidase (=pullulanase)
糊精6-α-D-葡糖水解酶(=淀粉-1,6-葡糖苷酶)		
虎蛇毒蛋白	虎蛇毒蛋白	notexin
琥珀密码子	琥珀型密碼子	amber codon
琥珀酸	琥珀酸，丁二酸	succinic acid
琥珀酸脱氢酶	琥珀酸脫氫酶	succinate dehydrogenase
琥珀突变	琥珀型突變	amber mutation
琥珀突变校正基因(=琥珀突变阻抑基因)		
琥珀突变体	琥珀型突變體	amber mutant
琥珀[突变]阻抑	琥珀阻抑，琥珀校正	amber suppression
琥珀突变阻抑基因，琥珀突变校正基因	琥珀突變阻抑基因，琥珀突變校正基因	amber suppressor
琥珀酰胆碱	琥珀醯膽鹼，丁二醯膽鹼	succinylcholine
琥珀酰辅酶A	琥珀醯輔酶A，丁二醯輔酶A	succinylcoenzyme A
琥珀酰聚糖	琥珀醯聚醣	succinoglycan
互变异构	互變異構	tautomerism

大 陆 名	台 湾 名	英 文 名
互变异构体	互變異構體	tautomer
互补 DNA	互補 DNA	complementary DNA, cDNA
互补 RNA	互補 RNA	complementary RNA
互补碱基	互補鹼基	complementary base
互补链	互補股	complementary strand
互补 DNA 文库，cDNA 文库	cDNA 文库，cDNA 庫	cDNA library
互补性	互補性	complementarity
互补序列	互補序列	complementary sequence
互利素，互益素	互利素	synomone
互益素（=互利素）		
花色素酶	花色素酶	anthocyanase
花生四烯酸	花生四烯酸	arachidonic acid
花生酸，二十烷酸	花生酸，二十烷酸	arachidic acid, eicosanoic acid
DNA 化学测序法（=马克萨姆－吉尔伯特法）	DNA 化學測序法	chemical method of DNA sequencing （=Maxam-Gilbert DNA sequencing）
化学发光	化學發光	chemiluminescence, chemoluminscence
化学发光标记	化學發光標記	chemiluminescence labeling
化学发光分析	化學發光分析	chemiluminometry
化学发光免疫测定，化学发光免疫分析	化學發光免疫分析	chemiluminescence immunoassay, CLIA
化学发光免疫分析（=化学发光免疫测定）		
化学降解法（=马克萨姆－吉尔伯特法）	化學降解法	chemical degradation method（=Maxam-Gilbert DNA sequencing）
化学渗透	化學滲透	chemiosmosis
化学受体	化學受體	chemoreceptor
化学修饰	化學修飾	chemical modification
化蛹激素	化蛹激素	pupation hormone
怀丁苷	懷丁苷	wybutosine
怀俄苷	懷俄苷	wyosine
槐糖	槐糖	sophorose
踝蛋白	連絲蛋白	talin
还原酶	還原酶	reductase
FMN 还原酶	FMN 還原酶	FMN reductase
还原末端	還原末端	reducing terminus
还原型辅酶 I（=还原		

大陆名	台湾名	英文名
型烟酰胺腺嘌呤二核苷酸)		
还原型辅酶Ⅱ(=还原型烟酰胺腺嘌呤二核苷酸磷酸)		
还原型烟酰胺腺嘌呤二核苷酸,还原型辅酶Ⅰ	還原態的菸鹼醯胺腺嘌呤二核苷酸	reduced nicotinamide adenine dinucleotide, NADH
还原型烟酰胺腺嘌呤二核苷酸磷酸,还原型辅酶Ⅱ	還原態的菸鹼醯胺腺嘌呤二核苷酸磷酸	reduced nicotinamide adenine dinucleotide phosphate, NADPH
环	環	loop
D 环(=①二氢尿嘧啶环 ②替代环)		
DNA 环	DNA 環	DNA loop, DNA circle
R 环	R 環	R loop
环庚糖	七環糖	septanose
环核苷酸	環核苷酸	cyclic nucleotide
环核苷酸磷酸二酯酶	環核苷酸磷酸二酯酶	cyclic nucleotide phosphodiesterase
环糊精	環化糊精,環狀澱粉	cyclodextrin
环化酶	環化酶	cyclase
环己六醇(=肌醇)		
环加氧酶	環加氧酶	cyclo-oxygenase, COX
环境激素	环境激素,環境賀爾蒙	environmental hormone
环境温度	環境溫度	ambient temperature
环鸟苷酸	環鳥苷酸,環鳥核苷單磷酸	cyclic guanylic acid, cyclic guanosine monophosphate, cGMP
环肽	環肽	cyclic peptide, cyclopeptide
环肽合成酶	環肽合成酶	cyclic peptide synthetase
环腺苷酸	環腺苷酸,環腺核苷單磷酸	cyclic adenylic acid, cyclic adenosine monophosphate, cAMP
环腺苷酸应答元件	cAMP 應答元件	cAMP response element, CRE
环氧化物[水解]酶	環氧化物[水解]酶	epoxide hydrolase
环状 DNA	環狀 DNA	circular DNA
缓冲配对离子	緩衝配對離子	buffer counterion
缓冲液梯度聚丙烯酰胺凝胶	緩衝液梯度聚丙烯醯胺凝膠	buffer-gradient polyacrylamide gel
缓激肽	舒緩激肽	bradykinin

大陆名	台湾名	英文名
缓激肽增强肽	舒緩激肽增強肽	bradykinin potentiating peptide, BPP
黄苷	黃[嘌呤核]苷	xanthosine
黄苷酸	黃苷酸	xanthylic acid
黄苷一磷酸(=黄苷酸)	黃[嘌呤核]苷一磷酸	xanthosine monophosphate, XMP(=xanthylic acid)
黄尿酸	黃尿酸	xanthurenic acid
黄嘌呤	黃嘌呤,2,6-二羥基嘌呤	xanthine
黄嘌呤磷酸核糖转移酶	黃嘌呤磷酸核糖轉移酶	xanthine phosphoribosyltransferase, XPRT
黄嘌呤-鸟嘌呤磷酸核糖转移酶	黃嘌呤-鳥嘌呤磷酸核糖轉移酶	xanthine-guanine phosphoribosyltransferase
黄嘌呤氧化酶	黃嘌呤氧化酶	xanthine oxidase
黄素	黃素	flavin
黄素单核苷酸	黃素一核苷酸	flavin mononucleotide, FMN
黄素单核苷酸还原酶	黃素一核苷酸還原酶	flavin mononucleotide reductase
黄素蛋白	黃素蛋白	flavoprotein
黄素酶	黃素酶	flavoenzyme
黄素腺嘌呤二核苷酸	黃素腺嘌呤二核苷酸	flavin adenine dinucleotide, FAD
黄素血红蛋白	黃素血紅蛋白	flavohemoglobin
黄素氧还蛋白	黃素氧化還原蛋白	flavodoxin
黄体酮(=孕酮)		
黄体制剂	孕激素,黃體酮	progestin, progestone
黄酮	黃酮	flavone
黄脂酸	黃脂酸	copalic acid
磺基丙氨酸	磺基丙胺酸	cysteic acid
磺基转移酶	磺基轉移酶	sulfotransferase
恢复蛋白	恢復蛋白	recoverin
挥发性脂肪酸	揮發性脂肪酸	volatile fatty acid
回补反应,添补反应	補給反應	anaplerotic reaction
回复突变	回復突變	back mutation, reverse mutation
回文对称	迴文,旋轉對稱順序	palindrome
回文序列	迴文序列	palindromic sequence
会联蛋白(=膜联蛋白Ⅶ)	會聯蛋白(=膜聯蛋白Ⅶ)	synexin(=annexin Ⅶ)
桧酸	檜酸,薩界檜酸	sabinic acid
桧萜,桧烯	檜萜,薩界檜萜	sabinene
桧萜醇	薩界檜萜醇	sabinol
桧烯(=桧萜)		

大　陆　名	台　湾　名	英　文　名
DNA 混编	DNA 重組技術，DNA 洗牌技術	DNA shuffling
混合短杆菌肽（=短杆菌素）		
混合功能氧化酶（=单加氧酶）	混合功能氧化酶	mixed functional oxidase（=monooxygenase）
混合碱基符号	混合核苷酸鹼基符號	symbols for mix-bases
混浊噬斑	混濁噬斑	turbid plaque
活化蛋白（=激活蛋白）		
AMP 活化的蛋白激酶	AMP 活化的蛋白激酶	AMP-activated protein kinase
活化分析	活化分析	activation analysis
活化剂（=激活物）		
活化素（=激活蛋白）		
活化[作用]（=激活[作用]）		
活性	活性	activity
活性部位	活性部位	active site
活性肠高血糖素	腸高血糖素	glycentin
活性氧类	活性氧類	reactive oxygen species，ROS
火箭[免疫]电泳	火箭[免疫]電泳	rocket [immuno] electrophoresis
火焰光度计	火燄光度計	flame photometer
霍格内斯框（=TATA 框）	Hogness 框	Hogness box（=TATA box）
霍乱毒素	霍亂毒素	cholera toxin
霍普－伍兹分析	Hopp-Woods 分析	Hopp-Woods analysis

J

大　陆　名	台　湾　名	英　文　名
机械力敏感通道	機械力敏感通道	mechanosensitive channel
机械力转导	機械力訊號傳遞	mechanotransduction
肌氨酸	肌胺酸	sarcosine
肌氨酸脱氢酶	肌胺酸脱氫酶，甲基甘胺酸脱氫酶	sarcosine dehydrogenase
肌成束蛋白	肌成束蛋白	fascin
肌醇，环己六醇	肌醇，環己六醇	inositol
肌醇单磷酸酶	肌醇單磷酸酶	inositol monophosphatase
肌醇磷脂	肌醇磷脂	lipositol

大　陆　名	台　湾　名	英　文　名
肌醇六磷酸(＝植酸)		
肌醇三磷酸	肌醇三磷酸	inositol triphosphate, IP_3
肌醇脂－3－激酶	肌醇脂－3－激酶	inositol lipid 3-kinase
肌动蛋白	肌動蛋白，肌纖蛋白	actin
F肌动蛋白(＝纤丝状肌动蛋白)		
G肌动蛋白	G－肌動蛋白	globular actin
肌动蛋白解聚因子	肌動蛋白解聚因子	actin depolymerizing factor
[肌动蛋白]切割蛋白	肌割蛋白	severin
肌动结合蛋白	肌動結合蛋白	actobindin
肌动球蛋白	肌動球蛋白	actomyosin
肌钙蛋白	肌鈣蛋白	troponin
肌钙腔蛋白	肌鈣腔蛋白	sarcalumenin
肌苷	肌苷	inosine
肌苷二磷酸	肌苷二磷酸	inosine diphosphate, IDP
肌苷三磷酸	肌苷三磷酸	inosine triphosphate, ITP
肌苷酸	肌苷酸	inosinic acid
肌苷一磷酸	肌苷一磷酸	inosine monophosphate, IMP
肌红蛋白	肌紅蛋白	myoglobin
肌红蛋白尿	肌紅蛋白尿症	myoglobinuria
肌－肌醇	肌－肌醇	myo-inositol
肌基质蛋白	肌基質蛋白	myostromin
肌激酶	肌激酶	myokinase
肌浆蛋白(＝肌质蛋白)		
肌巨蛋白	肌巨蛋白	titin
肌联蛋白	肌聯蛋白	connectin
肌膜	肌膜	sarcolemma
肌切蛋白	肌切蛋白	scinderin
肌清蛋白	肌白蛋白，肌清蛋白，肌蛋白素	myoalbumin
肌球蛋白	肌凝蛋白	myosin
肌球蛋白轻链激酶	肌凝蛋白輕鏈激酶	myosin light chain kinase
肌生成抑制蛋白	肌生成抑制蛋白	myostatin
肌酸	肌酸	creatine
肌[酸]酐	肌酸酐	creatinine
肌酸激酶	肌酸激酶	creatine kinase
肌酸磷酸激酶(＝肌酸激酶)	肌酸磷酸激酶(＝肌酸激酶)	creatine phosphokinase, CPK(＝creatine kinase)

大　陆　名	台　湾　名	英　文　名
肌肽	肌肽	carnosine
肌调肽	肌調肽	myomodulin
肌细胞生成蛋白	肌細胞生成蛋白	myogenin
肌养蛋白	肌營養不良素	dystrophin
肌养蛋白聚糖	肌營養不良蛋白聚醣	dystroglycan
肌营养相关蛋白	肌養相關蛋白	utrophin
肌质蛋白，肌浆蛋白	肌漿蛋白，肌凝蛋白	myogen
鸡精蛋白	雞精蛋白	galline
鸡锰蛋白	雞錳蛋白	avimanganin
基础代谢	基礎代謝	basal metabolism
基础转录装置	基礎轉錄裝置	basal transcription apparatus
基底膜结合蛋白聚糖	基底膜結合蛋白聚醣	bamacan
基底膜连接蛋白质	基底膜連接蛋白質	basement membrane link protein
基因	基因	gene
Hox 基因(＝同源异形[域编码]基因)		
nod 基因(＝结瘤基因)		
基因靶向，基因打靶	基因靶向	gene targeting
基因表达	基因表達	gene expression
基因表达调控	基因表達調控	gene expression regulation
基因病	基因病	genopathy
基因捕获	基因捕獲	gene trap
基因操作	基因操作	genetic manipulation
基因超家族	基因超族	gene superfamily
基因沉默	基因緘默	gene silencing
基因重叠	基因重疊	gene overlapping
基因重复	基因重複	gene duplication, gene reiteration
基因重排	基因重排	gene rearrangement
基因重配	基因重配	gene resortment
基因重组	基因重組	gene recombination
基因传感器	基因感測器	genosensor
基因簇	基因簇，基因群	gene cluster
基因打靶(＝基因靶向)		
基因带(＝基因线)		
基因递送	基因傳遞	gene delivery
基因定位	基因定位	gene localization
基因多样性	基因多樣性	gene diversity
基因分析	基因分析	gene analysis

大陆名	台湾名	英文名
基因丰余	基因重複性	gene redundancy
基因跟踪	基因追蹤	gene tracking
基因工程，遗传工程	基因工程，遺傳工程	genetic engineering
[基因]工程核酶	工程核酶	engineered ribozyme
基因家族	基因族	gene family
基因间重组	基因間重組	intergenic recombination
基因间区	基因間區	intergenic region, IG region
基因间阻抑	基因間阻抑	intergenic suppression
基因拷贝	基因拷貝	gene copy
基因克隆	基因克隆，基因選殖	gene cloning
基因库	基因庫	gene pool
基因扩增	基因擴增，基因增殖，基因複製	gene amplification
基因流	基因流動	gene flow
基因内启动子	基因內啟動子	intragenic promoter
基因内阻抑	基因內阻抑	intragenic suppression
基因破坏	基因破壞	gene disruption
基因枪	基因槍	gene gun
基因敲除，基因剔除	基因剔除	gene knock-out
基因敲减，基因敲落	基因敲減，基因敲落	gene knock-down
基因敲落(=基因敲减)		
基因敲入	基因敲入	gene knock-in
基因切换，遗传切换	遺傳開關	genetic switch
基因趋异	基因分歧	gene divergence
基因缺陷	基因缺損	gene defect
基因融合	基因融合	gene fusion
基因失活	基因失活	gene inactivation
基因数悖理	基因數悖理	gene number paradox
基因数据库	基因資料庫	gene data bank
基因探针	基因探針	gene probe
基因套群	基因套群	gene battery
基因剔除(=基因敲除)		
基因调节	基因調控	gene regulation
基因突变	基因突變	gene mutation
基因图谱，遗传图谱	基因圖譜，遺傳圖譜	genetic map
基因外启动子	基因外啟動子	extragenic promoter
基因位置效应	基因位置效應	gene position effect
基因文库	基因文庫，基因資料庫	gene library

大陆名	台湾名	英文名
基因污染	基因污染	gene pollution
基因系统发育	基因系統發生學	gene phylogeny
基因线，基因带	基因線	genonema，genophore
基因芯片	基因晶片	gene chip
基因型	基因型	genotype
基因疫苗	基因疫苗	gene vaccine
基因印记，遗传印记	遺傳印痕	genetic imprinting
基因增强治疗	基因擴大治療	gene augmentation therapy
基因诊断	基因診斷	gene diagnosis
基因整合	基因整合	genetic integration
基因指纹，遗传指纹	基因指紋，遺傳指紋	genetic fingerprint
基因治疗	基因治療	gene therapy
基因置换	基因置換	gene replacement
基因转变	基因轉換	gene conversion
基因转移	基因轉移	gene transfer
基因转座	基因轉座	gene transposition
基因组	基因體	genome
基因组 DNA	基因體 DNA	genomic DNA
基因组步移	基因體步查	genomic walking
基因组测序	基因體[序列]定序	genomic sequencing
基因组重构	基因體重構	genome reorganization
基因组重排	基因體重排	genome rearrangement
基因组构	基因組構	gene organization
基因组图谱	基因體圖譜	genomic map
基因组文库	基因體庫	genomic library
基因组序列数据库	基因體序列資料庫	genome sequence database
基因组学	基因體學	genomics
基因组印记	基因體印痕	genomic imprinting
基因组指纹分析	基因體指紋分析	genomic fingerprinting
基因组足迹分析	基因體足跡分析	genomic footprinting
基因组组构	基因體組構	genome organization
基因组作图	基因體作圖	genome mapping，genomic mapping
基因作图	基因作圖	gene mapping
基因座	基因座，位點	locus，loci(复数)
基因座控制区	基因座控制區	locus control region，LCR
基因座连锁分析	基因座連鎖分析	locus linkage analysis
基质	基質	matrix，matrices(复数)
基质蛋白	基質蛋白	stromatin

大　陆　名	台　湾　名	英　文　名
激动剂	激動劑	agonist
激动肽	激動肽	exendin
激光拉曼光谱学	鐳射拉曼光譜學	laser Raman spectroscopy
激光扫描共焦显微镜术	鐳射掃描共聚焦顯微鏡術	laser scanning confocal microscopy
激光增强拉曼散射	鐳射增強拉曼散射	laser stimulated Raman scattering
激活蛋白，活化蛋白，活化素	促進素	activin
激活剂（=激活物）		
激活物，激活剂，活化剂	活化物，活化劑	activator
激活域	活化域	activation domain
激活[作用]，活化[作用]	激活[作用]，活化[作用]	activation
激酶	激酶	kinase
IκB 激酶	IκB 激酶	IκB kinase
MAP 激酶（=促分裂原活化的蛋白激酶）		
NAD 激酶（=烟酰胺腺嘌呤二核苷酸激酶）		
T4 激酶（=T4 多核苷酸激酶）		
MAP 激酶激酶（=促分裂原活化的蛋白激酶激酶）		
MAP 激酶激酶激酶（=促分裂原活化的蛋白激酶激酶激酶）		
激泌素	激泌素	crinin
激素	激素，荷爾蒙，賀爾蒙	hormone
激素过多症	激素過多症	hormonosis
激素核受体	激素核受體	hormone nuclear receptor
激素缺乏症	激素缺乏症	hormonoprivia
激素生成	激素生成	hormonogenesis
激素受体	激素受體	hormone receptor
激素信号传送	激素信號傳導	hormone signaling
激素应答元件	激素應答元件	hormone response element, HRE
激素原	激素原	hormonogen

大 陆 名	台 湾 名	英 文 名
激素原转化酶	原激素轉化酶	prohormone convertase
激素缀合物	激素接合物	hormone conjugate
激肽	激肽，基寧	kinin
激肽酶	激肽酶	kininase
激肽释放酶	激肽釋放酶	kallikrein
激肽原	激肽原	kininogen
激肽原酶（=激肽释放酶）	激肽原酶（=激肽釋放酶）	kininogenase（=kallikrein）
激脂激素（=促脂解素）	激脂激素，脂肪動用激素（=促脂解素）	adipokinetic hormone，AKH（=lipotropin）
吉欧霉素	吉歐黴素	zeocin
级联层析（=多维层析）	級聯層析	cascade chromatography（=multidimensional chromatography）
级联发酵	級聯發酵	cascade fermentation
级联反应	級聯[反應]	cascade
极低密度脂蛋白	極低密度脂蛋白	very low density lipoprotein，VLDL
极限糊精	極限糊精，澱粉糊精	amylodextrin，limit dextrin
α 极限糊精	α-極限糊精，α-澱粉糊精	α-amylodextrin
β 极限糊精	β-極限糊精，β-澱粉糊精	β-amylodextrin
集钙蛋白	隱鈣素	calsequestrin
集光复合体	集光複合體	light harvesting complex，LHC
集光叶绿体[结合]蛋白质	集光葉綠體蛋白質，集光葉綠體結合蛋白	light harvesting chlorophyll protein，LHCP
集落	菌落	colony
集落刺激因子	集落刺激因子	colony stimulating factor，CSF
几丁二糖	幾丁二糖	chitobiose
几丁质（=壳多糖）		
几丁质酶（=壳多糖酶）		
己聚糖	聚己醣	hexosan
己醛糖	己醛糖	aldohexose
己酸	己酸，羊油酸	caproic acid
己酸甘油酯	己酸甘油酯	caproin
己糖，六碳糖	六碳糖，己糖	hexose
己糖胺	己糖胺	hexosamine
己糖激酶	己糖激酶	hexokinase
己糖磷酸支路（=戊糖	己糖一磷酸支路，己糖	hexose monophosphate shunt（=pentose-

大　陆　名	台　湾　名	英　文　名
磷酸途径）	一磷酸分路（ = 戊糖磷酸途徑）	phosphate pathway）
己酮糖	酮己糖	hexulose, ketohexose
加工	加工	processing
RNA 加工	RNA 加工	RNA processing
加工蛋白酶	加工蛋白酶	processing protease
DNA 加合物	DNA 添加物	DNA adduct
加减法	加減法	plus-minus method
加帽	加帽，罩蓋現象	capping
mRNA 加帽	mRNA 加帽	mRNA capping
加帽蛋白	加帽蛋白	capping protein
加帽酶	加帽酶	capping enzyme
加帽位点	加帽位點	cap site
加尾	加尾，拖尾	tailing
加压催产素（ = 8 – 精催产素）		
加压素（ = 升压素）		
加氧酶，氧合酶	加氧酶，氧合酶	oxygenase
夹心法分析	夾心法分析	sandwich assay
家蚕抗菌肽	家蠶抗菌肽	moricin
家族性低胆固醇血症	家族性低膽甾醇血症	familial hypocholesterolemia
家族性低 β 脂蛋白血症	家族性低 β – 脂蛋白血症	familial hypobetalipoproteinemia
家族性高胆固醇血症	家族性高膽甾醇血症	familial hypercholesterolemia
荚豆二糖	莢豆二糖	vicianose
荚膜多糖	莢膜多醣	capsular polysaccharide
颊肽	頰肽	buccalin
甲苯胺蓝	胺甲苯藍	toluidine blue
甲醇	甲醇	methanol
5 – 甲基胞嘧啶	5 – 甲基胞嘧啶	5-methylcytosine
甲基丙烯酰辅酶 A	甲基丙烯醯 CoA	methacrylyl-CoA
甲基固醇单加氧酶	甲基固醇單加氧酶	methylsterol monooxygenase
甲基化	甲基化[作用]	methylation
DNA 甲基化	DNA 甲基化	DNA methylation
甲基化干扰试验	甲基化干擾試驗	methylation interference assay
甲基化酶（ = 甲基转移酶）	甲基化酶（ = 甲基轉移酶）	methylase（ = methyltransferase）
Dam 甲基化酶	Dam 甲基化酶	Dam methylase

大陆名	台湾名	英文名
DNA 甲基化酶	DNA 甲基化酶	DNA methylase
RNA 甲基化酶	RNA 甲基化酶	RNA methylase
甲基化特异性 PCR（=甲基化特异性聚合酶链反应）		
甲基化特异性聚合酶链反应，甲基化特异性 PCR	甲基化特異性 PCR，甲基化特異性聚合酶鏈反應	methylation specific PCR
甲基萘醌，维生素 K_2	甲基萘醌，維生素 K_2	menaquinone
3-*O*-甲基肾上腺素（=变肾上腺素）		
N-甲基脱氧野尻霉素	*N*-甲基去氧野尻黴素	*N*-methyldeoxynojirimycin
甲基转移酶	甲基轉移酶	methyltransferase
DNA 甲基转移酶（=DNA 甲基化酶）	DNA 甲基轉移酶（=DNA 甲基化酶）	DNA methyltransferase (=DNA methylase)
甲硫氨酸	甲硫胺酸	methionine, Met
甲硫氨酸 tRNA	甲硫胺酸 tRNA	methionine tRNA
甲硫氨酸特异性氨肽酶	甲硫胺酸特異性胺肽酶	methionine-specific aminopeptidase
甲萘醌，维生素 K_3	甲萘醌，維生素 K_3	menadione
甲羟戊酸	甲羥戊酸，3-甲基-3，5-二羥基戊酸	mevalonic acid
甲羟戊酸-5-焦磷酸	甲羥戊酸-5-焦磷酸	mevalonate-5-pyrophosphate
甲壳蓝蛋白	甲殼藍蛋白	crustacyanin
甲醛	甲醛	formaldehyde
甲酸	甲酸	formic acid
甲胎蛋白	甲胎蛋白	α-fetoprotein, AFP
甲酰胺酶	甲醯胺酶	formamidase
甲酰甲硫氨酸	甲醯甲硫胺酸	formylmethionine, fMet
甲状旁腺激素	甲狀旁腺激素，副甲狀腺素	parathyroid hormone, PTH
甲状腺激素	甲狀腺激素	thyroid hormone
甲状腺激素受体	甲狀腺激素受體	thyroid hormone receptor
甲状腺激素应答元件	甲狀腺素應答元件	thyroid hormone response element
甲状腺球蛋白	甲狀腺球蛋白	thyroglobulin
甲状腺素，四碘甲腺原氨酸	甲狀腺素，四碘甲素	thyroxine, Thx
甲状腺素结合前清蛋白（=甲状腺素视黄质	[四碘]甲狀腺素結合前白蛋白（=甲狀腺	thyroxine binding prealbumin (=transthyretin)

大陆名	台湾名	英文名
运载蛋白）	素視黃質運載蛋白）	
甲状腺素结合球蛋白	[四碘]甲狀腺素結合球蛋白	thyroxine binding globulin, TBG
甲状腺素视黄质运载蛋白	甲狀腺素視黃質運載蛋白	transthyretin
甲[状]腺原氨酸	甲狀腺原胺酸，3，5，3′－三碘甲狀腺原胺酸	thyronine
假底物	假底物，假基質	pseudosubstrate
假基因	假基因	pseudogene
假角蛋白	假角蛋白	pseudokeratin
假结	假結	pseudoknot
RNA 假结	RNA 假結	RNA pseudoknot
假尿苷	假尿苷	pseudouridine
假尿苷酸	假尿苷酸	pseudouridylic acid
假球蛋白，拟球蛋白	假球蛋白，擬球蛋白	pseudoglobulin
假肽聚糖	假肽聚醣	pseudopeptidoglycan
假血红蛋白	假血紅蛋白	pseudohemoglobin
假循环光合磷酸化	假循環光合磷酸化	pseudo-cyclic photophosphorylation
间插序列	間插序列，介入序列	intervening sequence, IVS
间位肾上腺素（＝变肾上腺素）		
间 α 胰蛋白酶抑制剂（＝双库尼茨抑制剂）		
兼性离子，两性离子	雙性離子，兩性離子	zwitterion, amphion, amphoteric ion
兼性离子缓冲液	雙性離子緩衝液	zwitterionic buffer
兼性离子交换树脂，两性离子交换树脂	雙性離子交換樹脂，兩性離子交換樹脂	amphoteric ion-exchange resin
兼性离子配对层析（＝离子配对层析）	雙性離子配對層析（＝離子配對層析）	zwitterion pair chromatography （＝ion-pairing chromatography）
减色效应	減色效應	hypochromic effect
剪接	剪接	splicing
PCR 剪接（＝聚合酶链反应剪接）		
RNA 剪接	RNA 剪接	RNA splicing
剪接变体	剪接變體	splicing variant, splice variant
剪接重叠延伸 PCR（＝剪接重叠延伸聚合酶链		

大 陆 名	台 湾 名	英 文 名
反应)		
剪接重叠延伸聚合酶链反应,剪接重叠延伸PCR	剪接重疊延伸 PCR	splicing overlapping extension PCR
剪接复合体	剪接複合物	splicing complex
剪接供体	剪接供體	splice donor
剪接接纳体	剪接接納體	splice acceptor
剪接接头	剪接接頭	splicing junction
剪接前导 RNA	剪接前導 RNA	spliced leader RNA
剪接前体,前剪接体	剪接前體,前剪接體	prespliceosome
剪接体	剪接體	spliceosome
剪接体循环,剪接体周期	剪接體循環	spliceosome cycle
期剪接体周期(=剪接体循环)		
剪接突变	剪接突變	splicing mutation
剪接位点	剪接位點	splicing site, splice site
5′剪接位点(=剪接供体)	5′-剪接位點	5′-splicing site(=splice donor)
3′剪接位点(=剪接接纳体)	3′-剪接位點	3′-splicing site(=splice acceptor)
剪接信号	剪接信號	splicing signal
剪接因子	剪接因子	splicing factor
检查点基因	控制點基因	checkpoint gene
简并	簡併性	degeneracy
简并密码子	簡併密碼子	degenerate codon
简并遗传密码	簡併遺傳密碼	degeneracy genetic code
简并引物	簡併引子	degenerate primer
简单重复序列多态性	簡單序列重複多型性	simple sequence repeat polymorphism, SSRP
简单序列长度多态性	簡單序列長度多型性	simple sequence length polymorphism, SSLP
简单序列重复	簡單重複序列	simple sequence repeat, SSR
碱基	鹼基	base
碱基比	鹼基比	base ratio
碱基堆积	鹼基堆積	base stacking
碱基对	鹼基對	base pair, bp
碱基类似物	鹼基類似物	base analog

大陆名	台湾名	英文名
碱基配对	鹼基配對	base pairing
碱基配对法则(=夏格夫法则)	鹼基配對法則(=查加夫法則)	base pairing rule (=Chargaff rule)
碱基切除修复	鹼基切除修復	base excision repair, BER
碱基三联体	鹼基三聯體	base triple
碱基特异性核糖核酸酶	鹼基特異性核糖核酸酶	base-specific ribonuclease
碱基特异性裂解法(=马克萨姆-吉尔伯特法)	鹼基特異性裂解法	base-specific cleavage method(=Maxam-Gilbert DNA sequencing)
碱基修复	鹼基修復	base repair
碱基置换	鹼基置換	base substitution
碱基组成	鹼基組成	base composition
碱性成纤维细胞生长因子	鹼性纖維細胞生長因子	basic fibroblast growth factor, bFGF
碱性拉链模体(=碱性亮氨酸拉链)	鹼性拉鏈模體(=鹼性亮胺酸拉鏈)	basic zipper motif(=basic leucine zipper)
碱性亮氨酸拉链	鹼性亮胺酸拉鏈	basic leucine zipper
碱性磷酸[酯]酶	鹼性磷酸酶	alkaline phosphatase
碱性凝胶电泳	鹼性凝膠電泳	alkaline gel electrophoresis
碱血症	鹼血症	alkalemia
碱中毒	鹼中毒	alkalosis
间隔 DNA	間隔 DNA	spacer DNA
间隔 RNA	間隔 RNA	spacer RNA
间接免疫荧光技术	間接免疫螢光技術	indirect immunofluorescent technique
间隙连接蛋白	間隙連接蛋白	connexin
剑蛋白	劍蛋白	katanin
剑鱼精蛋白	劍魚精蛋白	xiphin
豇豆球蛋白	豇豆球蛋白	vignin
缰蛋白, V 型层粘连蛋白	韁蛋白	kalinin
降钙素	降鈣素, 抑鈣素	calcitonin, CT
降钙素基因相关肽	降鈣素基因相關肽	calcitonin gene-related peptide, CGRP
降钙因子	降鈣因子	caldecrin
降解	降解	degradation
mRNA 降解途径	mRNA 降解途徑	mRNA degradation pathway
降解物组	降解物體	degradome
降解物组学	降解物體學	degradomics
降脂蛋白	降脂蛋白	adipsin

大陆名	台湾名	英文名
降植烷酸	降植烷酸，四甲基十五烷酸	pristanic acid
交叉蛋白	交叉蛋白	intersectin
交叉电泳	交叉[反應]電泳	crosse electrophoresis
交叉免疫电泳	交叉[反應]免疫電泳	crossed immunoelectrophoresis
交叉亲和免疫电泳	交叉[反應]親和性免疫電泳	crossed affinity immunoelectrophoresis
DNA 交联	DNA 交聯	DNA crosslink
交配素	交配素，配子激素	gamone
胶冻卷	膠凍卷	jelly roll
胶固素（=共凝素）		
胶原	膠原	collagen
胶原螺旋	膠原螺旋	collagen helix
胶原酶	膠原酶	collagenase
胶原凝素	膠原凝素	collectin
胶原纤维	膠原纖維	collagen fiber
胶原原纤维	膠原原纖維	collagen fibril
胶质细胞生长因子	膠質細胞生長因子	glial growth factor, GGF
胶质细胞原纤维酸性蛋白	神經膠質纖維酸性蛋白	glial fibrillary acidic protein
胶质细胞源性神经营养因子	膠質細胞衍生神經營養因子	glial cell-derived neurotrophic factor, GDNF
胶质纤丝酸性蛋白质（=胶质细胞原纤维酸性蛋白）	神經膠質纖絲酸性蛋白	glial filament acidic protein, GFAP（=glial fibrillary acidic protein）
焦谷氨酸	焦谷胺酸，5－氧脯胺酸	pyroglutamic acid
焦磷酸化酶	焦磷酸化酶	pyrophosphorylase
焦磷酸酶	焦磷酸酶	pyrophosphatase
焦碳酸二乙酯	焦碳酸二乙酯	diethyl pyrocarbonate, DEPC
鲛肝醇	鮫肝醇	chimy1 alcohol
角叉聚糖，卡拉胶	角叉聚醣，紅藻膠	carrageenan
角蛋白	角蛋白，角質素	keratin
角蛋白聚糖	角蛋白聚醣	karatocan
角蛋白酶	角蛋白酶	keratinase
角苷脂（=葡糖脑苷脂）	角苷脂（=葡萄糖腦苷脂）	kerasin, cerasin（=glucocerebroside）
角蝰毒素	角蝰毒素	sarafotoxin

大陆名	台湾名	英文名
角母蛋白	角母蛋白	eleidin
角质	角質，表皮質	cutin
角质蛋白	角質蛋白	cornifin
角质降解酶	角質分解酶	cutin-degrading enzyme
角质细胞生长因子	角質細胞生長因子	keratinocyte growth factor, KGF
校对	校對	proofreading
校对活性	校對活性	proofreading activity
校正tRNA(=阻抑tRNA)		
酵母氨酸	酵母胺酸，戊二醯離胺酸	saccharopine
酵母氨酸脱氢酶	酵母胺酸脱氫酶，戊二醯離胺酸脱氫酶	saccharopine dehydrogenase
酵母固醇	酵母甾醇	zymosterol
酵母聚糖	酵母聚醣	zymosan
酵母人工染色体	人造酵母染色體	yeast artificial chromosome, YAC
酵母双杂交系统	酵母雙雜交系統	yeast two-hybrid system
接触蛋白	接觸蛋白	contactin
接骨木毒蛋白	接骨木毒蛋白	nigrin
接纳茎(=氨基酸臂)	接納莖(=氨基酸臂)	acceptor stem(=amino acid arm)
接纳体	接納體	acceptor
接纳位	接納位	acceptor site
接头 DNA	聯結子 DNA	linker DNA
接头插入	聯結子插入	linker insertion
接头蛋白	接頭蛋白	junctin
节肢弹性蛋白	節肢彈性蛋白	resilin
拮抗剂	拮抗劑	antagonist
拮抗作用	拮抗作用	antagonism
结蛋白	肌絲間蛋白	desmin
结构分子生物学	結構分子生物學	structural molecular biology
结构基因	結構基因	structural gene
结构基因组学	結構基因體學	structural genomics
结构模体(=折叠模式)	結構模體(=折疊模式)	structural motif(=fold)
结构生物学	結構生物學	structural biology
结构域	結構域	structural domain
结构元件	結構元件	structural element
结合部位	結合部位	binding site
结合蛋白质(=缀合蛋白质)		

大　陆　名	台　湾　名	英　文　名
cAMP 结合蛋白质	cAMP 結合蛋白	cAMP binding protein
GTP 结合蛋白质，G 蛋白	GTP 結合蛋白，G－蛋白	GTP binding protein，G-protein
TATA 结合蛋白质	TATA 結合蛋白	TATA-binding protein，TBP
结合多烯酸（＝共轭多烯酸）		
DNA 结合分析	DNA 結合分析	DNA-binding assay
ATP 结合盒蛋白，ABC 蛋白	ATP 結合盒蛋白，ABC 蛋白	ATP-binding cassette protein，ABC protein
DNA 结合模体	DNA 結合模體	DNA-binding motif
结合亚油酸（＝共轭亚油酸）		
DNA 结合域	DNA 結合區域	DNA-binding domain
结核菌酸（＝结核硬脂酸）	結核菌酸（＝結核硬脂酸）	phthioic acid（＝tuberculostearic acid）
结核硬脂酸	結核硬脂酸	tuberculostearic acid
结节蛋白	结节蛋白	tuberin
结瘤基因，*nod* 基因	根瘤基因，*nod* 基因	nodulation gene，*nod* gene
睫状神经营养因子	睫狀神經營養因子	ciliary neurotrophic factor，CNTF
截留分子量	截留分子量	molecular weight cut-off
DNA 解超螺旋	DNA 解超螺旋	DNA untwisting
解超螺旋酶	解超螺旋酶	untwisting enzyme，unwinding enzyme
解毒作用	去毒作用，解毒作用	detoxification
解聚	去聚合作用	depolymerization
解聚酶	去聚合酶	depolymerase
解离	解離	dissociation
解离常数	解離常數	dissociation constant
解离酶	分辨酶	resolvase
解链，熔解	熔解	melting
DNA 解链	DNA 解鏈	DNA melting
解链蛋白质	解鏈蛋白質	unwinding protein
DNA 解链酶（＝DNA 解旋酶）	DNA 解旋酶，DNA 解鏈酶	DNA unwinding enzyme（＝DNA helicase）
解链曲线	熔解曲線，解鏈曲線	melting curve
解链温度	熔解溫度，解鏈溫度	melting temperature
解码（＝译码）		
解偶联	解偶聯	uncoupling
解偶联剂	解偶聯劑	uncoupling agent，uncoupler

大　陆　名	台　湾　名	英　文　名
解旋	解旋	unwinding
DNA 解旋	DNA 解螺旋	DNA unwinding
解旋酶	解旋酶	helicase
DnaB 解旋酶(=细菌解旋酶)	DnaB 解旋酶(=細菌解旋酶)	DnaB helicase(=bacterial helicase)
RNA 解旋酶	RNA 解旋酶	RNA helicase
解折叠，伸展	解折疊，去折疊	unfolding
解整联蛋白	去組合蛋白	disintegrin
介电电泳	介電電泳	dielectrophoresis
芥子醇	芥子醇	sinapyl alcohol
芥子酰胆碱酯	芥子酸膽鹼酯	sinapine
界面蛋白(=弹性蛋白微原纤维界面定位蛋白)		
金白蘑菇凝集素	金白蘑菇凝集素	aureobasidioagglutinin
金葡菌核酸酶	金黃色葡萄球菌核酸酶	staphylococcal nuclease
金葡菌激酶，葡激酶	金黃色葡萄球菌激酶，葡激酶	staphylokinase
金属螯合蛋白质	金屬螯合蛋白質	metal-chelating protein
金属螯合亲和层析(=金属亲和层析)	金屬螯合親和層析(=金屬螯合層析)	metal-chelate affinity chromatography (=metal affinity chromatography)
金属蛋白	金屬蛋白	metalloprotein
金属蛋白酶	金屬蛋白酶	metalloprotease, metalloproteinase
金属核酶	金屬核酶	metalloribozyme
金属黄素蛋白	金屬黃蛋白	metalloflavoprotein
金属[离子]激活酶	金屬[離子]活化酶	metal [ion] activated enzyme
金属硫蛋白	金屬巰基蛋白	metallothionein, MT
金属酶	金屬酶	metalloenzyme
金属内切蛋白酶	金屬内切蛋白酶	metalloendoprotease
金属配体亲和层析(=金属亲和层析)	金屬配體親和層析	metal-ligand affinity chromatography (=metal affinity chromatography)
金属亲和层析	金屬親和層析	metal affinity chromatography
金属肽	金屬肽	metallopeptide
金属肽酶	金屬肽酶	metallopeptidase
金属调节蛋白质	金屬調節蛋白	metalloregulatory protein
金藻海带胶(=亮藻多糖)	金藻海帶膠，亮膠	chrysolaminarin(=chrysolaminarin)
近红外光谱法	近紅外光譜法	near-infrared spectrometry, NIR

大陆名	台湾名	英文名
近膜域	近膜域	juxtamembrane domain
进入位点	進入部位	entry site
茎–环结构	莖–環結構	stem-loop structure
晶体	晶體	crystal
晶体蛋白	晶狀體蛋白	crystallin
晶体诱导趋化因子	晶體誘導趨化因子	crystal-induced chemotatic factor
精氨[基]琥珀酸	精胺[基]琥珀酸	argininosuccinic acid
精氨酸	精胺酸	arginine, Arg
精氨酸酶	精胺酸酶	arginase
精氨酸升压素	精胺酸加壓素	arginine vasopressin, AVP
精胺	精胺	spermine
8–精催产素，加压催产素	8–精胺酸加壓催產素，加壓催產素	arginine vasotocin, AVT, vasotocin
精胶蛋白	精膠蛋白	semenogelin
精结合蛋白	精結合蛋白，親緣蛋白	bindin
精脒(=亚精胺)		
精液蛋白	精液蛋白	spermatin, spermatine
鲸蜡，软脂酸鲸蜡酯	鯨蠟，軟脂酸鯨蠟酯	cetin, spermaceti wax
鲸蜡醇	鯨蠟醇	spermol
肼解	肼解作用	hydrazinolysis
景天庚酮糖	景天庚酮糖	sedoheptulose
景天科酸代谢	景天科酸代謝	crassulacean acid metabolism, CAM
径向层析	徑向層析	radial chromatography
竞争 PCR(=竞争聚合酶链反应)		
竞争聚合酶链反应，竞争 PCR	競爭 PCR，競爭聚合酶鏈反應	competitive PCR, cPCR
竞争性抑制	競爭性抑制	competitive inhibition
竞争性抑制剂	競爭性抑制劑	competitive inhibitor
竞争杂交分析	競爭雜交分析	hybridization-competition assay
酒石酸	酒石酸	tartaric acid
居里	居里	Curie, Ci
拘留蛋白，抑制蛋白	抑制蛋白	arrestin
局部激素(=自体有效物质)		
局部序列排比搜索基本工具	局部序列排比搜索基本工具	basic local alignment search tool, BLAST
菊粉(=菊糖)		

大　陆　名	台　湾　名	英　文　名
菊糖，菊粉	菊粉，菊醣	inulin
菊糖清除率	菊醣廓清	inulin clearance
巨蛋白	巨蛋白	giantin
巨核细胞刺激因子	巨核細胞刺激因子	megakaryocyte stimulating factor
巨球蛋白	巨球蛋白	macroglobulin
巨球蛋白血症	巨球蛋白血症	macroglobulinemia
巨噬细胞集落刺激因子	巨噬細胞集落刺激因子	macrophage colony stimulating factor, M-CSF
巨噬细胞抑制因子	巨噬細胞抑制因子	macrophage inhibition factor, MIF
锯鳞肽	鋸鱗肽	echiststin
聚丙烯	聚丙烯	polypropylene
聚丙烯酰胺凝胶	聚丙烯醯胺凝膠	polyacrylamide gel
聚丙烯酰胺凝胶电泳	聚丙烯醯胺凝膠電泳	polyacrylamide gel electrophoresis, PAGE
SDS 聚丙烯酰胺凝胶电泳	SDS 聚丙烯醯胺凝膠電泳	SDS-polyacrylamide gel electrophoresis
聚合酶	聚合酶	polymerase
DNA 聚合酶(=修复聚合酶)	DNA 聚合酶	DNA polymerase(=repair polymerase)
DNA 聚合酶Ⅰ	DNA 聚合酶Ⅰ	DNA polymerase Ⅰ
Mlu DNA 聚合酶	*Mlu* DNA 聚合酶	*Mlu* DNA polymerase
Pfu DNA 聚合酶	*Pfu* DNA 聚合酶	*Pfu* DNA polymerase
RNA 聚合酶	RNA 聚合酶	RNA polymerase
SP6 RNA 聚合酶	SP6 RNA 聚合酶	SP6 RNA polymerase
Taq DNA 聚合酶	*Taq* DNA 聚合酶	*Taq* DNA polymerase
T3 RNA 聚合酶	T3 RNA 聚合酶	T3 RNA polymerase
T7 RNA 聚合酶	T7 RNA 聚合酶	T7 RNA polymerase
Tth DNA 聚合酶	*Tth* DNA 聚合酶	*Tth* DNA polymerase
Vent DNA 聚合酶	*Vent* DNA 聚合酶	*Vent* DNA polymerase
聚合酶链反应	聚合酶鏈反應	polymerase chain reaction, PCR
Alu 聚合酶链反应	*Alu* – 聚合酶鏈反應	*Alu*-PCR
聚合酶链反应剪接，PCR 剪接	PCR 剪接	PCR splicing
聚合酶链反应克隆，PCR 克隆	PCR 克隆	PCR cloning
聚集蛋白	聚集蛋白	aggregin
聚集蛋白聚糖	可聚蛋白聚醣	aggrecan
聚焦层析	聚焦層析	chromatofocusing
聚糖	聚醣	glycan

大陆名	台湾名	英文名
N－聚糖	*N*－聚醣	*N*-glycan
O－聚糖	*O*－聚醣	*O*-glycan
聚糖磷脂酰肌醇	聚醣磷脂醯肌醇	glycan-phosphatidylinositol, G-PI
聚乙二醇	聚乙[烯]二醇	polyethylene glycol
聚乙二醇沉淀	聚乙二醇沈澱，PEG 沈澱	polyethylene glycol precipitation, PEG precipitation
聚乙烯	聚乙烯	polyethylene
聚乙烯吡咯烷酮	聚乙烯吡咯烷酮	polyvinylpyrrolidone, PVP
卷曲螺旋	捲曲螺旋	coiled coil
绝缘子	絕緣子	insulator
均一性	均一性，同質性	homogeneity, homogenicity
均质机（＝弗氏细胞压碎器）		
菌落免疫印迹法	菌落免疫印漬	colony immunoblotting
菌落印迹法	菌落印漬	colony blotting
菌毛蛋白	線毛蛋白	pilin

K

大陆名	台湾名	英文名
咖啡碱	咖啡因鹼	caffeine
卡尔文循环	卡爾文循環	Calvin cycle
卡拉胶（＝角叉聚糖）		
卡隆粒	卡隆粒	Charomid
卡隆噬菌体	卡隆噬菌體	Charon phage
卡隆载体	卡隆載體	Charon vector
卡那霉素	卡那黴素	kanamycin
卡塞林，前抗微生物肽	卡塞林，前抗微生物肽	cathelin
卡斯塔碱	卡斯塔鹼	castanospermine
开关基因	開關基因	switch gene
开花激素	開花激素	anthesin, flowering hormone
开环 DNA	開放式環狀 DNA	open circular DNA
开特	開特，卡他	Kat, Katal
凯氏定氮法	凱氏定氮法，克達法	Kjeldahl determination
抗癌基因（＝抑癌基因）		
抗雌激素	抗雌激素	antiestrogen
抗代谢物	抗代謝物	antimetabolite
抗蛋白酶肽	抗蛋白酶肽	antipain

大 陆 名	台 湾 名	英 文 名
抗冻蛋白质	抗凍蛋白質	antifreeze protein
抗冻肽	抗凍肽	antifreeze peptide
抗冻糖蛋白	抗凍糖蛋白	antifreeze glycoprotein
抗坏血酸(=维生素 C)	抗壞血酸(=維生素 C)	ascorbic acid(=vitamin C)
抗黄体溶解性蛋白质	抗黃體溶解性蛋白質	antiluteolytic protein
抗激素	抗激素	antihormone
抗菌肽	抗菌肽	antibiotic peptide
抗-抗体，第二抗体	抗-抗體，第二抗體	anti-antibody
抗利尿[激]素(=升压素)	抗利尿激素(=加壓素)	antidiuretic hormone, ADH(=vasopressin)
抗凝蛋白质	抗凝血蛋白質	anticoagulant protein
抗凝剂	抗凝劑	anticoagulant
抗凝血酶，凝血酶抑制剂	凝血酶抑制劑	antithrombin
抗凝血酶Ⅲ，凝血酶抑制剂Ⅲ	凝血酶抑制劑Ⅲ	antithrombin Ⅲ, ATⅢ
抗排卵肽	抗排卵肽	antide
抗神经炎素(=维生素 B_1)	抗神經炎素(=維生素 B_1)	aneurin(=vitamin B_1)
抗生物素蛋白	卵白素，抗生物素蛋白	avidin
抗生物素蛋白-生物素染色	卵白素-生物素染色	avidin-biotin staining, ABS
抗体	抗體	antibody
抗体工程	抗體工程	antibody engineering
抗体酶	催化性抗體	abzyme
抗体文库	抗體庫	antibody library
抗微生物肽	抗微生物肽	protegrin
抗性基因	抗性基因	resistance gene
抗血友病球蛋白	抗血友病球蛋白	antihemophilic globulin
抗血友病因子(=抗血友病球蛋白)	抗血友病因子(=抗血友病球蛋白)	antihemophilic factor, AHF(=antihemophilic globulin)
抗氧化酶	抗氧化酶	antioxidant enzyme
抗药蛋白	抗藥蛋白	sorcin
抗药性基因	抗藥性基因	drug-resistance gene
α_1 抗胰蛋白酶(=α_1 胰蛋白酶抑制剂)		
抗胰岛素蛋白	抵抗素	resistin
抗原	抗原	antigen

大　陆　名	台　湾　名	英　文　名
FB5 抗原(=内皮唾液酸蛋白)		FB5 antigen(=endosialin)
抗原决定簇(=表位)	抗原決定簇	antigenic determinant(=epitope)
抗原肽转运[蛋白]体	抗原肽運輸蛋白體	transporter of antigenic peptide, TAP
抗增殖蛋白	抑制素	prohibitin
抗脂肪肝激素(=促脂解素)		
抗脂肪肝现象	抗脂肪肝現象	lipotropism
抗终止作用	抗終止作用	anti-termination
抗组胺	抗組織胺	antihistamine
考马斯亮蓝	考馬斯亮藍	Coomassie brilliant blue
科扎克共有序列	Kozak 共有序列	Kozak consensus sequence
颗粒蛋白	顆粒蛋白	granin
颗粒钙蛋白	顆粒鈣蛋白	grancalcin
颗粒释放肽	顆粒釋放肽	granuliberin
颗粒体蛋白	顆粒蛋白	granulin
可变臂	可變臂	variable arm
可变环	可變環	variable loop
可变剪接，选择性剪接	選擇性剪接，可變剪接	alternative splicing
可变剪接 mRNA，选择性剪接 mRNA	選擇性剪接 mRNA	alternatively spliced mRNA
可变数目串联重复(=小卫星 DNA)	可變數目串聯重複	variable number of tandem repeat, VNTR (=minisatellite DNA)
可的松	脫氫皮質酮	cortisone
可读框	開放讀碼區	open reading frame, ORF
可复制型载体	可複製型載體	replication-competent vector
可卡因	可卡因，古柯鹼	cocaine
可卡因苯丙胺调节转录物	可卡因苯[異]丙胺調節的轉錄物	cocaine amphetamine-regulated transcript, CART
可逆抑制	可逆抑制	reversible inhibition
可溶性受体(=分泌型受体)	可溶性受體	soluble receptor(=secreted receptor)
克莱兰试剂(=二硫苏糖醇)	Cleland 試劑(=二硫蘇糖醇)	Cleland reagent(=dithiothreitol)
克雷布斯循环(=三羧酸循环)	Krebs 循環(=三羧酸循環)	Krebs cycle(=tricarboxylic acid cycle)
克列诺聚合酶(=克列诺酶)	克列諾聚合酶(=克列諾酶)	Klenow polymerase(=Klenow enzyme)

大　陆　名	台　湾　名	英　文　名
克列诺酶	克列諾酶	Klenow enzyme
克列诺片段(=克列诺酶)	克列諾片段	Klenow fragment(=Klenow enzyme)
克隆	克隆，無性繁殖細胞系	clone
cDNA 克隆	cDNA 克隆	cDNA cloning
P1 克隆	P1 克隆	P1 cloning
PCR 克隆(=聚合酶链反应克隆)		
克隆位点	克隆位點	cloning site
克隆载体	克隆載體	cloning vector, cloning vehicle
克罗莫结构域	克羅莫結構域	chromodomain
克木毒蛋白	克木毒蛋白	camphorin
肯普肽	肯普肽	kemptide
肯特肽，避孕四肽	肯特肽，避孕四肽	kentsin
空间充填模型，空间结构模型	空間填塞式分子模型	space-filling model
空间结构模型(=空间充填模型)		
空间排阻层析	空間排除層析法	steric exclusion chromatography
空载反应	閒置反應	idling reaction
恐暗肽	恐暗肽	scotophobin
扣除探针(=消减探针)		
扣除文库(=消减文库)		
扣除 cDNA 文库(=消减 cDNA 文库)		
扣除杂交(=消减杂交)		
枯草杆菌蛋白酶	枯草桿菌蛋白酶	subtilisin
枯草菌素	枯草菌素	subtilin
苦瓜毒蛋白	苦瓜毒蛋白	momordin
苦马豆碱	苦馬豆鹼	swainsonine
苦味酸	苦味酸	picric acid
库尼茨胰蛋白酶抑制剂(=抑蛋白酶多肽)	庫尼胰蛋白酶抑制劑	Kunitz trypsin inhibitor(=aprotinin)
跨胞转运(=穿胞转运)		
跨膜蛋白(=穿膜蛋白)		
跨膜电位(=穿膜电位)		
跨膜通道(=穿膜通道)		
跨膜信号转导(=穿膜		

大陆名	台湾名	英文名
信号转导)		
跨膜域(=穿膜域)		
跨膜转运(=穿膜转运)		
跨双层螺旋	跨雙層螺旋	transbilayer helix
快蛋白	快蛋白	prestin
快速蛋白质液相层析	快速蛋白質液相層析	fast protein liquid chromatography, FPLC
快速反应动力学	快速反應動力學	rapid-reaction kinetics
宽沟(=大沟)	寬溝(=主溝槽)	wide groove(=major groove)
框	框	frame
CA[A]T 框	CA[A]T 框	CA[A]T box
GC 框	GC 框	GC box
TATA 框	TATA 框	TATA box
框重叠(=读框重叠)	碼框重疊	frame overlapping(=reading-frame overlapping)
框内起始密码子	碼框內起始密碼子	in-frame start codon
框内跳译, 跳码	跳碼	frame hopping, bypassing
框内终止密码子	碼框內終止密碼子	in-frame stop codon
奎尼酸	奎寧酸	quinic acid
昆布多糖, 海带多糖	昆布多醣, 海帶多醣	laminaran, laminarin
昆布多糖酶	昆布多醣酶	laminarinase
昆布二糖, 海带二糖	昆布二糖, 海帶二糖	laminaribiose
昆布糖(=昆布二糖)	昆布糖	laminariose(=laminaribiose)
醌蛋白	醌蛋白	quinoprotein
DNA 扩增	DNA 擴增	DNA amplification
DNA 扩增多态性	DNA 擴增多型性	DNA amplification polymorphism
扩增片段长度多态性	擴增片段長度多態性	amplified fragment length polymorphism, AFLP
扩增物	擴增物	amplimer
扩增子	擴增子	amplicon

L

大陆名	台湾名	英文名
拉曼光谱分析	拉曼光譜分析	Raman spectrum analysis
拉氏图	拉氏圖	Ramachandran map
蜡	蠟	wax
蜡醇, 二十六[烷]醇	蠟醇, 二十六烷醇	wax alcohol, ceryl alcohol
蜡酸, 二十六烷酸	蠟酸, 二十六烷酸	cerotic acid, cerotinic acid

大 陆 名	台 湾 名	英 文 名
辣根过氧化物酶	山葵過氧化酶	horseradish peroxidase, HRP
来苏糖	來蘇糖，異木糖，膠木糖	lyxose
莱氏凝胶电泳（=SDS 聚丙烯酰胺凝胶电泳）	Laemmli 氏凝膠電泳（=SDS 聚丙烯醯胺凝膠電泳）	Laemmli gel electrophoresis (=SDS-polyacrylamide gel electrophoresis)
赖氨酸	賴胺酸，離胺酸	lysine, Lys
赖氨酸升压素	賴胺酸加壓素，8－賴胺酸加壓素	lysine vasopressin
赖氨酰缓激肽（=胰激肽）		
赖胞苷	賴胞苷	lysidine
蓝筛朴毒蛋白	藍篩樸毒蛋白	sieboldin
蓝藻抗病毒蛋白	藍藻抗病毒蛋白	cyanovirin
劳里法	勞裏法	Lowry method
酪氨酸	酪胺酸	tyrosine, Tyr
酪氨酸氨裂合酶	酪胺酸氨裂解酶	tyrosine ammonia-lyase, TAL
酪氨酸激酶	酪胺酸激酶	tyrosine kinase
酪氨酸磷酸酯酶	酪胺酸磷酸酯酶	tyrosine phosphatase
酪氨酸酶	酪胺酸酶	tyrosinase
酪氨酸羟化酶	酪胺酸羥化酶	tyrosine hydroxylase, TH
酪胺	酪胺	tyramine
酪蛋白	酪蛋白	casein
酪蛋白激酶	酪蛋白激酶	casein kinase, CK
类病毒	類病毒，無殼病毒	viroid
类蛋白质	類蛋白質	proteinoid
类毒素	類毒素	toxoid
类二十烷酸（=类花生酸）		
类固醇	類固醇，類甾醇	steroid
类固醇激素	類固醇激素	steroid hormone
类固醇[激素]受体	類固醇[激素]受體	steroid [hormone] receptor
类固醇生成	類固醇生成	steroidogenesis
类固醇生物碱	類固醇生物鹼	steroid alkaloid
类固醇受体超家族	類固醇受體超族	steroid receptor superfamily
类固醇受体辅激活物	類固醇受體輔激活物	steroid receptor coactivator
类固醇酸	類固醇酸	steroid acid
类胡萝卜素	類胡蘿蔔素	carotenoid

大陆名	台湾名	英文名
类花生酸，类二十烷酸	類二十烷酸，類花生酸	eicosanoid
类激素	類激素	anahormone
类视黄醇	類視黃醇	retinoid
类视黄醇 X 受体	類視黃醇 X 受體	retinoid X receptor, RXR
类萜	類萜	terpenoid
类异戊二烯	類異戊二烯	isoprenoid
冷冻干燥，冻干，冰冻干燥	冷凍乾燥，凍乾	freeze-drying, lyophilization
冷冻蚀刻，冰冻蚀刻	冰凍蝕刻	freeze-etching
冷冻撕裂，冰冻撕裂	冰凍斷裂	freeze-fracturing
冷激蛋白	冷休克蛋白	cold shock protein
冷凝器	冷凝器	condenser
冷球蛋白	冷沈球蛋白，冷凝球蛋白	cryoglobulin
冷纤维蛋白原血症	冷凝纖維蛋白原血症	cryofibrinogenemia
离散剂	離液劑	chaotropic agent, chaotrope
离心	離心	centrifugation
离心机	離心機	centrifuge
离心速度	離心速度	centrifugal speed
离心柱层析	離心柱層析	spun-column chromatography
离子电泳	離子電泳	ionophoresis
离子对	離子對	ion pair
离子键	離子鍵	ionic bond
离子交换层析	離子交換層析	ion exchange chromatography, IEC
离子交换剂	離子交換劑	ion exchanger
离子交换树脂	離子交換樹脂	ion exchange resin
离子排斥层析	離子排除層析	ion exclusion chromatography, ion chromatography exclusion, ICE
离子配对层析	離子配對層析	ion-pairing chromatography
离子通道	離子通道	ion channel
离子通道蛋白	離子通道蛋白	ion channel protein
离子通道型受体	離子通道型受體	ionotropic receptor
离子透入	離子電滲入法	iontophoresis
离子载体	離子載體	ionophore
离子转运蛋白	離子轉運蛋白	ion transporter
离子阻滞	離子阻滯	ion retardation
里斯克蛋白质，质体醌－质体蓝蛋白还原	Rieske 蛋白質	Rieske protein

大陆名	台湾名	英文名
酶		
力蛋白	力蛋白	herculin
立体选择性	立體選擇性	stereoselectivity
立体专一性	立體專一性	stereospecificity
利福霉素	利福黴素	rifamycin
利福平	利福平	rifampicin
利己素，益己素	利己素，益己素	allomone
利马豆凝集素	利馬豆凝集素	lima bean agglutinin
利尿激素	利尿激素	diuretic hormone
利尿钠激素	鈉尿激素	natriuretic hormone
利尿钠肽	鈉尿肽	natriuretic peptide
利它素，益它素	種間激素	kairomone
粒细胞集落刺激因子	顆粒細胞集落刺激因子	granulocyte colony stimulating factor, G-CSF
粒细胞巨噬细胞集落刺激因子	顆粒細胞/巨噬細胞集落刺激因子	granulocyte-macrophage colony stimulating factor, GM-CSF
粒细胞趋化肽	顆粒球趨化肽	granulocyte chemotactic peptide, GCP
粒子电泳	粒子電泳	particle electrophoresis
粒子轰击	粒子轟擊	particle bombardment
粒子枪	粒子槍	particle gun
连读，通读	通讀，破讀	read-through
连读翻译	通讀轉譯	read-through translation
连读突变	通讀突變	read-through mutation
连读阻抑	通讀阻抑	read-through suppression
DNA 连环	DNA 成鏈作用	DNA catenation
连环数	連接數	linking number
连接	接合反應	ligation
连接蛋白，柄蛋白	連接蛋白，柄蛋白	nectin
N－连接寡糖（＝*N*－聚糖）	*N*－聯寡醣	*N*-linked oligosaccharide(＝*N*-glycan)
O－连接寡糖（＝*O*－聚糖）	*O*－聯寡醣	*O*-linked oligosaccharide(＝*O*-glycan)
连接介导 PCR（＝连接介导聚合酶链反应）		
连接介导聚合酶链反应，连接介导 PCR	接合性 PCR，接合性聚合酶鏈反應	ligation-mediated PCR
连接扩增反应	接合擴增反應	ligation amplification reaction, LAR
连接锚定 PCR（＝连接		

大陆名	台湾名	英文名
锚定聚合酶链反应)		
连接锚定聚合酶链反应，连接锚定 PCR	接合錨定 PCR，連接錨定聚合酶鏈反應	ligation-anchored PCR
连接酶	接合酶	ligase
DNA 连接酶	DNA 連接酶	DNA ligase
RNA 连接酶	RNA 連接酶	RNA ligase
Taq DNA 连接酶	*Taq* DNA 連接酶	*Taq* DNA ligase
T4 DNA 连接酶	T4 DNA 連接酶	T4 DNA ligase
T4 RNA 连接酶	T4 RNA 連接酶	T4 RNA ligase
连接酶链反应	接合酶鏈反應	ligase chain reaction，LCR
连接物	連接物	adapter，adaptor
连锁基因	連鎖基因	linked gene
连续层析	連續層析	continuous chromatography
连续流动电泳	連續流動電泳	continuous flow electrophoresis
连续流离心	連續流動離心[分離]	continuous flow centrifugation
连续培养	連續培養	continuous cultivation
连续梯度	連續梯度	continuous gradient
连续自由流动电泳	連續自由流動電泳	continuous free flow electrophresis
连缀转录分析	連綴轉錄分析	run-on transcription assay
莲子凝集素	蓮子凝集素	lotus agglutinin
联苯胺	聯苯胺	benzidine
联蛋白	聯蛋白	catenin
联合脱氨作用	聯合脫胺作用	transdeamination
联赖氨酸	聯賴胺酸	syndesine
联丝蛋白	聯絲蛋白	synemin
镰刀状血红蛋白	鐮刀狀血紅蛋白	sickle hemoglobin
链	鏈，股	strand
链孢红素	鏈孢紅素	neurosporene
链分离凝胶电泳	鏈分離凝膠電泳	strand separating gel electrophoresis
链激酶，链球菌激酶	鏈球菌激酶	streptokinase
链霉蛋白酶	鏈黴蛋白酶	pronase
链霉二糖胺	鏈黴二糖胺	streptobiosamine
链霉抗生物素蛋白，链霉亲和素	鏈黴親和素	streptavidin
链霉亲和素(=链霉抗生物素蛋白)		
链霉糖	鏈黴糖	streptose
链[末端]终止法(=桑	鏈末端終止法	chain termination method(=Sanger-

大陆名	台湾名	英文名
格-库森法)		Coulson method)
链球菌激酶(=链激酶)		
链球菌 DNA 酶	鏈球菌 DNA 酶	streptodornase
链球菌溶血素	鏈球菌溶血素	streptolysin
链阳性菌素	鏈陽性菌素	streptogramin
两亲螺旋	兩性螺旋	amphipathic helix
两亲螺旋蛋白质	兩性螺旋蛋白質	amphipathic helical protein
两亲性	酸鹼兩性	amphipathicity, amphiphilicity
两性电解质	兩性電解質	ampholyte
两性离子(=兼性离子)		
两性离子交换树脂(=兼性离子交换树脂)		
两用代谢途径	兩用代謝途徑	amphibolic pathway
亮氨酸	亮胺酸，白胺酸	leucine, Leu
亮氨酸氨肽酶	亮胺酸胺肽酶	leucine aminopeptidase
亮氨酸拉链	亮胺酸拉鏈	leucine zipper
亮胶(=亮藻多糖)	亮膠	leucosin(=chrysolaminarin)
亮抑蛋白酶肽	亮抑蛋白酶肽	leupeptin
裂合酶	裂解酶	lyase
AP 裂合酶，无嘌呤嘧啶裂合酶	脫嘌呤嘧啶裂解酶	AP lyase
裂隙基因，缺口基因	缺口基因	gap gene
邻氨基苯甲酸	鄰胺基苯甲酸	anthranilic acid
邻苯二酚(=儿茶酚)		
邻近依赖性调节	鄰近依賴性調節	context-dependent regulation
邻羟基苯甲酸(=水杨酸)		
临床试验	[新藥]臨床試驗	clinical trial
淋巴细胞源性趋化因子	淋巴細胞衍生趨化因子	lymphocyte-derived chemotactic factor, LDCF
淋巴因子	淋巴激活素，淋巴因子，淋巴球活質	lymphokine
磷壁酸	臺口酸，包壁酸	teichoic acid
磷蛋白	磷蛋白	phosphoprotein
磷酸氨基酸	磷酸胺基酸	phosphoamino acid
磷酸氨基酸分析	磷酸胺基酸分析	phosphoamino acid analysis
磷酸吡哆醛	磷酸吡哆醛	pyridoxal phosphate
磷酸单酯键	磷酸單酯鍵	phosphomonoester bond

大陆名	台湾名	英文名
磷酸二羟丙酮	磷酸二羥丙酮	dihydroxyacetone phosphate
磷酸二酯法(=磷酸酯法)	磷酸二酯法	phosphodiester method(=phosphate method)
磷酸二酯键	磷酸二酯鍵	phosphodiester bond
磷酸二酯酶	磷酸二酯酶	phosphodiesterase
3′,5′-cGMP 磷酸二酯酶	3′,5′-cGMP 磷酸二酯酶	3′,5′-cGMP phosphodiesterase
磷酸钙-[DNA]共沉淀	磷酸鈣-[DNA]共沈澱	calcium phosphate-[DNA] coprecipitation
6-磷酸甘露糖受体(=P 型凝集素)	6-磷酸甘露糖受體(=P-型凝集素)	mannose 6-phosphate receptor, M6PR (=P-type lectin)
3-磷酸甘油醛(=甘油醛-3-磷酸)	3-磷酸甘油醛	3-phosphoglyceraldehyde (=glyceraldehyde-3-phosphate)
磷酸甘油醛脱氢酶	磷酸甘油醛脫氫酶	phosphoglyceraldehyde dehydrogenase
磷酸甘油酸	磷酸甘油酸	phosphoglycerate
3-磷酸甘油酸(=甘油酸-3-磷酸)	3-磷酸甘油酸	3-phosphoglycerate (=glycerate-3-phosphate)
磷酸甘油酸变位酶	磷酸甘油酸變位酶	phosphoglyceromutase
磷酸甘油酸激酶	磷酸甘油酸激酶	phosphoglycerate kinase
磷酸果糖激酶	磷酸果糖激酶	phosphofructokinase, PFK
磷酸核糖甘氨酰胺甲酰基转移酶	磷酸核糖甘胺醯胺甲醯基轉移酶	phosphoribosyl glycinamide formyltransferase
磷酸核糖基焦磷酸	磷酸核糖基焦磷酸	phosphoribosyl pyrophosphate, PRPP
磷酸化酶	磷酸化酶	phosphorylase
磷酸化酶激酶	磷酸化酶激酶	phosphorylase kinase
磷酸化作用	磷酸化作用	phosphorylation
磷酸肌醇	磷酸肌醇	phosphoinositide
磷酸肌醇酶	磷酸肌醇酶	phosphoinositidase
磷酸肌酸	肌酸磷酸	creatine phosphate
磷酸激酶(=激酶)	磷酸激酶(=激酶)	phosphokinase(=kinase)
磷酸己糖激酶	磷酸六碳糖激酶	phosphohexokinase
磷酸解	磷酸解[作用]	phosphorolysis
磷酸酪氨酸	磷酸酪胺酸	phosphotyrosine
磷酸酪氨酸激酶	磷酸酪胺酸激酶	phosphotyrosine kinase
磷酸酪氨酸磷酸酶(=蛋白质酪氨酸磷酸酶)	磷酸酪胺酸磷酸酶	phosphotyrosine phosphatase(=protein tyrosine phosphatase
磷酸葡糖变位酶,葡糖	磷酸葡萄糖變位酶	phosphoglucomutase, PGM

大 陆 名	台 湾 名	英 文 名
磷酸变位酶		
磷酸葡糖酸脱氢酶	磷酸葡萄糖酸脱氫酶	phosphogluconate dehydrogenase
磷酸葡糖异构酶	磷酸葡萄糖異構酶	phosphoglucoisomerase, glucose-phosphate isomerase
磷酸三酯法	磷酸三酯法	phosphotriester method
磷酸丝氨酸	磷酸絲胺酸	phosphoserine
磷酸苏氨酸	磷酸蘇胺酸	phosphothreonine
磷酸脱氧核糖醛缩酶(=脱氧核糖醛缩酶)		
磷酸烯醇丙酮酸	磷酸烯醇丙酮酸	phosphoenolpyruvic acid, phosphoenolpyruvate, PEP
磷酸烯醇丙酮酸羧化激酶,烯醇丙氨酸磷酸羧激酶	磷酸烯醇丙酮酸羧化激酶	phosphoenolpyruvate carboxykinase
磷酸烯醇丙酮酸-糖磷酸转移酶	磷酸烯醇丙酮酸-糖磷酸轉移酶	phosphoenolpyruvate-sugar phosphotransferase
3′-磷酸腺苷-5′-磷酰硫酸	3′-磷酸腺苷-5′-磷醯硫酸	3′-phosphoadenosine-5′-phosphosulfate, PAPS
磷酸脂蛋白	磷酸脂蛋白	phospholipoprotein
磷酸酯法	磷酸酯法	phosphate method
磷酸[酯]酶	磷酸酶	phosphatase
磷酸酯转移	磷酸酯轉移	phosphoester transfer
磷酸转酮酶	磷酸轉酮酶	phosphoketolase
磷酸转移酶	磷酸轉移酶	phosphotransferase
磷钨酸	磷鎢酸	phosphotungstic acid
磷酰胆碱	磷醯膽鹼	phosphorylcholine, PC
磷脂	磷脂	phospholipid, phosphatide
磷脂酶	磷脂酶	phospholipase, phosphatidase
磷脂双层	磷脂雙層	phospholipid bilayer
磷脂酸	磷脂酸	phosphatidic acid, PA
磷脂酰胆碱	磷脂醯膽鹼	phosphatidylcholine, PC
磷脂酰甘油	磷脂醯甘油	phosphatidyl glycerol, PG
磷脂酰肌醇	磷脂醯肌醇	phosphatidylinositol, PI
磷脂酰肌醇蛋白聚糖	磷脂醯肌醇蛋白聚醣	glypican
磷脂酰肌醇激酶	磷脂醯肌醇激酶	phosphatidylinositol kinase
磷脂酰肌醇3-激酶(=肌醇脂-3-激酶)	磷脂醯肌醇3-激酶(=肌醇脂-3-激酶)	phosphatidylinositol-3-kinase(=inositol lipid 3-kinase)

大　陆　名	台　湾　名	英　文　名
磷脂酰肌醇聚糖	磷脂醯肌醇聚醣	phosphatidylinositol glycan
磷脂酰肌醇磷酸	磷脂醯肌醇磷酸	phosphatidylinositol phosphate, PIP
磷脂酰肌醇4,5－双磷酸	磷脂醯肌醇4,5－雙磷酸	phosphatidylinositol 4, 5-bisphosphate, PIP_2
磷脂酰肌醇循环	磷脂醯肌醇循環	phosphatidylinositol cycle
磷脂酰肌醇应答	磷脂醯肌醇應答	phosphatidylinositol response
磷脂酰肌醇转换	磷脂醯肌醇轉換	phosphotidylinositol turnover
磷脂酰丝氨酸	磷脂醯絲胺酸	phosphatidylserine, PS
磷脂酰乙醇胺	磷脂醯乙醇胺	phosphatidylethanolamine, PE
鳞柄毒蕈肽	毒蕈肽	virotoxin
膦酰二肽	膦醯二肽	phosphoramidon
铃蟾抗菌肽	鈴蟾抗菌肽	bombinin
铃蟾肽	鈴蟾肽	bombesin
零级反应	零級反應	zero-order reaction
流程图	流程圖	flow chart
流出液	流出液	outflow
流动镶嵌模型	流動鑲嵌模型	fluid mosaic model
流动相	流動相	mobile phase
流式细胞术	流式細胞術	flow cytometry
流通电泳（＝自由流动电泳）	流通電泳	flow-through electrophoresis（＝free flow electrophoresis）
硫胺素（＝维生素 B_1）	硫胺素（＝維生素 B_1）	thiamine（＝vitamin B_1）
硫胺素焦磷酸	焦磷酸硫胺素	thiamine pyrophosphate, TPP
硫代磷酸寡核苷酸	硫代磷酸寡核苷酸	phosphorothioate oligonucleotide
硫激酶	硫激酶	thiokinase
硫解酶	硫解酶	thiolase
硫[脑]苷脂	硫腦苷脂	sulfatide
硫[脑]苷脂酶	硫腦苷脂酶	sulfatidase
硫葡糖苷酶	硫葡萄糖苷酶	thioglucosidase
硫氰酸生成酶	硫氰酸生成酶	rhodanese
硫色素，脱氧硫胺	硫色素，脫氧硫胺	thiochrome
硫酸铵分级	硫酸銨分級	ammonium sulfate fractionation
硫酸二甲酯	硫酸二甲酯	dimethyl sulfate, DMS
硫酸二甲酯保护分析（＝DMS 保护分析）		
硫酸二甲酯足迹法	硫酸二甲酯足跡法	dimethyl sulfate footprinting
硫酸角质素	硫酸角質素	keratan sulfate
硫酸类肝素（＝硫酸乙		

大陆名	台湾名	英文名
酰肝素)		
硫酸皮肤素	硫酸皮膚素	dermatan sulfate
硫酸葡聚糖	硫酸葡聚醣	dextran sulfate
硫酸软骨素	硫酸軟骨素	chondroitin sulfate
硫酸乙酰肝素,硫酸类肝素	硫酸乙醯肝素,硫酸類肝素	heparan sulfate
硫酸酯酶	硫酸酯酶	sulfatase
硫辛酸	硫辛酸	lipoic acid
硫辛酰胺	硫辛醯胺,硫脂醯胺	lipoamide
硫辛酰胺还原转乙酰基酶	硫辛醯胺還原酶-轉乙醯基酶	lipoamide reductase-transacetylase
硫辛酰胺脱氢酶(=二氢硫辛酰胺脱氢酶)	硫辛醯胺脱氫酶	lipoamide dehydrogenase(=dihydrolipoamide dehydrogenase)
硫辛酰基	硫辛醯基	lipoyl
硫辛酰赖氨酸	硫脂醯賴胺酸	lipoyllysine
硫氧还蛋白	硫氧化還原蛋白	thioredoxin
硫氧还蛋白-二硫键还原酶	硫氧化還原蛋白-二硫鍵還原酶	thioredoxin-disulfide reductase
硫氧还蛋白过氧化物酶	硫氧化還原蛋白過氧化物酶	thioredoxin peroxidase, TPx
硫脂	硫脂	sulfolipid
硫酯酶	硫酯酶	thioesterase
硫转移酶	硫轉移酶	sulfurtransferase
六碳糖(=己糖)		
六糖	六糖	hexaose
龙胆二糖	龍膽二糖	gentiobiose
龙胆三糖	龍膽三糖	gentianose
龙虾肽酶	龍蝦肽酶	astacin
笼式运载体	籠形載體	cage carrier
路易斯抗原(=路易斯血型物质)	劉易斯抗原(=劉易斯血型物質)	Lewis antigen(=Lewis blood group substance)
路易斯血型物质	劉易斯血型物質	Lewis blood group substance
绿豆核酸酶	綠豆核酸酶	mungbean nuclease
绿脓蛋白	綠膿菌素	pyosin
绿色荧光蛋白	綠色螢光蛋白	green fluorescence protein, GFP
绿苋毒蛋白	綠莧毒蛋白	amaranthin
氯仿	氯仿	chloroform
氯霉素	氯黴素	chloramphenicol

大　陆　名	台　湾　名	英　文　名
氯霉素乙酰转移酶	氯黴素乙醯轉移酶	chloramphenicol acetyltransferase, CAT
氯酸盐	氯酸鹽	chlorate
滤膜杂交	濾膜雜交	filter hybridization
卵红蛋白	卵紅蛋白	ovorubin
卵黄蛋白	卵黃蛋白	livetin
卵黄高磷蛋白	卵黃高磷蛋白	phosvitin
卵黄类黏蛋白	卵黃類黏蛋白	vitellomucoid
卵黄磷蛋白，卵黄磷肽	卵黃磷蛋白，卵黃磷肽	vitellin, ovotyrin
卵黄磷肽（=卵黄磷蛋白）		
卵黄生成素（=卵黄原蛋白）		
卵黄原蛋白，卵黄生成素	卵黃原蛋白，卵黃生成素	vitellogenin
卵黄原蛋白Ⅱ（=微卵黄原蛋白）		
卵黄脂[磷]蛋白	卵黃脂磷蛋白	lipovitellin, LVT
卵类黏蛋白	卵類黏蛋白	ovomucoid
卵磷脂（=磷脂酰胆碱）	卵磷脂（=磷脂醯膽鹼）	lecithin (=phosphatidylcholine)
卵磷脂－胆固醇酰基转移酶	卵磷脂膽固醇醯基轉移酶	lecithin-cholesterol acyltransferase, LCAT
卵磷脂酶	卵磷脂酶	lecithinase
卵黏蛋白	卵黏蛋白	ovomucin
卵壳蛋白	卵殼蛋白	chorionin
卵清蛋白	卵清蛋白	ovalbumin
卵运铁蛋白（=伴清蛋白）	卵運鐵蛋白	ovotransferrin (=conalbumin)
罗斯曼折叠模式	羅斯曼折疊	Rossman fold
DNA 螺距	DNA 螺距	DNA pitch
螺旋	螺旋	helix
α 螺旋	α－螺旋	α-helix
β 螺旋	β－螺旋	β-helix
螺旋参数	螺旋參數	helix parameter
螺旋度	螺旋度	helicity
螺旋－环－螺旋模体	螺旋纏繞螺旋基本花紋	helix-loop-helix motif, HLH motif
螺旋结构	螺旋結構	helical structure
螺旋去稳定蛋白质	螺旋去穩性蛋白，螺旋減穩定蛋白	helix-destabilizing protein, HDP

大陆名	台湾名	英文名
α螺旋束	α－螺旋束	α-helix bundle
裸基因	裸基因	naked gene

M

大陆名	台湾名	英文名
麻疯树毒蛋白	麻瘋樹毒蛋白	curcin
麻蝇抗菌肽	麻蠅抗菌肽	sarcotoxin
马槟榔甜蛋白	馬檳榔甜蛋白	mabinlin
马达蛋白质	動力型蛋白質	motor protein
马克萨姆－吉尔伯特法	Maxam-Gilbert DNA 測序法，鹼基特異性裂解法，化學降解法	Maxam-Gilbert DNA sequencing, Maxam-Gilbert method
马来酸，顺丁烯二酸	馬來酸，順丁烯二酸	maleic acid
马尿酸	馬尿酸	hippuric acid
麦醇溶蛋白	麥醇溶蛋白	gliadin
麦谷蛋白	麥穀蛋白	glutenin
麦角毒素	麥角毒素	ergotoxin
麦角钙化[固]醇（＝维生素 D_2）	麥角鈣化[甾]醇，麥角促鈣醇(=維生素 D_2)	ergocalciferol（＝vitamin D_2）
麦角固醇	麥角甾醇	ergosterol
麦角肽	麥角肽	ergopeptide
麦胚抽提物	麥胚抽提物	wheat-germ extract
麦胚凝集素	麥胚凝集素	wheat-germ agglutinin, WGA
麦芽糖	麥芽糖	maltose
麦芽糖糊精	麥芽糖糊精	maltodextrin
麦芽糖孔蛋白	麥芽糖孔蛋白	maltoporin
麦芽糖酶	麥芽糖酶	maltase
脉冲傅里叶变换核磁共振[波谱]仪	脈衝傅立葉變換核磁共振光譜儀	pulsed Fourier transform NMR spectrometer
脉冲[交变]电场凝胶电泳	脈衝電場凝膠電泳，脈衝交變電場凝膠電泳	pulse [alternative] field gel electrophoresis
脉冲追踪标记	脈衝追蹤標記	pulse-chase labeling
牻牛儿[基]焦磷酸	牻牛兒基焦磷酸	geranylpyrophosphate
莽草酸	莽草酸	shikimic acid
蟒蛇胆酸	蟒蛇膽酸	pythonic acid
毛地黄皂苷	毛地黃皂苷	digitonin
毛透明蛋白	毛透明蛋白	trichohyalin

大陆名	台湾名	英文名
毛细管等电聚焦	毛細管等電聚焦	capillary isoelectric focusing, CIEF
毛细管等速电泳	毛細管等速電泳	capillary isotachophoresis, CITP
毛细管电泳	毛細管電泳	capillary electrophoresis, CE
毛细管凝胶电泳	毛細管凝膠電泳	capillary gel electrophoresis, CGE
毛细管气相层析	毛細管氣相層析	capillary gas chromatography
毛细管区带电泳	毛細管區帶電泳	capillary zone electrophoresis, CZE
毛细管自由流动电泳	毛細管自由流動電泳	capillary free flow electrophoresis, CFFE
锚蛋白	錨蛋白	ankyrin
锚定 PCR(=锚定聚合酶链反应)		
锚定蛋白	錨定蛋白	anchorin
锚定聚合酶链反应，锚定 PCR	錨式 PCR，錨式聚合酶鏈反應	anchored PCR
5′帽	5′-帽	5′-cap
mRNA 帽	mRNA 帽	mRNA cap
帽结合蛋白质	帽結合蛋白	cap binding protein
mRNA 帽结合蛋白质(=帽结合蛋白质)	mRNA 帽結合蛋白質	mRNA cap binding protein(=cap binding protein)
梅里菲尔德合成法	Merrifield 合成法	Merrifield synthesis
酶	酶，酵素	enzyme
ATP 酶(=腺苷三磷酸酶)		
DNA 酶(=脱氧核糖核酸酶)		
DNA 酶保护分析	DNA 酶保護分析	DNase protection assay
DNA 酶Ⅰ保护足迹法	DNA 酶Ⅰ保護足跡法	DNaseⅠ-protected footprinting
酶比活性	酶比活性	specific activity of enzyme
DNA 酶Ⅰ超敏感部位	DNA 酶Ⅰ超敏感部位	DNase Ⅰ hypersensitive site
DNA 酶Ⅰ超敏感性	DNA 酶Ⅰ超敏感性	DNase Ⅰ hypersensitivity
酶促反应动力学(=酶动力学)		
酶促反应机制	酵素反應機制	enzyme reaction mechanism
酶催化机制	酶催化機制	enzyme catalytic mechanism
酶错配剪切	酵素錯配剪切	enzyme mismatch cleavage
酶单位	酵素單位	enzyme unit
酶-底物复合物	酵素-受質複合物	enzyme-substrate complex
酶电极	酵素電極	enzyme electrode
酶动力学，酶促反应动	酵素動力學	enzyme kinetics

大 陆 名	台 湾 名	英 文 名
力学		
酶多重性，酶多样性	酵素多重性，酵素多樣性	enzyme multiplicity
酶多态性	酵素多態性	enzyme polymorphism, multiple forms of an enzyme
酶多样性(=酶多重性)		
酶分类	酵素分類	enzyme classification, EC
酶工程	酵素工程	enzyme engineering
酶固定化	酵素固定化	enzyme immobilization
酶活性	酶活性	enzyme activity
GTP 酶激活蛋白质	GTP 酶活化蛋白	GTPase-activating protein, GAP
酶解肌球蛋白	酶解肌球蛋白	meromyosin
酶解作用	酵素分解[作用]	enzymolysis, zymolysis
酶联免疫吸附测定，酶联免疫吸附分析	酶聯免疫吸附試驗，酵素連結免疫吸附分析	enzyme-linked immunosorbent assay, ELISA
PCR 酶联免疫吸附测定	PCR 酶聯免疫吸附測定分析	PCR-ELISA
酶联免疫吸附分析(=酶联免疫吸附测定)		
酶免疫测定	酵素免疫分析法	enzyme immunoassay, EIA
酶谱	酶譜	zymogram
酶系	酶系	enzyme system
酶学	酵素學	enzymology
酶学委员会命名[法]	酵素命名委員會	enzyme commission nomenclature
酶-抑制剂复合物	酵素-抑制劑複合物	enzyme-inhibitor complex
酶原	酶原	proenzyme, zymogen
DNA 酶足迹法	DNA 酶足跡法	DNase footprinting
DNA 酶 I 足迹法	DNA 酶 I 足跡法	DNase I footprinting
酶作用机制	酵素作用機制	enzyme mechanism
每分钟计数	每分鐘計數	counts per minute
每分钟蜕变数	每分鐘蛻變數	decay per minute, disintegration per minute
醚	醚	ether
糜蛋白酶原(=胰凝乳蛋白酶原)		
米谷蛋白	米穀蛋白	oryzenin
米勒管抑制物质	繆勒抑制物質	Müllerian inhibiting substance

大 陆 名	台 湾 名	英 文 名
米氏常数	米氏常數	Michaelis constant
米氏动力学	米-門式動力學	Michaelis-Menten kinetics
米氏方程	米-門式方程，米氏方程	Michaelis-Menten equation, Michaelis equation
密度梯度	密度梯度	density gradient
密度梯度离心	密度梯度離心[法]	density gradient centrifugation
密码	密碼	code
密码简并	密碼簡併性	code degeneracy
密码子	密碼子	codon
密码子家族	密碼子[家]族	codon family
密码子偏倚	密碼子偏倚，密碼子偏愛	codon bias, codon preference
密码子使用(=密码子选用)		
密码子选用，密码子使用	密碼子選擇	codon usage
嘧啶	嘧啶	pyrimidine, Pyr
嘧啶二聚体	嘧啶二聚體	pyrimidine dimer
嘧啶核苷	嘧啶核苷	pyrimidine nucleoside
嘧啶核苷酸	嘧啶核苷酸	pyrimidine nucleotide
蜜二糖	蜜二糖	melibiose
棉酚	棉子酚，棉子素，棉子毒	gossypol
棉子糖	棉子糖，蜜三糖	raffinose
免疫测定，免疫分析	免疫測定法，免疫分析	immunoassay
免疫沉淀	免疫沈澱	immunoprecipitation
免疫电镜术	免疫電子顯微鏡術	immunoelectron microscopy, IEM
免疫电泳	免疫電泳	immunoelectrophoresis
免疫分析(=免疫测定)		
免疫共沉淀	免疫共沈澱	co-immunoprecipitation
免疫化学发光	免疫化學發光	immunochemiluminescence
免疫化学发光分析	免疫化學發光分析	immunochemiluminometry
免疫扩散	免疫擴散	immunodiffusion
免疫亲和层析	免疫親和層析	immunoaffinity chromatography
免疫亲和蛋白	免疫親和蛋白	immunophilin
免疫球蛋白	免疫球蛋白	immunoglobulin
免疫球蛋白 G	免疫球蛋白 G	immunoglobulin G
免疫球蛋白结合蛋白质	免疫球蛋白結合蛋白質	immunoglobulin binding protein

大　陆　名	台　湾　名	英　文　名
免疫球蛋白重链结合蛋白质	免疫球蛋白重鏈結合蛋白	immunoglobulin heavy chain binding protein
免疫筛选	免疫篩選	immunoscreening
免疫铁蛋白技术	免疫鐵蛋白技術	immunoferritin technique
免疫吸附	免疫吸附	immunoadsorption
免疫印迹法	免疫印漬	immunoblotting
免疫荧光	免疫螢光	immunofluorescence
免疫荧光标记	免疫螢光標記	immunofluorescent labeling
免疫荧光技术	免疫螢光技術	immunofluorescent technique
免疫荧光显微术	免疫螢光顯微鏡術	immunofluorescence microscopy
明胶	明膠	gelatin
模板	模板	template
模板链	模板鏈	template strand
模件	序列元件	module
模体	模體，蛋白質功能決定部位	motif
KNF 模型(=序变模型)	KNF 模型	Koshland-Nemethy-Filmer model, KNF model(=sequential model)
MWC 模型(=齐变模型)	MWC 模型，齊變模型，對稱模型	Monod-Wyman-Changeux model, MWC model(=concerted model)
NC 膜(=硝酸纤维素[滤]膜)		
膜被	膜被	membrane coat
膜泵	膜泵	membrane pump
膜不对称性	膜不對稱性	membrane asymmetry
膜插入信号	膜插入信號	membrane insertion signal
膜长度常数	膜長度常數	membrane length constant
膜重建	膜重建	membrane reconstitution
膜触发假说	膜觸發假說	membrane trigger hypothesis
膜蛋白插入	膜蛋白插入	membrane protein insertion
膜蛋白重建	膜蛋白重建	membrane protein reconstitution
膜蛋白扩散	膜蛋白擴散	membrane protein diffusion
膜蛋白质	膜蛋白质	membrane protein
膜电极	膜電極	membrane electrode
膜电流	膜電流	membrane current
膜电容	膜電容	membrane capacitance
膜电位	膜電位	membrane potential
膜电泳	膜電泳	membrane electrophoresis

大陆名	台湾名	英文名
膜定位	膜定位	membrane localization
膜动力学	膜動力學	membrane dynamics
膜毒素	膜毒素	membrane toxin
膜筏	膜筏	membrane raft
膜分离	膜分離	membrane separation
膜分配	膜分配	membrane partitioning
膜封闭	膜封接	membrane sealing
膜附着结构	膜附著結構	membrane attachment structure
膜骨架	膜骨架	membrane skeleton
膜骨架蛋白	膜骨架蛋白	membrane skeleton protein
膜过滤	膜過濾	membrane filtration
膜合成	膜合成	membrane synthesis
膜[结构]域	膜[結構]區域	membrane domain
膜近侧区	膜近側區	membrane-proximal region
[膜]孔蛋白	孔蛋白	porin
膜联蛋白	膜聯蛋白	annexin
膜联蛋白Ⅰ	膜聯蛋白Ⅰ	annexin Ⅰ
膜联蛋白Ⅱ	膜聯蛋白Ⅱ	annexin Ⅱ
膜联蛋白Ⅴ	膜聯蛋白Ⅴ	annexin Ⅴ
膜联蛋白Ⅵ	膜聯蛋白Ⅵ	annexin Ⅵ
膜联蛋白Ⅶ	膜聯蛋白Ⅶ	annexin Ⅶ
膜裂解	膜溶解	membrane lysis
膜磷壁酸	膜磷壁酸	membrane teichoic acid
膜磷脂	膜磷脂	membrane phospholipid
膜流动性	膜流動性	membrane fluidity
膜滤器	膜濾器	membrane filter
膜锚	膜錨著點	membrane anchor
膜免疫球蛋白	膜免疫球蛋白	membrane immunoglobulin, mIg
膜募集	膜補充	membrane recruitment
膜片钳	膜片鉗	patch clamping
膜平衡	膜平衡	membrane equilibrium
膜桥蛋白	膜橋蛋白	ponticulin
膜区室	膜區室	membrane compartment
膜融合	膜融合	membrane fusion
膜渗透压计	膜滲透壓計	membrane osmometer
膜生物反应器	膜生物反應器	membrane bioreactor, MBR
膜时间常数	膜時間常數	membrane time constant
膜受体	膜受體	membrane receptor

大　陆　名	台　湾　名	英　文　名
膜水解	膜水解	membrane hydrolysis
膜 pH 梯度	膜 pH 梯度	membrane pH gradient
膜天冬氨酸蛋白酶	膜天冬氨酸蛋白酶	memapsin
膜通道	膜通道	membrane channel
膜通道蛋白	膜通道蛋白	membrane channel protein
膜通透性	膜通透性	membrane permeability
膜突蛋白	膜突蛋白	moesin
膜突样蛋白(=施万膜蛋白)	膜突樣蛋白(=施萬膜蛋白)	merlin(=schwannomin)
膜拓扑学	膜拓撲學	membrane topology
膜消化	膜分解	membrane digestion
膜性小泡	膜小泡	membrane vesicle
膜远侧区	膜遠側區	membrane-distal region
膜运输	膜運輸	membrane trafficking
膜载体	膜載體	membrane carrier
膜整合锥	膜整合錐	membrane-integrated cone
膜脂	膜脂	membrane lipid
膜质子传导	膜質子傳導	membrane proton conduction
膜转位	膜轉位	membrane translocation
膜转位蛋白	膜轉位蛋白	membrane translocator
膜转运	膜轉運	membrane transport
膜阻抗	膜阻抗	membrane impedance
末端标记	末端標記	end-labeling
末端补平	末端補平	end-filling, filling-in, end-polishing
末端反向重复[序列]	末端反向重複[序列]	inverted terminal repeat, ITR
末端分析	末端分析	terminal analysis
cDNA 末端快速扩增法	cDNA 末端快速擴增法	rapid amplification of cDNA end, RACE
末端酶	末端酶	terminase
末端内含子	末端內含子	outron
末端尿苷酸转移酶	末端尿苷酸轉移酶	terminal uridylyltransferase, TUTase
末端缺失	末端缺失	terminal deletion
末端糖基化	末端糖基化	terminal glycosylation
末端脱氧核苷酸转移酶	末端脫氧核苷醯轉移酶	terminal deoxynucleotidyl transferase, TdT
末端氧化酶	末端氧化酶	terminal oxidase
茉莉酸	茉莉酸	jasmonic acid, JA
莫内甜蛋白(=应乐果甜蛋白)		
母体效应基因	母體效應基因	maternal-effect gene

大陆名	台湾名	英文名
木鳖毒蛋白 S	木鼈根毒蛋白 S	momorcochin S
木瓜蛋白酶	木瓜蛋白酶	papain
木聚糖	木聚醣	xylan
木聚糖酶	木聚醣酶	xylanase
木蜡酸	木蠟酸，掬焦油酸，二十四烷酸	lignoceric acid
木葡聚糖	木葡聚醣	xyloglucan
木素纤维素	木質纖維素	lignocellulose
木糖	木醣	xylose
木糖醇	木糖醇	xylitol
木糖异构酶	木醣異構酶	xylose isomerase
木酮糖	木酮醣	xylulose
木酮糖还原酶	木酮醣還原酶	xylulose reductase
木酮糖－5－磷酸	木酮醣－5－磷酸	xylulose 5-phosphate
木酮糖脱氢酶	木酮醣脱氫酶	xylulose dehydrogenase
木[质]素	木質素	lignin

N

大陆名	台湾名	英文名
纳克	奈克	nanogram, ng
纳米	奈米	nanometer, nm
纳米电机系统	奈米電機系統	nanoelectromechanical system, NEMS
纳米技术	奈米技術	nanotechnology
纳米晶体分子	奈米晶體分子	nanocrystal molecule
纳米微孔	奈米微孔	nanopore
纳入体(＝内体)	納入體(＝内體)	receptosome(＝endosome)
钠钾泵	鈉鉀泵	sodium potassium pump
钠钾 ATP 酶	鈉鉀 ATP 酶	Na^+, K^+-ATPase
萘酚	萘酚	naphthol
南瓜子氨酸	南瓜子胺酸	cucurbitin
囊包蛋白(＝内披蛋白)		
囊性纤维化穿膜传导调节蛋白	囊性纖維化跨膜傳導調節蛋白	cystic fibrosis transmembrane conductance regulator, CFTR
脑发育调节蛋白	腦發育調節蛋白	drebin
脑啡肽	腦啡肽	enkephalin
脑啡肽酶	腦啡肽酶	enkephalinase
脑啡肽原	腦啡肽原	proenkephalin

大陆名	台湾名	英文名
脑苷脂	腦苷脂，腦脂苷	cerebroside
脑激素（=促前胸腺激素）	腦激素（=促前胸腺激素）	brain hormone（=prothoracicotropic hormone）
脑磷脂	腦磷脂	cephalin
脑钠肽	腦鈉肽	brain natriuretic peptide, BNP
脑羟脂酸	腦羥脂酸，2－羥［基］二十四烷酸	cerebronic acid
脑衰蛋白	腦衰蛋白	collapsin
脑酰胺（=神经酰胺）		
脑源性神经营养因子	腦衍生神經營養因子	brain-derived neurotrophic factor, BDNF
内部启动子（=基因内启动子）	內部啟動子	internal promoter（=intragenic promoter）
内单加氧酶	內單加氧酶	internal monooxygenase
内毒素	內毒素	endotoxin
内翻外	內側翻外	inside out
内啡肽	內啡肽	endorphin
内分泌	內分泌	endocrine
内分泌干扰物质	內分泌干擾物質	endocrine disruptor
内含肽	內含肽	intein
内含子	內含子，插入序列	intron
内含子编码核酸内切酶	內含子編碼核酸內切酶	intron-encoded endonuclease
内含子分支点	內含子分支點	intron branch point
内含子归巢	內含子回歸	intron homing
内含子套索	內含子套索	intron lariat
内化	內質化	internalization
内磺蛋白	內磺肽	endosulfine
内混合功能氧化酶	內混合功能氧化酶	internal mixed functional oxidase
内联蛋白	內聯蛋白	endonexin
内披蛋白，囊包蛋白	外皮蛋白	involucrin
内皮联蛋白	內皮聯蛋白	endoglin
内皮肽	內皮肽	endothelin, ET
内皮肽转化酶	內皮肽轉化酶	endothelin-converting enzyme, ECE
内皮唾液酸蛋白	內皮唾液酸蛋白	endosialin
内皮细胞源性血管舒张因子	內皮細胞舒血管因子	endothelium-derived relaxing factor, EDRF
内皮抑制蛋白	內皮抑制蛋白	endostatin
内切核酸酶	核酸內切酶	endonuclease
内切核糖核酸酶	核糖核酸內切酶	endoribonuclease

大　陆　名	台　湾　名	英　文　名
内切几丁质酶(＝壳多糖酶)	内切幾丁質酶	endochitinase(＝chitinase)
内切葡聚糖酶	葡聚醣内切酶	endoglucanase
内切糖苷酶	醣苷内切酶	endoglycosidase
内切脱氧核糖核酸酶	去氧核糖核酸内切酶	endodeoxyribonuclease
内收蛋白	内收蛋白	adducin
内水体积	内部體積	inner volume
内肽酶	肽鏈内切酶	endopeptidase
内体	核内體	endosome
β 内酰胺酶	β－内醯胺酶	β-lactamase
内源性阿片样肽	内源性阿片樣肽	endogenous opioid peptide
内在蛋白质(＝整合蛋白质)	内在蛋白質(＝整合蛋白質)	intrinsic protein(＝integral protein)
内在终止子	内在終止子	intrinsic terminator
内酯	内酯	lactone
能荷	能荷	energy charge
能量传递	能量傳輸，能量轉移	energy transfer
能量代谢	能量代謝	energy metabolism
能障	能障	energy barrier
尼克酸(＝烟酸)		
尼克酰胺(＝烟酰胺)		
尼龙膜	尼龍膜	nylon membrane
拟反馈抑制	擬回饋抑制	pseudo-feedback inhibition
拟球蛋白(＝假球蛋白)		
拟糖物	擬醣物	glycomimetics
逆 PCR(＝逆聚合酶链反应)		
逆聚合酶链反应，逆 PCR	逆 PCR，逆聚合酶鏈反應	reverse PCR
逆向火箭免疫电泳	逆向火箭免疫電泳	reverse rocket immunoelectrophoresis
逆转录，反转录	逆轉錄，反轉錄	reverse transcription
逆转录 PCR(＝逆转录聚合酶链反应)		
逆转录病毒载体	逆轉錄病毒載體	retroviral vector
逆转录聚合酶链反应，逆转录 PCR	逆轉錄 PCR，逆轉錄聚合酶鏈反應	reverse transcription PCR，RT-PCR
逆转录酶，反转录酶	逆轉錄酶，反轉錄酶	reverse transcriptase
逆转录酶抑制剂	逆轉錄酶抑制剂	revistin

大陆名	台湾名	英文名
逆转录元件	逆轉錄元件	retroelement
逆转录转座	逆轉錄轉座	retrotransposition, retroposition
逆[转录]转座子	逆[轉錄]轉座子	retrotransposon, retroposon
黏蛋白	黏蛋白,黏液素,黏質	mucin, mucoprotein
黏度计	黏度計	viscometer
黏端	黏性末端	cohesive end, cohesive terminus, sticky end
黏多糖(=糖胺聚糖)	黏多醣(=醣胺聚醣)	mucopolysaccharide(=glycosaminoglycan)
黏多糖贮积症	黏多醣貯積病	mucopolysaccharidosis
黏附蛋白	附著蛋白	adhesin
黏附性蛋白质	附著性蛋白質	adhesion protein
黏结蛋白聚糖	黏結蛋白聚醣	syndecan
黏结蛋白聚糖2(=纤维蛋白聚糖)	黏結蛋白聚醣2	syndecan-2(=fibroglycan)
黏结蛋白聚糖4(=双栖蛋白聚糖)	黏結蛋白聚醣4	syndecan-4(=amphiglycan)
黏结蛋白聚糖家族	黏結蛋白聚醣家族	syndecan family
黏菌素	黏菌素	colistin
黏粒	黏接質體	cosmid
黏粒文库	黏接質體文庫	cosmid library
黏膜	黏膜	mucosa
黏肽(=葡糖胺肽)		
黏着斑蛋白	黏著斑蛋白	vinculin
黏着斑激酶	黏著斑激酶	focal adhesion kinase, FAK
鸟氨酸	鳥胺酸	ornithine
鸟氨酸氨甲酰基转移酶	鳥胺酸胺甲醯基轉移酶	ornithine carbamyl transferase, OCT
鸟氨酸脱羧酶	鳥胺酸脫羧酶	ornithine decarboxylase
鸟氨酸循环	鳥胺酸循環	ornithine cycle
鸟氨酸转氨甲酰酶(=鸟氨酸氨甲酰基转移酶)	鳥胺酸轉胺甲醯酶(=鳥胺酸胺甲醯基轉移酶)	ornithine transcarbamylase(=ornithine carbamyl transferase)
鸟氨胭脂碱	鳥胺胭脂鹼	ornaline
鸟催产素,8-异亮氨酸催产素	鳥催產素,8-異亮催產素	mesotocin
鸟二磷(=鸟苷二磷酸)		
鸟苷	鳥[嘌呤核]苷	guanosine

大陆名	台湾名	英文名
鸟苷二磷酸，鸟二磷	鳥[嘌呤核]苷二磷酸，鳥二磷	guanosine diphosphate, GDP
鸟苷三磷酸，鸟三磷	鳥[嘌呤核]苷三磷酸，鳥三磷	guanosine triphosphate, GTP
鸟苷酸	鳥[嘌呤核]苷一磷酸	guanylic acid
鸟苷肽	鳥苷肽	guanylin
鸟苷一磷酸，鸟一磷	鳥[嘌呤核]苷一磷酸，鳥一磷	guanosine monophosphate, GMP
mRNA 鸟苷转移酶	mRNA 鳥苷轉移酶	mRNA guanyltransferase
鸟嘌呤	鳥嘌呤	guanine
鸟嘌呤核苷酸交换因子	鳥[嘌呤核]苷酸交換因子	guanine nucleotide exchange factor, GEF
鸟嘌呤核苷酸结合蛋白质(=GTP 结合蛋白质)	鳥[嘌呤核]苷酸結合蛋白	guanine nucleotide binding protein(=GTP binding protein)
鸟嘌呤核苷酸解离抑制蛋白	鳥[嘌呤核]苷酸解離抑制蛋白	guanine nucleotide dissociation inhibitor, GDI
鸟嘌呤[脱氨]酶	鳥嘌呤脱胺酶	guanine deaminase
鸟枪法测序	霰彈槍法測序	shotgun sequencing
鸟枪[克隆]法	霰彈槍法	shotgun [cloning] method
鸟三磷(=鸟苷三磷酸)		
鸟一磷(=鸟苷一磷酸)		
尿卟啉	尿卟啉，尿紫質	uroporphyrin
尿卟啉原	尿卟啉原，尿紫質原	uroporphyrinogen
尿胆素	尿膽素	urobilin
尿胆素原	尿膽素原	urobilinogen
尿二磷(=尿苷二磷酸)		
尿苷	尿苷，尿嘧啶核苷	uridine
尿苷二磷酸，尿二磷	尿苷二磷酸，尿二磷	uridine diphosphate, UDP
尿苷二磷酸葡糖	尿苷二磷酸葡萄糖	uridine diphosphate glucose, UDPG
尿苷二磷酸－糖	尿苷二磷酸－糖	uridine diphosphate sugar, UDP-sugar
尿苷三磷酸，尿三磷	尿苷三磷酸，尿三磷	uridine triphosphate, UTP
尿苷酸	尿[嘧啶核]苷酸	uridylic acid
尿苷酰转移酶	尿苷醯轉移酶	uridyl transferase
尿苷一磷酸，尿一磷	尿苷一磷酸，尿一磷	uridine monophosphate, UMP
尿黑酸	尿黑酸	homogentisic acid
尿黑酸症	黑尿症	alkaptonuria
尿激酶	尿激酶	urokinase, UK

大 陆 名	台 湾 名	英 文 名
尿激酶型纤溶酶原激活物	尿激酶型血纖蛋白溶酶原激活劑	urokinase-type plasminogen activator, uPA
尿激酶原	尿激酶原	prourokinase
尿刊酸	尿刊酸	urocanic acid
尿刊酸酶	尿刊酸酶	urocanase
尿嘧啶	尿嘧啶, 2, 4-二羥基嘧啶	uracil
尿嘧啶干扰试验	尿嘧啶干擾試驗	uracil interference assay
尿嘧啶-DNA 糖苷酶	尿嘧啶-DNA 糖苷酶	uracil-DNA glycosidase, UDG
尿嘧啶-DNA 糖基水解酶(=尿嘧啶-DNA 糖苷酶)	尿嘧啶-DNA 糖基水解酶(=尿嘧啶-DNA 糖苷酶)	uracil-DNA glycosylase(=uracil-DNA glycosidase)
尿囊素	尿囊素	allantoin
尿囊酸	尿囊酸	allantoic acid
尿桥蛋白	尿橋蛋白	uropontin
尿三磷(=尿苷三磷酸)		
尿舒张肽	尿舒張肽	urodilatin
尿素, 脲	尿素, 脲	urea
尿素酶(=脲酶)		
尿素生成	尿素生成	ureogenesis
尿素循环(=鸟氨酸循环)	脲循環(=鳥胺酸循環)	urea cycle(=ornithine cycle)
尿酸	尿酸	uric acid
尿酸酶(=尿酸氧化酶)	尿酸酵素(=尿酸氧化酶)	uricase(=urate oxidase)
尿酸氧化酶	尿酸氧化酶	urate oxidase
尿调制蛋白	尿調製蛋白, 尿調理素	uromodulin
尿胃蛋白酶	尿胃蛋白酶	uropepsin
尿胃蛋白酶原	尿胃蛋白酶原	uropepsinogen
尿一磷(=尿苷一磷酸)		
尿抑胃素	尿抑胃素	urogastrone
脲(=尿素)		
脲酶, 尿素酶	脲酶, 尿素酵素	urease
柠檬酸	檸檬酸	citric acid
柠檬酸合酶	檸檬酸合酶	citrate synthase
ATP 柠檬酸合酶(=ATP 柠檬酸裂合酶)	ATP 檸檬酸合酶(=ATP 檸檬酸裂解酶)	ATP-citrate synthase(=ATP-citrate lyase)

大　陆　名	台　湾　名	英　文　名
柠檬酸裂合酶	檸檬酸裂解酶	citrate lyase
ATP 柠檬酸裂合酶	ATP 檸檬酸裂解酶	ATP-citrate lyase, ACL
柠檬酸循环(=三羧酸循环)	檸檬酸循環(=三羧酸循環)	citric acid cycle(=tricarboxylic acid cycle)
柠檬酸盐	檸檬酸鹽	citrate
柠檬油精(=柠烯)		
柠烯,苎烯,柠檬油精	苧烯,檸檬油精	limonene
凝固作用	凝固作用	coagulation
凝集素	凝集素	lectin, agglutinin
凝集素亲和层析	外源凝集素親和層析	lectin affinity chromatography
凝集素吞噬	外源凝集素吞噬	lectinophagocytosis
凝胶电泳	凝膠電泳	gel electrophoresis
凝胶放射自显影	凝膠放射自顯影	gel autoradiograph
凝胶[过滤]层析	凝膠層析,凝膠過濾色譜技術	gel [filtration] chromatography
凝胶迁移率变动分析	凝膠遷移率變動分析	gel mobility shift assay
凝胶渗透层析(=凝胶[过滤]层析)	凝膠滲透層析,膠透層析法	gel permeation chromatography, GPC (=gel [filtration] chromatography)
凝胶移位结合分析(=凝胶迁移率变动分析)	凝膠移位結合分析(=凝膠遷移率變動分析)	gel-shift binding assay(=gel mobility shift assay)
凝胶阻滞分析(=凝胶迁移率变动分析)	凝膠阻滯分析(=凝膠遷移率變動分析)	gel retardation assay(=gel mobility shift assay)
凝溶胶蛋白	凝溶膠蛋白	gelsolin
凝乳酶	凝乳酶	chymosin
凝血噁烷,血栓烷	前列凝素	thromboxane, TX
凝血酶	凝血酶	thrombin
凝血酶切割位点	凝血酶切割位點	thrombin cleavage site
凝血酶抑制剂(=抗凝血酶)		
凝血酶抑制剂Ⅲ(=抗凝血酶Ⅲ)		
凝血酶原	凝血酶原	prothrombin
凝血酶原致活物原	凝血致活酶酶原,抗血友病因子 A	thromboplastinogen
凝血调节蛋白	凝血調節蛋白	thrombomodulin
凝血因子	凝血因子	blood coagulation factor
凝血因子Ⅱ(=凝血酶	凝血因子Ⅱ	blood coagulation factor Ⅱ(=prothrom-

大　陆　名	台　湾　名	英　文　名
原)		bin)
凝血因子Ⅲ(=组织凝血激酶)	凝血因子Ⅲ	blood coagulation factor Ⅲ(=tissue thromboplastin)
凝血因子Ⅷ(=抗血友病球蛋白)	凝血因子Ⅷ	blood coagulation factor Ⅷ(=antihemophilic globulin)
凝血因子Ⅸa(=血浆凝血激酶)	凝血因子Ⅸa	blood coagulation factor Ⅸa(=plasma thromboplastin component)
凝血因子Ⅹa(=促凝血酶原激酶)	凝血因子Ⅹa	blood coagulation factor Ⅹa(=thromboplastin)
凝血因子Ⅹa 切点	凝血因子Ⅹa 切點	factor Ⅹa cleavage site
牛磺酸，氨基乙磺酸	牛磺酸	taurine
牛抗菌肽	牛抗菌肽	bactenecin
牛脾磷酸二酯酶	牛脾磷酸二酯酶	bovine spleen phosphodiesterase
牛血清清蛋白	牛血清白蛋白	bovine serum albumin
牛胰核糖核酸酶	牛胰核糖核酸酶	bovine pancreatic ribonuclease
DNA 扭曲	DNA 扭曲	DNA twist
扭转	扭轉	twist
扭转数	盤繞數	twisting number
DNA 扭转应力	DNA 扭轉應力	DNA torsional stress
农杆糖酯	農杆醣酯	agrocinopine
浓缩胶(=成层胶)	濃縮膠(=成層膠)	stacking gel(=spacer gel)
浓缩物	濃縮物	concentrate

O

大　陆　名	台　湾　名	英　文　名
偶氮苯还原酶	偶氮苯還原酶	azobenzene reductase
偶氮胆红素	偶氮膽紅素	azobilirubin
偶氮还原酶	偶氮還原酶	azoreductase
偶联磷酸化	偶聯磷酸化	coupled phosphorylation
偶联氧化	偶聯氧化	coupled oxidation
偶联因子	偶聯因子	coupling factor
偶联柱层析(=多维层析)	偶聯柱層析(=多維層析)	coupled column chromatography(=multidimensional chromatography)

P

大　陆　名	台　湾　名	英　文　名
排氨型代谢	排氨型代謝	ammonotelism
排比，比对	排比	alignment
排尿素型代谢	排尿素型代謝	ureotelism
排尿酸型代谢	排尿酸型代謝	uricotelism
排阻层析	排阻層析	exclusion chromatography
蒎烯	蒎烯	pinene
潘糖	6－α－葡萄基麥芽糖	panose
盘状凝胶电泳	圓盤凝膠電泳	disk gel electrophoresis
旁侧序列	旁側序列	flanking sequence
旁分泌	旁分泌	paracrine
旁路途径	替代途徑	alternative pathway
泡蛙肽	泡蛙肽	physalaemin
胚胎干细胞法	胚胎幹細胞法	embryonic stem cell method
HAT 培养基	HAT 培養基	HAT medium
DNA 配对	DNA 配對	DNA pairing
配体	配體	ligand
配体蛋白	配體蛋白	ligandin
配体交换层析	配體交換層析	ligand exchange chromatography
配体结合口袋	配體結合口袋	ligand-binding pocket
配体门控离子通道（＝离子通道型受体）	配體門控離子通道	ligand-gated ion channel（＝ionotropic receptor）
配体门控受体（＝离子通道型受体）	配體門控的受體	ligand-gated receptor（＝ionotropic receptor）
配体－配体相互作用	配體－配體相互作用	ligand-ligand interaction
配体提呈	配體呈現	ligand presentation
配体印迹法	配體印漬法	ligand blotting
配体诱导胞吞	配體誘導的胞吞作用	ligand-induced endocytosis
配体诱导二聚化	配體誘導的二聚化作用	ligand-induced dimerization
配体诱导内化	配體誘導的內質化作用	ligand-induced internalization
硼酸	硼酸	boric acid
皮啡肽	皮啡肽	dermorphin
皮克	皮克	pictogram，pg

大　陆　名	台　湾　名	英　文　名
皮脑啡肽	皮腦啡肽	dermenkaphaline
皮抑菌肽	皮抑菌肽	dermaseptin
皮质醇（＝氢化可的松）	皮質醇（＝氫化可的松）	cortisol（＝hydrocortisone）
皮质醇结合球蛋白（＝运皮质激素蛋白）	皮質醇結合球蛋白	cortisol-binding globulin（＝transcortin）
皮质类固醇	皮質類甾醇［激素］	corticosteroid
皮质类固醇结合球蛋白（＝运皮质激素蛋白）	皮質類甾醇結合球蛋白	corticosteroid-binding globulin, CBG（＝transcortin）
皮质素（＝肾上腺皮质［激］素）	皮質［激］素	cortin（＝adrenal cortical hormone）
皮质酮	皮質酮	corticosterone
毗邻序列分析	毗鄰序列分析	nearest neighbor sequence analysis
脾白细胞激活因子（＝促吞噬肽）		
蜱抗凝肽（＝壁虱抗凝肽）		
匹配序列	配對序列	matched sequence
胼胝质（＝愈伤葡聚糖）		
β 片层	β－折板	β-sheet, β-pleated sheet
片段化蛋白	片段化蛋白	fragmin
片段化酶	片段化酶	fragmentin
嘌呤	嘌呤	purine, Pu, Pur
嘌呤核苷	嘌呤核苷	purine nucleoside
嘌呤核苷磷酸化酶	嘌呤核苷磷酸化酶，嘌呤核苷磷解酶	purine nucleoside phosphorylase, PNP
嘌呤核苷酸	嘌呤核苷酸	purine nucleotide
嘌呤核苷酸循环	嘌呤核苷酸循環	purine nucleotide cycle
嘌呤霉素	嘌呤黴素	puromycin
平端	鈍端，鈍性末端	blunt end, blunt terminus, flush end
平端化	鈍端化	blunting
平衡 PCR（＝平衡聚合酶链反应）		
平衡常数	平衡常數	equilibrium constant
平衡聚合酶链反应，平衡 PCR	平衡 PCR，平衡聚合酶鏈反應	balanced PCR
平衡密度梯度离心	平衡密度梯度離心	equilibrium density-gradient centrifugation
平衡透析法	平衡透析法	equilibrium dialysis

大陆名	台湾名	英文名
平均残基量	平均殘基量	mean residue weight
平行 DNA 三链体	平行 DNA 三鏈體	parallel DNA triplex
苹果酸	蘋果酸	malic acid
苹果酸酶	蘋果酸酶	malic enzyme
苹果酸－天冬氨酸循环	蘋果酸－天門冬胺酸循環	malate-aspartate cycle
苹果酸脱氢酶	蘋果酸脫氫酶	malate dehydrogenase
苹婆酸	蘋婆酸	sterculic acid
破伤风毒素	破傷風毒素	tetanus toxin
脯氨酸	脯胺酸	proline, Pro
脯氨酸尿症	脯胺酸尿症	prolinuria
脯氨酸脱氢酶	脯胺酸脫氫酶	proline dehydrogenase
脯氨酰氨基酸二肽酶	脯胺醯胺基酸二肽酶	prolinase
葡甘露聚糖	葡甘露聚醣	glucomannan
葡激酶（＝金葡菌激酶）		
葡聚糖	葡聚醣，聚葡萄糖	glucan, glucosan
葡聚糖酶	葡聚醣酶	dextranase
DEAE 葡聚糖凝胶，二乙氨乙基葡聚糖凝胶	DEAE 葡聚醣凝膠，二乙胺乙基葡聚醣凝膠	diethylaminoethyl dextran gel, DEAE-dextran gel
葡聚糖水解酶	葡聚醣酶	glucanase
葡糖胺，氨基葡糖	葡萄糖胺	glucosamine
葡糖胺聚糖	葡萄糖胺聚醣	glucosaminoglycan
葡糖胺肽，黏肽	黏肽	mucopeptide
葡糖－丙氨酸循环	葡萄糖－丙胺酸循環	glucose-alanine cycle
葡糖淀粉酶	葡萄糖澱粉酶	glucoamylase
葡糖苷	葡萄糖苷	glucoside
葡糖苷酶	葡萄糖苷酶	glucosidase
α 葡糖苷酶	α－葡萄糖苷酶	α-glucosidase
β 葡糖苷酶	β－葡萄糖苷酶	β-glucosidase
葡糖苷神经酰胺（＝葡糖脑苷脂）		
葡糖苷酸基转移酶	葡萄糖醛酸基轉移酶	glucuronyl transferase
葡糖基化	葡萄糖基化	glucosylation
葡糖基转移酶	葡萄糖基轉移酶	glucosyltransferase
葡糖激酶	葡萄糖激酶	glucokinase
葡糖－1－磷酸	葡萄糖－1－磷酸	glucose-1-phosphate
葡糖－6－磷酸	葡萄糖－6－磷酸	glucose-6-phosphate
葡糖磷酸变位酶（＝磷		

大 陆 名	台 湾 名	英 文 名
酸葡糖变位酶)		
葡糖-6-磷酸酶	葡萄糖-6-磷酸酶	glucose-6-phosphatase
葡糖-6-磷酸脱氢酶	葡萄糖-6-磷酸脱氫酶	glucose-6-phosphate dehydrogenase
葡糖脑苷脂，葡糖苷神经酰胺	葡萄糖腦苷脂	glucocerebroside
葡糖脑苷脂酶	葡萄糖腦苷脂酶	glucocerebrosidase
葡糖醛酸	葡萄糖醛酸	glucuronic acid
葡糖醛酸内酯	葡萄糖醛酸内酯	glucuronolactone
葡糖醛酸糖苷酶	葡萄糖醛酸糖苷酶	glucuronidase
葡糖神经酰胺酶(=葡糖脑苷脂酶)	葡萄糖神經醯胺酶(=葡萄糖腦苷脂酶)	glucosylceramidase(=glucocerebrosidase)
葡糖酸	葡萄糖酸	gluconic acid
葡糖酸磷酸支路(=戊糖磷酸途径)	葡萄糖酸磷酸支路(=戊糖磷酸途徑)	phosphogluconate shunt(=pentose-phosphate pathway)
葡糖酸内酯	葡萄糖酸内酯	gluconolactone
葡糖效应	葡萄糖效應	glucose effect
葡糖氧化酶	葡萄糖氧化酶	glucose oxidase
葡糖异构化	葡萄糖異構化	glucose isomerization
葡糖异构酶	葡萄糖異構酶	glucose isomerase
葡糖异生(=糖生成)		
葡糖转运蛋白	葡萄糖轉運蛋白	gluose transporter
[葡萄球菌]凝固酶	[金黄色葡萄球菌]凝固酶	staphylocoagulase
葡萄糖	葡萄糖	glucose
普里昂(=朊病毒)		
普里布诺框	普裏布諾框	Pribnow box
普列克底物蛋白	普列克底物蛋白	pleckstrin

Q

大 陆 名	台 湾 名	英 文 名
七穿膜域受体	七跨膜域受體	seven transmembrane domain receptor
七叶苷	栗糖苷	esculin
漆酶	漆化酵素	laccase
齐变模型	齊變模型	concerted model
奇异果甜蛋白	奇異果甜蛋白	thaumatin
歧化酶	歧化酶	dismutase

大陆名	台湾名	英文名
启动子	啟動子	promoter
启动子捕获	啟動子捕獲	promoter trapping
启动子封堵	啟動子封堵	promoter occlusion
启动子减弱	啟動子減弱	promoter damping
启动子减效突变	啟動子減效突變	down promotor mutation
启动子解脱	啟動子解脱	promoter escape
启动子清除	啟動子清除	promoter clearance
启动子清除时间	啟動子清除時間	promoter clear time
启动子元件	啟動子元件	promoter element
启动子阻抑	啟動子抑制	promoter suppression
起始 tRNA	起始 tRNA	initiator tRNA
起始点识别复合体	起始點識別複合體	origin recognition complex, ORC
起始复合体	起始複合體	initiation complex
起始密码子	起始密碼子	initiation codon, start codon
起始因子	起始因子	initiation factor
起始子	起始子	initiator
气固层析	氣固層析	gas-solid chromatography, GSC
气菌溶胞蛋白	氣單胞菌溶菌蛋白	aerolysin
气相层析	氣相層析法	gas chromatography, GC
气相层析－质谱联用	氣相層析質譜聯用	gas chromatography-mass spectrometry, GC-MS
气相蛋白质测序仪	氣相蛋白質定序儀	gas-phase protein sequencer
气液层析	氣液[相]層析法	gas-liquid chromatography, GLC
千碱基	千鹼基	kilobase, kb
千碱基对	千鹼基對	kilobase pair
迁移度	遷移率	mobility
迁移速率	遷移率	migration rate
牵出试验	牽出試驗	pull-down experiment
前阿黑皮素原	先-腦啡-黑色素激素-腎上腺皮質素激素	preproopiomelanocortin, pre-POMC
前蛋白质原	前蛋白質原	preproprotein
前导链	前導股	leading strand
前导肽	前導肽	leading peptide
前导肽酶(＝信号肽酶)	前導肽酶(＝信號蛋白酶)	leader peptidase(＝signal peptidase)
前导序列	前導序列，前導區	leader sequence, leader
前基因组	前基因體	pregenome
前基因组 mRNA	前基因體 mRNA	pregenomic mRNA

大陆名	台湾名	英文名
前激素原	前激素原	preprohormone
前激肽释放酶	前激肽釋放酶	prekallikrein
前剪接体(=剪接前体)		
前胶原	膠原蛋白原	procollagen
前抗微生物肽(=卡塞林)		
前列环素	環前列腺素	prostacyclin
前列腺蛋白	前列腺蛋白	prostatein
前列腺素	前列腺素	prostaglandin, PG
前列腺素类激素	前列腺素類激素	prostanoid
前列腺素脱氢酶	前列腺素脱氫酶	prostaglandin dehydrogenase
前列腺烷酸	前列腺烷酸	prostanoic acid
前脑啡肽原	前腦啡肽原	preproenkephalin
前清蛋白	前白蛋白，前清蛋白	prealbumin
前生命化学	前生命化學	prebiotic chemistry
前体	前驅物	precursor
mRNA 前体(=初级转录物)	mRNA 前體	mRNA precursor(=primary transcript)
RNA 前体	RNA 前驅物	precursor RNA, pre-RNA
tRNA 前体	tRNA 前體	tRNA precursor
前稳态	穩態前	presteady state
前沿层析	前沿層析	frontal chromatography
前沿分析	前沿分析	frontal analysis
前胰岛素原	前胰島素原	preproinsulin
钳合蛋白	鉗合蛋白	sequestrin
钳位均匀电场电泳	鉗位均勻電場電泳	contour-clamped homogeneous electric field electrophoresis, CHEF electrophoresis
嵌合 DNA	嵌合 DNA	chimeric DNA
嵌合蛋白	嵌合蛋白	chimerin
嵌合基因	嵌合基因	chimeric gene
嵌合基因组(=镶嵌基因组)		
嵌合抗体	嵌合抗體	chimeric antibody
嵌合体	嵌合體	chimera
嵌合型蛋白质	嵌合型蛋白質	chimeric protein
嵌合质粒	嵌合質體	chimeric plasmid
DNA 嵌入剂	DNA 嵌入劑	DNA intercalator

大陆名	台湾名	英文名
强啡肽	強啡肽	dynorphin
强啡肽原	強啡肽原	prodynorphin
强碱型离子交换剂	強鹼型離子交換劑	strong base type ion exchanger
强酸型离子交换剂	強酸型離子交換劑	strong acid type ion exchanger
强阳离子交换剂(=强酸型离子交换剂)	強陽離子交換劑	strong cation exchanger(=strong acid type ion exchanger)
强阴离子交换剂(=强碱型离子交换剂)	強陰離子交換劑	strong anion exchanger(=strong base type ion exchanger)
羟胺还原酶	羥胺還原酶	hydroxylamine reductase
25-羟胆钙化醇	25-羥膽鈣化醇	25-hydroxycholecalciferol
β羟丁酸	β-羥丁酸	β-hydroxybutyric acid
羟丁酸脱氢酶	羥丁酸脫氫酶	hydroxybutyrate dehydrogenase
羟化酶	羥化酶	hydroxylase
α羟基丙酸(=乳酸)		
羟基丙酮酸还原酶	羥基丙酮酸還原酶	hydroxypyruvate reductase
β-羟[基]-β-甲戊二酸单酰辅酶A	β-羥[基]-β-甲戊二酸單醯輔酶A	β-hydroxy-β-methylglutaryl-CoA
3-羟[基]-3-甲戊二酸单酰辅酶A还原酶	3-羥[基]-3-甲戊二酸單醯輔酶A還原酶	3-hydroxy-3-methylglutaryl coenzyme A reductase
羟基磷灰石	羥基磷灰石	hydroxyapatite, HA
羟基磷酸丙酮酸	磷酸羥基丙酮酸	hydroxypyruvate phosphate
羟基神经酸	羥基神經酸	hydroxynervonic acid
N-羟基-2-乙酰胺基芴还原酶	*N*-羥基-2-乙醯基茐還原酶	*N*-hydroxy-2-acetamidofluorene reductase
羟甲基转移酶	羥甲基轉移酶	hydroxylmethyl transferase
3-羟-3-甲戊醛酸	3-羥基-3-甲基戊醛酸	mevaldic acid
羟赖氨酸	羥賴胺酸	hydroxylysine, Hyl
羟脑苷脂	羥腦苷脂	cerebron, phrenosin
17-羟皮质类固醇	17-羥皮[質]類甾醇	17-hydroxycorticosteroid
17-羟皮质酮	17-羥皮[質]甾酮	17-hydroxycorticosterone
羟脯氨酸	羥脯胺酸	hydroxyproline, Hyl
5-羟色氨酸	5-羥色胺酸	5-hydroxytryptophane
5-羟色胺	5-羥色胺	serotonin, 5-hydroxytryptamine
5-羟色胺受体	5-羥色胺受體	serotonin receptor
20-羟蜕皮激素(=蜕皮类固醇激素)		
N-羟乙酰神经氨酸	*N*-羥乙醯神經胺酸	*N*-glycolylneuraminic acid, *N*-

大陆名	台湾名	英文名
		hydroxyacetylneuraminic acid
12 - 羟油酸(=蓖麻油酸)		
桥蛋白质	橋蛋白質	pontin protein
桥粒斑蛋白	橋粒斑蛋白	desmoplakin
桥粒钙蛋白	橋粒鈣蛋白	desmocalmin
桥粒胶蛋白	橋粒膠黏蛋白	desmocollin
桥粒联结蛋白	橋粒聯結蛋白	desmoyokin
桥粒黏蛋白	橋粒醣蛋白	desmoglein
壳多糖,几丁质	殼聚醣,幾丁質,甲殼素	chitin
壳多糖酶,几丁质酶	幾丁質酶	chitinase
壳聚糖(=葡糖胺聚糖)	殼聚醣,脫乙醯殼聚醣	chitosan(=glucosaminoglycan)
壳糖胺(=葡糖胺)	殼醣胺	chitosamine(=glucosamine)
壳硬蛋白	殼硬蛋白	sclerotin
鞘氨醇	神經胺醇	sphingosine, 4-sphingenine, sphingol
鞘氨醇半乳糖苷	[神經]鞘胺醇半乳糖苷	psychosine
鞘磷脂	神經鞘磷脂	sphingomyelin, sphingophospholipid
鞘磷脂酶	神經鞘磷脂酶	sphingomyelinase
鞘糖脂	醣原[神經]鞘脂類,神經醣	glycosphingolipid, glycosylsphingolipid
鞘脂	神經鞘脂類	sphingolipid
切变	切變	shearing
切除核酸酶	切除核酸酶	excision nuclease
切口	切口	nick
切口闭合酶(=Ⅰ型DNA拓扑异构酶)	切口閉合酶	nick-closing enzyme(=DNA topoisomerase Ⅰ)
切口酶	切口酶	nickase
切口平移,切口移位	缺斷轉譯	nick translation
切口移位(=切口平移)		
亲雌激素蛋白	親雌激素蛋白	estrophilin
亲代DNA	親代DNA	parental DNA
亲代基因组印记	親代基因組印痕	parental genomic imprinting
亲和标记	親和標記	affinity labeling
亲和层析	親和[力]層析法	affinity chromatography
DNA亲和层析	DNA親和層析	DNA affinity chromatography
Rab亲和蛋白	Rab親和蛋白	rabphilin

大陆名	台湾名	英文名
亲和力	親和力	affinity
亲和柱	親和柱	affinity column
亲环蛋白	親環蛋白	cyclophilin
亲棘蛋白	親棘蛋白	spinophilin
亲硫吸附层析	親硫吸附層析	thiophilic absorption chromatography
亲硫作用层析(=亲硫吸附层析)	親硫作用層析	thiophilic interaction chromatography (=thiophilic absorption chromatography)
亲水性	親水性	hydrophilicity
亲铁蛋白	親鐵蛋白	siderophilin
亲油性化合物	親油性化合物	oleophyllic compound
亲脂凝胶层析	親脂凝膠層析	lipophilic gel chromatography
亲脂素	親脂素	lipophilin
亲脂性	親脂性	lipophilicity
亲中心体蛋白	親中心體蛋白	centrophilin
青霉素酶	青黴素酶	penicillinase
青霉素酰胺酶	青黴素醯胺酶	penicillin amidase
青霉素酰胺水解酶(=青霉素酰胺酶)	青黴素醯胺水解酶	penicillin amidohydrolase(=penicillin amidase)
青霉素酰化酶(=青霉素酰胺酶)	青黴素醯化酶	penicillin acylase(=penicillin amidase)
氢氘交换	氕氘交換	deuterium exchange
氢化可的松	氫化可的松	hydrocortisone
氢化酶	氫化酶	hydrogenase
氢化作用	氫化作用	hydrogenation
氢键	氫鍵	hydrogen bond
清蛋白，白蛋白	白蛋白，清蛋白	albumin
清蛋白激活蛋白	白蛋白活化蛋白	albondin
清蛋白尿	白蛋白尿[症]	albuminuria
清蛋白/球蛋白比值	白蛋白/球蛋白比值	albumin/globulin ratio
清道夫受体	清道夫受體	scavenger receptor
鲭组蛋白	鯖組蛋白	scombron, scombrone
氰钴胺素(=维生素B_{12})	氰鈷胺素	cyanocobalamin(=vitamin B_{12})
氰钴胺素还原酶	氰鈷胺素還原酶	cyanocobalamin reductase
琼脂凝胶	瓊脂凝膠	agar gel
琼脂糖	瓊脂糖	agarose
琼脂糖酶	瓊脂糖酶	agarase

大陆名	台湾名	英文名
琼脂糖凝胶	瓊脂糖凝膠	agarose gel
琼脂糖凝胶电泳	瓊脂糖凝膠電泳	agarose gel electrophoresis
蚯蚓血红蛋白	蚯蚓血紅蛋白	hemerythrin, haemerythrin
球蛋白	球蛋白	globulin
α 球蛋白(=胎球蛋白)		
γ 球蛋白(=丙种球蛋白)		
球系列，红细胞系列糖鞘脂	球系列，紅細胞系列醣鞘脂	globo-series
球系列糖鞘脂	球系列醣鞘脂	globo-series glycosphigolipid
球抑胃素	球抑胃素	bulbogastrone
球状蛋白质	球狀蛋白質	globular protein
β 巯基丙酮酸	β－巰基丙酮酸	β-mercaptopyruvate
巯基蛋白酶	巰基蛋白酶	thiol protease, sulfhydryl protease
巯基乙胺	巰基乙胺，半胱胺	mercapto-ethylamine
巯基乙醇	巰基乙醇	mercapto-ethanol
区带电泳	区带電泳	zonal electrophoresis, ZE
区带离心	区带離心	zonal centrifugation
驱动蛋白	驅動蛋白，傳動素	kinesin
驱动蛋白结合蛋白	移動結合蛋白	kinectin
驱蛔萜	驅蛔萜	ascaridole
趋化物	趨化蛋白	chemotaxin
趋化性	趨化性	chemotaxis
趋化性激素	趨化性激素，趨化性荷爾蒙	chemotactic hormone
趋化因子	趨化因子	chemokine
趋化脂质	趨化脂質	chemotactic lipid
取代型载体	取代型載體	replacement vector
去蛋白作用	去蛋白作用	deproteinization
去甲肾上腺素	正腎上腺素，去甲腎上腺素	noradrenalin, norepinephrine
去磷蛋白	去磷蛋白	dephosphin
去磷酸化	去磷酸化	dephosphorylation
去糖基化	去醣基化	deglycosylation
去氧血红蛋白	去氧血紅蛋白	deoxyhemoglobin
全蛋白质	全蛋白質	holoprotein
全局调节，全局调控	全局調節，全局調控	global regulation
全局调控(=全局调节)		

大　陆　名	台　湾　名	英　文　名
全酶	全酶	holoenzyme
醛胺缩合	醛胺縮合	aldimine condensation
醛醇缩合	醛醇縮合	aldol condensation
醛固酮	醛固酮	aldosterone
醛赖氨酸	醛賴胺酸	allysine
醛缩酶	醛縮酶	aldolase
醛糖	醛醣	aldose
[醛]糖酸	醛醣酸，醣酸	aldonic acid
醛脱氢酶	醛脫氫酶	aldehyde dehydrogenase
醛[亚]胺	醛[亞]胺	aldimine
醛氧化酶	醛氧化酶	aldehyde oxidase
犬尿酸	犬尿酸	kynurenic acid
犬尿酸原	犬尿酸原	kynurenine
炔诺酮(＝乙炔睾酮)		
缺口	缺口，縫隙	gap
缺口基因(＝裂隙基因)		
缺氧诱导因子	缺氧誘導因子	hypoxia-inducible factor，HIF

R

大　陆　名	台　湾　名	英　文　名
PAP 染色(＝过氧化物酶－抗过氧化物酶染色)		
染色体步查(＝染色体步移)		
染色体步移，染色体步查	染色體步移	chromosome walking
染色体葡移	染色體緩移	chromosome crawling
染色体跳查(＝染色体跳移)		
染色体跳移，染色体跳查	染色體跳躍	chromosome jumping
染色体外 DNA	染色體外 DNA	extrachromosomal DNA
染色体显微切割术	染色體顯微切割術，染色體顯微解剖	chromosome microdissection
染色体印迹	染色體印漬	chromosome blotting
染色质组装因子 1	染色質組裝因子 1	chromatin assembly factor-1，CAF-1

大　陆　名	台　湾　名	英　文　名
热激蛋白	熱休克蛋白	heat shock protein, Hsp
热激基因，热休克基因	熱休克基因	heat shock gene
热启动	熱起動	hot start
热球蛋白	熱球蛋白	pyroglobulin
热休克基因(=热激基因)		
[人工]接头	聯結子，連接體	linker
P1 人工染色体	P1 人工染色體	P1 artificial chromosome, PAC
人绝经促性腺素	人類停經促性腺素	human menopausal gonadotropin, HMG
人类基因组计划	人類基因體計畫	human genome project, HGP
人类基因作图	人類基因作圖	human gene mapping
人绒毛膜促性腺素	人類絨毛膜促性腺[激]素	human chorionic gonadotropin, HCG
人绒毛膜生长催乳素	人類絨毛膜促生長[激]素，人類絨毛膜性促素	human chorionic somatomammotropin
人胎盘催乳素(=人绒毛膜生长催乳素)	人類胎盤促乳素(=人類絨毛膜促生長[激]素)	human placental lactogen, HPL(=human chorionic somatomammotropin)
绒毛蛋白	絨毛蛋白	villin
绒毛膜促甲状腺素	絨毛膜促甲狀腺激素	chorionic thyrotropin
绒毛膜促性腺素	絨毛膜促性腺激素	chorionic gonadotropin
绒毛膜生长催乳素	絨毛膜生長催乳激素	chorionic somatomammotropin, choriomammotropin
溶果胶酶，果胶溶酶	溶果膠酶，果膠溶解酶	pectolytic enzyme
溶基质蛋白酶	溶基質蛋白酶	stromelysin
溶剂干扰法	溶劑干擾法	solvent-perturbation method
溶菌酶	溶菌酶	lysozyme
溶酶体	溶酶體，溶小體	lysosome
溶酶体酶类	溶酶體酶類	lysosomal enzymes
溶酶体水解酶	溶酶體水解酶	lysosomal hydrolase
溶酶体酸性脂肪酶	溶酶體酸性脂肪酶	lysosomal acid lipase
溶素	溶素	lysin
溶细胞酶，消解酶	溶細胞酶	lyticase, zymolyase, zymolase
溶血磷脂酶	溶血磷脂酶	lysophospholipase
溶血磷脂酸	溶血磷脂酸	lysophosphatidic acid
溶血磷脂酰胆碱	溶血磷脂醯膽鹼	lysophosphatidylcholine
溶血卵磷脂(=溶血磷	溶血卵磷脂(=溶血磷	lysolecithin(=lysophosphatidylcholine)

大　陆　名	台　湾　名	英　文　名
脂酰胆碱）	脂醯膽鹼）	
溶血素	溶血素	hemolysin
溶源菌	溶原菌	lysogen
溶源性	溶原性，溶原現象	lysogeny
熔解（＝解链）		
熔球态	熔球態	molten-globule state
融合	融合	fusion
融合蛋白	融合蛋白	fusion protein
融合基因	融合基因	fusion gene
融合膜	結合膜，融合膜	nexus
融膜蛋白	融膜蛋白	parafusin
鞣化激素	鞣化激素	bursicon
鞣酸酶	鞣酸酶	tannase
肉毒杆菌毒素	肉毒桿菌毒素	botulinus toxin
肉毒碱脂酰转移酶	肉毒鹼脂醯轉移酶	carnitine acyltransferase
肉桂酸	肉桂酸	cinnamic acid
肉碱	肉鹼	carnitine
蠕虫血红蛋白	螺血紅蛋白，蝸紅質	helicorubin
蠕动泵	蠕動泵	peristaltic pump
乳白密码子	乳白密碼子	opal codon
乳杆菌酸	乳桿菌酸	lactobacillic acid
乳过氧化物酶	乳過氧化物酶	lactoperoxidase
乳链菌肽	乳酸鏈球菌肽	nisin
乳糜	乳糜	chyle
乳糜尿	乳糜尿[症]	chyluria
乳糜微粒	乳糜微粒	chylomicron，CM
乳清蛋白	乳白蛋白	lactalbumin，lactoalbumin
乳清苷	乳清酸核苷	orotidine
乳清苷酸	乳清苷酸	orotidylic acid
乳清苷一磷酸（＝乳清苷酸）	乳清酸核苷一磷酸	orotidine monophosphate（＝orotidylic acid）
乳清酸	乳清酸	orotic acid
乳球蛋白	乳球蛋白	lactoglobulin
乳酸，α羟基丙酸	乳酸	lactic acid
乳酸脱氢酶	乳酸脫氫酶	lactate dehydrogenase
乳糖	乳糖	lactose
乳糖胺聚糖	乳糖胺聚醣	lactosaminoglycan
乳糖操纵子	乳糖操縱子	*lac* operon

大　陆　名	台　湾　名	英　文　名
乳糖酶	乳糖酶	lactase
乳糖尿	乳糖尿症	lactosuria
乳糖酸	乳糖酸	lactobionic acid
乳糖系列	乳糖系列	lacto-series
乳[运]铁蛋白	乳[運]鐵蛋白	lacto[trans]ferrin
朊病毒，普里昂	病原性蛋白顆粒	prion
软骨蛋白聚糖	軟骨蛋白聚醣	chondroproteoglycan
软骨钙结合蛋白	軟骨鈣結合蛋白	chondrocalcin
软骨鱼催产素	軟骨魚催產素，穀催產素	glumitocin
软骨粘连蛋白	軟骨黏連蛋白	chondronectin
软木脂	軟木脂	suberin
软脂酸（=棕榈酸）		
软脂酸鲸蜡酯（=鲸蜡）		
软脂酰 Δ^9 脱饱和酶	軟脂醯 Δ^9 去飽和酶	palmitoyl Δ^9-desaturase
弱化子	弱化子	attenuator
弱化[作用]	弱化[作用]	attenuation
弱碱型离子交换剂	弱鹼型離子交換劑	weak base type ion exchanger
弱酸型离子交换剂	弱酸型離子交換劑	weak acid type ion exchanger
弱阳离子交换剂（=弱酸型离子交换剂）	弱陽離子交換劑	weak cation exchanger（=weak acid type ion exchanger）
弱阴离子交换剂（=弱碱型离子交换剂）	弱陰離子交換劑	weak anion exchanger（=weak base type ion exchanger）

S

大　陆　名	台　湾　名	英　文　名
腮腺素	腮腺素	parotin
3，5，3′-三碘甲腺原氨酸	3，5，3′-三碘甲腺原胺酸	3，5，3′-triiodothyronine
三丁酰甘油（=丁酸甘油酯）	三丁酸甘油酯（=丁酸甘油酯）	tributyrin（=butyrin）
三股螺旋	三鏈螺旋	triple helix
三癸酰甘油（=癸酸甘油酯）	三癸酸甘油酯（=癸酸甘油酯）	tricaprin（=caprin）
三环结构域	Kringle 域，三環域	Kringle domain
三级结构	三級結構	tertiary structure
三级氢键	三級氫鍵	tertiary hydrogen bond

大　陆　名	台　湾　名	英　文　名
三己酰甘油(＝己酸甘油酯)	三己酸甘油酯(＝己酸甘油酯)	tricaproin(＝caproin)
三甲基鸟苷	三甲基鳥苷	trimethylguanosine, TMG
三脚蛋白[复合体]	三腳蛋白[複合體]	triskelion
三联体	三聯體	triplet
三联体密码(＝密码子)	三聯體密碼	triplet code(＝codon)
三链 DNA	三鏈 DNA	triple-stranded DNA
三链体	三鏈體	triplex
三链体 DNA	三鏈體 DNA	triplex DNA
三磷酸肌醇磷脂(＝磷脂酰肌醇4,5－双磷酸)	三磷酸肌醇磷脂(＝磷脂醯肌醇4,5－雙磷酸)	triphosphoinositide(＝phosphatidylinositol 4,5-bisphosphate)
三羟甲基氨基甲烷	三羥甲基氨基甲烷	trihydroxymethyl aminomethane
三软脂酰甘油(＝棕榈酸甘油酯)	三軟脂醯甘油(＝棕櫚酸甘油酯)	tripalmitylglycerol(＝palmitin)
三十四烷酸	三十四烷酸	gheddic acid
三羧酸循环	三羧酸循環	tricarboxylic acid cycle
三糖	三醣	trisaccharide
三酰甘油	三醯甘油酯	triacylglycerol, TAG
三酰甘油脂肪酶	甘油三酯脂肪酶	triglyceride lipase, TGL
三辛酰甘油(＝辛酸甘油酯)	三辛酸甘油酯(＝辛酸甘油酯)	tricaprylin(＝caprylin)
三叶草结构	三葉草結構	cloverleaf structure
三叶肽	三葉肽	trefoil peptide
三乙酰甘油(＝乙酸甘油酯)	三乙酸甘油酯	triacetin(＝acetin)
三硬脂酰甘油(＝硬脂酸甘油酯)	三硬脂酸甘油酯(＝硬脂酸甘油酯)	tristeroylglycerol(＝stearin)
三月桂酰甘油(＝月桂酸甘油酯)	三月桂酸甘油酯(＝月桂醯甘油酯)	trilaurin(＝laurin)
散布重复序列(＝散在重复序列)		
散在重复序列，散布重复序列	散佈型重複序列	interspersed repeat sequence
桑格－库森法	Sanger 法	Sanger-Coulson method
桑椹[胚]黏着蛋白	桑椹[胚]黏著蛋白	uvomorulin
扫描共焦显微镜术	掃描共聚焦顯微鏡術	scanning confocal microscopy
扫描隧道电镜	掃描隧道電子顯微鏡	scanning tunnel electron microscope,

大陆名	台湾名	英文名
		STEM
扫描隧道显微镜	掃描隧道顯微鏡	scanning tunneling microscope, STM
色氨酸	色胺酸	tryptophan, tryptophane, Trp
色氨酸操纵子	色胺酸操縱子	*trp* operon
色氨肽	色胺肽	tryptophyllin
色胺	色胺	tryptamine
色蛋白	色素蛋白	chromoprotein
色素原	色素原	chromogen
鲨胆固醇	鯊膽固醇	scymnol
鲨肝醇，十八烷基甘油醚	鯊肝醇，十八烷基甘油醚，1－*O*－十八烷基甘油醚	batyl alcohol
鲨肌醇	鯊肌醇	scyllitol, scyllo-inositol
鲨烷	角鯊烷	squalane
鲨烯	角鯊烯	squalene
鲨油醇	鯊油醇	selachyl alcohol
筛选	篩選	screening
山梨聚糖	山梨聚醣	sorbitan
山梨糖	山梨糖	sorbose
山梨糖醇	山梨糖醇	sorbitol
山嵛酸	山嵛酸，正二十二烷酸	behenic acid
闪烁计数仪	閃爍計數器	scintillation counter
闪烁液	閃爍液	scintillation cocktail
商陆毒蛋白	商陸毒蛋白	dodecandrin
上皮生长因子（＝表皮生长因子）		
上皮调节蛋白	上皮調節蛋白	epiregulin
上皮因子	上皮因子	epithelin
上清液	上清液	supernatant
上调	向上調節	up regulation
上调[节]（＝正调节）		
上调因子	向上調節因子	up regulator
上行毛细转移	上行毛細轉移	upward capillary transfer
上游激活序列	上游激活序列	upstream activating sequence, UAS
尚邦法则（=GT－AG 法则）	Chambon 法則	Chambon rule（＝GT-AG rule）
蛇毒磷酸二酯酶	蛇毒磷酸二酯酶	snake venom phosphodiesterase, venom phosphodiesterase

大陆名	台湾名	英文名
蛇毒凝血酶	蛇毒凝血酶	reptilase
X 射线晶体学	X 射線結晶學	X-ray crystallography
X 射线衍射	X 射線繞射	X-ray diffraction
麝香草酚	麝香草酚	thymol
伸展(＝解折叠)		
伸展蛋白	伸展蛋白	extensin
神经氨酸	神經胺酸	neuraminic acid
神经氨酸酶	神經胺酸酶	neuraminidase
神经白细胞素	神經白細胞素	neuroleukin
神经垂体素运载蛋白(＝后叶激素运载蛋白)		
神经蛋白聚糖	神經蛋白聚醣	neurocan
神经毒素	神經毒素	neurotoxin
神经分泌	神經分泌	neurocrine
神经钙蛋白	神經鈣蛋白	neurocalcin
神经苷脂，烯脑苷脂	神經苷脂，烯腦苷脂	nervon
神经激素	神經激素	neurohormone
神经激肽 K	神經激肽 K	neurokinin K
神经降压肽	神經降壓肽	neurotensin
神经胶质蛋白	神經膠質蛋白	neuroglian
神经胶质瘤源性生长因子	神經膠質瘤衍生生長因子	glioma-derived growth factor, GDGF
神经角蛋白	神經角蛋白	neurokeratin
神经节苷脂	神經節苷脂	ganglioside, GA
神经节肽(＝甘丙肽)		
神经节系列	神經節系列	ganglio-series
神经介肽(＝神经调节肽)		
神经颗粒蛋白	神經顆粒蛋白	neurogranin
神经连接蛋白	神經連接蛋白	neurexin
神经配蛋白	神經連接蛋白	neuroligin, NL
神经趋化因子	神經趨化因子	neurotactin
神经上皮干细胞蛋白	神經表皮幹蛋白，幹蛋白	nestin
神经生长蛋白	神經生長蛋白	neurolin
神经生长因子	神經生長因子	nerve growth factor, NGF
神经束蛋白	神經束蛋白	neurofascin

大陆名	台湾名	英文名
神经酸	神經酸，二十四碳－順－15－烯酸	nervonic acid
神经肽	神經肽	neuropeptide
神经调节蛋白	神經調節蛋白	neuregulin, NRG
神经调节肽，神经介肽	神經調節肽，神經介肽	neuromedin, NM
神经调节肽 B	神經調節肽 B	neuromedin B
神经调节肽 U	神經調節肽 U	neuromedin U, NMU
神经调制蛋白	神經調製蛋白	neuromodulin
神经细胞黏附分子	神經細胞黏附分子	neural cell adhesion molecule, NCAM
神经纤丝蛋白	神經纖絲蛋白	neurofilament protein
神经纤维瘤蛋白	神經纖維瘤蛋白	neurofibromin
神经酰胺，脑酰胺	神經醯胺，*N*－酯醯鞘胺醇	ceramide, Cer
神经酰胺酶	神經醯胺酶	ceramidase
神经营养蛋白	神經營養蛋白	neurotrophin
神经营养细胞因子（＝神经营养因子）	神經營養細胞素	neurotrophic cytokine（＝neurotrophic factor）
神经营养因子	神經營養因子	neurotrophic factor
神经元质膜受体	神經原生質膜受體	neuronal plasma membrane receptor
神经粘连蛋白（＝生腱蛋白）	神經黏連蛋白	neuronectin（＝tenascin）
神经珠蛋白	神經珠蛋白	neuroglobin
肾钙结合蛋白	腎鈣結合蛋白	nephrocalcin
肾上腺	腎上腺	adrenal gland
肾上腺皮质[激]素	腎上腺皮質激素	adrenal cortical hormone, corticoid
肾上腺皮质铁氧还蛋白	[腎上腺]皮質鐵氧化還原蛋白	adrenodoxin
肾上腺素	腎上腺[髓]素	adrenaline, epinephrine
肾上腺髓质肽，肾髓质肽	腎上腺髓質肽	adrenomedullin
肾上腺雄酮（＝雄烯二酮）		
肾素（＝血管紧张肽原酶）		
肾髓质肽（＝肾上腺髓质肽）		
渗出液	滲出液	diffusate
渗透层析	滲透層析	permeation chromatography

大　陆　名	台　湾　名	英　文　名
渗透压	滲透壓	osmotic pressure
渗透压计	滲透壓計	osmometer
渗透[作用]	滲透	osmosis
升压素，加压素	升壓素，後葉加壓素	vasopressin, pitressin
生醇发酵	酒精發酵	alcoholic fermentation
生存蛋白	生存蛋白	livin
生红酸	生紅酸，十八碳烯炔酸	erythrogenic acid
生化(=生物化学)		
生化标志	生化標誌	biochemical marker
生腱蛋白	腱生蛋白	tenascin
生理盐水	生理鹽水	physiological saline
生命科学	生命科學	life science, bioscience
生糖氨基酸	生醣氨基酸	glycogenic amino acid, glucogenic amino acid
生酮氨基酸	生酮胺基酸	ketogenic amino acid
生酮激素	生酮激素	ketogenic hormone
生酮生糖氨基酸	生酮生醣胺基酸	ketogenic and glycogenic amino acid
生酮作用	酮體生成	ketogenesis
生物安全操作柜	生物安全操作櫃	biosafety cabinet
生物安全等级	生物安全等級	biosafety level
生物安全性	生物安全性	biosafety
生物标志	生物標記	biomarker
生物测定	生物測定法	bioassay
生物传感器	生物感測器	biosensor
生物大分子	生物大分子	biomacromolecule
生物电子学	生物電子學	bioelectronics
生物多聚体	生物多聚體	biopolymer
生物多样性	生物多樣性	biodiversity
生物发光	生物發光	bioluminescence
生物发光免疫测定	生物發光免疫分析	bioluminescent immunoassay, BLIA
生物发光探针	生物發光探針	bioluminescent probe
生物反应器	生物反應器	bioreactor
生物分子电子学(=生物电子学)	生物分子電子學	biomolecular electronics(=bioelectronics)
生物工程	生物工程	bioengineering, biological engineering
生物合成	生物合成	biosynthesis
生物化学，生化	生物化學	biochemistry
生物技术	生物技術	biotechnology

大 陆 名	台 湾 名	英 文 名
生物可利用度	生物利用率	bioavailability
生物膜	生物膜	biomembrane
生物能学	生物能[力]學	bioenergetics
生物素，维生素 H	生物素，維生素 B_4	biotin
生物素化核苷酸	生物素化核苷酸	biotinylated nucleotide
生物素-抗生物素蛋白/链霉抗生物素蛋白标记	生物素-卵白素/鏈黴卵白素標記	biotin-avidin/streptavidin labeling
生物素-抗生物素蛋白系统	生物素-卵白素系統	biotin-avidin system
生物素-链霉抗生物素蛋白系统	生物素-鏈黴卵白素系統	biotin streptavidin system
生物素羧化酶	生物素羧化酶	biotin carboxylase
生物素阻遏蛋白	生物素阻遏蛋白	biorepressor
生物危害	生物危害	biohazard
生物无机化学	生物無機化學	bioinorganic chemistry
生物物理化学	生物物理化學	biophysical chemistry
生物物理学	生物物理學	biophysics
生物芯片	生物晶片	biochip
生物信息	生物資訊	bioinformation
生物信息学	生物資訊學	bioinformatics
生物氧化	生物氧化[作用]	biological oxidation
生物制药	生物製藥	biopharming
生物转化	生物轉化	biotransformation
生育酚(=麦角固醇)	生育酚，維他命 E	tocopherol(=ergosterol)
生长叉(=复制叉)	生長叉(=複製叉)	growing fork(=replication fork)
生长激素(=促生长素)		
生长激素调节激素(=促生长素释放素)	生長激素調節激素	growth hormone regulatory hormone(=somatoliberin)
生长素介质(=生长调节肽)		
生长调节素(=生长调节肽)		
生长调节肽，生长调节素，生长素介质	促生長因子，生長素介質	somatomedin, SOM
生长抑素(=促生长素抑制素)		

大陆名	台湾名	英文名
生长因子	生長因子	growth factor, GF
尸胺	屍胺，1，5－戊二胺	cadaverine
失活	失活	inactivation
施万膜蛋白	施万膜蛋白	schwannomin
施万细胞瘤源性生长因子	施万細胞瘤源性生長因子	Schwannoma-derived growth factor
十八碳四烯酸	十八碳四烯酸	octadecatetraenoic acid, parinaric acid
十八碳烯炔酸（＝生红酸）	十八碳烯炔酸（＝生紅酸）	isanic acid（＝erythrogenic acid）
十八烷醇	十八烷醇	stearyl alcohol
十八烷基甘油醚（＝鲨肝醇）		
十六烷基溴化吡啶鎓沉淀法	十六烷基溴化吡啶鎓沈澱法	cetylpyridinium bromide precipitation, CPB precipitation
十碳烷酸（＝癸酸）		
十字形环	十字形環	cruciform loop
十字形结构	十字形結構	cruciform structure
石胆酸	石膽酸	lithocholic acid
石耳葡聚糖	石耳葡聚醣	pustulan
石炭酸	石碳酸	carbolic acid
时序基因	時程性基因	temporal gene
时序调节	時程性調節	temporal regulation
时序小 RNA	小分子不穩定 RNA	small temporal RNA, stRNA
识别	識別	recognition
识别唾液酸的免疫球蛋白超家族凝集素	識別唾液酸的免疫球蛋白超家族凝集素	sialic acid-recognizing immunoglobulin superfamily lectin, siglec
识别序列	識別序列	recognition sequence
识别元件	識別元件	recognition element
识别子	識別子	discriminator
实时 PCR（＝实时聚合酶链反应）		
实时聚合酶链反应，实时 PCR	即時 PCR，即時聚合酶鏈反應	real-time PCR
实时逆转录 PCR（＝实时逆转录聚合酶链反应）		
实时逆转录聚合酶链反应，实时逆转录 PCR	即時 RT－PCR，即時逆轉錄 PCR	real-time RT-PCR

大　陆　名	台　湾　名	英　文　名
实质等同性	實質等同性	substantial equivalence
食糜	食糜	chyme
食欲刺激素，胃生长激素释放素	胃生長激素釋放激素	ghrelin
食欲肽	食欲肽	orexin, hyporetin
RNA 世界	RNA 世界	RNA world
示踪技术	示蹤技術	tracer technique
示踪染料	示蹤染料	tracking dye
示踪物	示蹤物	tracer
视蛋白	視蛋白	opsin
视黄醇（=维生素 A）	視黃醇，維生素 A_1 醇，抗幹眼醇	retinol (=vitamin A)
视黄醇结合蛋白质，维甲醇结合蛋白质	視黃醇結合蛋白	retinol-binding protein, RBP
视黄醛	視黃醛	retinal
视黄醛脱氢酶	視黃醛脫氫酶	retinal dehydrogenase
视黄醛氧化酶	視黃醛氧化酶	retinal oxidase
视黄酸，维甲酸，维生素 A_1 酸	視黃酸，維生素 A_1 酸	retinoic acid
视黄酸受体	視黃酸受體	retinoic acid receptor, RAR
视青质，视紫蓝质	視紫藍素，視紫藍青質	iodopsin
视色蛋白质	視色蛋白質	visual chromoprotein
视锥蛋白	視錐蛋白	visinin
视紫[红]质	視紫質	rhodopsin
视紫蓝质（=视青质）		
试剂	試劑	reagent
试剂盒	試劑盒	kit
饰胶蛋白聚糖	飾膠蛋白聚醣	decorin
室温	室溫	room temperature
适配体	適配體	aptamer
适应酶	適應酶	adaptive enzyme
释放素	釋放素	liberin
释放因子	釋放因子	release factor
嗜铬粒蛋白	嗜鉻粒蛋白	chromogranin
嗜铬粒蛋白 A	嗜鉻粒蛋白 A	chromogranin A
嗜铬粒蛋白 B	嗜鉻粒蛋白 B	chromogranin B
嗜铬粒结合蛋白	嗜鉻粒結合蛋白	chromobindin
嗜铬粒膜蛋白	嗜鉻粒膜蛋白	chromomembrin

大陆名	台湾名	英文名
嗜铬粒抑制肽	嗜鉻粒抑制肽	chromostatin
嗜铬性	嗜鉻性	chromaffinity
嗜热菌蛋白酶	嗜熱菌蛋白酶	thermolysin, thermophilic protease
嗜乳脂蛋白	嗜乳脂蛋白	butyrophilin
嗜酸性粒细胞趋化性多肽，嗜伊红粒细胞趋化性多肽	嗜酸性粒細胞趨化性多肽，嗜伊紅粒細胞趨化性多肽	eosinophil chemotactic peptide
嗜酸性粒细胞趋化因子	嗜酸性粒細胞趨化因子	eotaxin
嗜酸性粒细胞生成素，嗜伊红粒细胞生成素	嗜酸性粒細胞生成素，嗜伊紅粒細胞生成素	eosinophilopoietin
嗜伊红粒细胞趋化性多肽（=嗜酸性粒细胞趋化性多肽）		
嗜伊红粒细胞生成素（=嗜酸性粒细胞生成素）		
嗜异性抗原	嗜異抗原	heterophil antigen
噬斑	噬菌斑，溶菌斑	plaque
噬斑形成单位	噬菌斑形成單位	plaque forming unit, pfu
噬菌体	噬菌體	phage
DNA 噬菌体	DNA 噬菌體	DNA phage
噬菌体[表面]展示	噬菌體[表面]展示	phage [surface] display
λ 噬菌体末端酶	λ-噬菌體末端酶	λ phage terminase
噬菌体随机肽文库	噬菌體隨機肽庫	phage random peptide library
噬菌体肽文库	噬菌體肽庫	phage peptide library
噬粒	噬菌粒	phagemid
收缩蛋白质	收縮蛋白質	contractile protein
EF 手形	EF 手形	EF hand
手性	掌性，不對稱性	chirality
寿命蛋白	壽命蛋白	mortalin, MOT
受体	受體	receptor
KDEL 受体	KDEL 受體	KDEL receptor
受体超家族	受體超族	receptor superfamily
受体储备	受體儲備	receptor reserve
受体蛋白激酶	受體蛋白激酶	receptor kinase
cAMP 受体蛋白质（=cAMP 结合蛋白质）	cAMP 受體蛋白	cAMP receptor protein, CRP(=cAMP binding protein)

大　陆　名	台　湾　名	英　文　名
受体介导的胞吞	受體介導的細胞胞吞作用	receptor-mediated endocytosis
受体介导的胞饮	受體介導的細胞胞飲作用	receptor-mediated pinocytosis
受体介导的调节作用	受體介導的調控作用	receptor-mediated control
受体酪氨酸激酶	受體酪胺酸激酶	receptor tyrosine kinase, RTK
受体破坏酶	受體破壞酶	receptor destroying enzyme, RDE
受体适配法	受體適配法	receptor fitting
瘦蛋白，脂肪细胞激素	瘦蛋白，脂肪細胞激素	leptin, LP
疏/亲水性[分布]图	疏水性分佈圖	hydropathy profile
疏水层析	疏水層析	hydrophobic chromatography
疏水性	疏水性	hydrophobicity
疏水作用	疏水交互作用	hydrophobic interaction
疏水作用层析	疏水作用層析	hydrophobic interaction chromatography
疏油性化合物	疏油性化合物	oleophobic compound
舒－法斯曼分析	Chou-Fasman 分析	Chou-Fasman analysis
舒－法斯曼算法	Chou-Fasman 算法	Chou-Fasman algorithm
RNA 输出	RNA 輸出	RNA exprot
鼠李糖	鼠李糖	rhamnose
束缚配体	束縛配體	tethered ligand
束缚因子	束縛因子	commitment factor
树眼镜蛇毒素	樹眼鏡蛇毒素	dendrotoxin
树脂	樹脂	resin
DNA 数据库	DNA 資料庫	DNA database
数量性状基因座	數量性狀基因座	quantitative trait locus
衰变加速因子	衰變加速因子	decay accelerating factor, DAF
衰老蛋白	早老素	presenilin
双半乳糖甘油二酯	二半乳糖甘油二酯	digalactosyl diglyceride
双丙烯酰胺	雙丙烯醯胺	bisacrylamide
双波长分光光度计	雙波長分光光度計	double wavelength spectrophotometer
双草酸盐	雙草酸鹽	double oxalate
双层	雙[分子]層	bilayer
双翅菌肽	雙翅抗菌肽	diptericin
双倒数作图法	雙倒數作圖法	double-reciprocal plot, Lineweaver-Burk plot
双分子脂膜	雙分子脂膜	bimolecular lipid membrane
双－γ－谷氨酰半胱氨酸还原酶	雙－γ－穀胺醯半胱胺酸還原酶	bis-γ-glutamylcystine reductase

大陆名	台湾名	英文名
双固氮酶(=固氮酶组分1)	雙固氮酶	dinitrogenase(=nitrogenase 1)
双固氮酶还原酶(=固氮酶组分2)	雙固氮還原酶	dinitrogenase reductase(≐nitrogenase 2)
双光束分光光度计	雙光束分光光度計	double beam spectrophotometer
双光束光度计	雙光束光度計	double beam photometer
双加氧酶	二加氧酶	dioxygenase
双库尼茨抑制剂，间α胰蛋白酶抑制剂	雙庫尼抑制劑，間α胰蛋白酶抑制劑	bikunin
双链	雙股	double strand
双链 DNA	雙股 DNA	double-stranded DNA，dsDNA
双链 RNA	雙股 RNA	double-stranded RNA，dsRNA
双链互补 DNA	雙股互補 DNA	double-stranded cDNA，dscDNA
双链 DNA 结合域	雙股 DNA 結合區域	dsDNA-binding domain
双链 RNA 结合域	雙股 RNA 結合區域	dsRNA-binding domain
双链螺旋(=双螺旋)	雙股螺旋(=雙螺旋)	double-stranded helix(=double helix)
双链体	複式體	duplex
双链体 DNA	複式 DNA	duplex DNA
双链体形成	複式體形成	duplex formation
2，3-双磷酸甘油酸支路	2，3-雙磷酸甘油酸支路	2，3-bisphosphoglycerate shunt
双磷酸肌醇磷脂(=磷脂酰肌醇磷酸)	雙磷酸肌醇磷脂(=磷脂醯肌醇磷酸)	biphosphoinositide(=phosphatidylinositol phosphate)
双磷脂酰甘油(=心磷脂)	二磷脂醯甘油(=心磷脂)	diphosphatidylglycerol(=cardiolipin)
双螺旋	雙螺旋	double helix
双螺旋模型(=沃森-克里克模型)	雙螺旋模型(=華生-克里克模型)	double helix model(=Watson-Crick model)
双面角，二面角	二面角	dihedral angle
双栖蛋白聚糖	雙棲蛋白聚醣	amphiglycan
双氢睾酮	二氫睪酮	dihydrotestosterone，DHT
双顺反子 mRNA	雙順反子 mRNA	bicistronic mRNA
双缩脲	雙[縮]脲	biuret
双缩脲反应	雙[縮]脲反應	biuret reaction
双糖(=二糖)		
双糖链蛋白聚糖	雙糖鏈蛋白聚醣	biglycan
双调蛋白	雙調蛋白	amphiregulin
双萜	雙萜	diterpene

大　陆　名	台　湾　名	英　文　名
双脱氧核苷三磷酸	雙去氧[核糖]核苷三磷酸，2′，3′－雙去氧核苷5′－三磷酸	dideoxyribonucleoside triphosphate，ddNTP
双脱氧核苷酸	雙去氧核苷酸，2′，3′－雙去氧核苷酸	dideoxynucleotide
双脱氧链终止法（＝桑格－库森法）	雙去氧鏈末端終止法	dideoxy chain-termination method（＝Sanger-Coulson method）
双向层析	二維層析	two-dimensional chromatography
双向电泳	二維電泳	two-dimensional electrophoresis
双向凝胶电泳	二維凝膠電泳	two-dimensional gel electrophoresis
双向启动子	雙向啟動子	bi-directional promoter
双向转录	雙向轉錄	bi-directional transcription
双义 RNA	雙義 RNA	ambisense RNA
双义基因组	雙義基因組	ambisense genome
双杂交系统	雙雜交系統	two-hybrid system
双载蛋白	雙載蛋白	amphiphysin
水钴胺素还原酶	水鈷胺素還原酶	aquacobalamin reductase
水合酶	水合酶	hydratase
水解	水解	hydrolysis
水解酶	水合－裂解酶	hydrolase，hydrolytic enzyme
水母蛋白	水母蛋白	aequorin
水平板凝胶电泳	水平板凝膠電泳	horizontal slab gel electrophoresis
水平转头（＝吊篮式转头）	吊籃式轉頭，水平轉子	swing-out rotor（＝swinging-bucket rotor）
水溶性维生素	水溶性維生素	water-soluble vitamin
水苏糖	水蘇[四]糖	stachyose，lupeose
水通道蛋白	水通道蛋白	aquaporin
水螅肽	棘皮蛋白	pedin
水杨酸，邻羟基苯甲酸	水楊酸，鄰羥基苯甲酸	salicylic acid，SA
水蛭素	水蛭素	hirudin
δ 睡眠肽（＝δ 睡眠诱导肽）		
睡眠诱导肽（＝δ 睡眠诱导肽）	睡眠誘導肽（＝δ－睡眠肽）	sleep inducing peptide，SIP（＝δ-sleep inducing peptide）
δ 睡眠诱导肽，δ 睡眠肽	δ－睡眠肽	δ-sleep inducing peptide
顺丁烯二酸（＝马来酸）		
顺反异构	順反異構	cis-trans isomerism

大 陆 名	台 湾 名	英 文 名
顺反异构酶	順反異構酶	cis-trans isomerase
顺反子	順反子	cistron
顺反子间区	順反子間區	intercistronic region
[顺]芥子酸	[順]芥子酸，順－13－二十二烯酸，二十二碳－順－13－烯酸	erucic acid, sinapic acid
顺式剪接	順式剪接	cis-splicing
顺式切割	順式切割	cis-cleavage
顺式调节	順式調節	cis-regulation
顺式异构	順式異構	cis-isomerism
顺式异构体	順式異構體	cis-isomer
顺式作用	順式作用	cis-acting
顺式作用核酶	順式作用的核酶	cis-acting ribozyme
顺式作用基因	順式作用基因	cis-acting gene
顺式作用基因座	順式作用基因座	cis-acting locus
顺式[作用]元件	順式[作用]元件	cis-[acting] element
顺乌头酸	順烏頭酸	cis-aconitic acid
顺乌头酸酶	[順]烏頭酸酶	aconitase
顺向构象	順向構象	cisoid conformation
瞬时表达(＝短暂表达)		
蒴莲根毒蛋白	蒴蓮根毒蛋白	volkensin
丝氨酸	絲胺酸	serine, Ser
丝氨酸蛋白酶(＝丝氨酸酯酶)	絲胺酸蛋白酶	serine proteinase(＝serine esterase)
丝氨酸/苏氨酸蛋白酶	絲胺酸－蘇胺酸蛋白酶	serine/threonine protease
丝氨酸/苏氨酸激酶	絲胺酸－蘇胺酸激酶	serine/threonine kinase
丝氨酸/苏氨酸磷酸酶	絲胺酸－蘇胺酸磷酸酶	serine/threonine phosphatase
丝氨酸酯酶	絲胺酸酯酶	serine esterase
丝甘蛋白聚糖	絲甘蛋白聚醣	serglycin
丝胶蛋白	絲膠蛋白	sericin
丝酶抑制蛋白	絲酶抑制蛋白	serpin
丝切蛋白	絲切蛋白	cofilin
丝石竹毒蛋白	絲石竹毒蛋白	gypsophilin
丝束蛋白	毛蛋白，絲束蛋白，菌毛蛋白	fimbrin, plastin
丝心蛋白	絲心蛋白，生絲素	fibroin
斯卡查德方程	Scatchard 方程式	Scatchard equation
斯卡查德分析	Scatchard 分析	Scatchard analysis

大陆名	台湾名	英文名
斯卡查德作图	Scatchard 作圖，斯卡恰作圖法	Scatchard plotting
斯坦尼钙调节蛋白	司坦尼鈣調節蛋白	Stanniocalcin, STC
斯托克斯半径	斯托克半徑	Stokes radius
斯韦德贝里单位	史式單位，斯伯單位	Svedberg unit
死亡基因	致死基因	thanatogene
死亡受体	死亡受體	death receptor
四次穿膜蛋白	四次跨膜蛋白	tetraspanin
四碘甲腺原氨酸(＝甲状腺素)		
四级结构	四級結構	quaternary structure
四联凝[集]素	四聯凝素	tetranectin
四链体 DNA	四鏈體 DNA，四顯性組合 DNA	tetraplex DNA, quadruplex DNA
四螺旋束	四螺旋捆	four-helix bundle
四氢叶酸	四氫葉酸	tetrahydrofolic acid
四氢叶酸脱氢酶	四氫葉酸脫氫酶	tetrahydrofolate dehydrogenase
四糖	四醣	tetrasaccharide
松弛蛋白	鬆弛蛋白	relaxation protein
松弛[环状]DNA	鬆弛[環狀]DNA	relaxed [circular] DNA
松弛素	鬆弛素	relaxin
松弛型质粒	鬆弛型質體	relaxed plasmid
松二糖	松二糖	turanose
松果体激素	松果體激素	pineal hormone
松萝酸，地衣酸	松蔓酸，地衣酸	usnic acid, usninic acid, usnein
松三糖	松三糖	melezitose
苏氨酸	蘇胺酸，羥丁胺酸	threonine, Thr
苏氨酸脱氨酶	蘇胺酸脫胺酶	threonine deaminase
苏氨酸脱水酶(＝苏氨酸脱氨酶)	蘇胺酸脫水酶	threonine dehydratase(＝threonine deaminase)
苏木精	蘇木精	hematoxylin
苏糖	蘇糖	threose
苏[糖]型构型	蘇[糖]型構型	threo-configuration
苏糖型异构体	蘇糖型異構體	threo-isomer
速固醇	速甾醇	tachysterol
速激肽	速激肽	tachykinin
速流技术	速流技術	rapid flow technique
速率区带离心	速率區帶離心	rate-zonal centrifugation

大 陆 名	台 湾 名	英 文 名
酸败	酸敗	vancidity
酸碱代谢	酸鹼代謝	acid-base metabolism
酸碱平衡	酸鹼平衡	acid-base balance
酸性成纤维细胞生长因子	酸性纖維細胞生長因子	acid fibroblast growth factor, aFGF
酸性磷酸[酯]酶	酸性磷酸酶	acid phosphatase
α_1 酸性糖蛋白	α_1 – 酸性糖蛋白	α_1-acid glycoprotein
酸血症	酸血症	acidemia
酸值	酸值	acid number, acid value
酸中毒	酸中毒	acidosis
随机 PCR(=随机聚合酶链反应)		
随机寡核苷酸诱变	隨機寡核苷酸誘變	random oligonucleotide mutagenesis
随机聚合酶链反应，随机 PCR	隨機 PCR，隨機聚合酶鏈反應	random PCR
随机扩增多态性 DNA	隨機擴增多型性 DNA	randomly amplified polymorphic DNA, RAPD
随机引物	隨機引子	random primer
随机引物标记	隨機引子標記	random primer labeling
髓过氧化物酶	髓過氧化物酶	myeloperoxidase
髓磷脂，髓鞘质	髓磷脂	myelin
髓磷脂蛋白脂质(=亲脂素)	髓磷脂蛋白脂類(=親脂素)	myelin proteolipid(=lipophilin)
髓鞘蛋白质	髓鞘蛋白質	myelin protein
髓鞘寡突胶质糖蛋白	鞘寡突膠質醣蛋白	myelin oligodendroglia glyceprotein
髓鞘碱性蛋白质	髓鞘鹼性蛋白質	myelin basic protein
髓鞘相关糖蛋白	鞘相關醣蛋白	myelin associated glycoprotein, MAG
髓鞘质(=髓磷脂)		
DNA 损伤	DNA 損傷	DNA damage
DNA 损伤剂	DNA 損傷劑	DNA damaging agent
梭菌蛋白酶	梭菌蛋白酶	clostripain
γ 羧化	γ – 羧化	γ-carboxylation
羧化酶	羧化酶	carboxylase
羧基蛋白酶	羧基蛋白酶	carboxyl protease
羧基端(=C 端)	C – 端，羧基末端	carboxyl terminal(=C-terminal)
γ 羧基谷氨酸	γ – 羧基穀胺酸	γ-carboxyl glutamic acid
4 – 羧基固醇 3 – 脱氢酶	4 – 羧基固醇 – 3 – 脫氫酶	sterol-4-carboxylate 3-dehydrogenase

大　陆　名	台　湾　名	英　文　名
羧基歧化酶	羧基歧化酶	carboxydismutase
羧基转移酶	羧基轉移酶	carboxyl transferase
羧甲基纤维素	羧甲基纖維素	carboxymethyl cellulose
羧酸	羧酸	carboxylic acid
羧肽酶	羧肽酶	carboxypeptidase
羧肽酶原	羧肽酶原	procarboxypeptidase
缩胆囊素(=缩胆囊肽)		
缩胆囊肽，缩胆囊素	縮膽囊肽	cholecystokinin, CCK
缩醛	縮醛	acetal
缩醛磷脂	縮醛磷脂	acetal phosphatide, plasmalogen
缩酮	縮酮，酮縮醇	ketal
索氏提取器	索氏提取器	Soxhlet extractor
锁核酸	鎖核酸	locked nucleic acid, LNA
锁链素	鎖鏈[賴胺]素	desmosine
锁钥学说	鎖鑰學說	lock and key theory

T

大　陆　名	台　湾　名	英　文　名
塌陷多肽链	塌陷的多肽鏈	collapsed polypeptide chain
塔格糖	塔格糖	tagatose
塔罗糖	塔羅糖	talose
胎儿血红蛋白	胎血紅素	fetal hemoglobin
胎盘催乳素(=绒毛膜生长催乳素)	胎盤促乳素(=絨毛膜生長催乳激素)	placental lactogen, PL(=chorionic somatomammotropin)
胎盘球蛋白	胎盤球蛋白	placental globulin
胎球蛋白，α 球蛋白	胎球蛋白，α-球蛋白	fetuin
台盼蓝(=锥虫蓝)		
肽	肽	peptide
肽单元	肽單元	peptide unit
肽合成	肽合成	peptide synthesis
肽核酸	肽核酸	peptide nucleic acid, PNA
肽基二肽酶 A(=血管紧张肽 I 转化酶)	肽基二肽酶 A	peptidyl-dipeptidase A(=angiotensin I-converting enzyme)
肽基脯氨酰基顺反异构酶	肽基脯胺醯基順反異構酶	peptidyl-prolyl cis-trans isomerase, PPIase
肽键	肽鍵	peptide bond
肽聚糖	肽聚醣	peptidoglycan

大陆名	台湾名	英文名
肽链	肽鏈	peptide chain
肽酶	肽酶	peptidase
肽－酶联免疫吸附测定，肽－酶联免疫吸附分析	肽－酵素連結免疫吸附分析	peptide-ELISA
肽－酶联免疫吸附分析（＝肽－酶联免疫吸附测定）		
肽平面	肽平面	peptide plane
肽扫描技术	肽掃描技術	peptide scanning technique, pepscan
肽－*N*－糖苷酶 *F*	肽－*N*－糖苷酶 F	peptide-*N*-glycosidase F
肽图	肽圖	peptide map
肽文库	肽庫	peptide library
肽酰 tRNA	肽基轉移 RNA	peptidyl-tRNA
肽酰位，P 位	肽基部位，P 位	peptidyl site, P site
肽酰转移酶	肽基轉移酶	peptidyl transferase
肽转运蛋白体	肽運載蛋白	peptide transporter
肽作图	肽作圖	peptide mapping
泰威糖	泰威糖	tyvelose
弹连蛋白	彈連蛋白	elastonectin
弹性蛋白	彈性蛋白	elastin
弹性蛋白酶	彈性蛋白酶	elastase
弹性蛋白酶抑制剂	彈性蛋白酶抑制劑	elafin
弹性蛋白酶原	彈性蛋白酶原	proelastase
弹性蛋白微原纤维界面定位蛋白，界面蛋白	彈性蛋白微原纖維界面定位蛋白，界面蛋白	elastin microfibrin interface located protein, emilin
弹性蛋白原（＝原弹性蛋白）		
檀香萜	檀香萜	santalene
探针	探針	probe
DNA 探针	DNA 探針	DNA probe
RNA 探针	RNA 探針	RNA probe
探针阻滞分析（＝凝胶迁移率变动分析）	探針阻滯分析（＝凝膠遷移率變動分析）	probe retardation assay（＝gel mobility shift assay）
碳链裂解酶	碳鏈裂解酶	desmolase
碳水化合物（＝糖类）		
碳酸	碳酸	carbonic acid
碳酸酐酶	碳酸[酐]酶	carbonic anhydrase

大　陆　名	台　湾　名	英　文　名
碳同化	碳素同化作用	carbon assimilation
唐南平衡	唐南平衡	Donnan equilibrium
糖	醣類，糖	saccharide, sugar
糖胺聚糖	胺基葡聚醣	glycosaminoglycan
糖胺聚糖结合蛋白质	胺基葡聚醣結合蛋白質	glycosaminoglycan-binding protein
糖测序	醣定序	carbohydrate sequencing
糖醇	糖醇	alditol
糖蛋白	醣蛋白，糖蛋白	glycoprotein
T-H 糖蛋白	Tamm-Horsfall 醣蛋白	Tamm-Horsfall glycopotein
糖萼，多糖包被	臘梅糖，外被多糖	glycocalyx
糖二酸	糖二酸	aldaric acid, saccharic acid
糖复合体(=糖缀合物)		
糖苷	醣苷	glycoside
糖苷键	醣苷鍵	glycosidic bond
糖苷酶	醣苷酶，糖苷酶	glycosidase
DNA *N*－糖苷酶	DNA *N*－醣苷酶	DNA *N*-glycosylase
糖苷配基，苷元	糖苷配基，苷元	aglycon, aglycone
糖核苷酸(=核苷酸糖)	糖核苷酸	sugar nucleotide (=nucleotide sugar)
糖核苷酸转运蛋白	糖核苷酸轉運蛋白	sugar nucleotide transporter
糖化	糖化	glycation
糖化淀粉酶	醣澱粉酶	saccharogenic amylase
糖基	醣基，糖基	glycone
糖基甘油酯	醣基甘油酯	glycoglyceride
糖基化	醣基化作用	glycosylation
N－糖基化	*N*－醣基化	*N*-glycosylation
O－糖基化	*O*－醣基化	*O*-glycosylation
糖基化蛋白质	醣基化蛋白	glycosylated protein
DNA *N*－糖基化酶	DNA *N*－醣基化酶	DNA *N*-glycosylase
糖基磷脂酰肌醇	醣基磷脂醯肌醇	glycosylphosphatidyl inositol, GPI
糖基磷脂酰肌醇化	醣基磷脂醯肌醇化	glypiation
糖基脂酰甘油(=糖基甘油酯)	醣基脂醯甘油	glycosyl acylglycerol (=glycoglyceride)
糖基转移酶	醣基轉移酶	glycosyltransferase
糖酵解	醣原酵解，醣分解	glycolysis
糖精	糖精	saccharin
糖类，碳水化合物	碳水化合物，醣類	carbohydrate
糖蜜	糖蜜	molasses
糖尿	葡萄糖尿症，醣尿症	glucosuria

大 陆 名	台 湾 名	英 文 名
糖皮质[激]素	糖皮質激素	glucocorticoid, glucocorticosteroid
糖醛酸	醣醛酸	alduronic acid
糖醛酸磷壁酸	糖醛酸磷壁酸	teichuronic acid
糖生成，葡糖异生	葡萄糖生成作用	glucogenesis
糖生物学	醣類生物學	glycobiology
糖肽	醣肽，醣胜	glycopeptide
糖形	醣化形式	glycoform
糖型	醣型	glycotype
糖异生	葡萄糖新生作用	gluconeogenesis
糖原	醣原，糖原，肝醣	glycogen
糖原蛋白	醣原蛋白	glycogenin
糖原分解	醣原分解作用	glycogenolysis
糖原－6－葡聚糖水解酶	醣原－6－葡聚醣水解酶	glycogen 6-glucanohydrolase
糖原生成	醣原生成作用	glycogenesis
糖原异生	醣新生	glyconeogenesis
糖原贮积病	醣原貯積症	glycogenoses
糖脂	醣脂	glycolipid
糖指纹分析	醣指紋分析	carbohydrate fingerprinting
糖缀合物，糖复合体	醣接合物，醣複合物	glycoconjugate
糖组	醣體	glycome
糖组学	醣質體學	glycomics
糖作图	醣作圖	carbohydrate mapping
淘选	淘選	panning
套索 RNA	套索 RNA	lariat RNA
套索中间体（＝套索RNA）	套索中間體	lariat intermediate（＝lariat RNA）
cGMP 特异性磷酸二酯酶	cGMP 特異性磷酸二酯酶	cGMP-specific phosphodiesterase
梯度电泳	梯度電泳	gradient electrophoresis
梯度离心	梯度離心	gradient centrifugation
梯度凝胶电泳	梯度凝膠電泳	gradient gel electrophoresis
梯度洗脱	梯度洗提	gradient elution
梯度洗脱层析	梯度洗提層析	gradient elution chromatography
梯度形成器	梯度形成器	gradient former
DNA 梯状标志	DNA 梯狀標誌	DNA ladder marker
体积摩尔浓度	体积莫耳濃度	molarity
体内	體內	*in vivo*

大 陆 名	台 湾 名	英 文 名
体外	體外	*in vitro*
体外包装	體外組裝	*in vitro* packaging
体外重组	體外重組	*in vitro* recombination
体外翻译	體外轉譯	*in vitro* translation
体外转录	體外轉錄	*in vitro* transcription
体细胞基因治疗	體細胞基因治療	somatic gene therapy
体液因子	體液因子	humoral factor
替代环，D 环	替代環	displacement loop, D-loop
[天蚕]杀菌肽	天蠶殺菌肽	cecropin
天冬氨酸	天[門]冬胺酸	aspartic acid, Asp
天冬氨酸蛋白酶(=羧基蛋白酶)	天[門]冬胺酸蛋白酶	aspartic protease(=carboxyl protease)
天冬氨酸转氨甲酰酶	天[門]冬胺酸轉胺甲醯酶	aspartate transcarbamylase, ATCase
天冬氨酸转氨酶(=谷草转氨酶)	天[門]冬胺酸胺基轉移酶(=穀胺酸-草醯乙酸轉胺酶)	aspartate aminotransferase(=glutamic-oxaloacetic transaminase)
天冬苯丙二肽酯	天門冬苯丙二肽酯	aspartame
天冬酰胺	天[門]冬醯胺	asparagine, Asn
天冬酰胺连接寡糖	天[門]冬醯胺聯接寡醣	asparagine-linked oligosaccharide
天冬酰胺酶	天[門]冬醯胺酶	asparaginase
天花粉蛋白	天花粉蛋白	trichosanthin
天青蛋白	天青蛋白	azurin
天线	天線	antenna
添补反应(=回补反应)		
甜菜毒蛋白	甜菜毒蛋白	betavulgin
甜菜碱	甜菜鹼	betaine
条带移位分析	條帶位移分析	band-shift analysis
调蛋白	調蛋白	heregulin
调节	調節	regulation
调节部位	調節位點	regulatory site
调节回路	調節回路	regulatory circuit
调节基因	調節基因	regulatory gene
调节级联	調節級聯	regulatory cascade
调节剂(=调节物)		
调节酶	調節酶	regulatory enzyme
调节区	調節區	regulatory region

大　陆　名	台　湾　名	英　文　名
调节网络	調節網路	regulatory network
调节物，调节剂	調節物，調節劑	regulator
调节亚基	調節亞基	regulatory subunit
调节因子	調節因子	regulatory factor
调节域	調節[結構]域	regulatory domain
调节元件	調節元件	regulatory element
调节子	調節子	regulon
调节组	調節體	regulome
调节组学	調節體學	regulomics
调制	調節	modulation
调制物	調節物，調節基因	modulator
调制系统	調節系統	modulating system
跳查文库	跳躍庫	jumping library
跳码(＝框内跳译)		
DNA 跳移技术	DNA 跳躍技術	DNA jumping technique
萜	萜類，松烯油	terpene
萜品醇	萜品醇	terpineol
萜品烯	萜品烯	terpinene
铁螯合酶，亚铁螯合酶	鐵螯合酶，亞鐵螯合酶	ferrochelatase
铁蛋白	鐵蛋白	ferritin
铁硫蛋白质	鐵－硫蛋白	iron-sulphur protein
铁氧还蛋白	鐵氧化還原蛋白	ferredoxin
铁氧还蛋白－$NADP^+$ 还原酶	鐵氧化還原蛋白－$NADP^+$還原酶	ferredoxin-$NADP^+$ reductase
停靠蛋白质	停靠蛋白	docking protein
通道蛋白	通道蛋白	channel protein
通道内在蛋白	通道內在蛋白	channel intrinsic protein
通道形成肽	通道形成肽	channel-forming peptide
通道[运]载体	通道[运]載體	channel carrier
通读(＝连读)		
通透	滲透作用	permeation
通透酶	滲透酶，透膜酶	permease
[通]透性	可透性	permeability
通透选择性	選擇通透性	permselectivity
通用密码	通用密碼	universal code, universal genetic code
通用引物	通用引子	universal primer
通用转录因子	通用轉錄因子	general transcription factor
同步加速器	同步加速器	synchrotron

大 陆 名	台 湾 名	英 文 名
同促效应	同配[位]體間變構效應	homotropic effect
同等位基因	同等位基因	isoallel
同多糖	同多醣	homopolysaccharide
同工 tRNA	同功 tRNA	isoaccepting tRNA
同工蛋白质	同功蛋白質	isoprotein
同工激素	同功激素	isohormone
同工酶	同功酶	isoenzyme
同工凝集素，同族凝集素	同功凝集素	isolectin
同化[作用]	同化[作用]	assimilation
同聚物加尾	同聚物加尾	homopolymeric tailing
同切点酶，同切点限制性核酸内切酶	同切點酶	isoschizomer
同切点限制性核酸内切酶(=同切点酶)		
同尾酶	同尾酸	isocaudarner
同位素标记	同位素標記	isotope labeling, isotopic labeling
同位素交换法	同位素交換法	isotope exchange method
同位素示踪	同位素示蹤	isotopic tagging, isotopic tracing
同位素示踪物	同位素示蹤物	isotopic tracer
同系层析	同系層析	homochromatography
同系物	同系物	homolog
同线基因	同線基因	syntenic gene
同向转运	同向轉移	symport
同形体	同構體	isomorph
同义密码子	同義密碼子	synonymous codon
同义突变	同義突變	synonymous mutation
同源重组	同源重組	homologous recombination
同源蛋白质	同源蛋白質	homologous protein
同源基因	同源基因	homologous gene
同源双链	同質雙鏈	homoduplex
同源物	同源物	homolog
同源性	同源性，同系性	homology
DNA 同源性	DNA 同源性	DNA homology
同源异形蛋白质	同源異型蛋白	homeoprotein
同源异形框	同源框，同源區	homeobox, Hox
同源异形域	同源結構域	homeodomain

大　陆　名	台　湾　名	英　文　名
同源异形[域编码]基因，*Hox* 基因	同源異型[域編碼]基因，*Hox* 基因	homeotic gene, *Hox* gene
同源域蛋白质(=同源异形蛋白质)	同源域蛋白	homeodomain protein(=homeoprotein)
同种异型基因表达	同種異型基因表達	allotropic gene expression
同族凝集素(=同工凝集素)		
桐油酸，油桐酸	桐油酸，油桐酸	eleostearic acid, aleuritic acid
铜蛋白	銅蛋白	cuprein
铜蓝蛋白	[血漿]銅藍蛋白	ceruloplasmin, caeruloplasmin
α 酮丁酸	α-酮丁酸	α-ketobutyric acid
17-酮类固醇	17-酮類固醇	17-ketosteroid
β 酮硫解酶(=硫解酶)	β-酮硫解酶(=硫解酶)	β-ketothiolase(=thiolase)
酮尿症	酮尿症	ketonuria
酮酸	酮酸	keto acid
酮糖	酮醣	ketose
酮体	酮體	ketone body
α 酮戊二酸	α-酮戊二酸	α-ketoglutaric acid
酮-烯醇互变异构	酮-烯醇互變異構	keto-enol tautomerism
酮血症	酮血症	ketonemia
酮脂酰辅酶 A	酮脂醯輔酶 A	ketoacyl CoA
酮中毒	酮中毒	ketosis
头孢菌素	頭孢菌素	cephalosporin
头孢菌素酶	頭孢菌素酶	cephalosporinase
头蛋白	頭蛋白	noggin
透明带黏附蛋白	透明帶黏附蛋白	zonadhesin
透明胶质	透明膠質	keratohyalin
透明噬斑	透明噬斑	transparent plaque
透明质酸	透明質酸，玻尿酸，玻糖醛酸	hyaluronic acid, hyaluronan
透明质酸和凝集素结合的调制蛋白聚糖(=透凝蛋白聚糖)	透明質酸和凝集素結合的調製蛋白聚醣(=透凝蛋白聚醣)	hyaluronan-and lectin-binding modular proteoglycan, HLPG(=hyalectan)
透明质酸酶	透明質酸酶，玻尿酸酶，玻糖醛酸酶	hyaluronidase
透凝蛋白聚糖	透凝蛋白聚醣	hyalectan
透析	透析	dialysis

大　陆　名	台　湾　名	英　文　名
透析袋	透析袋	dialysis bag
透析管(=透析袋)	透析管	dialysis tube(=dialysis bag)
透析液	透析液	dialysate
凸起	凸起	bulge
突变	突變作用	mutation
突变体	突變體	mutant
突变子	突變子	muton
UAG 突变阻抑基因(=琥珀突变阻抑基因)	UAG 突變阻抑基因, UAG 突變校正基因	UAG mutation suppressor (=amber suppressor)
突出末端	突出末端	protruding terminus
突触蛋白	突觸蛋白	synapsin
突触蛋白聚糖	突觸蛋白聚醣	agrin
突触核蛋白	突觸核蛋白	synuclein
突触结合蛋白	突觸結合蛋白	synaptotagmin
突触孔蛋白	突觸孔蛋白	synaptoporin
突触融合蛋白	突觸融合蛋白	syntaxin
突触小泡蛋白	突觸小泡蛋白	synaptophysin
突触小泡磷酸酶	突觸小泡磷酸酶	synaptojanin
突触小体相关蛋白质	突觸小體相關蛋白質	synaptosome-associated protein, SNAP
图像分析	圖像分析	image analysis
退化蛋白	退化蛋白	degenerin
退火	退火	annealing
蜕皮类固醇激素, 20-羟蜕皮激素	蛻皮類固醇激素, 20-羥蛻皮激素	ecdysteroid hormone
蜕皮素	蛻皮激素	ecdysone
蜕壳激素	蛻殼激素	eclosion hormone
褪黑[激]素	褪黑激素, *N*-乙醯-5-甲氧色胺	melatonin
吞蛋白	吞蛋白	endophilin
脱氨酶	脫胺酶	deaminase, desaminase
脱氨作用	脫胺[作用]	deamination
脱饱和酶	脫飽和酶	desaturase
脱氮作用, 反硝化作用	脫氮作用, 反硝化作用	denitrification
脱辅蛋白质	脫輔蛋白質	apoprotein
脱辅[基]酶	脫輔基酶, 酶元, 主酵素	apoenzyme
脱钙钙调蛋白	脫鈣鈣調蛋白	apocalmodulin

大 陆 名	台 湾 名	英 文 名
脱钙肌钙蛋白	脱鈣肌鈣蛋白	apotroponin
脱钙作用	去鈣作用	decalcification
脱甲基作用	脱甲基作用，去甲基作用	demethylation
脱甲酰酶	脱甲醯酶	deformylase
脱落蛋白质	斷裂蛋白質	split protein
脱落菌素	脱葉菌素	exfoliatin
脱落酸	脱落酸	abscisic acid, ABA, abscisin
脱镁叶绿素，褐藻素	脱鎂葉綠素	pheophytin
脱敏	去敏感作用	desensitization
脱嘌呤作用	脱嘌呤作用	depurination
脱壳酶	脱殼酶，脱外被酶	uncoating enzyme
脱壳 ATP 酶	脱殼 ATP 酶	uncoating ATPase
脱氢表雄酮	去氫異雄固酮	dehydroepiandrosterone, DHEA
7 - 脱氢胆固醇	7 - 去氫膽甾醇	7-dehydrocholesterol
脱氢酶	去氫酶，脱氫酶	dehydrogenase
NADH 脱氢酶复合物	NADH 脱氫酶複合物	NADH dehydrogenase complex
3 - 脱氢视黄醇，维生素 A_2	3 - 去氫視黃醇，維生素 A_2	3-dehydroretinol
脱氢作用	去氫作用	dehydrogenation
脱水酶	脱水酶	dehydratase, anhydrase
脱水作用	脱水作用	dehydration
脱羧酶	脱羧酶	decarboxylase
脱羧作用	脱羧作用	decarboxylation
脱铁铁蛋白	脱鐵鐵蛋白	apoferritin
脱铁运铁蛋白	脱鐵運鐵蛋白	apotransferrin
脱酰 tRNA	脱醯 tRNA	deacylated tRNA
脱腺苷酸化	去腺苷酸化	deadenylation
脱盐	脱鹽	desalting
脱氧胞苷	去氧胞苷	deoxycytidine, dC
脱氧胞苷二磷酸	去氧胞苷二磷酸	deoxycytidine diphosphate, dCDP
脱氧胞苷三磷酸	去氧胞苷三磷酸	deoxycytidine triphosphate, dCTP
脱氧胞苷酸	去氧胞苷酸	deoxycytidylic acid
脱氧胞苷一磷酸	去氧胞苷一磷酸	deoxycytidine monophosphate, dCMP
脱氧次黄苷三磷酸（=脱氧肌苷三磷酸）		
脱氧胆酸	去氧膽酸	deoxycholic acid
脱氧核苷酸	去氧核苷酸	deoxynucleotide

大陆名	台湾名	英文名
脱氧核酶	去氧核酸代酶	deoxyribozyme
脱氧核糖	去氧核糖	deoxyribose
脱氧核糖变位酶	去氧核糖變位酶	deoxyribomutase
脱氧核糖二嘧啶光裂合酶(=DNA光裂合酶)	去氧核糖二嘧啶光裂解酶(=DNA光裂解酶)	deoxyribodipyrimidine photolyase (=DNA photolyase)
脱氧[核糖]核苷	去氧[核糖]核苷，脱氧[核糖]核苷	deoxy[ribo]nucleoside
脱氧[核糖]核苷二磷酸	去氧[核糖]核苷二磷酸	deoxy[ribo]nucleoside diphosphate
脱氧[核糖]核苷三磷酸	去氧[核糖]核苷三磷酸	deoxy[ribo]nucleoside triphosphate
脱氧[核糖]核苷酸	去氧[核糖]核苷酸，脱氧[核糖]核苷酸	deoxy[ribo]nucleotide
脱氧[核糖]核苷一磷酸	去氧[核糖]核苷一磷酸	deoxy[ribo]nucleoside monophosphate
脱氧核糖核酸	去氧核糖核酸，脱氧核糖核酸	deoxyribonucleic acid, DNA
脱氧核糖核酸酶，DNA酶	去氧核糖核酸酶，DNA酶，脱氧核糖核酸酶	deoxyribonuclease, DNase
脱氧核糖醛缩酶，磷酸脱氧核糖醛缩酶	去氧核糖醛縮酶	deoxyriboaldolase
脱氧肌苷	去氧肌苷	deoxyinosine, dI
脱氧肌苷三磷酸，脱氧次黄苷三磷酸	去氧肌苷三磷酸	deoxyinosine triphosphate, dITP
脱氧硫胺(=硫色素)		
脱氧鸟苷	去氧鳥苷	deoxyguanosine, dG
脱氧鸟苷二磷酸	去氧鳥苷二磷酸	deoxyguanosine diphosphate, dGDP
脱氧鸟苷三磷酸	去氧鳥苷三磷酸	deoxyguanosine triphosphate, dGTP
脱氧鸟苷酸	去氧鳥苷酸	deoxyguanylic acid
脱氧鸟苷一磷酸	去氧鳥苷一磷酸	deoxyguanosine monophosphate, dGMP
脱氧尿苷	去氧尿苷	deoxyuridine, dU
脱氧尿苷酸	去氧尿苷酸	deoxyuridylic acid
脱氧尿苷一磷酸(=脱氧尿苷酸)	去氧尿苷一磷酸(=去氧尿苷酸)	deoxyuridine monophosphate, dUMP (=deoxyuridylic acid)
脱氧皮质醇	去氧皮質醇	deoxycortisol
脱氧皮质酮	去氧皮質酮	deoxycorticosterone, DOC
脱氧葡萄糖	去氧葡萄糖	deoxyglucose

大　陆　名	台　湾　名	英　文　名
脱氧糖	去氧糖，脱氧糖	deoxysugar
脱氧腺苷	去氧腺苷	deoxyadenosine, dA
脱氧腺苷二磷酸	去氧腺苷二磷酸	deoxyadenosine diphosphate, dADP
脱氧腺苷三磷酸	去氧腺苷三磷酸	deoxyadenosine triphosphate, dATP
脱氧腺苷酸	去氧腺苷酸	deoxyadenylic acid
脱氧腺苷一磷酸	去氧腺苷一磷酸	deoxyadenosine monophosphate, dAMP
脱氧胸苷	去氧胸腺苷	deoxythymidine, dT
脱氧胸苷二磷酸	去氧胸腺苷二磷酸	deoxythymidine diphosphate, dTDP
脱氧胸苷三磷酸	去氧胸腺苷三磷酸	deoxythymidine triphosphate, dTTP
脱氧胸苷酸	去氧胸腺苷酸	deoxythymidylic acid
脱氧胸苷一磷酸	去氧胸腺苷一磷酸	deoxythymidine monophosphate, dTMP
脱乙酰作用	去乙醯作用	deacetylation
脱支酶	脫支酶	debranching enzyme
DNA 拓扑学	DNA 拓撲學	DNA topology
拓扑异构酶	拓撲異構酶	topoisomerase
DNA 拓扑异构酶	DNA 拓撲異構酶	DNA topoisomerase
拓扑异构体	拓撲異構體	topoisomer, topological isomer
唾液淀粉酶	唾液澱粉酶	ptyalin, salivary amylase
唾液酸	唾液酸	sialic acid
唾液酸寡糖	唾液酸寡醣	sialyloligosaccharide
唾液酸结合凝集素	唾液酸結合凝集素	sialic acid-binding lectin
唾液酸酶(=神经氨酸酶)	唾液酸酶	sialidase(=neuraminidase)
唾液酸酶抑制剂	唾液酸酶抑制劑	siastatin
唾液酸黏附蛋白	唾液酸黏附蛋白	sialoadhesin
唾液酸鞘糖脂	唾液酸醣神經鞘脂	sialoglycosphingolipid
唾液酸糖蛋白	唾液酸醣蛋白	sialoglycoprotein
唾液酸糖肽	唾液酸醣肽	sialoglycopeptide
唾液酰基转移酶	唾液醯基轉移酶	sialyltransferase

W

大　陆　名	台　湾　名	英　文　名
蛙紧张肽，蛙肽	蛙肽	ranatensin
蛙皮降压肽	蛙皮降壓肽	sauvagine
蛙皮肽	蛙皮肽	frog skin peptide
蛙肽(=蛙紧张肽)		
瓦尔堡呼吸计，瓦氏呼	瓦爾堡呼吸計，瓦氏呼	Warburg respirometer

大陆名	台湾名	英文名
吸计	吸計	
瓦氏高速捣碎器	瓦氏高速搗碎器	Waring blender
瓦氏呼吸计(=瓦尔堡呼吸计)		
外包蛋白	外包蛋白	epibolin
外壁性蛋白质	外壁性蛋白質	exine-held protein
外毒素	外毒素	exotoxin
外分泌腺	外分泌腺	eccrine gland
外膜	外膜	outer membrane
外切核酸酶	核酸外切酶	exonuclease
外切葡聚糖酶	葡聚醣外切酶	exoglucanase
外切糖苷酶	醣苷外切酶	exoglycosidase
外切体复合体	外切體複合物	exosome complex
外水体积	空隙體積	void volume
外显肽	外顯肽	extein
外显子	外顯子	exon
外显子捕获	外顯子捕獲	exon trapping
外显子插入	外顯子插入	exon insertion
外显子重复	外顯子複製	exon duplication
外显子混编	外顯子重組	exon shuffling
外显子跳读	外顯子漏讀	exon skipping
外消旋化	外消旋化	racemization
外源 DNA	外源 DNA	foreign DNA
外源基因	外源基因	exogenous gene
外在蛋白质(=周边[膜]蛋白质)	外在蛋白質(=周圍[膜]蛋白質)	extrinsic protein(=peripheral [membrane] protein)
外周蛋白	周圍蛋白	peripherin
外周[膜]蛋白质	周圍[膜]蛋白質	peripheral [membrane] protein
外周髓鞘型蛋白质	周圍髓鞘型蛋白質	peripheral myelin protein
弯曲 DNA	彎曲 DNA	bent DNA
DNA 弯曲	DNA 彎曲	DNA bending
弯形 DNA	彎形 DNA	curved DNA
豌豆球蛋白	豌豆球蛋白	vicilin
烷化	烷化[作用]	alkylation
DNA 烷基化	DNA 烷基化	DNA alkylation
烷基醚脂酰甘油	烷基醚脂醯甘油	alkylether acylglycerol
万古霉素	萬古黴素	vancomycin
网柄菌凝素	盤狀素	discoidin

大陆名	台湾名	英文名
网蛋白	網蛋白	plectin
网钙结合蛋白	網鈣結合蛋白	reticulocalbin
网格蛋白	內涵蛋白	clathrin
网硬蛋白	網硬蛋白	reticulin
网织红细胞裂解物	網織紅血球裂解物	reticulocyte lysate
微 RNA	微 RNA	microRNA, miRNA
微不均一性	微不均一性	microheterogeneity
DNA 微不均一性	DNA 微不均一性	DNA microheterogeneity
[微管]成束蛋白	[微管]成束蛋白	fasciclin, syncolin
微管蛋白	微管蛋白	tubulin
微管连接蛋白	[微管]連接蛋白	nexin
微管切割性蛋白质	微管切割蛋白質	microtubule severing protein
微管相关蛋白质	微管締合蛋白質	microtubule-associated protein, MAP
微环境	微觀環境	microenvironment
微菌素	微菌素	microcin
微孔过滤	微孔過濾	millipore filtration
微粒体酶类	微粒體酶類	microsomal enzymes
微量分析	微量分析	microanalysis
微量加液器	微量吸管	micropipet
微量离心	微量離心	microcentrifugation
微卵黄原蛋白，卵黄原蛋白Ⅱ	微卵黃原蛋白	microvitellogenin
微球蛋白	微球蛋白	microglobulin
微球菌核酸酶	微球菌核酸酶	micrococcal nuclease
微团	微團	micelle
微卫星 DNA	微衛星 DNA	microsatellite DNA
微卫星 DNA 多态性	微衛星 DNA 多型性	microsatellite DNA polymorphism
微原纤维蛋白质	微原纖維蛋白質	microfibrillar protein
微载体	微載體	microcarrier
微阵列	微陣列	microarray
DNA 微阵列(=DNA 芯片)	DNA 微陣列	DNA microarray(=DNA chip)
维甲醇结合蛋白质(=视黄醇结合蛋白质)		
维甲酸(=视黄酸)		
维罗毒素	維羅毒素	verotoxin
维生素	維生素，維他命	vitamin

大陆名	台湾名	英文名
维生素 A	維生素 A	vitamin A
维生素 A_2(=3－脱氢视黄醇)		
维生素 B_1	維生素 B_1	vitamin B_1
维生素 B_2	維生素 B_2	vitamin B_2
维生素 B_5(=烟酸)		
维生素 B_6	維生素 B_6	vitamin B_6
维生素 B_{12}	維生素 B_{12}	vitamin B_{12}
维生素 C	維生素 C	vitamin C
维生素 D	維生素 D	vitamin D
维生素 D_2	維生素 D_2	vitamin D_2
维生素 D_3	維生素 D_3	vitamin D_3
维生素 E	維生素 E	vitamin E
维生素 H(=生物素)		
维生素 K	維生素 K	vitamin K
维生素 K_1(=叶绿基甲萘醌)		
维生素 K_2(=甲基萘醌)		
维生素 K_3(=甲萘醌)		
维生素 PP	維生素 PP	vitamin PP
维生素过多症	高維生素症	hypervitaminosis
维生素缺乏症	低維生素症	hypovitaminosis
维生素 A_1 酸(=视黄酸)		
维生素原	維生素原	provitamin, previtamin
维生素 A 原(=β胡萝卜素)		
维生素 D_3 原(=7－脱氢胆固醇)	維生素 D_3 原	provitamin D_3(=7-dehydrocholesterol)
尾促皮质肽	尿促皮質素	urocortin
尾紧张肽	尿緊張素，硬骨魚緊張肽	urotensin
尾随离子	尾隨離子	trailing ion
鲔精蛋白	鮪精蛋白	thynnin
卫星 DNA	衛星 DNA	satellite DNA
α 卫星 DNA	α－衛星 DNA	α-satellite DNA
卫星 RNA	衛星 RNA	satellite RNA

大 陆 名	台 湾 名	英 文 名
A 位(=氨酰位)		
E 位(=出口位)		
P 位(=肽酰位)		
nut 位点	*nut* 位點	*nut* site
位点专一诱变，定点诱变	定位誘變，定點誘變	site-directed mutagenesis, site-specific mutagenesis
味[多]肽	味肽	gustin
胃肠激素	胃腸道激素	gastrointestinal hormone
胃蛋白酶	胃蛋白酶	pepsin
胃蛋白酶抑制剂	胃蛋白酶抑制素	pepstatin
胃蛋白酶原	胃蛋白酶原	pepsinogen
胃酶解血管紧张肽	胃酶[解]血管緊張素	pepsitensin
胃泌素(=促胃液素)		
胃生长激素释放素(=食欲刺激素)		
温度敏感基因	溫度敏感基因	temperature-sensitive gene
温度敏感突变	溫度敏感突變	temperature-sensitive mutation, ts mutation
温度敏感突变体	溫度敏感變異株	temperature-sensitive mutant, ts mutant
温和噬菌体	溫和性噬菌體	temperate phage
文库	庫	library
cDNA 文库(=互补 DNA 文库)		
DNA 文库	DNA 庫	DNA library
稳定表达	穩定表達	stable expression
稳定性	穩定性	stability
mRNA 稳定性	mRNA 穩定性	mRNA stability
RNA 稳定性	RNA 穩定性	RNA stability
稳定转染	穩定轉染	stable transfection
稳态	穩定態	steady state
蜗牛肠酶	蝸牛腸酶	snail gut enzyme
沃森－克里克碱基配对	華生－克里克鹼基配對	Watson-Crick base pairing
沃森－克里克模型	華生－克里克模型，瓦特生－克里克模型	Watson-Crick model
乌贼蛋白	烏賊蛋白	squidulin
无规卷曲	不規則形，隨意螺線	random coil
无花果蛋白酶	無花果蛋白酶	ficin
无活性受体	無活性受體	inactive receptor

大 陆 名	台 湾 名	英 文 名
无机焦磷酸	無機焦磷酸	inorganic pyrophosphate
无脊椎动物血红蛋白	無脊椎動物血紅蛋白	erythrocruorin
无碱基位点	無鹼基位點	abasic site
无嘧啶核酸	無嘧啶核酸	apyrimidinic acid
无嘧啶位点	無嘧啶位點	apyrimidinic site
无嘌呤核酸	無嘌呤核酸	apurinic acid
无嘌呤嘧啶裂合酶(=AP 裂合酶)		
无嘌呤嘧啶位点	無嘌呤嘧啶位點	apurinic-apyrimidinic site, AP site
无嘌呤位点	無嘌呤位點	apurinic site
无 γ 球蛋白血症	無 γ-球蛋白血症	agammaglobulinemia
无唾液酸糖蛋白	无唾液酸醣蛋白	asialoglycoprotein, ASGP
无唾液酸血清类黏蛋白	无唾液酸血清類黏蛋白	asialoorosomucoid, ASOR
无细胞翻译系统	無細胞轉譯系統	cell-free translation system
无效突变	無效突變	null mutation
无氧发酵	厭氧發酵	anaerobic fermentation
无氧呼吸	厭氧呼吸	anaerobic respiration
无义介导的 mRNA 降解(=无义介导的 mRNA 衰变)	無義介導的 mRNA 降解(=無義介導的 mRNA 衰變)	nonsense-mediated mRNA degradation (=nonsense-mediated mRNA decay)
无义介导的 mRNA 衰变	無義介導的 mRNA 衰變	nonsense-mediated mRNA decay, NMD
无义密码子(=终止密码子)	無義密碼子(=終止密碼子)	nonsense codon(=termination codon)
无义突变	無義突變	nonsense mutation
无义突变体	無義突變體	nonsense mutant
无义阻抑	無義阻抑	nonsense suppression
无义阻抑基因, 无义阻抑因子	無意義阻抑基因	nonsense suppressor
无义阻抑因子(=无义阻抑基因)		
“无用”DNA	次品 DNA	junk DNA
无 β 脂蛋白血症	無 β-脂蛋白血症	abetalipoproteinemia
无终止框	無終止碼框	nonstop frame
五级结构	五級結構	quinary structure
五肽促胃液素	五肽促胃酸激素	pentagastrin
五糖	五糖	pentaose
戊聚糖	戊聚醣	pentosan

大 陆 名	台 湾 名	英 文 名
戊糖	戊糖，五碳糖	pentose
戊糖磷酸途径	戊糖磷酸途徑	pentose-phosphate pathway
物理图[谱]	物理圖譜	physical map
P 物质	P 物質	substance P, SP

X

大 陆 名	台 湾 名	英 文 名
西葫芦毒蛋白	西葫蘆毒蛋白	pepocin
吸附层析	吸附層析法	adsorption chromatography, absorbent chromatography
吸附[作用]	吸附作用	adsorption
吸光度	吸光度	absorbance
吸光性	吸光性	absorptivity
吸能反应	吸能反應	endergonic reaction
吸收池，比色杯	吸收槽，光析管	absorption cell
吸收光谱	吸收光譜	absorption spectrum
吸收剂	吸收劑	absorbent
吸收作用	吸收作用	absorption
希尔方程	希爾方程	Hill equation
希尔作图法	希爾作圖法	Hill plotting
希夫碱	希夫鹼	Schiff base
希腊钥匙模体	希臘鑰匙模體	Greek key motif
烯醇	烯醇	enol
烯醇丙氨酸磷酸羧激酶（=磷酸烯醇丙酮酸羧化激酶）		
烯醇丙酮酸	烯醇丙酮酸	enolpyruvic acid
烯醇化酶	烯醇[化]酶	enolase
5-烯醇式丙酮酰莽草酸-3-磷酸合酶	5-烯醇式丙酮醯莽草酸-3-磷酸合酶	5-enolpyruvylshikimate-3-phosphate synthase, EPSP synthase
烯脑苷脂（=神经苷脂）		
烯脂酰辅酶 A	脂烯醯[基]輔酶 A	enoyl CoA
硒代半胱氨酸	硒代半胱胺酸	selenocysteine
硒尿苷	硒尿苷	selenouridine
稀释剂	稀釋劑	diluent
稀有核苷	稀有核苷	minor nucleoside
稀有碱基	稀有鹼基	unusual base, minor base

大　陆　名	台　湾　名	英　文　名
洗脱	溶析，洗出	elution
洗脱体积	洗脱體積	elution volume
洗脱物	洗脱物，洗出物	eluate
洗脱液	洗出液	eluent
系统素	系統素	systemin
CHO 细胞（=中国仓鼠卵巢细胞）		
细胞癌基因，c 癌基因	細胞癌基因，c－癌基因	cellular oncogene，c-oncogene
细胞靶向	細胞靶向	cell targeting
细胞表面识别	細胞表面識別	cell surface recognition
细胞表面受体	細胞表面受體	cell surface receptor
细胞程序性死亡	程序性細胞死亡	programmed cell death
细胞凋亡	凋亡，細胞凋亡	apoptosis
细胞毒素	細胞毒素	cytotoxin
细胞分裂素，细胞激动素	細胞激動素	cytokinin，kinetin
细胞骨架蛋白质	細胞骨架蛋白質	cytoskeletal protein
细胞核蛋白聚糖	細胞核蛋白聚醣	nuclear proteoglycan
细胞激动素（=细胞分裂素）		
细胞角蛋白	細胞角蛋白	cytokeratin
细胞膜	細胞膜	cell membrane
细胞内受体	細胞內受體	intracellular receptor
细胞内信号传送	細胞內訊號傳送	intracellular signaling
细胞黏附受体	細胞黏附受體	cell adhesion receptor
细胞亲和层析	細胞親和層析	cell affinity chromatography
细胞绒毛蛋白	細胞絨毛蛋白	cytovillin
细胞色素	細胞色素	cytochrome
NADH－细胞色素 b_5 还原酶	NADH－細胞色素 b_5 還原酶	NADH-cytochrome b_5 reductase
细胞色素氧化酶	細胞色素氧化酶	cytochrome oxidase
T 细胞生长因子	T 細胞生長因子	T cell growth factor，TCGF
细胞信号传送	細胞信號傳送	cell signaling
细胞因子	細胞激素	cytokine
细胞因子信号传送阻抑物	細胞因子信號傳送阻抑物	suppressor of cytokine signaling，SOCS
T 细胞置换因子	T 細胞置換因子	T cell replacing factor

大 陆 名	台 湾 名	英 文 名
细蛋白	小分子肽醯脯胺醯順反異構酶	parvulin
细菌解旋酶	細菌解旋酶	bacterial helicase
细菌人工染色体	細菌人工染色體	bacterial artificial chromosome, BAC
[细菌]十一萜醇，细菌萜醇	細菌十一萜醇，細菌萜醇	undecaprenol
细菌素	細菌素	bacteriocin
细菌萜醇(=[细菌]十一萜醇)		
细丝蛋白	細絲蛋白	filamin
虾卵绿蛋白	蝦卵綠蛋白	ovoverdin
狭线印迹法	沙漏印漬法	slot blotting
下丘脑激素	下視丘激素	hypothalamic hormone
下丘脑调节肽(=下丘脑激素)	下視丘調節肽(=下丘腦激素)	hypothalamic regulatory peptide(=hypothalamic hormone)
下丘脑因子(=下丘脑激素)	下視丘因子(=下視丘激素)	hypothalamic factor(=hypothalamic hormone)
下调	下降調節	down regulation
下调[节](=负调节)		
下调物	下降調節物	down regulator
下游	下游	downstream
下游处理，下游加工	下游處理，下游加工	downstream processing
下游加工(=下游处理)		
下游序列	下游序列	downstream sequence
夏格夫法则	查加夫法則	Chargaff rule
仙茅甜蛋白	仙茅甜蛋白	curculin
先导离子	前導離子	leading ion
纤胶凝蛋白	纖膠凝蛋白	ficolin
纤连蛋白	纖維黏連蛋白，纖維黏佐素	fibronectin
纤溶酶	[血]纖維蛋白溶酶	plasmin
纤溶酶抑制剂	纖溶酶抑制劑	antiplasmin
α_2 纤溶酶抑制剂	α_2-纖溶酶抑制劑	α_2-antiplasmin
纤溶酶原	[血]纖維蛋白溶酶原	plasminogen
纤丝成束蛋白质	纖絲成束蛋白質	filament bundling protein
纤丝切割性蛋白质	纖絲切割性蛋白質	filament severing protein
纤丝状肌动蛋白，F肌动蛋白	纖絲狀肌動蛋白，F-肌動蛋白	filamentous actin, F-actin

大 陆 名	台 湾 名	英 文 名
纤调蛋白聚糖	纖調蛋白聚醣	fibromodulin
纤维蛋白聚糖	纖維蛋白聚醣	fibroglycan
纤维蛋白溶解	纖維蛋白溶解	fibrinolysis
纤维蛋白溶酶(=纤溶酶)	血纖維蛋白溶酶(=纖溶酶)	fibrinolysin(=plasmin)
纤维蛋白溶酶原(=纤溶酶原)	血纖維蛋白溶酶原(=纖溶酶原)	profibrinolysin(=plasminogen)
纤维二糖	纖維二糖	cellobiose
纤维二糖酶(=β葡糖苷酶)	纖維二糖酶(=β-葡萄糖苷酶)	cellobiase(=β-glucosidase)
纤维二糖醛酸	纖維二糖醛酸	cellobiuronic acid
纤维寡糖	纖維寡醣	cello-oligosaccharide
纤维三糖	纖維三糖	cellotriose
纤维素	纖維素	cellulose
纤维素离子交换剂	纖維素離子交換劑	cellulose ion exchanger
纤维素酶	纖維素酶	cellulase
DEAE 纤维素膜，二乙氨乙基纤维素膜	DEAE 纖維素膜，二乙胺乙基纖維素膜	diethylaminoethyl cellulose membrane, DEAE-cellulose membrane
纤维状蛋白质	纖維狀蛋白質	fibrous protein
纤细蛋白	細絲蛋白	tenuin
酰胺酶	醯胺酶	amidase
酰化酶	醯化酶	acylase
酰化作用	醯化作用	acylation
N-酰基鞘氨醇	*N*-醯基鞘胺醇	*N*-acylsphingosin
酰基神经氨酸	醯基神經胺酸	acylneuraminate
酰基载体蛋白质	醯基載體蛋白質	acyl carrier protein, ACP
酰基转移酶	醯基轉移酶	acyltransferase
衔接蛋白	銜接蛋白	adaptin
衔接点	銜接點	junction
衔接子	銜接子	adapter, adaptor
显微分光光度计	顯微分光光度計	microspectrophotometer
显微切割术	顯微切割術	microdissection
显微荧光光度法	顯微螢光光度法	microfluorophotometry
显微注射	顯微注射	microinjection
显性负突变体(=显性失活突变体)	顯性負突變體	dominant negative mutant(=dominant inactive mutant)
显性活性突变体	顯性活性突變體	dominant active mutant
显性失活突变体	顯性失活突變體	dominant inactive mutant

大 陆 名	台 湾 名	英 文 名
线粒体 DNA	粒線體 DNA	mitochondrial DNA, mtDNA
线粒体 RNA 加工酶	粒線體 RNA 加工酶	mitochondrial RNA processing enzyme
线粒体 ATP 酶	粒線體 ATP 酶	mitochondrial ATPase
线粒体膜	粒線體膜	mitochondrial membrane
线性基因组	線狀基因體	linear genome
线状 DNA	線狀 DNA	linear DNA
限速步骤	速率決定步驟	rate-limiting step
限制蛋白	限制蛋白	restrictin
DNA 限制性	DNA 限制性	DNA restriction
限制性酶(=限制性内切核酸酶)	限制性酶	restriction enzyme(=restriction endonuclease)
RNA 限制性酶	RNA 限制性酶	RNA restriction enzyme
限制性酶切片段长度多态性	限制性片段長度多型性	restriction fragment length polymorphism
限制[性酶切]位点	限制性位點	restriction site
限制[性酶切]位点保护试验	限制性位點保護試驗	restriction site protection experiment
限制性酶切作图	限制性作圖	restriction mapping
限制性内切核酸酶	限制性内切核酸酶	restriction endonuclease
限制[性内切核酸酶]图谱	限制性圖譜, 限制性内切核酸酶圖譜	restriction [endonuclease] map
限制性内切核酸酶作图(=限制性酶切作图)	限制性内切核酸酶作圖	restriction endonuclease mapping (=restriction mapping)
限制性[内切酶]酶切分析	限制性分析, 限制性内切酶酶切分析	restriction analysis
限制性[内切酶]酶切片段	限制性片段, 限制性内切酶酶切片段	restriction fragment
限制[修饰]系统	限制[修飾]系統	restriction [modification] system
陷窝蛋白	小窩蛋白	caveolin
腺二磷(=腺苷二磷酸)		
腺苷	腺苷	adenosine, A
腺苷二磷酸, 腺二磷	腺苷二磷酸, 腺二磷	adenosine diphosphate, ADP
S-腺苷基高半胱氨酸	*S*-腺苷基高半胱胺酸	*S*-adenosylhomocysteine
S-腺苷基甲硫氨酸	*S*-腺苷基甲硫胺酸	*S*-adenosylmethionine, SAM
S-腺苷甲硫氨酸甲基硫代腺苷裂合酶(=1-氨基环丙烷-1-羧酸合酶)	*S*-腺苷-L-甲硫胺酸甲基硫代腺苷裂合酶	*S*-adenosylmethionine methylthioadenosine-lyase(=1-aminocyclopropane-1-carboxylate synthase)

大　陆　名	台　湾　名	英　文　名
S－腺苷甲硫氨酸脱羧酶	*S*－腺苷甲硫胺酸脱羧酶	*S*-adenosylmethionine decarboxylase
腺苷三磷酸，腺三磷	腺苷三磷酸，腺三磷	adenosine triphosphate，ATP
腺苷三磷酸酶，ATP 酶	腺苷三磷酸酶，三磷酸腺苷酶，ATP 酶	adenosine triphosphatase，ATPase
腺苷酸	腺苷酸	adenylic acid
腺苷酸环化酶	腺苷酸環化酶	adenylate cyclase
腺苷酸基琥珀酸	腺苷酸基琥珀酸	adenylosuccinate
腺苷酸激酶(＝肌激酶)	腺苷酸激酶(＝肌激酶)	adenylate kinase，AK(＝myokinase)
腺苷调节肽	腺苷調節肽	adenoregulin
腺苷脱氨酶	腺苷脫胺酶	adenosine deaminase，ADA
腺苷一磷酸，腺一磷	腺苷一磷酸，腺一磷	adenosine monophosphate，AMP
腺嘌呤	腺嘌呤	adenine
腺嘌呤磷酸核糖基转移酶	腺嘌呤磷酸核糖基轉移酶	adenine phosphoribosyltransferase，APRT
腺三磷(＝腺苷三磷酸)		
腺三磷双磷酸酶	腺苷三磷酸雙磷酸酶	apyrase
腺一磷(＝腺苷一磷酸)		
相对离心力	相對離心力	relative centrifugal force，RCF
相对迁移率	相對遷移率	relative mobility
相互作用物组	相互作用物體	interactome
相互作用物组学	相互作用物體學	interactomics
相思豆毒蛋白	相思子毒蛋白	abrin
香草扁桃酸	香草扁桃酸	vanillyl mandelic acid，VMA
香草酸	香草酸	vanillic acid
香菇多糖	香菇多醣	lentinan
香石竹毒蛋白	香石竹毒蛋白	dianthin
镶嵌蛋白质	鑲嵌蛋白質	mosaic protein
镶嵌基因组，嵌合基因组	嵌合基因體	mosaic genome
镶嵌结构	鑲嵌結構	mosaic structure
响尾蛇毒素	響尾蛇毒素	crotoxin
相变	相變	phase transition
相变温度	相變溫度	phase transition temperature
β 消除	β－消除	β-elimination
消减探针，扣除探针	刪減的探針	subtracted probe
消减文库，扣除文库	經刪減篩選法處理的基	subtracted library

大陆名	台湾名	英文名
	因庫	
消减 cDNA 文库，扣除 cDNA 文库	經刪減篩選法處理的 cDNA 庫	subtracted cDNA library
消减杂交，扣除杂交	刪減的雜交作用	subtracting hybridization
消解酶(=溶细胞酶)		
消去蛋白	消去蛋白	destrin
消色点	消色點	achromatic point
消旋酶	消旋酶	racemase
硝基喹啉 - *N* - 氧化物还原酶	硝基喹啉 - *N* - 氧化物還原酶	nitroquinoline-*N*-oxide reductase
硝酸纤维素	硝酸纖維素	cellulose nitrate, CN, nitrocellulose, NC
硝酸纤维素[滤]膜，NC 膜	硝化纖維素膜，硝化纖維素濾膜	nitrocellulose [filter] membrane
硝酸盐还原酶	硝酸還原酶	nitrate reductase
小沟	小溝	minor groove
小规模制备	小規模製備	minipreparation, miniprep
小核菌聚糖	小核菌聚醣	scleroglycan
小核酶	小核酶	minizyme
小 GTP 酶	小 GTP 酶	small GTPase
小脑肽	小腦肽	cerebellin
小清蛋白	小白蛋白，小清蛋白	parvalbumin
小突触小泡蛋白	小突觸小泡蛋白	synaptobrevin
小卫星 DNA	小衛星 DNA	minisatellite DNA
小细胞	小細胞	minicell
效价	效價，值	titer
效应物	效應物，效應器	effector
协同部位	協同部位	cooperative site
协同催化	協同催化	concerted catalysis
协同反馈抑制	協同回饋抑制	cooperative feedback inhibition, concerted feedback inhibition
协同受体	協同受體	co-receptor
协同调节	協同調節	coordinate regulation
协同性	協同性	cooperativity
协同转运	協同運輸	co-transport
协同转运蛋白	協同運輸蛋白	cotransporter
协同作用	協同作用	synergism
协阻遏物(=辅阻遏物)		
协作抑制，并发抑制	併發抑制	concurrent inhibition

大 陆 名	台 湾 名	英 文 名
缬氨酸	纈胺酸	valine, Val
缬酪肽	纈酪肽	valosin
谢瓦格提炼法	謝瓦格抽提法	Sevag method
心房钠尿肽	心鈉肽	atrial natriuretic peptide, ANP
心房钠尿因子(=心房钠尿肽)	心房鈉尿因子(=心鈉肽)	atrial natriuretic factor, ANF(=atrial natriuretic peptide)
心房肽(=心房钠尿肽)	心房肽(=心鈉肽)	atriopeptin(=atrial natriuretic peptide)
心磷脂	心磷脂	cardiolipin
心钠素(=心房钠尿肽)	心鈉素	cardionatrin(=atrial natriuretic peptide)
DNA 芯片	DNA 晶片	DNA chip
辛二酸	辛二酸，軟木酸	suberic acid
辛纳毒蛋白	辛納毒蛋白	cinnamomin
辛酸甘油酯	辛酸甘油酯	caprylin
辛糖	辛糖	octose
辛酮糖	辛酮糖	octulose
辛酮糖酸	辛酮糖酸	octulosonic acid
锌蛋白酶	[含]鋅蛋白酶	zinc protease
锌酶，含锌酶	[含]鋅酶	zinc enzyme
锌肽酶	鋅肽酶	zinc peptidase
锌指	鋅手指	zinc finger
新陈代谢，代谢	新陳代謝，代謝	metabolism
新霉素	新黴素	neomycin
新霉素磷酸转移酶	新黴素磷酸轉移酶	neomycin phosphotransferase, NPT
新内啡肽	新內啡肽	neoendorphin
新乳糖系列	新乳糖系	neolacto-series
新生 RNA(=初级转录物)	新生 RNA	nascent RNA(=primary transcript)
新生链转录分析	新生鏈轉錄分析	nascent chain transcription analysis
新生肽	新生肽	nascent peptide
信号斑	信號斑	signal patch
信号传送	信號傳送	signaling
信号传送网络	信號傳送網路	signaling network
信号传送系统	信號傳送系統	signaling system
信号发散	信號發散	signal divergence
信号放大	信號放大	signal amplification
信号会聚	信號會聚	signal convergence
信号锚定序列	信號錨定序列	signal-anchor sequence
信号识别颗粒	信號識別顆粒	signal recognition particle, SRP

大陆名	台湾名	英文名
信号识别颗粒受体(=停靠蛋白质)	信號識別顆粒受體	signal recognition particle receptor receptor(=docking protein)
信号素	警訊蒙	alarmone
信号肽	信號肽	signal peptide
信号肽酶	信號肽酶	signal peptidase
信号肽酶Ⅰ	信號肽酶 Ⅰ	signal peptidase Ⅰ
信号肽酶Ⅱ	信號肽酶Ⅱ	signal peptidase Ⅱ
信号肽肽酶	信號肽肽酶	signal peptide peptidase, SPP
信号调节蛋白	信號調節蛋白	signal regulatory protein, SIRP
信号通路	信號路徑	signaling pathway
信号序列(=信号肽)	信號序列	signal sequence(=signal peptide)
信号序列受体	信號序列受體	signal sequence receptor, SSR
信号域	信號域	signal domain
信号转导	信號轉導	signal transduction
信号转导及转录激活蛋白	信號轉導子和轉錄活化子	signal transducer and activator of transcription, STAT
信号转导途径	信號轉導路徑	signal transduction pathway
信使 RNA	信使 RNA	messenger RNA, mRNA
信息链	資訊股	message strand
信息素	信息素,外激素	pheromone
信息体	資訊體	informosome
信噪比	信號噪声比	signal-to-noise ratio
兴奋性氨基酸	興奮性胺基酸	excitatory amino acid, EAA
形成蛋白	形成蛋白	formin
A 型 DNA	A 型 DNA	A-form DNA
B 型 DNA	B 型 DNA	B-form DNA, B-DNA
C 型 DNA	C 型 DNA	C-form DNA
Z 型 DNA	Z 型 DNA	Z-form DNA, zigzag DNA
V 型层粘连蛋白(=缰蛋白)		
θ 型复制	θ 型複製	θ-form replication
Ⅱ型 DNA 甲基化酶	Ⅱ型 DNA 甲基化酶	type Ⅱ DNA methylase
C 型利尿钠肽	C-型鈉尿肽	C-type natriuretic peptide, CNP
F 型 ATP 酶(=ATP 合酶)	F-型三磷酸腺苷酶	F-type ATPase(=ATP synthase)
V 型 ATP 酶(=液泡质子 ATP 酶)		
C 型凝集素	C-型凝集素,鈣依賴	C-type lectin

大陆名	台湾名	英文名
	型凝集素	
I 型凝集素	I -型凝集素	I-type lectin
P 型凝集素	P -型凝集素	P-type lectin
S 型凝集素（=半乳凝素）	S-型凝集素	S-type lectin（=galectin）
Ⅰ型 DNA 拓扑异构酶	Ⅰ型 DNA 拓撲異構酶	DNA topoisomerase Ⅰ
Ⅱ型 DNA 拓扑异构酶	Ⅱ型 DNA 拓撲異構酶	DNA topoisomerase Ⅱ
Ⅱ型限制性内切酶	Ⅱ型限制性内切酶	type Ⅱ restriction enzyme
性别决定基因	性別決定基因	sex-determining gene
性激素	性激素	sex hormone, gonadal hormone
性激素结合球蛋白	性激素結合球蛋白	sex hormone binding globulin, SHBG
性连锁基因	性聯基因	sex-linked gene
性腺	性腺	gonad
胸苷	胸苷	thymidine
胸苷二磷酸	胸苷二磷酸	thymidine diphosphate, TDP
胸苷激酶	胸苷激酶	thymidine kinase, TK
胸苷三磷酸	胸苷三磷酸	thymidine triphosphate, TTP
胸苷酸	胸[腺核]苷酸	thymidylic acid
胸苷酸激酶	胸[腺核]苷酸激酶	thymidylate kinase
胸苷一磷酸	胸苷一磷酸	thymidine monophosphate, TMP
胸腺刺激素	胸腺刺激素	thymostimulin
胸腺促生长素	胸腺促生長素	thymocresin
胸腺嘧啶	胸腺嘧啶	thymine
胸腺嘧啶二聚体	胸腺嘧啶二聚體	thymine dimer
胸腺嘧啶核糖核苷	胸腺嘧啶核糖核苷	thymine ribnucleoside
胸腺生成素	胸腺生成素，生胸腺素	thymopoietin
胸腺素	胸腺素	thymosin, thymin
胸腺体液因子	胸腺體液因子	thymic humoral factor, THF
雄固烷	雄[甾]烷	androstane
雄激素	雄[性]激素	androgen
雄激素结合蛋白质	雄激素結合蛋白	androgen binding protein, ABP
雄配素	雄配素	androgamone
雄酮	雄[甾]酮	androsterone
雄烯二酮，肾上腺雄酮	雄[甾]烯二酮，腎上腺雄酮	androstenedione
熊脱氧胆酸	熊脫氧膽酸	ursodeoxycholic acid
修复	修復	repair
DNA 修复	DNA 修復	DNA repair

大陆名	台湾名	英文名
修复聚合酶	修復聚合酶	repair polymerase
修复酶	修復酶	repair enzyme
DNA 修复酶	DNA 修復酶	DNA repair enzyme
修复内切核酸酶	修復内切核酸酶	repair endonuclease
修复体	修復體	repairosome
DNA 修饰	DNA 修飾	DNA modification
修饰核苷	修飾核苷	modified nucleoside
修饰碱基	修飾鹼基	modified base
修饰酶	修飾酶	modification enzyme
修饰系统	修飾系統	modification system
修饰性甲基化酶	修飾性甲基化酶	modification methylase
溴酚蓝	溴酚藍	bromophenol blue
溴甲酚绿	溴甲酚綠	bromocresol green
溴甲酚紫	溴甲酚紫	bromocresol purple
溴乙锭	溴[化]乙錠	ethidium bromide, EB
需能反应	需能反應	energy-requiring reaction
序变模型	序變模型	sequential model
序列	序列	sequence
SD 序列	Shine-Dalgarno 序列	Shine-Dalgarno sequence, SD sequence
序列比对(=序列排比)		
序列标签位点	序列標誌位點	sequence-tagged site, STS
DNA 序列查询	DNA 序列查詢	DNA sequence searching
序列段	序列段	sequon
序列分析仪，测序仪	測序儀	sequencer, sequenator
序列模式	序列模式	sequence pattern
序列模体	序列模体，序列結構域	sequence motif
序列排比,序列比对	序列排比	sequence alignment
嗅觉受体	嗅覺受體	olfactory receptor
嗅觉纤毛蛋白质	嗅覺纖毛蛋白質	olfactory cilia protein
悬浮培养	懸浮培養	suspension culture
旋光色散	旋光色散	optical rotatory dispersion, ORD
旋光性	旋光	optical rotation
旋光异构	旋光異構	optical isomerism
旋转薄层层析	旋轉薄層層析	rotating thin-layer chromatography
旋转异构酶(=肽基脯氨酰基顺反异构酶)	旋轉異構酶(=肽基脯胺醯基順反異構酶)	rotamase(=peptidyl-prolyl cis-trans isomerase)
旋转蒸发器	旋轉蒸發器	rotary evaporator
漩涡振荡器	漩渦振蕩器	vortex

大陆名	台湾名	英文名
选凝素	選凝素	selectin
选择培养基	選擇培養基	selective medium
选择通透膜	選擇性通透膜	permselective membrane
选择性标志	選擇性標誌	selectable marker, selective marker
选择性剪接(=可变剪接)		
选择性剪接 mRNA (=可变剪接 mRNA)		
血卟啉	血卟啉	hemoporphyrin
血管活性肠收缩肽	血管活性小腸收縮肽	vasoactive intestinal contractor, VIC
血管活性肠肽	血管活性小腸肽	vasoactive intestinal peptide, VIP
血管活性肽	血管活性肽	vasoactive peptide
血管紧张素(=血管紧张肽)		
血管紧张肽,血管紧张素	血管緊張素	angiotensin, angiotonin
血管紧张肽Ⅰ	血管緊張素Ⅰ	angiotensin Ⅰ
血管紧张肽Ⅱ	血管緊張素Ⅱ	angiotensin Ⅱ
血管紧张肽原	血管緊張素原	angiotensinogen
血管紧张肽原酶,肾素	血管緊張素原酶,腎素	renin
血管紧张肽Ⅰ转化酶	血管緊張素Ⅰ轉化酶	angiotensin Ⅰ-converting enzyme, ACE
血管紧张肽Ⅰ转化酶抑制肽	血管緊張素Ⅰ轉化酶抑制肽	ancovenin
血管内皮生长因子	血管內皮生長因子	vascular endothelial growth factor, VEGF
血管生成蛋白	血管生成蛋白	angiogenin
血管生成因子	血管生成因子	angiogenic factor
血管舒张剂刺激磷蛋白	血管舒張劑刺激磷蛋白	vasodilator-stimulated phosphoprotein
血管舒张肽	血管舒张肽,血管舒張素	vasodilatin
血管细胞黏附分子	血管細胞黏附分子	vascular cell adhesion molecule, VCAM
血红蛋白	血紅蛋白	hemoglobin
血红蛋白尿	血紅素尿症	hemoglobinuria
血红素	血紅素,血紅質	heme
血红素蛋白质	血紅素蛋白	hemoprotein
血红素黄素蛋白	血紅素黃素蛋白	hemoflavoprotein
[血浆]凝固酶	[血漿]凝固酶	coagulase
血浆凝血激酶	血漿凝血活素	plasma thromboplastin component, PTC
血浆型激肽释放酶	血漿型激肽釋放酶	plasma kallikrein

大　陆　名	台　湾　名	英　文　名
血蓝蛋白	血藍蛋白，血青朊	hemocyanin, haemocyanin
血尿素氮	血液尿素氮	blood urea nitrogen
血凝素，红细胞凝集素	血球凝集素	hemagglutinin, HA
血清	血清	serum
血清类黏蛋白(=α_1 酸性糖蛋白)	血清類黏蛋白	orosomucoid(=α_1-acid glycoprotein)
血清铺展因子(=玻连蛋白)		
血清胸腺因子	血清胸腺因子	serum thymic factor
血色蛋白	血色蛋白	hemochromoprotein
血色素结合蛋白	血紅素結合蛋白	hemopexin
血栓收缩蛋白	血栓收縮蛋白	thrombosthenin
血栓烷(=凝血噁烷)		
血糖稳态	血糖平衡	glucose homeostasis
血铁黄素蛋白	血鐵黃素，血鐵蛋白，血鐵質	hemosiderin
血纤蛋白	[血]纖維蛋白	fibrin
血纤蛋白原	[血]纖維蛋白原	fibrinogen, profibrin
血纤肽	血纖維肽	fibrinopeptide
血纤维蛋白原过少	低纖維蛋白原血症	hypofibrinogenemia
β 血小板球蛋白	β-血小板球蛋白	β-thromboglobulin
血小板生成素	血小板生成素，血小板生長因子	thrombopoietin, TPO
血小板应答蛋白	血小板應答蛋白，血栓反應素	thrombospondin
血小板源性生长因子	血小板衍生生長因子	platelet-derived growth factor, PDGF
血型糖蛋白，载糖蛋白	血型醣蛋白，載醣蛋白	glycophorin
血型物质	血型物質	blood group substance
血影蛋白	血影蛋白，紅細胞膜內蛋白	spectrin
血影细胞	形骸細胞	ghost
寻靶作用(=靶向)		
循环光合磷酸化	循環光合磷酸化	cyclic photophosphorylation
鲟精蛋白(=鲟精肽)		
鲟精肽，鲟精蛋白	鱘精蛋白	sturin
蕈环十肽	蕈環十肽	antamanide

Y

大陆名	台湾名	英文名
压抑	壓抑	quelling
芽孢杆菌 RNA 酶	芽孢桿菌 RNA 酶	barnase
亚氨基酸	亞胺基酸	imino acid
亚单位(=亚基)		
亚基，亚单位	亞基，亞單位	subunit
亚基缔合	亞基締合	subunit association
亚基交换层析	亞基交換層析	subunit-exchange chromatography
亚家族	亞家族	subfamily
亚角质	亞角質	subcutin
亚精胺，精脒	亞精胺，精脒，精胺素	spermidine
亚克隆	亞克隆	subcloning
亚磷酸三酯法	亞磷酸三酯法	phosphite triester method
亚磷酸酯法(=亚磷酸三酯法)	亞磷酸酯法	phosphite method(=phosphite triester method)
亚磷酰胺法	亞磷醯胺法	phosphoramidite method
亚硫酸氢盐	重亞硫酸鹽，酸性亞硫酸鹽	bisulfite
亚硫酸盐氧化酶	亞硫酸氧化酶	sulfite oxidase
亚麻酸	亞麻油酸	linolenic acid
亚麻子油	亞麻子油	linseed oil
亚牛磺酸	亞牛磺酸，胺乙基亞磺酸	hypotaurine
亚铁螯合酶(=铁螯合酶)		
亚铁氧化酶	亞鐵氧化酶	ferroxidase
亚硝酸还原酶	亞硝酸還原酶	nitrite reductase
亚油酸	亞油酸，麻油酸	linoleic acid
亚油酸合酶	亞油酸合酶	linoleate synthase
亚致死基因	亞致死基因	sublethal gene
咽侧体激素(=保幼激素)		
烟碱	菸鹼，煙鹼	nicotine
烟酸，尼克酸，维生素	菸酸	nicotinic acid，niacin

大　陆　名	台　湾　名	英　文　名
B_5		
烟酰胺，尼克酰胺	菸鹼醯胺，菸醯胺	nicotinamide, niacinamide
烟酰胺腺嘌呤二核苷酸，辅酶 I	菸鹼醯胺腺嘌呤二核苷酸，輔酶 I	nicotinamide adenine dinucleotide, NAD
烟酰胺腺嘌呤二核苷酸激酶，NAD 激酶	NAD 激酶	NAD kinase
烟酰胺腺嘌呤二核苷酸磷酸，辅酶 II	菸鹼醯胺腺嘌呤二核苷酸磷酸，輔酶 II	nicotinamide adenine dinucleotide phosphate, NADP
胭脂氨酸（=胭脂碱）		
胭脂红（=洋红）		
胭脂碱，胭脂氨酸	胭脂鹼，胭脂胺酸	nopaline
胭脂碱合酶	胭脂鹼合酶	nopaline synthase, NS
胭脂鸟氨酸（=鸟氨胭脂碱）	胭脂鳥胺酸（=鳥胺胭脂鹼）	nopalinic acid (=ornaline)
延胡索酸，反丁烯二酸	延胡索酸，反丁烯二酸	fumaric acid
延胡索酸酶	延胡索酸酶，反丁烯二酸酶	fumarase
延胡索酰乙酰乙酸	延胡索醯乙醯乙酸	fumarylacetoacetic acid
延伸	延伸	extension
延伸因子	延伸因子	elongation factor, EF
严紧型质粒	嚴謹性質粒	stringent plasmid
岩芹酸	岩芹酸	petroselinic acid
岩藻多糖	岩藻多醣	fucoidan, fucoidin, fucan
岩藻聚糖	岩藻聚醣	fucosan
岩藻糖	岩藻糖，海藻糖	fucose
岩藻糖苷酶	岩藻糖苷酶	fucosidase
岩藻糖苷贮积症	岩藻糖苷貯積症	fucosidosis
岩藻糖基转移酶	岩藻糖基轉移酶	fucosyltransferase
盐皮质[激]素	鹽皮質激素，礦物皮質激素	mineralocorticoid
盐皮质[激]素受体	鹽皮質激素受體，礦物皮質激素受體	mineralocorticoid receptor, MR
盐溶	鹽溶	salting-in
盐析	鹽析	salting-out
衍酪蛋白（=副酪蛋白）		
衍生物	衍生物	derivative
眼镜蛇毒素	眼鏡蛇毒素	cobrotoxin
羊毛固醇	羊毛[甾]醇，羊毛硬脂	lanosterin, lanosterol

大陆名	台湾名	英文名
	醇	
羊毛蜡	羊毛蠟，甘油三羥蠟酸酯	lanocerin
羊毛蜡酸	羊毛蠟酸	lanoceric acid
羊毛硫氨酸	羊毛硫胺酸	lanthionine
羊毛硫肽	羊毛硫肽	lanthiopeptin
羊毛软脂酸（=羊毛棕榈酸）		
羊毛脂	羊毛脂	lanolin
羊毛棕榈酸，羊毛软脂酸	羊毛軟脂酸，羊毛棕櫚酸	lanopalmitic acid
阳离子	陽離子	cation
阳离子交换层析	陽離子交換層析法	cation exchange chromatography
阳离子交换剂	陽離子交換劑	cation exchanger
阳离子交换树脂	陽離子交換樹脂	cation exchange resin
洋红，胭脂红	胭脂紅	carmine
氧合肌红蛋白	氧合肌紅蛋白	oxymyoglobin
氧合酶（=加氧酶）		
氧合血红蛋白	氧合血紅素	oxyhemoglobin
β 氧化	β－氧化	β-oxidation
氧化还原反应	氧化還原	oxidation-reduction reaction，redox
氧化还原酶，氧还酶	氧化還原酶，氧還酶	oxido-reductase，redox enzyme
氧化剂	氧化劑	oxidant
氧化磷酸化	氧化磷酸化	oxidative phosphorylation
氧化酶	氧化酶	oxidase
ACC 氧化酶（=1－氨基环丙烷基－1－羧酸氧化酶）		
氧化生物素	氧合生物素	oxybiotin
氧化脱氨作用	氧化脫胺	oxidative deamination
氧化型真菌硫醇还原酶	真菌硫酮還原酶	mycothione reductase
氧还酶（=氧化还原酶）		
5－氧脯氨酸（=焦谷氨酸）	5－氧脯胺酸	5-oxoproline（=pyroglutamic acid）
α 样 DNA（=α 卫星 DNA）	α 樣 DNA（=α－衛星 DNA）	α-DNA（=α-satellite DNA）
药物基因组学	藥物基因體學	pharmacogenomics
药物遗传学	藥物遺傳學	pharmacogenetics

大 陆 名	台 湾 名	英 文 名
野尻霉素	野尻黴素	nojirimycin
叶黄素，胡萝卜醇	葉黃素，胡蘿蔔醇	phytoxanthin, carotenol, carotol
叶绿醇，植醇	葉綠醇，植醇	phytol
叶绿蛋白	葉綠蛋白	chloroplastin
叶绿基甲萘醌，维生素 K_1	植物甲基萘醌類，葉綠醌，維生素 K_1	phytylmenaquinone
叶绿醌(=叶绿基甲萘醌)	葉綠醌(=葉綠基甲萘	phylloquinone(=phytylmenaquinone)
叶绿素	葉綠素	chlorophyll
叶绿素 a 蛋白质	葉綠素 a 蛋白質	chlorophyll a protein
叶泡雨滨蛙肽	葉泡雨濱蛙肽	phyllolitorin
叶泡雨蛙肽	葉泡雨蛙肽	phyllocaerulin, phyllocaerulein
叶酸，蝶酰谷氨酸	葉酸,蝶醯穀胺酸	folic acid, pteroylglutamic acid
液固层析	液固層析	liquid-solid chromatography, LSC
液晶态	液晶態	liquid crystalline state
液泡质子 ATP 酶，V 型 ATP 酶	液泡質子 ATP 酶，V 型 ATP 酶	vacuolar proton ATPase
液体闪烁计数仪	液體閃爍計數儀	liquid scintillation counter
液相层析	液相層析	liquid chromatography, LC
液液层析	液液層析	liquid-liquid chromatography, LLC
液液分配层析	液－液分配層析	liquid-liquid partition chromatography
一级结构	一級結構	primary structure
一碳代谢	一碳代謝	one carbon metabolism
一碳单位	一碳單位	one carbon unit
一氧化氮	一氧化氮	nitric oxide
一氧化氮合酶	一氧化氮合酶	nitric oxide synthase, NOS
衣壳蛋白	外殼蛋白	capsid protein
RNA 衣壳化	RNA 包被作用	RNA encapsidation
依钙结合蛋白(=膜联蛋白Ⅱ)	依鈣結合蛋白	calpactin(=annexin Ⅱ)
依赖 cAMP 的蛋白激酶	依賴 cAMP 的蛋白激酶	cyclic AMP-dependent protein kinase, cAMP-dependent protein kinase
依赖 cGMP 的蛋白激酶	依賴 cGMP 的蛋白激酶	cGMP-dependent protein kinase, PKG
依赖 ATP 的蛋白酶	依賴 ATP 的蛋白酶	ATP-dependent protease
依赖 $NAD^+/NADP^+$ 的脱氢酶	依賴 $NAD^+/NADP^+$ 的脫氫酶	$NAD^+/NADP^+$-dependent dehydrogenase
依赖 Ca^{2+}/钙调蛋白的蛋白激酶	依賴鈣/攜鈣蛋白的蛋白激酶	Ca^{2+}/calmodulin-dependent protein kinase

大陆名	台湾名	英文名
依赖双链 RNA 的蛋白激酶	依賴雙股 RNA 的蛋白激酶	double-stranded RNA-dependent protein kinase
依赖 ρ 因子的终止	依賴 ρ 因子的終止	ρ-dependent termination
依赖于 Ras 的蛋白激酶	依賴於 Ras 的蛋白激酶	Ras-dependent protein kinase
依赖于 DNA 的 DNA 聚合酶	依賴 DNA 的 DNA 聚合酶	DNA-dependent DNA polymerase
依赖于 DNA 的 RNA 聚合酶	依賴 DNA 的 RNA 聚合酶	DNA-dependent RNA polymerase
依赖于 RNA 的 DNA 聚合酶(=逆转录酶)	依賴 RNA 的 DNA 聚合酶	RNA-dependent DNA polymerase (=reverse transcriptase)
依赖于 RNA 的 RNA 聚合酶(=复制酶)	依賴 RNA 的 RNA 聚合酶	RNA-dependent RNA polymerase (=replicase)
依赖于泛素的蛋白酶解	依賴泛素的蛋白水解	ubiquitin-dependent proteolysis
贻贝抗菌肽	貽貝抗菌肽	myticin
贻贝抗真菌肽	貽貝抗真菌肽	mytimycin
贻贝杀菌肽	貽貝殺菌肽	mytilin
胰蛋白酶	胰蛋白酶	trypsin
α_1 胰蛋白酶抑制剂，α_1 抗胰蛋白酶	α_1 －胰蛋白酶抑制劑，α_1 －抗胰蛋白酶	α_1-antitrypsin
胰蛋白酶原	胰蛋白酶原	trypsinogen
胰岛素	胰島素	insulin
胰岛素过多症	高胰島素症	hyperinsulinism
胰岛素受体底物	胰島素受體基質	insulin receptor substrate, IRS
胰岛素调理素(=促胰岛素)		
胰淀粉酶	胰澱粉酶	pancreatic amylase
胰多肽	胰多肽	pancreatic polypeptide
胰高血糖素	胰高血糖素，升血糖素	glucagon
胰高血糖素样肽(=肠高血糖素)	胰高血糖素樣肽(=腸高血糖素)	glucagon-like peptide(=enteroglucagon)
胰激肽，赖氨酰缓激肽	胰激肽，賴胺酸舒緩激肽	kallidin
胰激肽原	胰激肽原	kallidinogen
胰抗脂肪肝因子	胰抗脂肪肝因子	lipocaic
胰凝乳蛋白酶	胰凝乳蛋白酶	chymotrypsin
胰凝乳蛋白酶抑制剂	胰凝乳蛋白酶抑制劑	antichymotrypsin
α_1 胰凝乳蛋白酶抑制剂	α_1 －胰凝乳蛋白酶抑制劑	α_1-antichymotrypsin

大 陆 名	台 湾 名	英 文 名
胰凝乳蛋白酶原，糜蛋白酶原	胰凝乳蛋白酶原	chymotrypsinogen
胰弹性蛋白酶	胰彈性蛋白酶	pancreatic elastase
胰抑释素，胰抑肽	胰抑素，胰抑肽	pancreastatin
胰抑肽(=胰抑释素)		
胰脂肪酶(=三酰甘油脂肪酶)	胰脂肪酶	steapsin, steapsase(=triglyceride lipase)
移动界面电泳	移界電泳	moving boundary electrophoresis
移动区带电泳(=移动界面电泳)	移動區帶電泳	moving zone electrophoresis(=moving boundary electrophoresis)
移动性蛋白质	移動性蛋白質	movement protein
移动抑制因子	移動抑制因子	migration inhibition factor, MIF
移动增强因子	移動增強因子	migration enhancement factor, MEF
移框阻抑	移碼阻抑	frameshift suppression
移码	移框，框構轉移	frameshift
移码突变	移碼突變，框構轉移突變	frameshift mutation
遗传标记(=遗传标志)		
遗传标志，遗传标记	遺傳標誌	genetic marker
遗传工程(=基因工程)		
遗传霉素	遺傳黴素	geneticin
遗传切换(=基因切换)		
遗传图谱(=基因图谱)		
遗传修饰生物体	遺傳修飾生物體，遺傳工程體	genetically modified organism, GMO
遗传印记(=基因印记)		
遗传指纹(=基因指纹)		
乙醇	乙醇	ethanol
乙醇胺	乙醇胺	ethanolamine
乙醇酸	乙醇酸	glycollic acid
乙蔗酚，二乙基己烯雌酚	二乙基己烯雌酚	diethylstilbestrol, DES
乙二胺四乙酸	乙二胺四乙酸	ethylene diaminetetraacetic acid, EDTA
乙二醇双(2-氨基乙醚)四乙酸	乙二醇雙(2-胺基乙醚)四乙酸	ethyleneglycol bis(2-aminoethylether) tetraacetic acid, EGTA
N-乙基马来酰亚胺	*N*-乙基馬來醯亞胺	*N*-ethylmaleimide, NEM
乙醛	乙醛	acetaldehyde
乙醛酸	乙醛酸	glyoxalic acid

大 陆 名	台 湾 名	英 文 名
乙醛酸循环	乙醛酸循環	glyoxylate cycle
乙醛酸循环体	乙醛酸循環體	glyoxysome
乙醛酸支路	乙醛酸支路	glyoxylate shunt
乙炔睾酮，炔诺酮	乙炔睪酮，炔諾酮	aethisteron
乙炔酸	乙炔酸	acetylenic acid
乙酸	乙酸	acetic acid
乙酸甘油酯	乙酸甘油酯，三乙酸甘油酯	acetin
乙酸酐	乙酸酐	acetic anhydride
乙酸纤维素薄膜电泳	乙酸纖維素薄膜電泳	cellulose acetate film electrophoresis
乙酸纤维素膜	醋酸纖維素膜	acetyl cellulose membrane, cellulose acetate membrane
乙烷	乙烷	ethane
乙烯	乙烯	ethylene
N－乙酰氨基半乳糖（=*N*－乙酰半乳糖胺）		
N－乙酰氨基葡糖（＝*N*－乙酰葡糖胺）		
乙酰胺酶	乙醯胺酶	acetamidase
N－乙酰半乳糖胺，*N*－乙酰氨基半乳糖	*N*－乙醯(－D－)半乳糖胺	*N*-acetylgalactosamine
N－乙酰胞壁酸	*N*－乙醯胞壁酸	*N*-acetylmuramic acid
N－乙酰胞壁酰五肽	*N*－乙醯胞壁醯五肽	*N*-acetylmuramyl pentapeptide
乙酰胆碱	乙醯膽鹼	acetylcholine
乙酰胆碱酯酶	乙醯膽鹼酯酶	acetylcholinesterase
乙酰辅酶 A	乙醯輔酶 A	acetyl-CoA
乙酰辅酶 A C－酰基转移酶(＝硫解酶)	乙醯輔酶 A C－醯基轉移酶(＝硫解酶)	acetyl-CoA C-acyltransferase(＝thiolase)
乙酰谷氨酸合成酶	乙醯穀胺酸合成酶	acetylglutamate synthetase
乙酰化	乙醯化[作用]	acetylation
乙酰化值	乙醯化值	acetylation number
N－乙酰葡糖胺，*N*－乙酰氨基葡糖	*N*－乙醯(－D－)葡萄糖胺	*N*-acetylglucosamine
乙酰葡糖胺糖苷酶	乙醯胺基葡萄糖糖苷酶	acetylglucosaminidase
N－乙酰葡糖胺转移酶	*N*－乙醯胺基葡萄糖基轉移酶	*N*-acetylglucosaminyl transferase
N－乙酰乳糖胺	*N*－乙醯乳糖胺	*N*-acetyllactosamine
N－乙酰神经氨酸	*N*－乙醯神經胺酸	*N*-acetylneuraminic acid

大 陆 名	台 湾 名	英 文 名
乙酰乙酸	乙醯乙酸	acetoacetic acid
椅型构象	椅形構象	chair conformation
异丙醇	異丙醇	isopropanol
异丙基硫代-β-D-半乳糖苷	異丙基硫代-β-D-半乳糖苷	isopropylthio-β-D-galactoside, IPTG
异常剪接	異常剪接	aberrant splicing
异常γ球蛋白血症	異常γ-球蛋白血症	dysgammaglobulinemia
异常脂蛋白血症	異常脂蛋白血症	dyslipoproteinemia
异促效应	異配[位]間變構效應	heterotropic effect
异淀粉酶	異澱粉酶，糖原-6-葡聚醣水解酶	isoamylase
异构化	異構化	isomerization
异构酶	異構酶	isomerase
异构体	異構體	isomer
异构现象	異構現象	isomerism
异红细胞系列糖鞘脂(=异球系列)		
异化[作用]	異化作用	dissimilation
异黄酮	異黃酮	isoflavone
异亮氨酸	異亮胺酸，異白胺酸	isoleucine, Ile
8-异亮氨酸催产素(=鸟催产素)		
异硫氰酸苯酯	苯異硫氰酸鹽	phenylisothiocyanate, PITC
异硫氰酸荧光素	異硫氰酸螢光素	fluorescein isothiocyanate, FITC
异柠檬酸	異檸檬酸	isocitric acid
异柠檬酸脱氢酶	異檸檬酸脫氫酶	isocitrate dehydrogenase
异球系列，异红细胞系列糖鞘脂	異球系列，異紅血球系列醣鞘脂	isoglobo-series
异锁链素	異鎖鏈素	isodesmosine
异肽键	異肽鍵	isopeptide bond
异头物	反構體	anomer
异位表达	異位表達	ectopic expression
异戊二烯	異戊二烯	isoprene
[异]戊二烯化	[異]戊二烯化	isoprenylation, prenylation
异戊烯二磷酸D-异构酶	異戊烯二磷酸D-異構酶	isopentenyl-diphosphate D-isomerase
异戊烯焦磷酸	異戊烯焦磷酸	isopentenylpyrophosphate, IPP
异形DNA	不等形DNA	anisomorphic DNA

大　陆　名	台　湾　名	英　文　名
异源翻译系统	異源轉譯系統	heterologous translational system
异源基因	異源基因	heterologous gene
异源双链	異源雙鏈	heteroduplex
异源双链分析	異源雙鏈分析	heteroduplex analysis
异株泻根毒蛋白	異株瀉根毒蛋白	bryodin
抑癌蛋白 M	抑瘤蛋白 M	oncostatin M
抑癌基因，抗癌基因	抑癌基因	antioncogene, cancer suppressor gene
抑蛋白酶多肽	抑蛋白酶多肽	aprotinin, trasylol
抑瘤蛋白	抑瘤蛋白	tumstatin
抑素	抑素	chalone
抑胃素	抑胃素	gastrone
抑咽侧体神经肽	咽側體抑制肽	allatostatin
抑酯酶素	抑酯酶素	esterastin
抑制	抑制	inhibition
抑制蛋白（=拘留蛋白）		
抑制基因（=阻抑基因）	抑制基因（=阻抑基因）	inhibiting gene（=suppressor）
抑制[结构]域	抑制域	inhibition domain
抑制素	抑制素	inhibin
抑制性细胞表面受体	抑制性細胞表面受體	inhibitory cell surface receptor
译码，解码	解碼	decoding
易错 PCR（=易错聚合酶链反应）		
易错聚合酶链反应，易错 PCR	錯誤傾向 PCR	error-prone PCR
易化扩散，促进扩散	促進擴散	facilitated diffusion
易位	轉位	translocation
易位蛋白质	易位體	translocator, translocation protein
益己素（=利己素）		
益它素（=利它素）		
ρ 因子	ρ 因子	ρ-factor
阴离子	陰離子	anion
阴离子交换层析	陰離子交換層析法	anion exchange chromatography
阴离子交换剂	陰離子交換劑	anion exchanger
阴离子交换树脂	陰離子交換樹脂	anion exchange resin
阴性对照	陰性對照組	negative control
银环蛇毒素	金環蛇毒素	bungarotoxin
银染	銀染	silver staining
引发	致敏，引發	priming

大　陆　名	台　湾　名	英　文　名
引发酶	引發酶	primase
DNA 引发酶	DNA 引發酶	DNA primase
引发体	引發體	primosome
引发体前体	引發前體	preprimosome
引物	引子	primer
引物步查(=引物步移)		
引物步移，引物步查	引子步進法	primer walking
引物修补	引子修補	primer repair
引物延伸	引子延伸	primer extension
吲哚甘油磷酸合酶	吲哚甘油磷酸合酶	indole glycerol phosphate synthase
吲哚-3-乙酸	吲哚-3-乙酸	indole-3-acetic acid，IAA
隐蔽剪接位点	隱蔽剪接位點	cryptic splice site
隐蔽卫星 DNA	隱蔽衛星 DNA	cryptic satellite DNA
隐防御肽	隱保衛肽	cryptdin
印迹	印漬	blotting
DNA 印迹法，Southern 印迹法	南方印漬法，DNA 印漬法	Southern blotting
Farwestern 印迹法(=蛋白质检测蛋白质印迹法)		
Northern 印迹法(=RNA 印迹法)		
RNA 印迹法，Northern 印迹法	RNA 印漬，北方墨漬法	Northern blotting
Southern 印迹法(=DNA 印迹法)		
Western 印迹法(=蛋白质印迹法)		
印迹膜	印漬膜	blotting membrane
茚三酮	茚三酮	ninhydrin
茚三酮反应	茚三酮反應	ninhydrin reaction
樱草糖	櫻草糖	primeverose
荧光	螢光	fluorescence
荧光测定	螢光測定法	fluorometry
荧光法 DNA 测序	螢光法 DNA 測序	fluorescence-based DNA sequencing
荧光分光光度法	螢光分光光度法	fluorospectrophotometry
荧光分光光度计	螢光分光光度計	fluorescence spectrophotometer，spectrofluorometer，spectroflurimeter

大　陆　名	台　湾　名	英　文　名
荧光分析	螢光分析	fluorescence analysis
荧光光谱	螢光光譜	fluorescence spectrum
荧光激活细胞分选仪	螢光活化細胞分選儀	fluorescence-activated cell sorter, FACS
荧光计	螢光計	fluorometer, fluorimeter
荧光显影	螢光顯影	fluorography
荧光原位杂交	螢光原位雜交	fluorescence *in situ* hybridization, FISH
萤光素酶	螢光酵素	luciferase
营养缺陷体(=营养缺陷型)		
营养缺陷型，营养缺陷体	營養缺陷體	auxotroph
影印培养(=复印接种)		
应答元件	應答元件，反應元件	response element, responsive element
cAMP 应答元件结合蛋白质	cAMP 應答元件結合蛋白	cAMP response element binding protein, CREB protein
应激蛋白质	逆境蛋白	stress protein
应激激素	壓力激素	stress hormone
应乐果甜蛋白，莫内甜蛋白	應樂果甜蛋白，莫內甜蛋白	monellin
硬蛋白	硬蛋白	scleroprotein
硬脂酸	硬脂酸，十八烷酸	stearic acid
硬脂酸甘油酯	硬脂酸甘油酯，三硬脂酸甘油酯	stearin, tristearin
硬脂酰 Δ^9 脱饱和酶	硬脂醯 Δ^9 去飽和酶	stearoyl Δ^9-desaturase
泳道	泳道	lane, track
优球蛋白	優球蛋白，真球蛋白	euglobulin
优势选择标志	優勢選擇標記	dominant selectable marker
由内向外调节	由內向外的調節	inside-out regulation
由内向外信号传送	由內向外的信號傳導	inside-out signaling
油酸	油酸	oleic acid
油酸甘油酯，油酰甘油	油酸甘油，三油酸甘油酯	olein, triolein
油桐酸(=桐油酸)		
油酰甘油(=油酸甘油酯)		
油质蛋白	油質蛋白	oleosin
柚皮苷	柚皮苷	naringin
游离脂肪酸(=非酯化	游離脂肪酸	free fatty acid, FFA(=non-esterified

大 陆 名	台 湾 名	英 文 名
脂肪酸)		fatty acid)
有氧代谢	有氧代謝	aerobic metabolism
有氧呼吸	有氧呼吸	aerobic respiration
有氧糖酵解	有氧糖酵解	aerobic glycolysis
有义链	有意義鏈	sense strand
有义密码子	有意義密碼子	sense codon
右旋糖	右旋糖	dextrose
右旋糖酐	右旋醣酐，右旋聚醣	dextran
右旋异构体	右旋異構體	dextroisomer
诱变剂	誘變原	mutagen
诱导酶	誘導型酶	inducible enzyme
诱导契合学说	誘導配合學說	induced fit theory
诱导型表达	誘導型表達	inducible expression
诱导型启动子	誘導型啟動子	inducible promoter
诱饵受体	誘餌受體	decoy receptor
鱼精蛋白	魚精蛋白	protamine
鱼鳞硬蛋白	魚鱗硬蛋白	ichthylepidin
鱼卵磷蛋白	魚卵磷蛋白	ichthulin
雨滨蛙肽	雨濱蛙肽	litorin
雨蛙肽	雨蛙肽	caerulin
玉米醇溶蛋白	玉米醇溶蛋白	zein
玉米黄质二葡糖苷	玉米黃質二葡萄糖苷	zea xanthin diglucoside
玉米素	玉米素	zeatin
玉米因子(=玉米素)	玉米因子(=玉米素)	maize factor(=zeatin)
芋螺毒素	芋螺毒素，雞心螺毒素	conotoxin
预电泳	預電泳	pre-electrophoresis
预引发复合体(=引发体前体)	預引發複合體，預引發體，引發前體	prepriming complex(=preprimosome)
预杂交	預雜交	prehybridization
域	區域	domain
SH2 域	Src 同源 2 域，SH2 域	Src homology 2 domain, SH2 domain
SH3 域	Src 同源 3 域，SH3 域	Src homology 3 domain, SH3 domain
愈伤激素	癒傷激素	wound hormone
愈伤葡聚糖，胼胝质	癒創葡聚醣，β－D－(1，3)葡聚醣	callose
愈伤葡聚糖合成酶	癒創葡聚醣合成酶	callose synthetase
愈伤酸	癒傷酸	traumatic acid
元件	元件	element

大　陆　名	台　湾　名	英　文　名
ARS 元件	ARS 元件	ARS element
Ty 元件	Ty 元件	Ty element
原癌基因(=细胞癌基因)	原致癌基因	proto-oncogene(=cellular oncogene)
原卟啉	原卟啉	protoporphyrin
原代培养	初級培養	primary culture
原肌球蛋白	原肌球蛋白	tropomyosin
原肌球蛋白调节蛋白	原肌球調節蛋白	tropomodulin
原基因	原基因	protogene
原胶原	原膠原	tropocollagen
原聚体	原體	protomer
原生动物糖	原生動物醣	paramylon, paramylum
原始生物化学	原生物化學	protobiochemistry
原噬菌体	原噬菌體	prophage
原弹性蛋白，弹性蛋白原	原彈性蛋白，彈性蛋白原	tropoelastin, proelastin
原位 PCR(=原位聚合酶链反应)		
原位电泳	原位電泳	*in situ* electrophoresis
原位合成	原位合成	*in situ* synthesis
原位聚合酶链反应，原位 PCR	原位 PCR ，原位聚合酶鏈反應	*in situ* PCR
原位杂交	原位雜交	*in situ* hybridization
原纤蛋白	原纖維蛋白	fibrillin
圆二色性	圓二色性	circular dichroism, CD
圆形纸层析	環形紙層析法	circular paper chromatography
援木蛙肽	援木蛙肽	hylambatin
源株	源株，母無性繁殖系	ortet
远侧序列	遠端序列	distal sequence
远侧序列元件	遠端序列元件	distal sequence element
远距[离]分泌	遠距離分泌	telecrine
月桂酸	月桂酸，十二烷酸	lauric acid
月桂酸甘油酯	月桂酸甘油酯，三月桂醯甘油酯，月桂酯	laurin
匀浆器	勻質機	homogenizer
允许细胞	許可細胞	permissive cell
孕二醇	孕甾二醇，妊二醇	pregnanediol
孕固烷	孕甾烷	pregnane

大　陆　名	台　湾　名	英　文　名
孕激素	孕激素	progestogen, gestagen
孕酮，黄体酮	黃體酮，孕酮	progesterone
孕烷二酮	孕甾二酮	pregnanedione
孕烯醇酮	孕烯醇酮，妊醇酮	pregnenolone
运货受体	貨物受體	cargo receptor
运皮质激素蛋白	運皮質激素蛋白	transcortin
RNA运输(=RNA 转运)		
运铁蛋白	運鐵蛋白	transferrin, iron binding globulin
运行缓冲液	電泳緩衝液	running buffer
[运]载体	[运]載體	carrier
[运]载体 DNA	[运]載體 DNA	carrier DNA
[运]载体蛋白质	[运]載體蛋白質	carrier protein
[运]载体共沉淀	[运]載體共沈澱	carrier coprecipitation

Z

大　陆　名	台　湾　名	英　文　名
杂多糖	異多醣類	heteropolysaccharide
杂合启动子	嵌合啟動子	hybrid promotor
杂合体	雜合體	hybrid
杂交	雜交作用，雜交繁殖	hybridization
DNA 杂交	DNA 雜交	DNA hybridization
Northern 杂交(=RNA 杂交)		
RNA 杂交，Northern 杂交	北方雜交	Northern hybridization
Southern 杂交(=DNA 杂交)	南方雜交(=DNA 雜交)	Southern hybridization(=DNA hybridization)
杂交测序	雜交測序	sequencing by hybridization, SBH
杂交分子	雜交分子	hybrid molecule
杂交核酸	雜交核酸	hybrid nucleic acid
杂交瘤	雜合瘤，雜交瘤	hybridoma
杂交探针	雜交探針	hybridization probe
杂交体	雜交體	hybrid
杂交严格性	雜交嚴格性	hybridization stringency
载芳基蛋白	載芳基蛋白	arylphorin
载肌动蛋白	載肌動蛋白	actophorin
载糖蛋白(=血型糖蛋		

大　陆　名	台　湾　名	英　文　名
白)		
载体	載體	vector
T载体	T載體	T-vector
载体小件	小載體	vectorette
载唾液酸蛋白，载涎蛋白	載唾液酸蛋白，載涎蛋白，白唾液酸蛋白	sialophorin
载涎蛋白(=载唾液酸蛋白)		
载脂蛋白	去脂脂蛋白，脂蛋白元	apolipoprotein, Apo
藻胆[蛋白]体	藻膽[蛋白]體	phycobilisome
藻胆[色素]蛋白，胆藻[色素]蛋白	藻膽色素蛋白質	phycobiliprotein, phycobilin protein, biliprotein
藻红蛋白	藻紅蛋白	phycoerythrin
藻蓝蛋白	藻藍蛋白	phycocyanin
皂草毒蛋白	皂草毒蛋白	saporin
皂化值	皂化值	saponification number
皂化作用	皂化作用	saponification
造血生长因子	造血生長因子	hematopoietic growth factor, hemopoietic growth factor
造血细胞因子	造血細胞因子	hematopoietic cytokine, hemopoietic cytokine
增感屏	增強板	intensifying screen
增强体	增強體	enhancesome, enhancosome
增强元	增強元	enhanson
增强子	增強子	enhancer
增强子捕获	增強子捕獲	enhancer trapping
增强子元件	增強子元件	enhancer element
增色效应	增色效應	hyperchromic effect
增色性	增色性	hyperchromicity
增殖蛋白	增殖蛋白	proliferin
增殖细胞核抗原	細胞核增生抗原	proliferating cell nuclear antigen, PCNA
窄沟(=小沟)	窄溝(=小溝)	narrow groove(=minor groove)
张力蛋白	張力蛋白	tensin
章胺	章魚胺	octopamine
章鱼氨酸(=章鱼碱)		
章鱼碱，章鱼氨酸	章魚鹼，章魚胺酸	octopine
章鱼碱合酶	章魚鹼合酶	octopine synthase, OS
樟脑	樟腦	camphor

大 陆 名	台 湾 名	英 文 名
兆核酸酶	兆核酸酶	meganuclease
兆碱基	兆鹼基	megabase, Mb
兆碱基大范围限制性核酸内切酶接头(=兆碱基接头)		
兆碱基接头，兆碱基大范围限制性核酸内切酶接头	兆鹼基接頭，兆鹼基大範圍限制性酶接頭	megalinker
折叠	折疊	folding
RNA 折叠	RNA 折疊	RNA folding
折叠链	折疊鏈	folded chain
β[折叠]链	β-[折疊]鏈	β-strand, beta strand
折叠酶	折疊酶	foldase
折叠模式	折疊模式	fold
折叠组	折疊體	foldome
折光计	屈光計	refractometer
折回 DNA	折回 DNA	fold-back DNA
赭石密码子	赭石型密碼子	ochre codon
赭石突变	赭石型突變	ochre mutation
赭石突变体	赭石型突變體	ochre mutant
赭石阻抑	赭石型阻抑	ochre suppression
赭石阻抑基因，赭石阻抑因子	赭石型阻抑基因，赭石型校正基因	ochre suppressor
赭石阻抑因子(=赭石阻抑基因)		
蔗糖	蔗糖	sucrose
蔗糖酶	蔗糖酶	sucrase
蔗糖密度梯度	蔗糖密度梯度	sucrose density-gradient
针形蛋白	針形蛋白	aciculin
真核起始因子	真核起始因子	eukaryotic initiation factor, eIF
真核载体	真核載體	eukaryotic vector
真空转移	真空轉移	vacuum transfer
阵列	陣列	array
蒸馏	蒸餾	distillation
整合蛋白质	整合蛋白質	integral protein
整合酶	整合酶	integrase
整联蛋白	整合蛋白	integrin
正比计数器	正比計數器	proportional counter

大　陆　名	台　湾　名	英　文　名
正超螺旋	正超螺旋	positive supercoil
正超螺旋 DNA	正超螺旋 DNA	positively supercoiled DNA
正超螺旋化	正超螺旋化	positive supercoiling
正反馈	正回饋	positive feedback
正链	正股	positive strand
正亮氨酸	正亮胺酸	norleucine
正调节，上调[节]	正調節	positive regulation
正调物	正調物	positive regulator
正五聚蛋白	正五聚蛋白	pentraxin
正向突变	正向突變	forward mutation
正向引物	正向引子	forward primer
正相层析	正相層析	normal-phase chromatography
正效应物	正效應物	positive effector
正缬氨酸	正纈胺酸	norvaline
支链氨基酸	支鏈胺基酸	branched chain amino acid
支链淀粉	支鏈澱粉	amylopectin
脂沉积症	脂質貯積症，脂肪代謝障礙	lipoidosis, lipid storage disease
脂单层	脂單層	lipid monolayer
脂蛋白	脂蛋白	lipoprotein
脂蛋白信号肽酶	脂蛋白訊號肽酶	lipoprotein signal peptidase
脂蛋白脂肪酶	脂蛋白脂肪酶	lipoprotein lipase
脂多态性	脂類多樣性	lipid polymorphism
脂多糖	脂多醣	lipopolysaccharide, LPS
脂肪动员激素(=促脂解素)		
脂肪酶	脂肪酶	lipase
脂肪酶抑制剂	脂肪酶抑制劑	lipostatin
脂肪生成	脂肪生成	lipogenesis
脂肪酸	脂肪酸	fatty acid
脂肪酸合酶	脂肪酸合酶	fatty acid synthase
脂肪酸结合蛋白质	脂肪酸結合蛋白	fatty acid-binding protein
脂肪细胞分泌因子(=抗胰岛素蛋白)	脂肪細胞分泌因子(=抗胰島素蛋白)	adipocyte secreted factor, ADSF (=resistin)
脂肪细胞激素(=瘦蛋白)		
脂肪营养不良	脂質營養不良	lipodystrophy
脂肪增多	脂肪增多	lipotrophy

大 陆 名	台 湾 名	英 文 名
脂肪族化合物	脂肪族化合物	aliphatic compound
脂寡糖	脂寡醣	lipooligosaccharide
脂过多症	脂肪過多症	lipomatosis, liposis
脂褐素	脂褐質	lipofuscin
脂环化合物	脂環化合物	alicyclic compound
脂加氧酶	脂氧合酶	lipoxygenase, LOX
脂解	脂肪分解	lipolysis
脂粒	脂粒	lipid granule
脂连蛋白	脂連蛋白	adiponectin
脂磷壁酸	脂磷壁酸	lipoteichoic acid
脂磷酸聚糖	脂磷酸聚醣	lipophosphoglycan, LPG
脂尿	脂肪尿	lipuria
脂牛磺酸	脂牛磺酸	lipotaurine
脂皮质蛋白(=膜联蛋白Ⅰ)	脂皮質蛋白(=膜聯蛋白Ⅰ)	lipocortin(=annexin Ⅰ)
脂溶性维生素	脂溶性維生素	lipid-soluble vitamin, fat-soluble vitamin lipochrome
脂色素	脂色素	
脂双层	雙分子脂膜,類脂雙層膜	lipid bilayer
脂双层 E 面	脂質雙層的 E 面,脂雙層的向外面	E face of lipid bilayer
脂双层 P 面	類脂雙層膜的 P 面,脂雙層的質膜面	P face of lipid bilayer
脂酸尿	脂酸尿	lipaciduria
脂肽	脂肽	lipopeptide
脂调蛋白	脂調蛋白	lipomodulin
脂微泡	脂微泡	lipid microvesicle
脂微团	脂微團	lipid micelle
脂酰辅酶 A	醯基輔酶 A	acyl-coenzyme A, acyl-CoA
脂酰辅酶 A 合成酶(=硫激酶)	醯基輔酶 A 合成酶(=硫激酶)	acyl-CoA synthetase(=thiokinase)
脂酰基甘油(=甘油酯)	脂醯甘油酯(=甘油酯)	acylglycerol(=glyceride)
N-脂酰鞘氨醇(=神经酰胺)	*N*-脂醯鞘氨醇	*N*-fatty acyl sphingosine(=ceramide)
脂血症	血脂症,脂血症	lipidemia, lipemia
脂氧素	脂氧素,三羥二十碳四烯酸	lipoxin, LX

大　陆　名	台　湾　名	英　文　名
脂质	脂類，脂質	lipid
脂质第二信使	脂質第二信使，脂類二次訊息	lipid second messenger
脂质过氧化	脂質過氧化	lipid peroxidation
脂质过氧化物	脂質過氧化物	lipid hydroperoxide
脂质几丁寡糖	脂質幾丁寡醣	lipochitooligosaccharide
脂质体	脂質體，微脂粒，微脂膜體	liposome
脂质体包载	脂質體包載	liposome entrapment
脂质体转染	脂質體轉染	lipofection
脂质运载蛋白	脂質運載蛋白	lipocalin
脂转运蛋白	脂轉運蛋白	lipophorin
直肠肽	原肛肽	proctolin
直接免疫荧光技术	直接免疫螢光技術	direct immunofluorescent technique
直链淀粉	直鏈澱粉	amylose
$C_o t$ 值	$C_o t$ 值	$C_o t$ value
R_f 值	R_f 值	R_f value
$R_o t$ 值	$R_o t$ 值	$R_o t$ value
植醇(=叶绿醇)		
植酸，肌醇六磷酸	植酸，肌醇六磷酸	phytic acid
植烷酸	植烷酸	phytanic acid
植物固醇	植物甾醇	phytosterol
植物激素	植物激素	phytohormone
植物硫酸肽	植物硫酸肽	phytosulfokine, PSK
植物凝集素，红肾豆凝集素	植物血凝素	phytohemagglutinin, PHA
植物生长素	植物生長素	auxin
植物生长调节剂	植物生長調節劑	plant growth regulator
植物糖原	植物醣原	phytoglycogen
植物蜕皮素	植物蛻皮素	phytoecdysone
植物治理法	植物復育法	phytoremediation
纸层析	紙層析，濾紙層析法	paper chromatography
纸电泳	紙電泳	paper electrophoresis
指导 RNA	指導 RNA	guide RNA, gRNA
DNA 指导的 DNA 聚合酶	DNA 指導的 DNA 聚合酶	DNA-directed DNA polymerase
DNA 指导的 RNA 聚合酶	DNA 指導的 RNA 聚合酶	DNA-directed RNA polymerase

大陆名	台湾名	英文名
RNA 指导的 DNA 聚合酶(= 逆转录酶)	RNA 指導的 DNA 聚合酶	RNA-directed DNA polymerase (= reverse transcriptase)
指导序列	指導序列	guide sequence
DNA 指纹	DNA 指紋	DNA fingerprint
DNA 指纹分析	DNA 指紋鑒定術	DNA fingerprinting
指纹技术	指紋分析技術	fingerprinting
酯酶	酯酶	esterase
制备生物化学	製備生物化學	preparative biochemistry
质粒	質體	plasmid
Ti 质粒(= 致瘤质粒)		
质粒表型	質體表型	plasmid phenotype
质粒不稳定性	質體不穩定性	plasmid instability
质粒不相容性	質體不相容性	plasmid incompatibility
质粒分配	質體分配	plasmid partition
质粒复制	質體複製	plasmid replication
质粒复制子	質體複製子	plasmid replicon
质粒获救，质粒拯救	質體拯救	plasmid rescue
质粒拷贝数	質體拷貝數	plasmid copy number
质粒维持序列	質體維持序列	plasmid maintenance sequence
质粒拯救(= 质粒获救)		
质粒转化	質體轉化	plasmid transformation
质粒转染	質體轉染	plasmid transfection
质膜	原生質膜，質膜	plasmalemma, plasma membrane
质膜体	質膜體	plasmalemmasome
质谱法	質譜法	mass spectrometry, MS
质体 DNA	質體 DNA	plastid DNA
质体基因	質體基因	plastogene
质体醌	質體醌	plastoquinone
质体醌 - 质体蓝蛋白还原酶(= 里斯克蛋白质)		
质体蓝蛋白，质体蓝素	質體藍素	plastocyanin
质体蓝素(= 质体蓝蛋白)		
质子泵	質子泵	proton pump
质子电化学梯度	質子電化學梯度	electrochemical proton gradient
质子核磁共振	質子核磁共振	proton magnetic resonance
致瘤质粒，Ti 质粒	腫瘤誘導質粒，Ti 質粒	tumor-inducing plasmid, Ti plasmid

大 陆 名	台 湾 名	英 文 名
致死基因	致死基因	lethal gene
致育蛋白	致育蛋白	fertilin
滞育激素	滯育激素	diapause hormone
置换层析(=顶替层析)		
中等重复序列	中等重複序列	moderately repetitive sequence
中度重复 DNA	中度重複 DNA	middle repetitive DNA, moderately repetitive DNA
中国仓鼠卵巢细胞, CHO 细胞	中國倉鼠卵巢細胞	Chinese hamster ovary cell, CHO cell
中间代谢	中間代謝	intermediary metabolism
中空纤维	中空纖維	hollow fiber
中密度脂蛋白	中密度脂蛋白	intermediate density lipoprotein, IDL
中期因子	中腎蛋白因子	midkine, MK
中心法则	中心法則	central dogma
中心体肌动蛋白	中心體肌動蛋白	centractin
中性蛋白酶	中性蛋白酶	neutral protease, neutral proteinase
中性粒细胞激活蛋白	嗜中性白血球活化蛋白,嗜中性白血球活化因子	neutrophil activating protein
中性脂肪(=三酰甘油)	中性脂肪	neutral fat(=triacylglycerol)
中止表达组件	中止表達元件	cessation cassette
中子衍射	中子繞射	neutron diffraction
终产物抑制	終產物抑制	end-product inhibition
终端补体复合物(=攻膜复合物)	末端補體複合體(=攻膜複合體)	terminal complement complex, TCC (=membrane attack complex)
终止密码子	終止密碼子	termination codon, stop codon
终止信号	終止信號	termination signal
终止序列	終止序列	termination sequence
终止子	終止子	terminator
肿瘤坏死因子	腫瘤壞死因子	tumor necrosis factor, TNF
肿瘤血管生长因子	腫瘤血管生長因子	tumor angiogenesis factor, TAF
肿瘤抑制基因(=抑癌基因)	腫瘤阻抑基因(=抑癌基因)	tumor suppressor gene(=antioncogene)
肿瘤阻抑蛋白质	抑癌蛋白	tumor suppressor protein
种内同源基因	重組同源基因	paralogous gene
重氮盐	重氮鹽	diazonium salt
重量摩尔浓度	重量莫耳濃度	molality
周期蛋白	[細胞]週期調節蛋白,	cyclin

大　陆　名	台　湾　名	英　文　名
	胞轉蛋白	
周期蛋白依赖[性]激酶	依賴[細胞]週期調節蛋白激酶	cyclin-dependent kinase, CDK
周质结合蛋白质	周質結合蛋白質	periplasmic binding protein
轴激蛋白	軸激蛋白	axokinin
α 帚曲毒蛋白	α－帚曲毒蛋白	α-sarcin
珠蛋白	珠蛋白	globin
珠蛋白生成障碍性贫血，地中海贫血	地中海型貧血	thalassemia, thalassaemia
珠酯	瑪琪琳，人工奶油	margarine
主动转运	主動運輸，活性運轉	active transport
主链	主鏈	backbone
主要组织相容性复合体	主要組織相容性複合體	major histocompatibility complex, MHC
苎烯（＝柠烯）		
柱层析	管柱層析法，管柱色析法	column chromatography
柱床体积	柱床容積	column bed volume
筑丝蛋白	築絲蛋白	tektin
爪蟾抗菌肽	爪蟾抗菌肽	magainin
爪蟾肽	爪蟾肽	xenopsin
专一性	專一性	specificity
转氨基作用	轉胺基作用	transamination
转氨甲酰酶（＝氨甲酰基转移酶）	轉胺甲醯酶（＝胺甲醯轉移酶）	transcarbamylase(＝carbamyl transferase)
转氨酶（＝氨基转移酶）	轉胺基酶（＝胺基轉移酶）	transaminase(＝aminotransferase)
转导	轉導[作用]	transduction
转导蛋白	轉導蛋白	transducin
转导子	轉導子	transductant
转二羟丙酮基酶（＝转醛醇酶）		
转谷氨酰胺酶	轉谷胺醯酶	transglutaminase
转化	轉化作用	transformation
DNA 转化	DNA 轉化	DNA transformation
转化率	轉化率	transformation efficiency
转化酶（＝呋喃果糖苷酶）	轉化酶	invertase(＝fructofuranosidase)
转化生长因子	轉化生長因子	transforming growth factor, TGF

大陆名	台湾名	英文名
转化体，转化子	轉化體	transformant
转化因子	轉化因子	transforming factor
转化子（=转化体）		
转换	轉換	transition
转换数（=催化常数）	轉換數	turnover number（=catalytic constant）
转基因	基因轉殖	transgene
转基因生物	基因轉殖的生物	transgenic organism
转基因学	基因轉殖學	transgenics
转基因组	基因轉移組	transgenome
转基因作用	基因轉殖作用	transgenesis
转甲基酶（=甲基转移酶）	轉甲基酶（=甲基轉移酶）	transmethylase（=methyltransferase）
β转角	β－轉角，β－彎	β-turn，β-bend，reverse turn
转硫酸基作用	轉硫酸基	transsulfation
转录	轉錄	transcription
转录保真性	轉錄精確度	transcription fidelity
转录单位	轉錄單位	transcription unit
转录复合体	轉錄複合體	transcription complex
转录后成熟	轉錄後成熟	post-transcriptional maturation
转录后基因沉默	轉錄後基因沈默	post-transcription gene silencing
转录后加工	轉錄後加工	post-transcriptional processing
转录机器	轉錄機器	transcription machinery
转录激活	轉錄啟動	transcription activation
转录激活因子	轉錄活化因子	activating transcription factor，ATF
转录间隔区	轉錄間隔區	transcribed spacer
转录酶	轉錄酶	transcriptase
RNA 转录酶（=复制酶）	RNA 轉錄酶	RNA transcriptase（=replicase）
转录泡	轉錄泡	transcription bubble
转录起始	轉錄起始	transcription initiation
转录起始因子	轉錄起始因子	transcription initiation factor
转录弱化	轉錄弱化	transcriptional attenuation
转录弱化子	轉錄弱化子	transcriptional attenuator
转录调节	轉錄調節	transcription regulation
转录停滞	轉錄停滯	transcriptional arrest
转录物	轉錄物	transcript
转录物组	轉錄物體	transcriptome
转录物组学	轉錄物體學	transcriptomics

大 陆 名	台 湾 名	英 文 名
转录延伸	轉錄延伸	transcription elongation
转录因子	轉錄因子	transcription factor
转录暂停	轉錄停頓	transcription pausing
转录增强子	轉錄增強子	transcriptional enhancer
转录终止	轉錄終止	transcription termination
转录终止因子	轉錄終止因子	transcription termination factor
转录终止子	轉錄終止子	transcription terminator
转录阻遏	轉錄阻遏	transcription repression
转羟基作用	轉羥基	transhydroxylation
转羟甲基酶(=羟甲基转移酶)	轉羥甲基酶(=羥甲基轉移酶)	transhydroxylmethylase(=hydroxylmethyl transferase)
转羟乙醛基酶(=转酮酶)	轉羥乙醛基酶(=轉酮酶)	glycolaldehydetransferase(=transketolase)
转氢酶	轉氫酶	transhydrogenase
转醛醇酶,转二羟丙酮基酶	轉醛醇酶	transaldolase
转染	轉染	transfection
DNA 转染	DNA 轉染	DNA transfection
RNA 转染	RNA 轉染	RNA transfection
转染率	轉染率	transfection efficiency
转染子	轉染子	transfectant
转羧基酶(=羧基转移酶)	轉羧基酶(=羧基轉移酶)	transcarboxylase(=carboxyl transferase)
转肽基作用	轉肽基	transpeptidylation
转肽酰酶(=肽酰转移酶)	轉肽基酶,肽基轉移酶酶)	transpeptidylase(=peptidyl transferase)
转糖基酶(=糖基转移酶)	轉糖苷酶(=糖苷轉移酶)	transglycosylase(=glycosyltransferase)
转糖基作用	轉糖苷作用	transglycosylation
转酮酶	轉酮酶	transketolase
转酰基酶(=酰基转移酶)	轉醯基酶(=醯基轉移酶)	transacylase(=acyltransferase)
转酰基作用	轉醯基作用	transacylation
转亚氨基作用	轉亞胺基	transimidation
转移 DNA	轉移 DNA	transfer DNA, T-DNA
转移 RNA	轉移 RNA	transfer RNA, tRNA
转移酶	轉移酶	transferase
转移-信使 RNA	轉移-信使 RNA	transfer-messenger RNA, tmRNA

大 陆 名	台 湾 名	英 文 名
转移因子	轉移因子	transfer factor, TF
转乙酰基作用	轉乙醯化	transacetylation
转运	運輸	transport
RNA 转运，RNA 运输	RNA 轉運，RNA 運輸	RNA transport, RNA trafficking
转运蛋白	運輸蛋白	transport protein
转运肽	轉運肽	transit peptide
转运体	運輸蛋白體	transporter
转酯基作用	轉酯作用	transesterification
转轴酶(=Ⅰ型 DNA 拓扑异构酶)	轉軸酶	swivelase(=DNA topoisomerase Ⅰ)
转座	轉座	transposition
转座蛋白质	轉座蛋白質	transposition protein
转座酶	轉座酶	transposase
转座元件	轉座元件，可移位因子	transposable element
转座子	轉座子	transposon, Tn
桩蛋白	樁蛋白	paxillin
装配	裝配，組裝	assembly
壮观霉素	壯觀黴素	spectinomycin
锥虫蓝，台盼蓝	錐蟲藍	trypan blue
锥虫硫酮	錐蟲硫酮	trypanothione
缀合蛋白质，结合蛋白质	接合蛋白質	conjugated protein
缀合酶	接合酶	conjugated enzyme
浊度[测量]法(=比浊法)		
浊度计(=比浊计)		
着丝粒 DNA	著絲粒 DNA	centromeric DNA
着丝粒结合蛋白质	著絲粒結合蛋白	centromere binding protein
滋养层蛋白质	滋養層蛋白質	trophoblast protein
子宫运铁蛋白	子宮運鐵蛋白	uteroferrin
子宫珠蛋白	子宮球蛋白	uteroglobin
子文库	子庫	sublibrary
紫膜蛋白质	紫膜蛋白質	purple membrane protein
紫外线特异的内切核酸酶	紫外特異的內切核酸酶	ultraviolet specific endonuclease
紫外[照射]交联	紫外光[照射]交叉聯結反應	ultraviolet [irradiation] crosslinking, UV [irradiation] crosslinking
自催化剪接(=自剪接)	自體催化剪接(=自體	autocatalytic splicing(=self-splicing)

大陆名	台湾名	英文名
	剪接)	
自分泌	自分泌	autocrine
自复制	自複製	self-replication
自复制核酸	自複製核酸	self-replicating nucleic acid
自剪接	自剪接	self-splicing
自剪接内含子	自剪接內含子	self-splicing intron
自磷酸化	自體磷酸化	autophosphorylation
自溶酶	自體溶解酶	autolytic enzyme
自杀底物	自殺底物	suicide substrate
自杀法	自殺法	suicide method
自杀酶	自殺酶	suicide enzyme
自体激素破坏	自體激素破壞	autohormonoclasis
自体有效物质,局部激素	自泌素,内泌素	autacoid, autocoid
自调节	自體調節	autoregulation
自旋标记	自旋標記	spin labeling
自由基	自由基	free radical
自由扩散(=单纯扩散)	自由擴散(=單純擴散)	free diffusion(=simple diffusion)
自由流动电泳	自由流動電泳	free flow electrophoresis
自诱导	自體誘導	autoinduction
自诱导物	自體誘導物	autoinducer
自在 DNA	自私的 DNA	selfish DNA
自主复制序列	自主複製序列	autonomously replicating sequence, ARS
自主复制载体	自主複製載體	autonomously replicating vector
自主内含子	自主內含子	autonomous intron
棕榈酸,软脂酸	棕櫚酸,軟脂酸,十六烷酸	palmitic acid
棕榈酸甘油酯	棕櫚酸甘油酯,棕櫚精,軟脂酸甘油,三棕櫚酸甘油	palmitin, tripalmitin
棕榈酸视黄酯(=棕榈酰视黄酯)		
棕榈酰视黄酯,棕榈酸视黄酯	棕櫚酸視黃酯	retinyl palmitate
棕榈油酸	棕櫚油酸	palmitoleic acid
棕土密码子(=乳白密码子)	棕土密碼子(=乳白密碼子)	umber codon(=opal codon)
足萼糖蛋白	足萼糖蛋白	podocalyxin

大　陆　名	台　湾　名	英　文　名
足迹	足跡	footprint
DMS 足迹法(=DMS 保护分析)	DMS 足跡法(=DMS 保護分析)	DMS footprinting(=dimethyl sulfate protection assay)
DNA 足迹法	DNA 足跡法	DNA footprinting
RNA 足迹法	RNA 足跡法	RNA footprinting
阻遏	阻遏	repression
阻遏蛋白(=阻遏物)		
阻遏物，阻遏蛋白	阻遏物，阻遏蛋白	repressor
阻抑	阻抑	suppression
阻抑 PCR(=阻抑聚合酶链反应)		
阻抑 tRNA，校正 tRNA	阻抑 tRNA，校正 tRNA	suppressor tRNA
阻抑基因	阻抑基因	suppressor
阻抑聚合酶链反应，阻抑 PCR	阻抑 PCR	suppression PCR
阻抑消减杂交	阻抑刪減的雜交作用	suppressive substraction hybridization, SSH
阻滞	阻滯	retardation
RNA 组	RNA 體	RNome
组氨醇	組胺醇	histidinol
组氨激酶	組胺激酶	histidinase
组氨酸	組胺酸	histidine, His
组氨酸标签	組胺酸標簽	histidine-tag
组氨酸操纵子	組胺酸操縱子	*his* operon
组氨酸尿	組胺酸尿症	histidinuria
组胺	組織胺	histamine
组成酶	非誘導式酵素	constitutive enzyme
组成型表达	非誘導式表達	constitutive expression
组成性基因	非誘導式基因	constitutive gene
组成性突变	非誘導式突變	constitutive mutation
组蛋白	組織蛋白	histone
组合抗体文库	組合抗體庫	combinatorial antibody library
组合文库	組合庫	combinatorial library
组件	组件，盒，元件	cassette
组件模型，盒式模型	盒式模型	cassette model
RNA 组学	RNA 體學	RNomics
组织蛋白酶	組織蛋白酶	cathepsin
组织凝血激酶	組織凝血致活酶	tissue thromboplastin

大　陆　名	台　湾　名	英　文　名
组织特异性消失基因	組織特異性消失基因	tissue-specific extinguisher
组织型激肽释放酶	組織型激肽釋放酶	tissue kallikrein
组织型纤溶酶原激活物	組織血纖維蛋白溶酶原活化劑	tissue-type plasminogen activator, tPA
组装抑制蛋白	肌動蛋白抑制蛋白	profilin
最适 pH	最適 pH	optimum pH
最适温度	最適溫度	optimum temperature
左手螺旋	左手螺旋	left-handed helix
左手螺旋 DNA(=Z 型 DNA)	左手螺旋 DNA(=Z 型 DNA)	left-handed helix DNA(=Z-form DNA)
左旋糖	左旋醣，果糖	levulose
左旋异构体	左旋異構體	levoisomer
佐剂	佐劑	adjuvant
RNA 作图	RNA 作圖	RNA mapping

副　篇

A

英　文　名	大　陆　名	台　湾　名
A(= adenosine)	腺苷	腺苷
ABA(= abscisic acid)	脱落酸	脱落酸
abasic site	无碱基位点	無鹼基位點
ABC protein(= ATP-binding cassette protein)	ATP 结合盒蛋白，ABC 蛋白	ATP 結合盒蛋白，ABC 蛋白
abequose	阿比可糖	阿比可糖
aberrant splicing	异常剪接	異常剪接
abetalipoproteinemia	无 β 脂蛋白血症	無 β - 脂蛋白血症
ABP(= androgen binding protein)	雄激素结合蛋白质	雄激素結合蛋白
abrin	相思豆毒蛋白	相思子毒蛋白
ABS(= avidin-biotin staining)	抗生物素蛋白 - 生物素染色	卵白素 - 生物素染色
abscisic acid(ABA)	脱落酸	脱落酸
abscisin(= abscisic acid)	脱落酸	脱落酸
absorbance	吸光度	吸光度
absorbent	吸收剂	吸收劑
absorbent chromatography(= adsorption chromatography)	吸附层析	吸附層析法
absorption	吸收作用	吸收作用
absorption cell	吸收池，比色杯	吸收槽，光析管
absorption spectrum	吸收光谱	吸收光譜
absorptivity	吸光性	吸光性
abundance	丰度	多度
abzyme	抗体酶	催化性抗體
acceptor	接纳体	接納體
acceptor site	接纳位	接納位
acceptor stem(= amino acid arm)	接纳茎(= 氨基酸臂)	接納莖(= 氨基酸臂)
ACC oxidase(= 1-aminocyclopropane-1-	1 - 氨基环丙烷 - 1 - 羧	ACC 氧化酶

英 文 名	大 陆 名	台 湾 名
carboxylate oxidase)	酸氧化酶，ACC 氧化酶	
ACC synthase(=1-aminocyclopropane-1-carboxylate synthase)	1－氨基环丙烷－1－羧酸合酶，ACC 合酶	ACC 合酶
ACE(=angiotensin Ⅰ-converting enzyme)	血管紧张肽Ⅰ转化酶	血管緊張素Ⅰ轉化酶
acetal	缩醛	縮醛
acetaldehyde	乙醛	乙醛
acetal phosphatide	缩醛磷脂	縮醛磷脂
acetamidase	乙酰胺酶	乙醯胺酶
acetic acid	乙酸	乙酸
acetic anhydride	乙酸酐	乙酸酐
acetin	乙酸甘油酯	乙酸甘油酯，三乙酸甘油酯
acetoacetic acid	乙酰乙酸	乙醯乙酸
acetone	丙酮	丙酮
acetone body	丙酮体	丙酮體
acetylation	乙酰化	乙醯化[作用]
acetylation number	乙酰化值	乙醯化值
acetyl cellulose membrane	乙酸纤维素膜	醋酸纖維素膜
acetylcholine	乙酰胆碱	乙醯膽鹼
acetylcholinesterase	乙酰胆碱酯酶	乙醯膽鹼酯酶
acetyl-CoA	乙酰辅酶 A	乙醯輔酶 A
acetyl-CoA C-acyltransferase(=thiolase)	乙酰辅酶 A C－酰基转移酶(=硫解酶)	乙醯輔酶 A C－醯基轉移酶(=硫解酶)
acetylenic acid	乙炔酸	乙炔酸
N-acetylgalactosamine	*N*－乙酰半乳糖胺，*N*－乙酰氨基半乳糖	*N*－乙醯(－D－)半乳糖胺
N-acetylglucosamine	*N*－乙酰葡糖胺，*N*－乙酰氨基葡糖	*N*－乙醯(－D－)葡萄糖胺
acetylglucosaminidase	乙酰葡糖胺糖苷酶	乙醯胺基葡萄糖糖苷酶
N-acetylglucosaminyl transferase	*N*－乙酰葡糖胺转移酶	*N*－乙醯胺基葡萄糖基轉移酶
acetylglutamate synthetase	乙酰谷氨酸合成酶	乙醯穀胺酸合成酶
N-acetyllactosamine	*N*－乙酰乳糖胺	*N*－乙醯乳糖胺
N-acetylmuramic acid	*N*－乙酰胞壁酸	*N*－乙醯胞壁酸
N-acetylmuramyl pentapeptide	*N*－乙酰胞壁酰五肽	*N*－乙醯胞壁醯五肽
N-acetylneuraminic acid	*N*－乙酰神经氨酸	*N*－乙醯神經胺酸

英 文 名	大 陆 名	台 湾 名
N-acylsphingosin	*N*－酰基鞘氨醇	*N*－醯基鞘胺醇
achromatic point	消色点	消色點
aciculin	针形蛋白	針形蛋白
acid-base balance	酸碱平衡	酸鹼平衡
acid-base metabolism	酸碱代谢	酸鹼代謝
acidemia	酸血症	酸血症
acid fibroblast growth factor(aFGF)	酸性成纤维细胞生长因子	酸性纖維細胞生長因子
α_1-acid glycoprotein	α_1 酸性糖蛋白	α_1－酸性糖蛋白
acid number	酸值	酸值
acidosis	酸中毒	酸中毒
acid phosphatase	酸性磷酸[酯]酶	酸性磷酸酶
acid value(=acid number)	酸值	酸值
ACL(=ATP-citrate lyase)	ATP 柠檬酸裂合酶	ATP 檸檬酸裂解酶
aconitase	顺乌头酸酶	[順]烏頭酸酶
ACP(=acyl carrier protein)	酰基载体蛋白质	醯基載體蛋白質
acrosin	顶体蛋白	頂體蛋白
acrosomal protease	顶体蛋白酶	頂體蛋白酶
acrylamide	丙烯酰胺	丙烯醯胺
ACTH(=adrenocorticotropic hormone)	促肾上腺皮质[激]素，促皮质素	促腎上腺皮質[激]素，促皮激素，腎上皮促素
actin	肌动蛋白	肌動蛋白，肌纖蛋白
actin depolymerizing factor	肌动蛋白解聚因子	肌動蛋白解聚因子
actinin	辅肌动蛋白	輔肌動蛋白
activating transcription factor(ATF)	转录激活因子	轉錄活化因子
activation	激活[作用]，活化[作用]	激活[作用]，活化[作用]
activation analysis	活化分析	活化分析
activation domain	激活域	活化域
activator	激活物，激活剂，活化剂	活化物，活化劑
active site	活性部位	活性部位
active transport	主动转运	主動運輸，活性運轉
activin	激活蛋白，活化蛋白，活化素	促進素
activity	活性	活性
actobindin	肌动结合蛋白	肌動結合蛋白

英 文 名	大 陆 名	台 湾 名
actomyosin	肌动球蛋白	肌動球蛋白
actophorin	载肌动蛋白	載肌動蛋白
acylase	酰化酶	醯化酶
acylation	酰化作用	醯化作用
acyl carrier protein(ACP)	酰基载体蛋白质	醯基載體蛋白質
acyl-CoA(=acyl-coenzyme A)	脂酰辅酶 A	醯基輔酶 A
acyl-CoA synthetase(=thiokinase)	脂酰辅酶 A 合成酶(=硫激酶)	醯基輔酶 A 合成酶(=硫激酶)
acyl-coenzyme A(acyl-CoA)	脂酰辅酶 A	醯基輔酶 A
acylglycerol(=glyceride)	脂酰基甘油(=甘油酯)	脂醯甘油酯(=甘油酯)
acylneuraminate	酰基神经氨酸	醯基神經胺酸
acyltransferase	酰基转移酶	醯基轉移酶
ADA(=adenosine deaminase)	腺苷脱氨酶	腺苷脫胺酶
adapter	①连接物 ②衔接子	①連接物 ②銜接子
adaptin	衔接蛋白	銜接蛋白
adaptive enzyme	适应酶	適應酶
adaptor(=adapter)	①连接物 ②衔接子	①連接物 ②銜接子
adducin	内收蛋白	內收蛋白
adenine	腺嘌呤	腺嘌呤
adenine phosphoribosyltransferase(APRT)	腺嘌呤磷酸核糖基转移酶	腺嘌呤磷酸核糖基轉移酶
adenoregulin	腺苷调节肽	腺苷調節肽
adenosine(A)	腺苷	腺苷
adenosine deaminase(ADA)	腺苷脱氨酶	腺苷脫胺酶
adenosine diphosphate(ADP)	腺苷二磷酸,腺二磷	腺苷二磷酸,腺二磷
adenosine monophosphate(AMP)	腺苷一磷酸,腺一磷	腺苷一磷酸,腺一磷
adenosine triphosphatase(ATPase)	腺苷三磷酸酶,ATP 酶	腺苷三磷酸酶,三磷酸腺苷酶,ATP 酶
adenosine triphosphate(ATP)	腺苷三磷酸,腺三磷	腺苷三磷酸,腺三磷
S-adenosylhomocysteine	*S*-腺苷基高半胱氨酸	*S*-腺苷基高半胱胺酸
S-adenosylmethionine(SAM)	*S*-腺苷基甲硫氨酸	*S*-腺苷基甲硫胺酸
S-adenosylmethionine decarboxylase	*S*-腺苷甲硫氨酸脱羧酶	*S*-腺苷甲硫胺酸脫羧酶
S-adenosylmethionine methylthioadenosine-lyase(=1-aminocyclopropane-1-carboxylate synthase)	*S*-腺苷甲硫氨酸甲基硫代腺苷裂合酶(=1-氨基环丙烷-1-羧酸合酶)	*S*-腺苷-L-甲硫胺酸甲基硫代腺苷裂合酶

英 文 名	大 陆 名	台 湾 名
adenylate cyclase	腺苷酸环化酶	腺苷酸環化酶
adenylate kinase(AK)(=myokinase)	腺苷酸激酶(=肌激酶)	腺苷酸激酶(=肌激酶)
adenylic acid	腺苷酸	腺苷酸
adenylosuccinate	腺苷酸基琥珀酸	腺苷酸基琥珀酸
ADH(=①alcohol dehydrogenase ②antidiuretic hormone)	①醇脱氢酶 ②抗利尿[激]素	①醇脫氫酶 ②抗利尿激素
adhesin	黏附蛋白	附著蛋白
adhesion protein	黏附性蛋白质	附著性蛋白質
adipocyte secreted factor(ADSF) (=resistin)	脂肪细胞分泌因子(=抗胰岛素蛋白)	脂肪細胞分泌因子(=抗胰島素蛋白)
adipokinetic hormone(AKH) (=lipotropin)	激脂激素(=促脂解素)	激脂激素,脂肪動用激素(=促脂解素)
adiponectin	脂连蛋白	脂連蛋白
adipsin	降脂蛋白	降脂蛋白
adjuvant	佐剂	佐劑
ADP(=adenosine diphosphate)	腺苷二磷酸,腺二磷	腺苷二磷酸,腺二磷
ADP-ribosylation	ADP 核糖基化	ADP 核糖基化[作用]
ADP-ribosylation factor(ARF)	ADP 核糖基化因子	ADP 核糖基化因子
adrenal cortical hormone	肾上腺皮质[激]素	腎上腺皮質激素
adrenal gland	肾上腺	腎上腺
adrenaline	肾上腺素	腎上腺[髓]素
adrenocorticotropic hormone(ACTH) (=corticotropin)	促肾上腺皮质[激]素,促皮质素	促腎上腺皮質[激]素,促皮激素,腎上皮促素
adrenodoxin	肾上腺皮质铁氧还蛋白	[腎上腺]皮質鐵氧化還原蛋白
adrenoglomerulotropic hormone(AGTH) (=adrenoglomerulotropin)	促醛固酮激素,促肾上腺球状带细胞激素	促醛固酮激素,促腎上腺球狀帶細胞激素
adrenoglomerulotropin	促醛固酮激素,促肾上腺球状带细胞激素	促醛固酮激素,促腎上腺球狀帶細胞激素
adrenomedullin	肾上腺髓质肽,肾髓质肽	腎上腺髓質肽
ADSF(=adipocyte secreted factor)	脂肪细胞分泌因子	脂肪細胞分泌因子
adsorption	吸附[作用]	吸附作用
adsorption chromatography	吸附层析	吸附層析法
aequorin	水母蛋白	水母蛋白
aerobic glycolysis	有氧糖酵解	有氧糖酵解

英 文 名	大 陆 名	台 湾 名
aerobic metabolism	有氧代谢	有氧代謝
aerobic respiration	有氧呼吸	有氧呼吸
aerolysin	气菌溶胞蛋白	氣單胞菌溶菌蛋白
aethisteron	乙炔睾酮，炔诺酮	乙炔睪酮，炔諾酮
aetiocholanolone	本胆烷醇酮	本膽烷醇酮
affinity	亲和力	親和力
affinity chromatography	亲和层析	親和[力]層析法
affinity column	亲和柱	親和柱
affinity labeling	亲和标记	親和標記
aFGF(=acid fibroblast growth factor)	酸性成纤维细胞生长因子	酸性纖維細胞生長因子
AFLP(=amplified fragment length polymorphism)	扩增片段长度多态性	擴增片段長度多態性
A-form DNA	A 型 DNA	A 型 DNA
AFP(=α-fetoprotein)	甲胎蛋白	甲胎蛋白
agammaglobulinemia	无 γ 球蛋白血症	無 γ－球蛋白血症
agarase	琼脂糖酶	瓊脂糖酶
agar gel	琼脂凝胶	瓊脂凝膠
agarose	琼脂糖	瓊脂糖
agarose gel	琼脂糖凝胶	瓊脂糖凝膠
agarose gel electrophoresis	琼脂糖凝胶电泳	瓊脂糖凝膠電泳
agglutinin(=lectin)	凝集素	凝集素
aggrecan	聚集蛋白聚糖	可聚蛋白聚醣
aggregin	聚集蛋白	聚集蛋白
aglycon	糖苷配基，苷元	糖苷配基，苷元
aglycone(=aglycon)	糖苷配基，苷元	糖苷配基，苷元
agonist	激动剂	激動劑
agrin	突触蛋白聚糖	突觸蛋白聚醣
agrocinopine	农杆糖酯	農杆醣酯
AGTH(=adrenoglomerulotropic hormone)	促醛固酮激素，促肾上腺球状带细胞激素	促醛固酮激素，促腎上腺球狀帶細胞激素
AHF(=antihemophilic factor)	抗血友病因子	抗血友病因子
AHH(=aryl hydrocarbon hydroxylase)	芳烃羟化酶	芳烴羥化酶
AK(=adenylate kinase)	腺苷酸激酶	腺苷酸激酶
AKH(=adipokinetic hormone)	激脂激素	激脂激素，脂肪動用激素
Ala(=alanine)	丙氨酸	丙胺酸
ALA(=δ-aminolevulinic acid)	δ－氨基－γ－酮戊酸	δ－胺基－γ－酮戊酸

英 文 名	大 陆 名	台 湾 名
alamethicin	丙甲甘肽	丙甲甘肽
alanine(Ala)	丙氨酸	丙胺酸
alanine aminotransferase(ALT)(=glutamic-pyruvic transaminase)	丙氨酸转氨酶(=谷丙转氨酶)	丙胺酸胺基轉移酶(=穀胺酸-丙酮酸轉胺酶)
alarmone	信号素	警訊蒙
albizziin	合欢氨酸	合歡胺酸,脲基丙胺酸
albondin	清蛋白激活蛋白	白蛋白活化蛋白
albumin	清蛋白,白蛋白	白蛋白,清蛋白
albumin/globulin ratio	清蛋白/球蛋白比值	白蛋白/球蛋白比值
albuminuria	清蛋白尿	白蛋白尿[症]
alcohol dehydrogenase(ADH)	醇脱氢酶	醇脫氫酶
alcoholic fermentation	生醇发酵	酒精發酵
aldaric acid	糖二酸	糖二酸
aldehyde dehydrogenase	醛脱氢酶	醛脫氫酶
aldehyde oxidase	醛氧化酶	醛氧化酶
aldimine	醛[亚]胺	醛[亞]胺
aldimine condensation	醛胺缩合	醛胺縮合
alditol	糖醇	糖醇
aldohexose	己醛糖	己醛糖
aldolase	醛缩酶	醛縮酶
aldol condensation	醛醇缩合	醛醇縮合
aldonic acid	[醛]糖酸	醛醣酸,醣酸
aldose	醛糖	醛醣
aldosterone	醛固酮	醛固酮
alduronic acid	糖醛酸	醣醛酸
aleuritic acid(=eleostearic acid)	桐油酸,油桐酸	桐油酸,油桐酸
alginic acid	海藻酸,褐藻酸	藻酸
alicyclic compound	脂环化合物	脂環化合物
alignment	排比,比对	排比
aliphatic compound	脂肪族化合物	脂肪族化合物
alkalemia	碱血症	鹼血症
alkaline gel electrophoresis	碱性凝胶电泳	鹼性凝膠電泳
alkaline phosphatase	碱性磷酸[酯]酶	鹼性磷酸酶
alkalosis	碱中毒	鹼中毒
alkaptonuria	尿黑酸症	黑尿症
alkylation	烷化	烷化[作用]
alkylether acylglycerol	烷基醚脂酰甘油	烷基醚脂醯甘油

英 文 名	大 陆 名	台 湾 名
allantoic acid	尿囊酸	尿囊酸
allantoin	尿囊素	尿囊素
allatostatin	抑咽侧体神经肽	咽側體抑制肽
allatotropin	促咽侧体神经肽	促咽側體素肽
allele-specific oligonucleotide(ASO)	等位基因特异的寡核苷酸	對偶基因特異性寡核苷酸
allolactose	别乳糖	别乳糖
allomone	利己素，益己素	利己素，益己素
allophycocyanin(APC)	别藻蓝蛋白	别藻藍蛋白
allopurinol	别嘌呤醇	别嘌呤醇，異嘌呤醇
allose	阿洛糖	阿洛糖
allosteric activation	别构激活，别构活化	别構活化
allosteric activator	别构激活剂	别構活化子
allosteric control	别构调控	别構調控
allosteric effect	别构效应	别構效應
allosteric effector(=allosteric modulator)	别构效应物(=别构调制物)	别構效應物
allosteric enzyme	别构酶	别構酶，别構酵素
allosteric inhibition	别构抑制	别構抑制
allosteric inhibitor	别构抑制剂	别構抑制劑
allosteric interaction	别构相互作用	别構相互作用
allosteric ligand	别构配体	别構配體
allosteric modulator	别构调节物	别構調節物
allosteric regulation(=allosteric control)	别构调节(=别构调控)	别構調節
allosteric site	别构部位	别構部位
allostery	别构性	别構性
allotropic gene expression	同种异型基因表达	同種異型基因表達
allozyme	等位基因酶	等位基因酶，對偶基因酶
allysine	醛赖氨酸	醛醛賴胺酸
ALT(=alanine aminotransferase)	丙氨酸转氨酶	丙胺酸胺基轉移酶
alternatively spliced mRNA	可变剪接 mRNA，选择性剪接 mRNA	選擇性剪接 mRNA
alternative pathway	旁路途径	替代途徑
alternative splicing	可变剪接，选择性剪接	選擇性剪接，可變剪接
altrose	阿卓糖	阿卓糖
Alu-PCR	*Alu* 聚合酶链反应	*Alu* – 聚合酶鏈反應

英　文　名	大　陆　名	台　湾　名
alytensin	产婆蟾紧张肽	产婆蟾紧张肽
Amadori rearrangement	阿马道里重排	阿馬道裏重排
amanitin	鹅膏蕈碱	鵝膏蕈鹼
amaranthin	绿苋毒蛋白	綠莧毒蛋白
amastatin	氨肽酶抑制剂	胺肽酶抑制劑
amber codon	琥珀密码子	琥珀型密碼子
amber mutant	琥珀突变体	琥珀型突變體
amber mutation	琥珀突变	琥珀型突變
amber suppression	琥珀[突变]阻抑	琥珀阻抑，琥珀校正
amber suppressor	琥珀突变阻抑基因，琥珀突变校正基因	琥珀突變阻抑基因，琥珀突變校正基因
ambient temperature	环境温度	環境溫度
ambiguous codon	多义密码子	多義密碼子
ambisense genome	双义基因组	雙義基因組
ambisense RNA	双义 RNA	雙義 RNA
amidase	酰胺酶	醯胺酶
amination	氨基化,胺化	胺基化，胺化
amino acid	氨基酸	胺基酸
amino acid arm	氨基酸臂	胺基酸臂
amino acid metabolic pool	氨基酸代谢库	胺基酸代謝庫
aminoaciduria	氨基酸尿症	胺基酸尿症
aminoacylation	氨酰化	胺醯化
aminoacyl esterase	氨酰酯酶	胺醯酯酶
aminoacyl phosphatidylglycerol	氨酰磷脂酰甘油	胺醯磷脂醯甘油
aminoacyl site(A site)	氨酰位，A 位	胺醯位，A 位
aminoacyl tRNA	氨酰 tRNA	胺醯 tRNA
aminoacyl tRNA ligase(=aminoacyl tRNA synthetase)	氨酰 tRNA 连接酶（=氨酰 tRNA 合成酶）	胺醯 tRNA 連接酶（=胺醯 tRNA 合成酶）
aminoacyl tRNA synthetase	氨酰 tRNA 合成酶	胺醯 tRNA 合成酶
α-aminoadipic acid	α 氨基己二酸	α－胺基己二酸
aminobenzoic acid	氨基苯甲酸	胺基苯甲酸
p-aminobenzoic acid	对氨基苯甲酸	對胺基苯甲酸
γ-aminobutyric acid(GABA)	γ 氨基丁酸	γ－胺基丁酸
1-aminocyclopropane-1-carboxylate oxidase(ACC oxidase)	1－氨基环丙烷－1－羧酸氧化酶，ACC 氧化酶	ACC 氧化酶
1-aminocyclopropane-1-carboxylate syn-	1－氨基环丙烷－1－羧	ACC 合酶

英文名	大陆名	台湾名
thase(ACC synthase)	酸合酶，ACC 合酶	
aminoglycoside phosphotransferase(APH)	氨基糖苷磷酸转移酶	胺基糖苷磷酸轉移酶
aminohippuric acid	氨基马尿酸	胺基馬尿酸
aminoimidazole ribonucleotide	氨基咪唑核糖核苷酸	胺基咪唑核糖核苷酸
β-aminoisobutyric acid	β 氨基异丁酸	β－胺基異丁酸
δ-aminolevulinic acid(ALA)	δ－氨基－γ－酮戊酸	δ－胺基－γ－酮戊酸
amino nitrogen	氨基氮	胺基氮
aminopeptidase	氨肽酶	胺肽酶
aminopterin	氨基蝶呤	胺基蝶呤
amino sugar	氨基糖	胺基糖
amino terminal(=N-terminal)	氨基端(=N 端)	胺基端(=N－端)
aminotransferase	氨基转移酶	胺基轉移酶
ammonia-lyase	氨裂合酶	氨裂解酶
ammonification	氨化[作用]	氨化作用
ammonium sulfate fractionation	硫酸铵分级	硫酸銨分級
ammonolysis	氨解	氨解[作用]
ammonotelism	排氨型代谢	排氨型代謝
AMP(=adenosine monophosphate)	腺苷一磷酸，腺一磷	腺苷一磷酸，腺一磷
AMP-activated protein kinase	AMP 活化的蛋白激酶	AMP 活化的蛋白激酶
amphibolic pathway	两用代谢途径	兩用代謝途徑
amphiglycan	双栖蛋白聚糖	雙棲蛋白聚醣
amphion(=zwitterion)	兼性离子，两性离子	雙性離子，兩性離子
amphipathic helical protein	两亲螺旋蛋白质	兩性螺旋蛋白質
amphipathic helix	两亲螺旋	兩性螺旋
amphipathicity	两亲性	酸鹼兩性
amphiphysin	双载蛋白	雙載蛋白
amphiregulin	双调蛋白	雙調蛋白
ampholyte	两性电解质	兩性電解質
amphoteric ion(=zwitterion)	兼性离子，两性离子	雙性離子，兩性離子
amphoteric ion-exchange resin	兼性离子交换树脂，两性离子交换树脂	雙性離子交換樹脂，兩性離子交換樹脂
ampicillin	氨苄青霉素	胺苄青黴素
amplicon	扩增子	擴增子
amplified fragment length polymorphism (AFLP)	扩增片段长度多态性	擴增片段長度多態性
amplimer	扩增物	擴增物
amylase	淀粉酶	澱粉酶
α-amylase	α 淀粉酶	α－澱粉酶

英 文 名	大 陆 名	台 湾 名
β-amylase	β淀粉酶	β－澱粉酶
amylin(=dextrin)	糊精	糊精
amylodextrin	极限糊精	極限糊精，澱粉糊精
α-amylodextrin	α极限糊精	α－極限糊精，α－澱粉糊精
β-amylodextrin	β极限糊精	β－極限糊精，β－澱粉糊精
amyloglucosidase(=glucoamylase)	淀粉葡糖苷酶(=葡糖淀粉酶)	澱粉葡萄糖苷酶(=葡萄糖澱粉酶)
amylo-1，6-glucosidase	淀粉－1，6－葡糖苷酶，糊精6－α－D－葡糖水解酶	澱粉－1，6－葡萄糖苷酶，糊精6－α－D－葡萄糖水解酶
amyloid	淀粉样物质	澱粉样物質
amylopectin	支链淀粉	支鏈澱粉
amylose	直链淀粉	直鏈澱粉
anabolism	合成代谢	合成代謝
anaerobic fermentation	无氧发酵	厭氧發酵
anaerobic respiration	无氧呼吸	厭氧呼吸
anahormone	类激素	類激素
analytical electrophoresis	分析电泳	分析電泳
analytical ultracentrifugation	分析超离心	分析超離心
anaphylatoxin	过敏毒素	過敏毒素
anaplerotic reaction	回补反应，添补反应	補給反應
anchored PCR	锚定聚合酶链反应，锚定PCR	錨式PCR，錨式聚合酶鏈反應
anchorin	锚定蛋白	錨定蛋白
ancovenin	血管紧张肽Ⅰ转化酶抑制肽	血管緊張素Ⅰ轉化酶抑制肽
andrin	睾丸雄激素	睪丸雄激素
androgamone	雄配素	雄配素
androgen	雄激素	雄[性]激素
androgen binding protein(ABP)	雄激素结合蛋白质	雄激素結合蛋白
androlin	丙酸睾丸素	丙酸睪丸素
androstane	雄固烷	雄[甾]烷
androstenedione	雄烯二酮，肾上腺雄酮	雄[甾]烯二酮，腎上腺雄酮
androsterone	雄酮	雄[甾]酮
aneurin(=vitamin B_1)	抗神经炎素(=维生素	抗神經炎素(=維生素

英 文 名	大 陆 名	台 湾 名
	B_1)	B_1)
ANF(=atrial natriuretic factor)	心房钠尿因子	心房鈉尿因子
angiogenic factor	血管生成因子	血管生成因子
angiogenin	血管生成蛋白	血管生成蛋白
angiotensin	血管紧张肽，血管紧张素	血管緊張素
angiotensin Ⅰ	血管紧张肽Ⅰ	血管緊張素Ⅰ
angiotensin Ⅱ	血管紧张肽Ⅱ	血管緊張素Ⅱ
angiotensin Ⅰ-converting enzyme(ACE)	血管紧张肽Ⅰ转化酶	血管緊張素Ⅰ轉化酶
angiotensinogen	血管紧张肽原	血管緊張素原
angiotonin(=angiotensin)	血管紧张肽，血管紧张素	血管緊張素
anhydrase(=dehydratase)	脱水酶	脫水酶
aniline	苯胺	苯胺
anion	阴离子	陰離子
anion exchange chromatography	阴离子交换层析	陰離子交換層析法
anion exchanger	阴离子交换剂	陰離子交換劑
anion exchange resin	阴离子交换树脂	陰離子交換樹脂
anisomorphic DNA	异形 DNA	不等形 DNA
ankyrin	锚蛋白	錨蛋白
annealing	退火	退火
annexin	膜联蛋白	膜聯蛋白
annexin Ⅰ	膜联蛋白Ⅰ	膜聯蛋白Ⅰ
annexin Ⅱ	膜联蛋白Ⅱ	膜聯蛋白Ⅱ
annexin Ⅴ	膜联蛋白Ⅴ	膜聯蛋白Ⅴ
annexin Ⅵ	膜联蛋白Ⅵ	膜聯蛋白Ⅵ
annexin Ⅶ	膜联蛋白Ⅶ	膜聯蛋白Ⅶ
anomer	异头物	反構體
ANP(=atrial natriuretic peptide)	心房钠尿肽	心鈉肽
anserine	鹅肌肽	鵝肌肽
antagonism	拮抗作用	拮抗作用
antagonist	拮抗剂	拮抗劑
antamanide	蕈环十肽	蕈環十肽
antenna	天线	天線
anthesin	开花激素	開花激素
anthocyanase	花色素酶	花色素酶
anthranilic acid	邻氨基苯甲酸	鄰胺基苯甲酸
anti-antibody	抗-抗体，第二抗体	抗-抗體，第二抗體

英 文 名	大 陆 名	台 湾 名
antibiotic peptide	抗菌肽	抗菌肽
antibody	抗体	抗體
antibody engineering	抗体工程	抗體工程
antibody library	抗体文库	抗體庫
antichymotrypsin	胰凝乳蛋白酶抑制剂	胰凝乳蛋白酶抑制劑
α_1-antichymotrypsin	α_1 胰凝乳蛋白酶抑制剂	α_1 －胰凝乳蛋白酶抑制劑
anticoagulant	抗凝剂	抗凝劑
anticoagulant protein	抗凝蛋白质	抗凝血蛋白質
anticoding strand	反编码链	反编碼股
anticodon	反密码子	反密碼子
anticodon arm	反密码子臂	反密碼子臂
anticodon loop	反密码子环	反密碼子環
anticodon stem	反密码子茎	反密碼子莖
antide	抗排卵肽	抗排卵肽
antidiuretic hormone(ADH)(= vasopressin)	抗利尿[激]素(= 升压素)	抗利尿激素(= 加壓素)
antiestrogen	抗雌激素	抗雌激素
antifreeze glycoprotein	抗冻糖蛋白	抗凍糖蛋白
antifreeze peptide	抗冻肽	抗凍肽
antifreeze protein	抗冻蛋白质	抗凍蛋白質
antigen	抗原	抗原
antigenic determinant(= epitope)	抗原决定簇(= 表位)	抗原決定簇
antigenome	反基因组	反基因組
antihemophilic factor(AHF)(= antihemophilic globulin)	抗血友病因子(= 抗血友病球蛋白)	抗血友病因子(= 抗血友病球蛋白)
antihemophilic globulin	抗血友病球蛋白	抗血友病球蛋白
antihistamine	抗组胺	抗組織胺
antihormone	抗激素	抗激素
antiluteolytic protein	抗黄体溶解性蛋白质	抗黃體溶解性蛋白質
antimetabolite	抗代谢物	抗代謝物
antioncogene	抑癌基因，抗癌基因	抑癌基因
antioxidant enzyme	抗氧化酶	抗氧化酶
antipain	抗蛋白酶肽	抗蛋白酶肽
antiparallel strand	反向平行链	反向平行股
antiplasmin	纤溶酶抑制剂	纖溶酶抑制劑
α_2-antiplasmin	α_2 纤溶酶抑制剂	α_2 －纖溶酶抑制劑
antiport	反向转运	反向運輸

英 文 名	大 陆 名	台 湾 名
antiporter	反向转运体	反向運輸體
α_1-antiproteinase(= α_1-proteinase inhibitor)	α_1 蛋白酶抑制剂	α_1 －蛋白酶抑制劑
antisense DNA	反义 DNA	反義 DNA
antisense oligo[deoxy]nucleotide	反义寡[脱氧]核苷酸	反義寡聚[脫氧]核苷酸
antisense RNA	反义 RNA	反義 RNA
antisense strand	反义链	反義股
anti-termination	抗终止作用	抗終止作用
antithrombin	抗凝血酶，凝血酶抑制剂	凝血酶抑制劑
antithrombin Ⅲ(ATⅢ)	抗凝血酶Ⅲ，凝血酶抑制剂Ⅲ	凝血酶抑制劑Ⅲ
α_1-antitrypsin	α_1 胰蛋白酶抑制剂，α_1 抗胰蛋白酶	α_1 －胰蛋白酶抑制劑，α_1 －抗胰蛋白酶
Apaf(= apoptosis protease activating factor)	凋亡蛋白酶激活因子	凋亡蛋白酶活化因子
apamin	蜂毒明肽	蜂毒明肽
APC(= allophycocyanin)	别藻蓝蛋白	別藻藍蛋白
APE(= atom percent excess)	超量原子百分数	超量原子百分數
AP endonuclease(= AP lyase)	AP 核酸内切酶(= AP 裂合酶)	AP 核酸內切酶(= AP 裂解酶)
apexin	顶体正五聚蛋白	頂體正五聚蛋白
APH(= aminoglycoside phosphotransferase)	氨基糖苷磷酸转移酶	胺基糖苷磷酸轉移酶
AP lyase	AP 裂合酶，无嘌呤嘧啶裂合酶	脫嘌呤嘧啶裂解酶
Apo(= apolipoprotein)	载脂蛋白	去脂脂蛋白，脂蛋白元
apocalmodulin	脱钙钙调蛋白	脫鈣鈣調蛋白
apoenzyme	脱辅[基]酶	脫輔基酶，酶元，主酵素
apoferritin	脱铁铁蛋白	脫鐵鐵蛋白
apolipoprotein(Apo)	载脂蛋白	去脂脂蛋白，脂蛋白元
apoprotein	脱辅蛋白质	脫輔蛋白質
apoptin	凋亡蛋白	凋亡蛋白
apoptosis	细胞凋亡	凋亡，細胞凋亡
apoptosis protease activating factor(Apaf)	凋亡蛋白酶激活因子	凋亡蛋白酶活化因子
apotransferrin	脱铁运铁蛋白	脫鐵運鐵蛋白

英 文 名	大 陆 名	台 湾 名
apotroponin	脱钙肌钙蛋白	脫鈣肌鈣蛋白
apparent relative molecular weight	表观相对分子量	表觀相對分子量
aprotinin	抑蛋白酶多肽	抑蛋白酶多肽
APRT(=adenine phosphoribosyltransferase)	腺嘌呤磷酸核糖基转移酶	腺嘌呤磷酸核糖基轉移酶
AP site(=apurinic-apyrimidinic site)	无嘌呤嘧啶位点	無嘌呤嘧啶位點
aptamer	适配体	適配體
apurinic acid	无嘌呤核酸	無嘌呤核酸
apurinic-apyrimidinic site(AP site)	无嘌呤嘧啶位点	無嘌呤嘧啶位點
apurinic site	无嘌呤位点	無嘌呤位點
apyrase	腺三磷双磷酸酶	腺苷三磷酸雙磷酸酶
apyrimidinic acid	无嘧啶核酸	無嘧啶核酸
apyrimidinic site	无嘧啶位点	無嘧啶位點
aquacobalamin reductase	水钴胺素还原酶	水鈷胺素還原酶
aquaporin	水通道蛋白	水通道蛋白
araban	阿拉伯聚糖	阿拉伯聚醣
arabinogalactan	阿拉伯半乳聚糖	阿拉伯－半乳聚醣
arabinose	阿拉伯糖	阿拉伯糖
araC(=cytosine arabinoside)	阿糖胞苷	阿[拉伯]糖胞苷
arachidic acid	花生酸，二十烷酸	花生酸，二十烷酸
arachidonic acid	花生四烯酸	花生四烯酸
ara operon	阿拉伯糖操纵子	阿拉伯糖操縱子
araT(=thymine arabinoside)	阿糖胸苷	阿[拉伯]糖胸苷
archaeosine	古嘌苷	古嘌苷
ARF(=ADP-ribosylation factor)	ADP 核糖基化因子	ADP 核糖基化因子
arfaptin	ADP 核糖基化因子结合蛋白	ADP 核糖基化因子結合蛋白
Arg(=arginine)	精氨酸	精胺酸
ARG(=autoradiography)	放射自显影[术]	放射自顯影術
arginase	精氨酸酶	精胺酸酶
arginine(Arg)	精氨酸	精胺酸
arginine vasopressin(AVP)	精氨酸升压素	精胺酸加壓素
arginine vasotocin(AVT)	8－精催产素，加压催产素	8－精胺酸加壓催產素，加壓催產素
argininosuccinic acid	精氨[基]琥珀酸	精胺[基]琥珀酸
array	阵列	陣列
arrestin	拘留蛋白，抑制蛋白	抑制蛋白
ARS(=autonomously replicating	自主复制序列	自主複製序列

英 文 名	大 陆 名	台 湾 名
sequence)		
ARS element	ARS 元件	ARS 元件
articulin	骨架连接蛋白	骨架聯接蛋白
aryl-aldehyde oxidase	芳基－醛氧化酶	芳基－醛氧化酶
aryl hydrocarbon hydroxylase(AHH)	芳烃羟化酶	芳烴羥化酶
arylphorin	载芳基蛋白	載芳基蛋白
aryl sulfatase	芳基硫酸酯酶	芳香基硫酸酯酶
ascaridole	驱蛔萜	驅蛔萜
ascorbic acid(=vitamin C)	抗坏血酸(=维生素C)	抗壞血酸(=維生素C)
ASGP(=asialoglycoprotein)	无唾液酸糖蛋白	无唾液酸醣蛋白
asialoglycoprotein(ASGP)	无唾液酸糖蛋白	无唾液酸醣蛋白
asialoorosomucoid(ASOR)	无唾液酸血清类黏蛋白	无唾液酸血清類黏蛋白
A site(=aminoacyl site)	氨酰位, A 位	胺醯位, A 位
Asn(=asparagine)	天冬酰胺	天[門]冬醯胺
ASO(=allele-specific oligonucleotide)	等位基因特异的寡核苷酸	對偶基因特異性寡核苷酸
ASOR(=asialoorosomucoid)	无唾液酸血清类黏蛋白	无唾液酸血清類黏蛋白
Asp(=aspartic acid)	天冬氨酸	天[門]冬胺酸
asparaginase	天冬酰胺酶	天[門]冬醯胺酶
asparagine(Asn)	天冬酰胺	天[門]冬醯胺
asparagine-linked oligosaccharide	天冬酰胺连接寡糖	天[門]冬醯胺聯接寡醣
aspartame	天冬苯丙二肽酯	天門冬苯丙二肽酯
aspartate aminotransferase(=glutamic-oxaloacetic transaminase)	天冬氨酸转氨酶(=谷草转氨酶)	天[門]冬胺酸胺基轉移酶(=穀胺酸－草醯乙酸轉胺酶)
aspartate transcarbamylase(ATCase)	天冬氨酸转氨甲酰酶	天[門]冬胺酸轉胺甲醯酶
aspartic acid(Asp)	天冬氨酸	天[門]冬胺酸
aspartic protease(=carboxyl protease)	天冬氨酸蛋白酶(=羧基蛋白酶)	天[門]冬胺酸蛋白酶
assemblin	次晶[形成]蛋白	次晶形成蛋白
assembly	装配	裝配, 組裝
assimilation	同化[作用]	同化[作用]
association	缔合	締合
association constant	缔合常数	締合常數
astacin	龙虾肽酶	龍蝦肽酶
asymmetrical transcription	不对称转录	不對稱轉錄

英 文 名	大 陆 名	台 湾 名
asymmetric labeling	不对称标记	不對稱標記
asymmetric PCR	不对称聚合酶链反应，不对称 PCR	不對稱 PCR，不對稱聚合酶鏈反應
ATⅢ(= antithrombin Ⅲ)	抗凝血酶Ⅲ，凝血酶抑制剂Ⅲ	凝血酶抑制劑Ⅲ
ATCase(= aspartate transcarbamylase)	天冬氨酸转氨甲酰酶	天[門]冬胺酸轉胺甲醯酶
ATF(= activating transcription factor)	转录激活因子	轉錄活化因子
atom percent excess(APE)	超量原子百分数	超量原子百分數
ATP(= adenosine triphosphate)	腺苷三磷酸，腺三磷	腺苷三磷酸，腺三磷
ATPase(= adenosine triphosphatase)	腺苷三磷酸酶，ATP 酶	腺苷三磷酸酶，ATP 酶
ATP-binding cassette protein(ABC protein)	ATP 结合盒蛋白，ABC 蛋白	ATP 結合盒蛋白，ABC 蛋白
ATP-citrate lyase(ACL)	ATP 柠檬酸裂合酶	ATP 檸檬酸裂解酶
ATP-citrate synthase(= ATP-citrate lyase)	ATP 柠檬酸合酶 (= ATP柠檬酸裂合酶)	ATP 檸檬酸合酶 (= ATP檸檬酸裂解酶)
ATP-dependent protease	依赖 ATP 的蛋白酶	依賴 ATP 的蛋白酶
ATP synthase	ATP 合酶	ATP 合酶
atrial natriuretic factor(ANF)(= atrial natriuretic peptide)	心房钠尿因子(= 心房钠尿肽)	心房鈉尿因子(= 心鈉肽)
atrial natriuretic peptide(ANP)	心房钠尿肽	心鈉肽
atriopeptin(= atrial natriuretic peptide)	心房肽(= 心房钠尿肽)	心房肽(= 心鈉肽)
attenuation	弱化[作用]	弱化[作用]
attenuator	弱化子	弱化子
aureobasidioagglutinin	金白蘑菇凝集素	金白蘑菇凝集素
autacoid	自体有效物质，局部激素	自泌素，內泌素
autocatalytic splicing(= self-splicing)	自催化剪接(= 自剪接)	自體催化剪接(= 自體剪接)
autocoid(= autacoid)	自体有效物质，局部激素	自泌素，內泌素
autocrine	自分泌	自分泌
autohormonoclasis	自体激素破坏	自體激素破壞
autoinducer	自诱导物	自體誘導物
autoinduction	自诱导	自體誘導
autolytic enzyme	自溶酶	自體溶解酶
autonomous intron	自主内含子	自主內含子

英　文　名	大　陆　名	台　湾　名
autonomously replicating sequence(ARS)	自主复制序列	自主複製序列
autonomously replicating vector	自主复制载体	自主複製載體
autophosphorylation	自磷酸化	自體磷酸化
autoradiography(ARG)	放射自显影[术]	放射自顯影術
autoregulation	自调节	自體調節
auxilin	辅助蛋白	輔助蛋白
auxin	植物生长素	植物生長素
auxotroph	营养缺陷型，营养缺陷体	營養缺陷體
avidin	抗生物素蛋白	卵白素，抗生物素蛋白
avidin-biotin staining(ABS)	抗生物素蛋白－生物素染色	卵白素－生物素染色
avimanganin	鸡锰蛋白	雞錳蛋白
AVP(＝arginine vasopressin)	精氨酸升压素	精胺酸加壓素
AVT(＝arginine vasotocin)	8－精催产素，加压催产素	8－精胺酸加壓催產素，加壓催產素
axehead ribozyme	斧头状核酶	斧狀核酶
axokinin	轴激蛋白	軸激蛋白
azide	叠氮化物	疊氮化物
azobenzene reductase	偶氮苯还原酶	偶氮苯還原酶
azobilirubin	偶氮胆红素	偶氮膽紅素
azoreductase	偶氮还原酶	偶氮還原酶
azurin	天青蛋白	天青蛋白

B

英　文　名	大　陆　名	台　湾　名
BAC(＝bacterial artificial chromosome)	细菌人工染色体	細菌人工染色體
bacitracin	杆菌肽	桿菌素
backbone	主链	主鏈
background radiation	本底辐射	背景輻射
back mutation	回复突变	回復突變
bactenecin	牛抗菌肽	牛抗菌肽
bacterial artificial chromosome(BAC)	细菌人工染色体	細菌人工染色體
bacterial helicase	细菌解旋酶	細菌解旋酶
bacteriocin	细菌素	細菌素
baculovirus expression system	杆状病毒表达系统	桿狀病毒表達系統
balanced PCR	平衡聚合酶链反应，平	平衡 PCR，平衡聚合酶

英 文 名	大 陆 名	台 湾 名
	衡 PCR	鏈反應
bamacan	基底膜结合蛋白聚糖	基底膜結合蛋白聚醣
band 3 protein	带 3 蛋白	帶 3 蛋白
band-shift analysis	条带移位分析	條帶位移分析
barnase	芽孢杆菌 RNA 酶	芽孢桿菌 RNA 酶
basal metabolism	基础代谢	基礎代謝
basal transcription apparatus	基础转录装置	基礎轉錄裝置
base	碱基	鹼基
base analog	碱基类似物	鹼基類似物
base composition	碱基组成	鹼基組成
base excision repair(BER)	碱基切除修复	鹼基切除修復
basement membrane link protein	基底膜连接蛋白质	基底膜連接蛋白質
base pair(bp)	碱基对	鹼基對
base pairing	碱基配对	鹼基配對
base pairing rule (=Chargaff rule)	碱基配对法则(=夏格夫法则)	鹼基配對法則(=查加夫法則)
base ratio	碱基比	鹼基比
base repair	碱基修复	鹼基修復
base-specific cleavage method(=Maxam-Gilbert DNA sequencing)	碱基特异性裂解法(=马克萨姆-吉尔伯特法)	鹼基特異性裂解法
base-specific ribonuclease	碱基特异性核糖核酸酶	鹼基特異性核糖核酸酶
base stacking	碱基堆积	鹼基堆積
base substitution	碱基置换	鹼基置換
base triple	碱基三联体	鹼基三聯體
basic fibroblast growth factor(bFGF)	碱性成纤维细胞生长因子	鹼性纖維細胞生長因子
basic leucine zipper	碱性亮氨酸拉链	鹼性亮胺酸拉鏈
basic local alignment search tool(BLAST)	局部序列排比搜索基本工具	局部序列排比搜索基本工具
basic zipper motif(=basic leucine zipper)	碱性拉链模体(=碱性亮氨酸拉链)	鹼性拉鏈模體(=鹼性亮胺酸拉鏈)
bathorhodopsin	红光视紫红质	紅光視紫紅質
batyl alcohol	鲨肝醇,十八烷基甘油醚	鯊肝醇,十八烷基甘油醚,1-*O*-十八烷基甘油醚
B-DNA(=B-form DNA)	B 型 DNA	B 型 DNA
BDNF(=brain-derived neurotrophic fac-	脑源性神经营养因子	腦衍生神經營養因子

英 文 名	大 陆 名	台 湾 名
tor)		
Becquerel(Bq)	贝可[勒尔]	貝可[勒爾]
bed volume	床体积	柱床體積
bees wax	蜂蜡	蜂蠟
behenic acid	山萮酸	山萮酸，正二十二烷酸
Bence-Jones protein	本周蛋白	本瓊蛋白
β-bend(=β-turn)	β转角	β－轉角，β－彎
Benedict reagent	本尼迪克特试剂	本氏試劑,本耐德試劑
bent DNA	弯曲 DNA	彎曲 DNA
benzene	苯	苯
benzidine	联苯胺	聯苯胺
benzoic acid	苯甲酸	苯甲酸
benzoylcholine	苯甲酰胆碱	苯甲醯膽鹼
BER(=base excision repair)	碱基切除修复	鹼基切除修復
betaglycan	β蛋白聚糖	β－蛋白聚醣
beta hairpin(=β-hairpin)	β发夹	β－髮夾
betaine	甜菜碱	甜菜鹼
beta strand(=β-strand)	β[折叠]链	β－[折疊]鏈
betavulgin	甜菜毒蛋白	甜菜毒蛋白
bFGF(=basic fibroblast growth factor)	碱性成纤维细胞生长因子	鹼性纖維細胞生長因子
B-form DNA	B型 DNA	B型 DNA
bicistronic mRNA	双顺反子 mRNA	雙順反子 mRNA
bi-directional promoter	双向启动子	雙向啟動子
bi-directional transcription	双向转录	雙向轉錄
bifurcating signal transduction pathway	分叉信号转导途径	分叉信號傳遞路徑
biglycan	双糖链蛋白聚糖	雙糖鏈蛋白聚醣
bikunin	双库尼茨抑制剂，间α胰蛋白酶抑制剂	雙庫尼抑制劑，間α胰蛋白酶抑制劑
bilayer	双层	雙[分子]層
bile acid	胆汁酸	膽汁酸
bilin	胆素，后胆色素	膽素，後膽色素，膽汁三烯
bilinogen	胆素原	膽素原，後膽色素原類，膽汁烷
biliprotein(=phycobiliprotein)	藻胆[色素]蛋白,胆藻[色素]蛋白	藻膽[色素]蛋白
bilipurpurin	胆紫素	膽紫素

英　文　名	大　陆　名	台　湾　名
bilirubin	胆红素	膽紅素
bilirubin diglucuronide	胆红素二葡糖醛酸酯	膽紅素二葡萄糖醛酸苷
biliverdin	胆绿素	膽綠素
bimolecular lipid membrane	双分子脂膜	雙分子脂膜
bindin	精结合蛋白	精結合蛋白，親緣蛋白
binding site	结合部位	結合部位
bioassay	生物测定	生物測定法
bioavailability	生物可利用度	生物利用率
biochemical marker	生化标志	生化標誌
biochemistry	生物化学，生化	生物化學
biochip	生物芯片	生物晶片
biodiversity	生物多样性	生物多樣性
bioelectronics	生物电子学	生物電子學
bioenergetics	生物能学	生物能[力]學
bioengineering	生物工程	生物工程
biohazard	生物危害	生物危害
bioinformatics	生物信息学	生物資訊學
bioinformation	生物信息	生物資訊
bioinorganic chemistry	生物无机化学	生物無機化學
biological engineering(=bioengineering)	生物工程	生物工程
biological oxidation	生物氧化	生物氧化[作用]
bioluminescence	生物发光	生物發光
bioluminescent immunoassay(BLIA)	生物发光免疫测定	生物發光免疫分析
bioluminescent probe	生物发光探针	生物發光探針
biomacromolecule	生物大分子	生物大分子
biomarker	生物标志	生物標記
biomembrane	生物膜	生物膜
biomolecular electronics(=bioelectronics)	生物分子电子学(=生物电子学)	生物分子電子學
bionics	仿生学	仿生學
biopharming	生物制药	生物製藥
biophysical chemistry	生物物理化学	生物物理化學
biophysics	生物物理学	生物物理學
biopolymer	生物多聚体	生物多聚體
bioreactor	生物反应器	生物反應器
biorepressor	生物素阻遏蛋白	生物素阻遏蛋白
biosafety	生物安全性	生物安全性
biosafety cabinet	生物安全操作柜	生物安全操作櫃

英 文 名	大 陆 名	台 湾 名
biosafety level	生物安全等级	生物安全等級
bioscience(=life science)	生命科学	生命科學
biosensor	生物传感器	生物感測器
biosynthesis	生物合成	生物合成
biotechnology	生物技术	生物技術
biotin	生物素，维生素 H	生物素，維生素 B_4
biotin-avidin/streptavidin labeling	生物素-抗生物素蛋白/链霉抗生物素蛋白标记	生物素-卵白素/鏈黴卵白素標記
biotin-avidin system	生物素-抗生物素蛋白系统	生物素-卵白素系統
biotin carboxylase	生物素羧化酶	生物素羧化酶
biotin streptavidin system	生物素-链霉抗生物素蛋白系统	生物素-鏈黴卵白素系統
biotinylated nucleotide	生物素化核苷酸	生物素化核苷酸
biotransformation	生物转化	生物轉化
biphosphoinositide(=phosphatidylinositol phosphate)	双磷酸肌醇磷脂(=磷脂酰肌醇磷酸)	雙磷酸肌醇磷脂(=磷脂醯肌醇磷酸)
bisacrylamide	双丙烯酰胺	雙丙烯醯胺
bis-γ-glutamylcystine reductase	双-γ-谷氨酰半胱氨酸还原酶	雙-γ-穀胺醯半胱胺酸還原酶
2, 3-bisphosphoglycerate shunt	2, 3-双磷酸甘油酸支路	2, 3-雙磷酸甘油酸支路
bisulfite	亚硫酸氢盐	重亞硫酸鹽，酸性亞硫酸鹽
biuret	双缩脲	雙[縮]脲
biuret reaction	双缩脲反应	雙[縮]脲反應
BLAST(=basic local alignment search tool)	局部序列排比搜索基本工具	局部序列排比搜索基本工具
bleomycin	博来霉素	博來黴素
BLIA(=bioluminescent immunoassay)	生物发光免疫测定	生物發光免疫分析
blood coagulation factor	凝血因子	凝血因子
blood coagulation factor Ⅱ(=prothrombin	凝血因子Ⅱ(=凝血酶原)	凝血因子Ⅱ
blood coagulation factor Ⅲ(=tissue thromboplastin)	凝血因子Ⅲ(=组织凝血激酶)	凝血因子Ⅲ
blood coagulation factor Ⅷ(=antihemophilic globulin)	凝血因子Ⅷ(=抗血友病球蛋白)	凝血因子Ⅷ

英　文　名	大　陆　名	台　湾　名
blood coagulation factor Ⅸa(=plasma thromboplastin component)	凝血因子Ⅸa(=血浆凝血激酶)	凝血因子Ⅸa
blood coagulation factor Ⅹa(=thromboplastin)	凝血因子Ⅹa(=促凝血酶原激酶)	凝血因子Ⅹa
blood group substance	血型物质	血型物質
blood urea nitrogen	血尿素氮	血液尿素氮
blotting	印迹	印漬
blotting membrane	印迹膜	印漬膜
blunt end	平端	鈍端，鈍性末端
blunting	平端化	鈍端化
blunt terminus(=blunt end)	平端	鈍端，鈍性末端
BMP(=bone morphogenetic protein)	骨形态发生蛋白质，骨形成蛋白	骨形態發生蛋白，骨形成蛋白
BNP(=brain natriuretic peptide)	脑钠肽	腦鈉肽
boat conformation	船型构象	船形構象
bombesin	铃蟾肽	鈴蟾肽
bombinin	铃蟾抗菌肽	鈴蟾抗菌肽
bone morphogenetic protein(BMP)	骨形态发生蛋白质，骨形成蛋白	骨形態發生蛋白，骨形成蛋白
boric acid	硼酸	硼酸
botulinus toxin	肉毒杆菌毒素	肉毒桿菌毒素
bovine pancreatic ribonuclease	牛胰核糖核酸酶	牛胰核糖核酸酶
bovine serum albumin	牛血清清蛋白	牛血清白蛋白
bovine spleen phosphodiesterase	牛脾磷酸二酯酶	牛脾磷酸二酯酶
boxcar chromatography(=multidimensional chromatography)	多维层析	多維層析
bp(=base pair)	碱基对	鹼基對
BPP(=bradykinin potentiating peptide)	缓激肽增强肽	舒緩激肽增強肽
Bq(=Becquerel)	贝可[勒尔]	貝可[勒爾]
brachionectin(=tenascin)	臂粘连蛋白(=生腱蛋白)	臂黏連蛋白(=腱生蛋白)
bradykinin	缓激肽	舒緩激肽
bradykinin potentiating peptide(BPP)	缓激肽增强肽	舒緩激肽增強肽
brain-derived neurotrophic factor(BDNF)	脑源性神经营养因子	腦衍生神經營養因子
brain hormone(=prothoracicotropic hormone)	脑激素(=促前胸腺激素)	腦激素(=促前胸腺激素)
brain natriuretic peptide(BNP)	脑钠肽	腦鈉肽
branched chain amino acid	支链氨基酸	支鏈胺基酸

英文名	大陆名	台湾名
branched DNA	分支 DNA	分支 DNA
branched RNA	分支 RNA	分支 RNA
branching enzyme	分支酶	分支酶
brassicasterol	菜籽固醇	菜籽甾醇
brassinolide	菜籽固醇内酯，菜籽素	菜籽甾醇内酯
brassinosteroid	菜籽类固醇	菜籽類甾醇
brefeldin A	布雷非德菌素 A	佈雷非定 A
brevican	短蛋白聚糖	短蛋白聚醣
brevistin	短制菌素	短制菌素
bromelain(= bromelin)	菠萝蛋白酶	鳳梨蛋白酶
bromelin	菠萝蛋白酶	鳳梨蛋白酶
bromocresol green	溴甲酚绿	溴甲酚綠
bromocresol purple	溴甲酚紫	溴甲酚紫
bromodomain	布罗莫结构域	布羅莫結構域
bromophenol blue	溴酚蓝	溴酚藍
Brookhaven Protein Data Bank	布鲁克海文蛋白质数据库	Brookhaven 蛋白質資料庫，PDB 資料庫
bryodin	异株泻根毒蛋白	異株瀉根毒蛋白
buccalin	颊肽	頰肽
buffer counterion	缓冲配对离子	緩衝配對離子
buffer-gradient polyacrylamide gel	缓冲液梯度聚丙烯酰胺凝胶	緩衝液梯度聚丙烯醯胺凝膠
bufotenine	蟾毒色胺	蟾蜍毒色胺，N－二甲基－5－羥色胺
bulbogastrone	球抑胃素	球抑胃素
bulge	凸起	凸起
bungarotoxin	银环蛇毒素	金環蛇毒素
buoyant density centrifugation	浮力密度离心	浮力密度離心
bursicon	鞣化激素	鞣化激素
butanol	丁醇	丁醇
butyric acid	丁酸	丁酸
butyrin	丁酸甘油酯	酪酯
butyrophilin	嗜乳脂蛋白	嗜乳脂蛋白
butyrylcholine esterase	丁酰胆碱酯酶	丁醯膽鹼酯酶
bypassing(= frame hopping)	框内跳译，跳码	跳碼

C

英 文 名	大 陆 名	台 湾 名
C(=cytidine)	胞苷	胞苷
CA[A]T box	CA[A]T 框	CA[A]T 框
Ca^{2+}-ATPase	钙 ATP 酶	鈣 ATP 酶
Ca^{2+}/calmodulin-dependent protein kinase	依赖 Ca^{2+}/钙调蛋白的蛋白激酶	依賴鈣/攜鈣蛋白的蛋白激酶
cadaverine	尸胺	屍胺，1，5－戊二胺
cadherin	钙黏着蛋白	鈣黏著蛋白
caerulin	雨蛙肽	雨蛙肽
caeruloplasmin(=ceruloplasmin)	铜蓝蛋白	[血漿]銅藍蛋白
CAF-1(=chromatin assembly factor-1)	染色质组装因子 1	染色質組裝因子 1
caffeine	咖啡碱	咖啡因鹼
cage carrier	笼式运载体	籠形載體
calbindin	钙结合蛋白	鈣結合蛋白
calcemia	钙血症	鈣血症
calcicludine	钙阻蛋白	鈣阻蛋白
calciferol(=vitamin D_2)	钙化[固]醇(=维生素 D_2)	沈鈣固醇，促鈣醇，鈣化醇(=維生素 D_2)
calcimedin(=annexin Ⅵ)	钙介蛋白(=膜联蛋白Ⅵ)	鈣介蛋白
calcineurin	钙调磷酸酶	鈣調磷酸酶
calcitonin(CT)	降钙素	降鈣素，抑鈣素
calcitonin gene-related peptide(CGRP)	降钙素基因相关肽	降鈣素基因相關肽
calcium binding protein	钙结合性蛋白质	鈣結合蛋白質
calcium-dependent protein	钙依赖蛋白质	依賴鈣蛋白質
calcium mediatory protein	钙中介蛋白质	鈣中介蛋白質
calcium mobilizing hormone(=1，25-dihydroxycholecalciferol)	钙动用激素(=1，25－二羟胆钙化醇)	鈣動用激素(=1，25－二羥膽鈣化固醇)
calcium phosphate-[DNA] coprecipitation	磷酸钙－[DNA]共沉淀	磷酸鈣－[DNA]共沈澱
calcium pump	钙泵	鈣泵
calcium sensor protein	钙传感性蛋白质	鈣感應蛋白質
calcyclin	钙周期蛋白	鈣週期蛋白
calcyphosine	钙磷蛋白	鈣磷蛋白

英 文 名	大 陆 名	台 湾 名
caldecrin	降钙因子	降鈣因子
caldesmon	钙调蛋白结合蛋白	鈣調蛋白結合蛋白
calelectrin(= annexin Ⅵ)	钙电蛋白(= 膜联蛋白Ⅵ)	鈣電蛋白(= 膜聯蛋白Ⅵ)
calgranulin	钙粒蛋白	鈣粒蛋白
callose	愈伤葡聚糖，胼胝质	癒創葡聚醣，β－D－(1，3) 葡聚醣
callose synthetase	愈伤葡聚糖合成酶	癒創葡聚醣合成酶
calmodulin(CaM)	钙调蛋白	鈣調蛋白
calnexin	钙连蛋白	鈣聯蛋白
calpactin(= annexin Ⅱ)	依钙结合蛋白(= 膜联蛋白Ⅱ)	依鈣結合蛋白
calpain	钙蛋白酶	鈣蛋白酶
calpastatin	钙蛋白酶抑制蛋白	鈣蛋白酶抑制蛋白
calphobindin(= annexin Ⅵ)	钙磷脂结合蛋白(= 膜联蛋白Ⅵ)	鈣磷脂結合蛋白(= 膜聯蛋白Ⅵ)
calphotin	钙感光蛋白	鈣感光蛋白
calponin	钙调理蛋白	鈣調理蛋白
calprotectin	钙防卫蛋白	鈣防衛蛋白
calregulin(= calreticulin)	钙网蛋白	鈣網蛋白
calreticulin	钙网蛋白	鈣網蛋白
calretinin	钙[视]网膜蛋白	鈣視網膜蛋白
calsequestrin	集钙蛋白	隱鈣素
calspectin(= fodrin)	钙影蛋白(= 胞衬蛋白)	鈣影蛋白(= 胞襯蛋白)
calspermin	钙精蛋白	鈣精蛋白
caltractin	钙牵蛋白	鈣牽蛋白
caltropin	钙促蛋白	鈣促蛋白
Calvin cycle	卡尔文循环	卡爾文循環
CaM(= calmodulin)	钙调蛋白	鈣調蛋白
CAM(= crassulacean acid metabolism)	景天科酸代谢	景天科酸代謝
cAMP(= cyclic adenosine monophosphate)	环腺苷酸	環腺苷酸，環腺核苷單磷酸
cAMP binding protein	cAMP 结合蛋白质	cAMP 結合蛋白
cAMP-dependent protein kinase(= cyclic AMP-dependent protein kinase)	依赖 cAMP 的蛋白激酶	依賴 cAMP 的蛋白激酶
camphor	樟脑	樟腦
camphorin	克木毒蛋白	克木毒蛋白

英 文 名	大 陆 名	台 湾 名
cAMP receptor protein(CRP)(=cAMP binding protein)	cAMP 受体蛋白质 (=cAMP结合蛋白质)	cAMP 受體蛋白
cAMP response element(CRE)	环腺苷酸应答元件	cAMP 應答元件
cAMP response element binding protein (CREB protein)	cAMP 应答元件结合蛋白质	cAMP 應答元件結合蛋白
canaline	副刀豆氨酸	副刀豆胺酸，刀豆球蛋白
canavanine	刀豆氨酸	刀豆胺酸
cancer suppressor gene(=antioncogene)	抑癌基因，抗癌基因	抑癌基因
CAP(=catabolite activator protein)	分解代谢物激活蛋白质	降解物基因活化蛋白
5′-cap	5′帽	5′－帽
cap binding protein	帽结合蛋白质	帽結合蛋白
capillary electrophoresis (CE)	毛细管电泳	毛細管電泳
capillary free flow electrophoresis(CFFE)	毛细管自由流动电泳	毛細管自由流動電泳
capillary gas chromatography	毛细管气相层析	毛細管氣相層析
capillary gel electrophoresis(CGE)	毛细管凝胶电泳	毛細管凝膠電泳
capillary isoelectric focusing(CIEF)	毛细管等电聚焦	毛細管等電聚焦
capillary isotachophoresis(CITP)	毛细管等速电泳	毛細管等速電泳
capillary zone electrophoresis(CZE)	毛细管区带电泳	毛細管區帶電泳
capping	加帽	加帽，罩蓋現象
capping enzyme	加帽酶	加帽酶
capping protein	加帽蛋白	加帽蛋白
capric acid	癸酸，十碳烷酸	癸酸，羊脂酸，十碳烷酸
caprin	癸酸甘油酯	癸酸甘油酯，三癸酸甘油酯，三癸醯甘油
caproic acid	己酸	己酸，羊油酸
caproin	己酸甘油酯	己酸甘油酯
caprylin	辛酸甘油酯	辛酸甘油酯
capsid protein	衣壳蛋白	外殼蛋白
cap site	加帽位点	加帽位點
capsular polysaccharide	荚膜多糖	莢膜多醣
capture probe	俘获性探针	捕捉性探針
carbamic acid	氨基甲酸	胺基甲酸
carbamoyl phosphate synthetase(=carbamyl phosphate synthetase)	氨甲酰磷酸合成酶	胺甲醯磷酸合成酶
carbamoyl transferase(=carbamyl transferase)	氨甲酰基转移酶	胺甲醯轉移酶

英 文 名	大 陆 名	台 湾 名
carbamyl ornithine	氨甲酰鸟氨酸	胺甲醯烏胺酸
carbamyl phosphate	氨甲酰磷酸	胺甲醯磷酸
carbamyl phosphate synthetase	氨甲酰磷酸合成酶	胺甲醯磷酸合成酶
carbamyl transferase	氨甲酰基转移酶	胺甲醯轉移酶
carbohydrate	糖类，碳水化合物	碳水化合物，醣類
carbohydrate fingerprinting	糖指纹分析	醣指紋分析
carbohydrate mapping	糖作图	醣作圖
carbohydrate sequencing	糖测序	醣定序
carbolic acid	石炭酸	石碳酸
carbon assimilation	碳同化	碳素同化作用
carbonic acid	碳酸	碳酸
carbonic anhydrase	碳酸酐酶	碳酸[酐]酶
carboxydismutase	羧基歧化酶	羧基歧化酶
carboxylase	羧化酶	羧化酶
γ-carboxylation	γ羧化	γ－羧化
γ-carboxyl glutamic acid	γ羧基谷氨酸	γ－羧基穀胺酸
carboxylic acid	羧酸	羧酸
carboxyl protease	羧基蛋白酶	羧基蛋白酶
carboxyl terminal(=C-terminal)	羧基端(=C端)	C－端，羧基末端
carboxyl transferase	羧基转移酶	羧基轉移酶
carboxymethyl cellulose	羧甲基纤维素	羧甲基纖維素
carboxypeptidase	羧肽酶	羧肽酶
cardiolipin	心磷脂	心磷脂
cardionatrin(=atrial natriuretic peptide)	心钠素(=心房钠尿肽)	心鈉素
cargo receptor	运货受体	貨物受體
carmine	洋红，胭脂红	胭脂紅
carnitine	肉碱	肉鹼
carnitine acyltransferase	肉毒碱脂酰转移酶	肉毒鹼脂醯轉移酶
carnosine	肌肽	肌肽
carotene	胡萝卜素	胡蘿蔔素
β-carotene	β胡萝卜素，维生素A原	β－胡蘿蔔素
carotene dioxygenase	胡萝卜素双加氧酶	胡蘿蔔素雙加氧酶
carotenoid	类胡萝卜素	類胡蘿蔔素
carotenol(=phytoxanthin)	叶黄素，胡萝卜醇	葉黃素，胡蘿蔔醇
carotol(=phytoxanthin)	叶黄素，胡萝卜醇	葉黃素，胡蘿蔔醇
carrageenan	角叉聚糖，卡拉胶	角叉聚醣，紅藻膠
carrier	[运]载体	[运]載體

英 文 名	大 陆 名	台 湾 名
carrier coprecipitation	[运]载体共沉淀	[运]載體共沈澱
carrier DNA	[运]载体 DNA	[运]載體 DNA
carrier protein	[运]载体蛋白质	[运]載體蛋白质
CART(=cocaine amphetamine-regulated transcript)	可卡因苯丙胺调节转录物	可卡因苯[異]丙胺調節的轉錄物
cascade	级联反应	級聯[反應]
cascade chromatography(=multidimensional chromatography)	级联层析(=多维层析)	級聯層析
cascade fermentation	级联发酵	級聯發酵
casein	酪蛋白	酪蛋白
casein kinase(CK)	酪蛋白激酶	酪蛋白激酶
caspase	胱天蛋白酶	硫胱胺酸蛋白酶
cassette	组件	组件，盒，元件
cassette model	组件模型，盒式模型	盒式模型
castanospermine	卡斯塔碱	卡斯塔鹼
CAT(=chloramphenicol acetyltransferase	]氯霉素乙酰转移酶	氯黴素乙醯轉移酶
catabolism	分解代谢	降解代謝
catabolite	分解代谢物	降解物
catabolite activator protein(CAP) (=cAMP binding protein)	分解代谢物激活蛋白质 (=cAMP结合蛋白质)	降解物基因活化蛋白 (=cAMP 結合蛋白)
catabolite repression	分解代谢物阻遏	降解物阻遏
catalase	过氧化氢酶	過氧化氫酶，觸媒
catalysis	催化作用	催化作用
catalyst	催化剂	催化劑
catalytic activity	催化活性	催化活性
catalytic constant	催化常数	催化常數
catalytic core	催化核心	催化核心
catalytic mechanism	催化机制	催化機制
catalytic site	催化部位	催化部位
catalytic subunit	催化亚基	催化次單元
catechol	儿茶酚，邻苯二酚	兒茶酚，鄰苯二酚
catecholamine	儿茶酚胺	兒茶酚胺，鄰苯二酚胺
catecholamine hormone	儿茶酚胺类激素	兒茶酚胺類激素
catecholaminergic receptor	儿茶酚胺能受体	兒茶酚胺能受體
catechol-*O*-methyltransferase(COMT)	儿茶酚－*O*－甲基转移酶	兒茶酚－*O*－甲基轉移酶
catenin	联蛋白	聯蛋白

英 文 名	大 陆 名	台 湾 名
cathelin	卡塞林，前抗微生物肽	卡塞林，前抗微生物肽
cathepsin	组织蛋白酶	組織蛋白酶
cation	阳离子	陽離子
cation exchange chromatography	阳离子交换层析	陽離子交換層析法
cation exchanger	阳离子交换剂	陽離子交換劑
cation exchange resin	阳离子交换树脂	陽離子交換樹脂
caveolin	陷窝蛋白	小窩蛋白
CBG(=corticosteroid-binding globulin)	皮质类固醇结合球蛋白	皮質類甾醇結合球蛋白
cccDNA(=covalently closed circular DNA)	共价闭合环状 DNA，共价闭环 DNA	共價閉鎖式環狀 DNA
CCK(=cholecystokinin)	缩胆囊肽，缩胆囊素	縮膽囊肽
CD(=circular dichroism)	圆二色性	圓二色性
CDCA(=chenodeoxycholic acid)	鹅脱氧胆酸	鵝脱氧膽酸，3α，7α－二羟膽烷酸
C_4 dicarboxylic acid pathway	C_4 二羧酸途径	C_4 型植物雙羧酸路徑
CDK(=cyclin-dependent kinase)	周期蛋白依赖[性]激酶	依賴[細胞]週期調節蛋白激酶
cDNA(=complementary DNA)	互补 DNA	互補 DNA
cDNA cloning	cDNA 克隆	cDNA 克隆
cDNA library	互补 DNA 文库，cDNA 文库	cDNA 文庫，cDNA 庫
CDP(=cytidine diphosphate)	胞苷二磷酸，胞二磷	胞苷二磷酸，胞二磷
CE(=capillary electrophoresis)	毛细管电泳	毛細管電泳
cecropin	[天蚕]杀菌肽	天蠶殺菌肽
cell adhesion receptor	细胞黏附受体	細胞黏附受體
cell affinity chromatography	细胞亲和层析	細胞親和層析
cell-free translation system	无细胞翻译系统	無細胞轉譯系統
cell membrane	细胞膜	細胞膜
cellobiase(=β-glucosidase)	纤维二糖酶(=β 葡糖苷酶)	纖維二糖酶(=β－葡萄糖苷酶)
cellobiose	纤维二糖	纖維二糖
cellobiuronic acid	纤维二糖醛酸	纖維二糖醛酸
cello-oligosaccharide	纤维寡糖	纖維寡醣
cellotriose	纤维三糖	纖維三糖
cell signaling	细胞信号传送	細胞信號傳送
cell surface receptor	细胞表面受体	細胞表面受體
cell surface recognition	细胞表面识别	細胞表面識別
cell targeting	细胞靶向	細胞靶向

英 文 名	大 陆 名	台 湾 名
cellular oncogene(c-oncogene)	细胞癌基因，c 癌基因	細胞癌基因，c－癌基因
cellulase	纤维素酶	纖維素酶
cellulose	纤维素	纖維素
cellulose acetate film electrophoresis	乙酸纤维素薄膜电泳	乙酸纖維素薄膜電泳
cellulose acetate membrane(=acetyl cellulose membrane)	乙酸纤维素膜	醋酸纖維素膜
cellulose ion exchanger	纤维素离子交换剂	纖維素離子交換劑
cellulose nitrate(CN)	硝酸纤维素	硝酸纖維素
centaurin	半人马蛋白	半人馬蛋白
centractin	中心体肌动蛋白	中心體肌動蛋白
central dogma	中心法则	中心法則
centrifugal speed	离心速度	離心速度
centrifugation	离心	離心
centrifuge	离心机	離心機
centromere binding protein	着丝粒结合蛋白质	著絲粒結合蛋白
centromeric DNA	着丝粒 DNA	著絲粒 DNA
centrophilin	亲中心体蛋白	親中心體蛋白
cephalin	脑磷脂	腦磷脂
cephalosporin	头孢菌素	頭孢菌素
cephalosporinase	头孢菌素酶	頭孢菌素酶
Cer(=ceramide)	神经酰胺，脑酰胺	神經醯胺，*N*－脂醯鞘胺醇
ceramidase	神经酰胺酶	神經醯胺酶
ceramide(Cer)	神经酰胺，脑酰胺	神經醯胺，*N*－脂醯鞘胺醇
cerasin(=kerasin)	角苷脂(=葡糖脑苷脂)	角苷脂(=葡萄糖腦苷脂)
cerebellin	小脑肽	小腦肽
cerebroglycan	大脑蛋白聚糖	大腦蛋白聚醣
cerebronic acid	脑羟脂酸	腦羥脂酸，2－羥[基]二十四烷酸
cerebron	羟脑苷脂	羥腦苷脂
cerebroside	脑苷脂	腦苷脂，腦脂苷
cerotic acid	蜡酸，二十六烷酸	蠟酸，二十六烷酸
cerotinic acid(=cerotic acid)	蜡酸，二十六烷酸	蠟酸，二十六烷酸
ceruloplasmin	铜蓝蛋白	[血漿]銅藍蛋白
ceryl alcohol(=wax alcohol)	蜡醇，二十六[烷]醇	蠟醇，二十六烷醇

英 文 名	大 陆 名	台 湾 名
cessation cassette	中止表达组件	中止表達元件
cetin	鲸蜡，软脂酸鲸蜡酯	鯨蠟，軟脂酸鯨蠟酯
CETP(=cholesterol ester transfer protein)	胆固醇酯转移蛋白	膽固醇酯轉移蛋白
cetylpyridinium bromide precipitation (CPB precipitation)	十六烷基溴化吡啶鎓沉淀法	十六烷基溴化吡啶鎓沈澱法
CFFE(=capillary free flow electrophoresis)	毛细管自由流动电泳	毛細管自由流動電泳
C-form DNA	C 型 DNA	C 型 DNA
CFTR(=cystic fibrosis transmembrane conductance regulator)	囊性纤维化穿膜传导调节蛋白	囊性纖維化跨膜傳導調節蛋白
CGE(=capillary gel electrophoresis)	毛细管凝胶电泳	毛細管凝膠電泳
cGMP(=cyclic guanosine monophosphate)	环鸟苷酸	環鳥苷酸，環鳥核苷單磷酸
cGMP-dependent protein kinase(PKG)	依赖 cGMP 的蛋白激酶	依賴 cGMP 的蛋白激酶
3′, 5′-cGMP phosphodiesterase	3′, 5′-cGMP 磷酸二酯酶	3′, 5′-cGMP 磷酸二酯酶
cGMP-specific phosphodiesterase	cGMP 特异性磷酸二酯酶	cGMP 特異性磷酸二酯酶
CGRP(=calcitonin gene-related peptide)	降钙素基因相关肽	降鈣素基因相關肽
Ch(=cholesterol)	胆固醇	膽固醇，膽甾醇
chain termination method(=Sanger-Coulson method)	链[末端]终止法(=桑格-库森法)	鏈末端終止法
chair conformation	椅型构象	椅形構象
chalcone	查耳酮	查耳酮
chalcone flavanone isomerase	查耳酮黄烷酮异构酶	查耳酮黃烷酮異構酶
chalcone synthase(CS)	查耳酮合酶	查耳酮合酶
chalone	抑素	抑素
Chambon rule(=GT-AG rule)	尚邦法则(=GT-AG 法则)	Chambon 法則
channel carrier	通道[运]载体	通道[运]載體
channel-forming peptide	通道形成肽	通道形成肽
channel intrinsic protein	通道内在蛋白	通道內在蛋白
channel protein	通道蛋白	通道蛋白
chaotrope(=chaotropic agent)	离散剂	離液劑
chaotropic agent	离散剂	離液劑
chaperone	伴侣分子	保護子
chaperone cohort	伴侣伴蛋白	保護子伴蛋白

英文名	大陆名	台湾名
chaperone	分子伴侣	分子保護子
chaperone protein	分子伴侣性蛋白质	保護子類蛋白質
chaperonin	伴侣蛋白	保護子蛋白
Chargaff rule	夏格夫法则	查加夫法則
Charomid	卡隆粒	卡隆粒
Charon phage	卡隆噬菌体	卡隆噬菌體
Charon vector	卡隆载体	卡隆載體
ChE(=cholesterol ester)	胆固醇酯	膽固醇酯
checkpoint gene	检查点基因	控制點基因
CHEF electrophoresis(=contour-clamped homogeneous electric field electrophoresis)	钳位均匀电场电泳	鉗位均勻電場電泳
chelate	螯合物	螯合物
chemical degradation method(=Maxam-Gilbert DNA sequencing)	化学降解法(=马克萨姆-吉尔伯特法)	化學降解法
chemical method of DNA sequencing (=Maxam-Gilbert DNA sequencing)	DNA 化学测序法(=马克萨姆-吉尔伯特法)	DNA 化學測序法
chemical modification	化学修饰	化學修飾
chemiluminescence	化学发光	化學發光
chemiluminescence immunoassay(CLIA)	化学发光免疫测定，化学发光免疫分析	化學發光免疫分析
chemiluminescence labeling	化学发光标记	化學發光標記
chemiluminometry	化学发光分析	化學發光分析
chemiosmosis	化学渗透	化學滲透
chemokine	趋化因子	趨化因子
chemoluminscence(=chemiluminescence)	化学发光	化學發光
chemoreceptor	化学受体	化學受體
chemotactic hormone	趋化性激素	趨化性激素，趨化性荷爾蒙
chemotactic lipid	趋化脂质	趨化脂質
chemotaxin	趋化物	趨化蛋白
chemotaxis	趋化性	趨化性
chenodeoxycholic acid(CDCA)	鹅脱氧胆酸	鵝脫氧膽酸，3α，7α-二羥膽烷酸
chimera	嵌合体	嵌合體
chimeric antibody	嵌合抗体	嵌合抗體

英文名	大陆名	台湾名
chimeric DNA	嵌合 DNA	嵌合 DNA
chimeric gene	嵌合基因	嵌合基因
chimeric plasmid	嵌合质粒	嵌合質體
chimeric protein	嵌合型蛋白质	嵌合型蛋白質
chimerin	嵌合蛋白	嵌合蛋白
chimyl alcohol	鲛肝醇	鮫肝醇
Chinese hamster ovary cell(CHO cell)	中国仓鼠卵巢细胞，CHO 细胞	中國倉鼠卵巢細胞
chirality	手性	掌性，不對稱性
chitin	壳多糖，几丁质	殼聚醣，幾丁質，甲殼素
chitinase	壳多糖酶，几丁质酶	幾丁質酶
chitobiose	几丁二糖	幾丁二糖
chitosamine(=glucosamine)	壳糖胺(=葡糖胺)	殼醣胺
chitosan(=glucosaminoglycan)	壳聚糖(=葡糖胺聚糖)	殼聚醣，脫乙醯殼聚醣
chloramphenicol	氯霉素	氯黴素
chloramphenicol acetyltransferase(CAT)	氯霉素乙酰转移酶	氯黴素乙醯轉移酶
chlorate	氯酸盐	氯酸鹽
chloroform	氯仿	氯仿
chlorophyll	叶绿素	葉綠素
chlorophyll a protein	叶绿素 a 蛋白质	葉綠素 a 蛋白質
chloroplastin	叶绿蛋白	葉綠蛋白
CHO cell(=Chinese hamster ovary cell)	中国仓鼠卵巢细胞，CHO 细胞	中國倉鼠卵巢細胞
cholate	胆酸盐	膽酸鹽
cholecalciferol(=vitamin D_3)	胆钙化[固]醇(=维生素 D_3)	膽鈣化[甾]醇
cholecalcin	胆钙蛋白	膽鈣蛋白
cholecystokinin(CCK)	缩胆囊肽，缩胆囊素	縮膽囊肽
choleglobin	胆绿蛋白	膽綠蛋白，膽球蛋白
cholera toxin	霍乱毒素	霍亂毒素
cholestanol	胆固烷醇，5，6－二氢胆固醇	膽固烷醇，5，6－二氫膽固醇
cholestenone	胆固烯酮	膽固烯酮
cholesterol(Ch)	胆固醇	膽固醇，膽甾醇
cholesterol ester(ChE)	胆固醇酯	膽固醇酯
cholesterol ester transfer protein(CETP)	胆固醇酯转移蛋白	膽固醇酯轉移蛋白
cholesteryl ester(=cholesterol ester)	胆固醇酯	膽固醇酯

英 文 名	大 陆 名	台 湾 名
cholic acid	胆酸	膽酸，3α，7α，12α－三羥膽烷酸
choline	胆碱	膽鹼，*N*－三甲基乙醇
choline acetyltransferase	胆碱乙酰转移酶	膽鹼乙醯轉移酶
choline esterase	胆碱酯酶	膽鹼酯酶
choline monooxygenase(CMO)	胆碱单加氧酶	膽鹼單加氧酶
chondrocalcin	软骨钙结合蛋白	軟骨鈣結合蛋白
chondroitin sulfate	硫酸软骨素	硫酸軟骨素
chondronectin	软骨粘连蛋白	軟骨黏連蛋白
chondroproteoglycan	软骨蛋白聚糖	軟骨蛋白聚醣
choriomammotropin(= chorionic somatomammotropin)	绒毛膜生长催乳素	絨毛膜生長催乳激素
chorionic gonadotropin	绒毛膜促性腺素	絨毛膜促性腺激素
chorionic somatomammotropin	绒毛膜生长催乳素	絨毛膜生長催乳激素
chorionic thyrotropin	绒毛膜促甲状腺素	絨毛膜促甲狀腺激素
chorionin	卵壳蛋白	卵殼蛋白
Chou-Fasman algorithm	舒－法斯曼算法	Chou-Fasman 算法
Chou-Fasman analysis	舒－法斯曼分析	Chou-Fasman 分析
chromaffinity	嗜铬性	嗜鉻性
chromatin assembly factor-1(CAF-1)	染色质组装因子 1	染色質組裝因子 1
chromatofocusing	聚焦层析	聚焦層析
chromatogram	层析谱	層析譜
chromatograph	层析仪	層析儀
chromatography	层析	層析法，色譜法
chromobindin	嗜铬粒结合蛋白	嗜鉻粒結合蛋白
chromodomain	克罗莫结构域	克羅莫結構域
chromogen	色素原	色素原
chromogranin	嗜铬粒蛋白	嗜鉻粒蛋白
chromogranin A	嗜铬粒蛋白 A	嗜鉻粒蛋白 A
chromogranin B	嗜铬粒蛋白 B	嗜鉻粒蛋白 B
chromomembrin	嗜铬粒膜蛋白	嗜鉻粒膜蛋白
chromoprotein	色蛋白	色素蛋白
chromosome blotting	染色体印迹	染色體印漬
chromosome crawling	染色体匍移	染色體緩移
chromosome jumping	染色体跳移，染色体跳查	染色體跳躍
chromosome microdissection	染色体显微切割术	染色體顯微切割術，染色體顯微解剖

英 文 名	大 陆 名	台 湾 名
chromosome walking	染色体步移,染色体步查	染色體步移
chromostatin	嗜铬粒抑制肽	嗜鉻粒抑制肽
chrysolaminarin(=chrysolaminarin)	金藻海带胶(=亮藻多糖)	金藻海帶膠，亮膠
chyle	乳糜	乳糜
chylomicron(CM)	乳糜微粒	乳糜微粒
chyluria	乳糜尿	乳糜尿[症]
chyme	食糜	食糜
chymodenin	促胰凝乳蛋白酶原释放素	促胰凝乳蛋白酶原釋放素
chymosin	凝乳酶	凝乳酶
chymotrypsin	胰凝乳蛋白酶	胰凝乳蛋白酶
chymotrypsinogen	胰凝乳蛋白酶原，糜蛋白酶原	胰凝乳蛋白酶原
Ci(=Curie)	居里	居里
CIEF(=capillary isoelectric focusing)	毛细管等电聚焦	毛細管等電聚焦
ciliary neurotrophic factor(CNTF)	睫状神经营养因子	睫狀神經營養因子
cinnamic acid	肉桂酸	肉桂酸
cinnamomin	辛纳毒蛋白	辛納毒蛋白
circular dichroism(CD)	圆二色性	圓二色性
circular DNA	环状 DNA	環狀 DNA
circular paper chromatography	圆形纸层析	環形紙層析法
cis-aconitic acid	顺乌头酸	順烏頭酸
cis-acting	顺式作用	順式作用
cis-[acting] element	顺式[作用]元件	順式[作用]元件
cis-acting gene	顺式作用基因	順式作用基因
cis-acting locus	顺式作用基因座	順式作用基因座
cis-acting ribozyme	顺式作用核酶	順式作用的核酶
cis-cleavage	顺式切割	順式切割
cis-isomer	顺式异构体	順式異構體
cis-isomerism	顺式异构	順式異構
cisoid conformation	顺向构象	順向構象
cis-regulation	顺式调节	順式調節
cis-splicing	顺式剪接	順式剪接
cis-trans isomerase	顺反异构酶	順反異構酶
cis-trans isomerism	顺反异构	順反異構
cistron	顺反子	順反子

英文名	大陆名	台湾名
CITP(=capillary isotachophoresis)	毛细管等速电泳	毛細管等速電泳
citrate	柠檬酸盐	檸檬酸鹽
citrate lyase	柠檬酸裂合酶	檸檬酸裂解酶
citrate synthase	柠檬酸合酶	檸檬酸合酶
citric acid	柠檬酸	檸檬酸
citric acid cycle(=tricarboxylic acid cycle)	柠檬酸循环(=三羧酸循环)	檸檬酸循環(=三羧酸循環)
citrulline	瓜氨酸	瓜胺酸
c-Jun N-terminal kinase(JNK)	c-Jun 氨基端激酶	c-Jun 胺基端激酶
CK(=casein kinase)	酪蛋白激酶	酪蛋白激酶
CLA(=conjugated linoleic acid)	共轭亚油酸，结合亚油酸	共軛亞油酸
clathrin	网格蛋白	內涵蛋白
Cleland reagent(=dithiothreitol)	克莱兰试剂(=二硫苏糖醇)	Cleland 試劑(=二硫蘇糖醇)
CLIA(=chemiluminescence immunoassay)	化学发光免疫测定，化学发光免疫分析	化學發光免疫分析
clinical trial	临床试验	[新藥]臨床試驗
clone	克隆	克隆，無性繁殖細胞系
cloning site	克隆位点	克隆位點
cloning vector	克隆载体	克隆載體
cloning vehicle(=cloning vector)	克隆载体	克隆載體
clostripain	梭菌蛋白酶	梭菌蛋白酶
cloverleaf structure	三叶草结构	三葉草結構
clupein	鲱精肽	鯡精肽
CM(=chylomicron)	乳糜微粒	乳糜微粒
CMO(=choline monooxygenase)	胆碱单加氧酶	膽鹼單加氧酶
CMP(=cytidine monophosphate)	胞苷一磷酸，胞一磷	胞苷一磷酸，胞一磷
CN(=cellulose nitrate)	硝酸纤维素	硝酸纖維素
CNP(=C-type natriuretic peptide)	C 型利尿钠肽	C－型鈉尿肽
CNTF(=ciliary neurotrophic factor)	睫状神经营养因子	睫狀神經營養因子
co-activator	辅激活物，辅激活蛋白	協同活化子，輔活化蛋白
CoA-disulfide reductase	辅酶 A－二硫键还原酶	輔酶 A－二硫鍵還原酶
CoA-glutathione reductase	辅酶 A－谷胱甘肽还原酶	輔酶 A－穀胱甘肽還原酶
coagulase	[血浆]凝固酶	[血漿]凝固酶
coagulation	凝固作用	凝固作用

英 文 名	大 陆 名	台 湾 名
CoA-transferase	辅酶 A 转移酶	輔酶 A 轉移酶
cobalamin(= vitamin B_{12})	钴胺素(=维生素 B_{12})	鈷胺素(=維生素 B_{12})
cobalamin reductase	钴胺素还原酶	鈷胺素還原酶
cobamide	钴胺酰胺	鈷胺醯胺
cobrotoxin	眼镜蛇毒素	眼鏡蛇毒素
cocaine	可卡因	可卡因，古柯鹼
cocaine amphetamine-regulated transcript (CART)	可卡因苯丙胺调节转录物	可卡因苯[異]丙胺調節的轉錄物
cocarboxylase	辅羧酶	輔羧酶
code	密码	密碼
code degeneracy	密码简并	密碼簡併性
coding	编码	編碼
coding capacity	编码容量	編碼容量
coding joint	编码区连接	編碼連接
coding region	编码区	編碼區
coding sequence(= coding region)	编码序列(=编码区)	編碼序列(=編碼區)
coding strand	编码链	編碼股
coding triplet(= codon)	编码三联体(=密码子)	編碼三聯體(=密碼子)
codon	密码子	密碼子
codon bias	密码子偏倚	密碼子偏倚，密碼子偏愛
codon family	密码子家族	密碼子[家]族
codon preference(= codon bias)	密码子偏倚	密碼子偏倚，密碼子偏愛
codon usage	密码子选用，密码子使用	密碼子選擇
coenzyme	辅酶	輔酶
coenzyme A	辅酶 A	輔酶 A
coenzyme M	辅酶 M	輔酶 M
coenzyme Q(= ubiquinone)	辅酶 Q(=泛醌)	輔酶 Q
coexpression	共表达	共同表達
cofactor	辅因子	輔因子
cofilin	丝切蛋白	絲切蛋白
cognate tRNA	关联 tRNA	關聯 tRNA
cohesive end	黏端	黏性末端
cohesive terminus(= cohesive end)	黏端	黏性末端
coiled coil	卷曲螺旋	捲曲螺旋
co-immunoprecipitation	免疫共沉淀	免疫共沈澱

英 文 名	大 陆 名	台 湾 名
cold shock protein	冷激蛋白	冷休克蛋白
colipase	辅脂肪酶	輔脂肪酶
colistin	黏菌素	黏菌素
collagen	胶原	膠原
collagenase	胶原酶	膠原酶
collagen fiber	胶原纤维	膠原纖維
collagen fibril	胶原原纤维	膠原原纖維
collagen helix	胶原螺旋	膠原螺旋
collapsed polypeptide chain	塌陷多肽链	塌陷的多肽鏈
collapsin	脑衰蛋白	腦衰蛋白
collectin	胶原凝素	膠原凝素
colony	集落	菌落
colony blotting	菌落印迹法	菌落印漬
colony immunoblotting	菌落免疫印迹法	菌落免疫印漬
colony stimulating factor(CSF)	集落刺激因子	集落刺激因子
colorimeter	比色计	比色計
colorimetry	比色法	比色法
colostrokinin	初乳激肽	初乳激肽
column bed volume	柱床体积	柱床容積
column chromatography	柱层析	管柱層析法，管柱色析法
combinatorial antibody library	组合抗体文库	組合抗體庫
combinatorial library	组合文库	組合庫
commitment factor	束缚因子	束縛因子
committed step	关键步骤	關鍵步驟，關鍵反應
comparative genomics	比较基因组学	比較基因體學
competent cell	感受态细胞	勝任細胞
competitive inhibition	竞争性抑制	競爭性抑制
competitive inhibitor	竞争性抑制剂	競爭性抑制劑
competitive PCR(cPCR)	竞争聚合酶链反应，竞争 PCR	競爭 PCR，競爭聚合酶鏈反應
complement	补体	補體
complementarity	互补性	互補性
complementary base	互补碱基	互補鹼基
complementary DNA(cDNA)	互补 DNA	互補 DNA
complementary RNA	互补 RNA	互補 RNA
complementary sequence	互补序列	互補序列
complementary strand	互补链	互補股

英　文　名	大　陆　名	台　湾　名
complement protein	补体蛋白质	補體蛋白質
complex carbohydrate	复合糖类	複合碳水化合物
complex lipid	复合脂	複合脂
COMT(=catechol-*O*-methyltransferase)	儿茶酚-*O*-甲基转移酶	兒茶酚-*O*-甲基轉移酶
ConA(=concanavalin)	伴刀豆球蛋白	伴刀豆球蛋白
conalbumin	伴清蛋白，伴白蛋白	伴清蛋白，伴白蛋白，附蛋白素
concanavalin(ConA)	伴刀豆球蛋白	伴刀豆球蛋白
concentrate	浓缩物	濃縮物
concerted catalysis	协同催化	協同催化
concerted feedback inhibition(=cooperative feedback inhibition)	协同反馈抑制	協同回饋抑制
concerted model	齐变模型	齊變模型
c-oncogene(=cellular oncogene)	细胞癌基因，c 癌基因	細胞癌基因，c-癌基因
concurrent inhibition	协作抑制，并发抑制	併發抑制
concurrent replication	并行复制	併行複製
condenser	冷凝器	冷凝器
configuration	构型	構型
conformation	构象	構象
conglutinin	共凝素，胶固素	共凝集素，膠固素，團集素
conjugated enzyme	缀合酶	接合酶
conjugated linoleic acid(CLA)	共轭亚油酸，结合亚油酸	共軛亞油酸
conjugated polyene acid	共轭多烯酸，结合多烯酸	共軛多烯酸
conjugated protein	缀合蛋白质，结合蛋白质	接合蛋白質
connectin	肌联蛋白	肌聯蛋白
connexin	间隙连接蛋白	間隙連接蛋白
conotoxin	芋螺毒素	芋螺毒素，雞心螺毒素
consensus motif	共有模体	共有模體
consensus sequence	共有序列	共有序列
conserved sequence	保守序列	保守序列
constitutive enzyme	组成酶	非誘導式酵素
constitutive expression	组成型表达	非誘導式表達

英 文 名	大 陆 名	台 湾 名
constitutive gene	组成性基因	非誘導式基因
constitutive mutation	组成性突变	非誘導式突變
contactin	接触蛋白	接觸蛋白
context-dependent regulation	邻近依赖性调节	鄰近依賴性調節
contig	重叠群，叠连群	重疊群單元
contig mapping	重叠群作图	重疊群作圖
contiguous stacking hybridization(CSH)	叠群杂交	疊群雜交
continuous chromatography	连续层析	連續層析
continuous cultivation	连续培养	連續培養
continuous flow centrifugation	连续流离心	連續流動離心[分離]
continuous flow electrophoresis	连续流动电泳	連續流動電泳
continuous free flow electrophresis	连续自由流动电泳	連續自由流動電泳
continuous gradient	连续梯度	連續梯度
contour-clamped homogeneous electric field electrophoresis(CHEF electrophoresis)	钳位均匀电场电泳	鉗位均勻電場電泳
contractile protein	收缩蛋白质	收縮蛋白質
Coomassie brilliant blue	考马斯亮蓝	考馬斯亮藍
cooperative feedback inhibition	协同反馈抑制	協同回饋抑制
cooperative site	协同部位	協同部位
cooperativity	协同性	協同性
coordinate regulation	协同调节	協同調節
copalic acid	黄脂酸	黃脂酸
coproporphyrin	粪卟啉	糞卟啉，糞紫質
coproporphyrinogen	粪卟啉原	糞卟啉原，糞紫質原
coprostanol	粪固醇	糞甾醇，糞硬脂醇
coprostanone	粪固酮	糞甾酮
coprosterol(=coprostanol)	粪固醇	糞甾醇，糞硬脂醇
coprosterone(=coprostanone)	粪固酮	糞甾酮
co-receptor	协同受体	協同受體
core enzyme	核心酶	核心酶
core *O*-glycan	核心 *O*－聚糖	核心 *O*－聚醣
core glycosylation	核心糖基化	核心糖基化
corepressor	辅阻遏物，协阻遏物	輔阻遏物
core promoter element	核心启动子元件	核心啟動子元件
cornifin	角质蛋白	角質蛋白
coronin	冠蛋白	冠蛋白
corticoid(=adrenal cortical hormone)	肾上腺皮质[激]素	腎上腺皮質激素

英 文 名	大 陆 名	台 湾 名
corticoliberin	促肾上腺皮质素释放素	促腎上腺皮質素釋放[激]素
corticoliberin-binding protein	促肾上腺皮质素释放素结合蛋白质	促腎上腺皮質素釋放素結合蛋白
corticosteroid	皮质类固醇	皮質類甾醇[激素]
corticosteroid-binding globulin(CBG)(=transcortin)	皮质类固醇结合球蛋白(=运皮质激素蛋白)	皮質類甾醇結合球蛋白
corticosterone	皮质酮	皮質酮
corticotropin	促肾上腺皮质[激]素,促皮质素	促腎上腺皮質[激]素,促皮激素,腎上皮促素
corticotropin releasing factor(CRF)(=corticoliberin)	促肾上腺皮质素释放因子(=促肾上腺皮质素释放素)	促腎上腺皮質素釋放因子
corticotropin releasing hormone(CRH)(=corticoliberin)	促肾上腺皮质素释放素	促腎上腺皮質素釋放[激]素
cortin(=adrenal cortical hormone)	皮质素(=肾上腺皮质[激]素)	皮質[激]素
cortisol(=hydrocortisone)	皮质醇(=氢化可的松)	皮質醇(=氫化可的松)
cortisol-binding globulin(=transcortin)	皮质醇结合球蛋白(=运皮质激素蛋白)	皮質醇結合球蛋白
cortisone	可的松	脫氫皮質酮
cosmid	黏粒	黏接質體
cosmid library	黏粒文库	黏接質體文庫
cosuppression	共阻抑	共阻抑
cotranscript	共转录物	共轉錄物
cotranscription	共转录	共轉錄
cotransduction	共转导	共轉導,並發轉導
cotransfection	共转染	共轉染
cotransformation	共转化	共轉化
cotranslation	共翻译	共轉譯
co-transport	协同转运	協同運輸
cotransporter	协同转运蛋白	協同運輸蛋白
countercurrent chromatography	对流层析	逆流層析
counter immunoelectrophoresis	对流免疫电泳	對流免疫電泳
counter receptor	反受体	反受體
counter transport(=antiport)	反向转运	反向運輸

英文名	大陆名	台湾名
counts per minute	每分钟计数	每分鐘計數
coupled column chromatography(= multi-dimensional chromatography)	偶联柱层析(= 多维层析)	偶聯柱層析(= 多維層析)
coupled oxidation	偶联氧化	偶聯氧化
coupled phosphorylation	偶联磷酸化	偶聯磷酸化
coupling factor	偶联因子	偶聯因子
covalent bond	共价键	共價鍵
covalent chromatography	共价层析	共價層析
covalently closed circular DNA(cccDNA)	共价闭合环状 DNA，共价闭环 DNA	共價閉鎖式環狀 DNA
COX(= cyclo-oxygenase)	环加氧酶	環加氧酶
CPB precipitation(= cetylpyridinium bromide precipitation)	十六烷基溴化吡啶鎓沉淀法	十六烷基溴化吡啶鎓沈澱法
cPCR(= competitive PCR)	竞争聚合酶链反应，竞争 PCR	競爭 PCR，競爭聚合酶鏈反應
CpG island	CpG 岛	CpG 島
CPK(= creatine phosphokinase)	肌酸磷酸激酶	肌酸磷酸激酶
crassulacean acid metabolism(CAM)	景天科酸代谢	景天科酸代謝
CRE(= cAMP response element)	环腺苷酸应答元件	cAMP 應答元件
C-reactive protein(CRP)	C 反应蛋白	C 反應蛋白
creatine	肌酸	肌酸
creatine kinase	肌酸激酶	肌酸激酶
creatine phosphate	磷酸肌酸	肌酸磷酸
creatine phosphokinase(CPK)(= creatine kinase)	肌酸磷酸激酶(= 肌酸激酶)	肌酸磷酸激酶(= 肌酸激酶)
creatinine	肌[酸]酐	肌酸酐
CREB protein(= cAMP response element binding protein)	cAMP 应答元件结合蛋白质	cAMP 應答元件結合蛋白
Cre recombinase	Cre 重组酶	Cre 重組酶
CRF(= corticotropin releasing factor)	促肾上腺皮质素释放因子(= 促肾上腺皮质素释放素)	促腎上腺皮質素釋放因子
CRH(= corticotropin releasing hormone)	促肾上腺皮质素释放素	促腎上腺皮質素釋放[激]素
crinin	激泌素	激泌素
Cro protein	Cro 蛋白	Cro 蛋白
crossed affinity immunoelectrophoresis	交叉亲和免疫电泳	交叉[反應]親和性免疫電泳

英 文 名	大 陆 名	台 湾 名
crossed immunoelectrophoresis	交叉免疫电泳	交叉[反應]免疫電泳
crosse electrophoresis	交叉电泳	交叉[反應]電泳
cross-talk	串流	串流
crotin	巴豆毒蛋白	巴豆毒蛋白
crotoxin	响尾蛇毒素	響尾蛇毒素
CRP(=①C-reactive protein ②cAMP receptor protein)	①C 反应蛋白 ②cAMP 受体蛋白质	①C 反應蛋白 ②cAMP 受體蛋白
cruciform loop	十字形环	十字形環
cruciform structure	十字形结构	十字形結構
crustacyanin	甲壳蓝蛋白	甲殼藍蛋白
cryobiochemistry	低温生物化学	低溫生物化學
cryofibrinogenemia	冷纤维蛋白原血症	冷凝纖維蛋白原血症
cryoglobulin	冷球蛋白	冷沈球蛋白，冷凝球蛋白
cryptdin	隐防御肽	隱保衛肽
cryptic satellite DNA	隐蔽卫星 DNA	隱蔽衛星 DNA
cryptic splice site	隐蔽剪接位点	隱蔽剪接位點
crystal	晶体	晶體
crystallin	晶体蛋白	晶狀體蛋白
crystal-induced chemotatic factor	晶体诱导趋化因子	晶體誘導趨化因子
CS(=chalcone synthase)	查耳酮合酶	查耳酮合酶
CSF(=colony stimulating factor)	集落刺激因子	集落刺激因子
CSH(=contiguous stacking hybridization)	叠群杂交	疊群雜交
CT(=calcitonin)	降钙素	降鈣素，抑鈣素
C-terminal	C 端	C－端，羧基末端
CTP(=cytidine triphosphate)	胞苷三磷酸，胞三磷	胞苷三磷酸，胞三磷
C_ot value	C_ot 值	C_ot 值
C-type lectin	C 型凝集素	C －型凝集素，鈣依賴型凝集素
C-type natriuretic peptide(CNP)	C 型利尿钠肽	C－型鈉尿肽
cucurbitin	南瓜子氨酸	南瓜子胺酸
cuprein	铜蛋白	銅蛋白
curcin	麻疯树毒蛋白	麻瘋樹毒蛋白
curculin	仙茅甜蛋白	仙茅甜蛋白
Curie(Ci)	居里	居里
curved DNA	弯形 DNA	彎形 DNA
cutin	角质	角質，表皮質
cutin-degrading enzyme	角质降解酶	角質分解酶

英 文 名	大 陆 名	台 湾 名
cyanocobalamin(=vitamin B_{12})	氰钴胺素(=维生素B_{12})	氰鈷胺素
cyanocobalamin reductase	氰钴胺素还原酶	氰鈷胺素還原酶
cyanovirin	蓝藻抗病毒蛋白	藍藻抗病毒蛋白
cyclase	环化酶	環化酶
cyclic adenosine monophosphate(cAMP) (=cyclic adenylic acid)	环腺苷酸	環腺苷酸，環腺核苷單磷酸
cyclic adenylic acid	环腺苷酸	環腺苷酸，環腺核苷單磷酸
cyclic AMP-dependent protein kinase (cAMP-dependent protein kinase)	依赖 cAMP 的蛋白激酶	依賴 cAMP 的蛋白激酶
cyclic guanosine monophosphate(cGMP) (=cyclic guanylic acid)	环鸟苷酸	環鳥苷酸，環鳥核苷單磷酸
cyclic guanylic acid	环鸟苷酸	環鳥苷酸，環鳥核苷單磷酸
cyclic nucleotide	环核苷酸	環核苷酸
cyclic nucleotide phosphodiesterase	环核苷酸磷酸二酯酶	環核苷酸磷酸二酯酶
cyclic peptide	环肽	環肽
cyclic peptide synthetase	环肽合成酶	環肽合成酶
cyclic photophosphorylation	循环光合磷酸化	循環光合磷酸化
cyclin	周期蛋白	[細胞]週期調節蛋白，胞轉蛋白
cyclin-dependent kinase(CDK)	周期蛋白依赖[性]激酶	依賴[細胞]週期調節蛋白激酶
cyclodextrin	环糊精	環化糊精，環狀澱粉
cyclo-oxygenase(COX)	环加氧酶	環加氧酶
cyclopeptide(=cyclic peptide)	环肽	環肽
cyclophilin	亲环蛋白	親環蛋白
Cys(=cysteine)	半胱氨酸	半胱胺酸
cystathionase	胱硫醚酶	胱硫醚酶
cystathionine	胱硫醚	胱硫醚
cystatin	半胱氨酸蛋白酶抑制剂	半胱胺酸蛋白酶抑制劑
cysteic acid	磺基丙氨酸	磺基丙胺酸
cysteine(Cys)	半胱氨酸	半胱胺酸
cysteine dioxygenase	半胱氨酸双加氧酶	半胱胺酸雙加氧酶
cysteine protease(=thiol protease)	半胱氨酸蛋白酶(=巯基蛋白酶)	半胱胺酸蛋白酶(=巰基蛋白酶)
cystic fibrosis transmembrane conductance regulator(CFTR)	囊性纤维化穿膜传导调节蛋白	囊性纖維化跨膜傳導調節蛋白

英文名	大陆名	台湾名
cystine	胱氨酸	胱胺酸
cystine reductase	胱氨酸还原酶	胱胺酸還原酶
cystinuria	胱氨酸尿症	胱胺酸尿症
cytidine(C)	胞苷	胞苷
cytidine diphosphate(CDP)	胞苷二磷酸，胞二磷	胞苷二磷酸，胞二磷
cytidine monophosphate(CMP)	胞苷一磷酸，胞一磷	胞苷一磷酸，胞一磷
cytidine triphosphate(CTP)	胞苷三磷酸，胞三磷	胞苷三磷酸，胞三磷
cytidylic acid	胞苷酸	胞苷酸
cytochrome	细胞色素	細胞色素
cytochrome oxidase	细胞色素氧化酶	細胞色素氧化酶
cytogene(=plasmagene)	胞质基因，核外基因	胞質基因，核外基因
cytokeratin	细胞角蛋白	細胞角蛋白
cytokine	细胞因子	細胞激素
cytokinin	细胞分裂素，细胞激动素	細胞激動素
cytoplasmic tail	胞质尾区	胞質尾區
cytosine	胞嘧啶	胞嘧啶
cytosine arabinoside(araC)	阿糖胞苷	阿[拉伯]糖胞苷
cytoskeletal protein	细胞骨架蛋白质	細胞骨架蛋白質
cytotactin(=tenascin)	胞触蛋白(=生腱蛋白)	胞觸蛋白(=腱生蛋白)
cytotoxin	细胞毒素	細胞毒素
cytovillin	细胞绒毛蛋白	細胞絨毛蛋白
CZE(=capillary zone electrophoresis)	毛细管区带电泳	毛細管區帶電泳

D

英文名	大陆名	台湾名
dA(=deoxyadenosine)	脱氧腺苷	去氧腺苷
dADP(=deoxyadenosine diphosphate)	脱氧腺苷二磷酸	去氧腺苷二磷酸
DAF(=decay accelerating factor)	衰变加速因子	衰變加速因子
DAG(=diacylglycerol)	二酰甘油	二醯甘油
Dam methylase	Dam 甲基化酶	Dam 甲基化酶
dAMP(=deoxyadenosine monophosphate)	脱氧腺苷一磷酸	去氧腺苷一磷酸
dansyl method(DNS method)	丹磺酰法	丹醯法
D arm(=dihydrouracil arm)	二氢尿嘧啶臂，D 臂	二氫尿嘧啶臂
dATP(=deoxyadenosine triphosphate)	脱氧腺苷三磷酸	去氧腺苷三磷酸

英文名	大陆名	台湾名
dC(=deoxycytidine)	脱氧胞苷	去氧胞苷
DCC(=dicyclohexylcarbodiimide)	二环己基碳二亚胺	二環己基碳二亞胺
dCDP(=deoxycytidine diphosphate)	脱氧胞苷二磷酸	去氧胞苷二磷酸
dCMP(=deoxycytidine monophosphate)	脱氧胞苷一磷酸	去氧胞苷一磷酸
dCTP(=deoxycytidine triphosphate)	脱氧胞苷三磷酸	去氧胞苷三磷酸
ddNTP(=dideoxyribonucleoside triphosphate)	双脱氧核苷三磷酸	雙去氧[核糖]核苷三磷酸，2′，3′-雙去氧核苷5′-三磷酸
deacetylation	脱乙酰作用	去乙醯作用
deacylated tRNA	脱酰 tRNA	脱醯 tRNA
deadenylation	脱腺苷酸化	去腺苷酸化
DEAE-cellulose membrane(=diethylaminoethyl cellulose membrane)	DEAE 纤维素膜，二乙氨乙基纤维素膜	DEAE 纖維素膜，二乙胺乙基纖維素膜
DEAE-dextran gel(=diethylaminoethyl dextran gel)	DEAE 葡聚糖凝胶，二乙氨乙基葡聚糖凝胶	DEAE 葡聚醣凝膠，二乙胺乙基葡聚醣凝膠
deaminase	脱氨酶	脱胺酶
deamination	脱氨作用	脱胺[作用]
death receptor	死亡受体	死亡受體
debranching enzyme	脱支酶	脱支酶
decalcification	脱钙作用	去鈣作用
decanoic acid(=capric acid)	癸酸，十碳烷酸	癸酸，羊脂酸，十碳烷酸
decanoin(=caprin)	癸酸甘油酯	癸酸甘油酯，三癸酸甘油酯，三癸醯甘油
decarboxylase	脱羧酶	脱羧酶
decarboxylation	脱羧作用	脱羧作用
decay accelerating factor(DAF)	衰变加速因子	衰變加速因子
decay per minute	每分钟蜕变数	每分鐘蜕變數
decoding	译码，解码	解碼
decorin	饰胶蛋白聚糖	飾膠蛋白聚醣
decoy receptor	诱饵受体	誘餌受體
defensin	防御肽	防衛肽
deformylase	脱甲酰酶	脱甲醯酶
degeneracy	简并	簡併性
degeneracy genetic code	简并遗传密码	簡併遺傳密碼
degenerate codon	简并密码子	簡併密碼子
degenerate primer	简并引物	簡併引子
degenerin	退化蛋白	退化蛋白

英 文 名	大 陆 名	台 湾 名
deglycosylation	去糖基化	去醣基化
degradation	降解	降解
degradome	降解物组	降解物體
degradomics	降解物组学	降解物體學
dehydratase	脱水酶	脫水酶
dehydration	脱水作用	脫水作用
7-dehydrocholesterol	7 - 脱氢胆固醇	7 - 去氫膽甾醇
dehydroepiandrosterone(DHEA)	脱氢表雄酮	去氫異雄固酮
dehydrogenase	脱氢酶	去氫酶，脫氫酶
dehydrogenation	脱氢作用	去氫作用
3-dehydroretinol	3 - 脱氢视黄醇，维生素 A_2	3 - 去氫視黃醇，維生素 A_2
deltorphin	δ 啡肽	δ 啡肽
demethylation	脱甲基作用	脫甲基作用，去甲基作用
denaturant	变性剂	變性劑
denaturation	变性	變性[作用]
denatured DNA	变性 DNA	變性 DNA
denaturing gel electrophoresis	变性凝胶电泳	變性凝膠電泳
denaturing gradient polyacrylamide gel	变性梯度聚丙烯酰胺凝胶	變性梯度聚丙烯醯胺凝膠
denaturing polyacrylamide gel	变性聚丙烯酰胺凝胶	變性聚丙烯醯胺凝膠
dendrotoxin	树眼镜蛇毒素	樹眼鏡蛇毒素
denitrification	脱氮作用，反硝化作用	脫氮作用，反硝化作用
de novo synthesis	从头合成	从头合成
densitometer	光密度计	光密度計
densitometry	光密度法	光密度法
density gradient	密度梯度	密度梯度
density gradient centrifugation	密度梯度离心	密度梯度離心[法]
deoxyadenosine(dA)	脱氧腺苷	去氧腺苷
deoxyadenosine diphosphate(dADP)	脱氧腺苷二磷酸	去氧腺苷二磷酸
deoxyadenosine monophosphate(dAMP)	脱氧腺苷一磷酸	去氧腺苷一磷酸
deoxyadenosine triphosphate(dATP)	脱氧腺苷三磷酸	去氧腺苷三磷酸
deoxyadenylic acid	脱氧腺苷酸	去氧腺苷酸
deoxycholic acid	脱氧胆酸	去氧膽酸
deoxycorticosterone(DOC)	脱氧皮质酮	去氧皮質酮
deoxycortisol	脱氧皮质醇	去氧皮質醇
deoxycytidine(dC)	脱氧胞苷	去氧胞苷

英 文 名	大 陆 名	台 湾 名
deoxycytidine diphosphate(dCDP)	脱氧胞苷二磷酸	去氧胞苷二磷酸
deoxycytidine monophosphate(dCMP)	脱氧胞苷一磷酸	去氧胞苷一磷酸
deoxycytidine triphosphate(dCTP)	脱氧胞苷三磷酸	去氧胞苷三磷酸
deoxycytidylic acid	脱氧胞苷酸	去氧胞苷酸
deoxyglucose	脱氧葡萄糖	去氧葡萄糖
deoxyguanosine(dG)	脱氧鸟苷	去氧鳥苷
deoxyguanosine diphosphate(dGDP)	脱氧鸟苷二磷酸	去氧鳥苷二磷酸
deoxyguanosine monophosphate(dGMP)	脱氧鸟苷一磷酸	去氧鳥苷一磷酸
deoxyguanosine triphosphate(dGTP)	脱氧鸟苷三磷酸	去氧鳥苷三磷酸
deoxyguanylic acid	脱氧鸟苷酸	去氧鳥苷酸
deoxyhemoglobin	去氧血红蛋白	去氧血紅蛋白
deoxyinosine(dI)	脱氧肌苷	去氧肌苷
deoxyinosine triphosphate(dITP)	脱氧肌苷三磷酸，脱氧次黄苷三磷酸	去氧肌苷三磷酸
deoxynucleotide	脱氧核苷酸	去氧核苷酸
deoxyriboaldolase	脱氧核糖醛缩酶，磷酸脱氧核糖醛缩酶	去氧核糖醛縮酶
deoxyribodipyrimidine photolyase(=DNA photolyase)	脱氧核糖二嘧啶光裂合酶(=DNA光裂合酶)	去氧核糖二嘧啶光裂解酶(=DNA光裂解酶)
deoxyribomutase	脱氧核糖变位酶	去氧核糖變位酶
deoxyribonuclease(DNase)	脱氧核糖核酸酶，DNA酶	去氧核糖核酸酶，DNA酶，脱氧核糖核酸酶
deoxyribonucleic acid(DNA)	脱氧核糖核酸	去氧核糖核酸，脱氧核糖核酸
deoxy[ribo]nucleoside	脱氧[核糖]核苷	去氧[核糖]核苷，脱氧[核糖]核苷
deoxy[ribo]nucleoside diphosphate	脱氧[核糖]核苷二磷酸	去氧[核糖]核苷二磷酸
deoxy[ribo]nucleoside monophosphate	脱氧[核糖]核苷一磷酸	去氧[核糖]核苷一磷酸
deoxy[ribo]nucleoside triphosphate	脱氧[核糖]核苷三磷酸	去氧[核糖]核苷三磷酸
deoxy[ribo]nucleotide	脱氧[核糖]核苷酸	去氧[核糖]核苷酸，脱氧[核糖]核苷酸
deoxyribose	脱氧核糖	去氧核糖
deoxyribozyme	脱氧核酶	去氧核酸代酶
deoxysugar	脱氧糖	去氧糖，脱氧糖
deoxythymidine(dT)	脱氧胸苷	去氧胸腺苷

英 文 名	大 陆 名	台 湾 名
deoxythymidine diphosphate(dTDP)	脱氧胸苷二磷酸	去氧胸腺苷二磷酸
deoxythymidine monophosphate(dTMP)	脱氧胸苷一磷酸	去氧胸腺苷一磷酸
deoxythymidine triphosphate(dTTP)	脱氧胸苷三磷酸	去氧胸腺苷三磷酸
deoxythymidylic acid	脱氧胸苷酸	去氧胸腺苷酸
deoxyuridine(dU)	脱氧尿苷	去氧尿苷
deoxyuridine monophosphate(dUMP) (=deoxyuridylic acid)	脱氧尿苷一磷酸(=脱氧尿苷酸)	去氧尿苷一磷酸(=去氧尿苷酸)
deoxyuridylic acid	脱氧尿苷酸	去氧尿苷酸
depactin	蚕食蛋白	蠶食蛋白
DEPC(=diethyl pyrocarbonate)	焦碳酸二乙酯	焦碳酸二乙酯
ρ-dependent termination	依赖ρ因子的终止	依賴ρ因子的終止
dephosphin	去磷蛋白	去磷蛋白
dephosphorylation	去磷酸化	去磷酸化
depolymerase	解聚酶	去聚合酶
depolymerization	解聚	去聚合作用
depot lipid	储脂	儲脂
deproteinization	去蛋白作用	去蛋白作用
depurination	脱嘌呤作用	脫嘌呤作用
derivative	衍生物	衍生物
dermaseptin	皮抑菌肽	皮抑菌肽
dermatan sulfate	硫酸皮肤素	硫酸皮膚素
dermenkaphaline	皮脑啡肽	皮腦啡肽
dermorphin	皮啡肽	皮啡肽
DES(=diethylstilbestrol)	乙蔗酚，二乙基己烯雌酚	二乙基己烯雌酚
desalting	脱盐	脫鹽
desaminase(=deaminase)	脱氨酶	脫胺酶
desaturase	脱饱和酶	脫飽和酶
desensitization	脱敏	去敏感作用
desmin	结蛋白	肌絲間蛋白
desmocalmin	桥粒钙蛋白	橋粒鈣蛋白
desmocollin	桥粒胶蛋白	橋粒膠黏蛋白
desmoglein	桥粒黏蛋白	橋粒醣蛋白
desmolase	碳链裂解酶	碳鏈裂解酶
desmoplakin	桥粒斑蛋白	橋粒斑蛋白
desmosine	锁链素	鎖鏈[賴胺]素
desmoyokin	桥粒联结蛋白	橋粒聯結蛋白
destrin	消去蛋白	消去蛋白

英 文 名	大 陆 名	台 湾 名
detoxification	解毒作用	去毒作用，解毒作用
deuterium exchange	氢氘交换	氕氘交換
dextran	右旋糖酐	右旋醣酐，右旋聚醣
dextranase	葡聚糖酶	葡聚醣酶
dextran sulfate	硫酸葡聚糖	硫酸葡聚醣
dextrin	糊精	糊精
α-dextrin endo-1, 6-α-glucosidase(=pullulanase)	α 糊精内切 1, 6 – α – 葡糖苷酶(=短梗霉多糖酶)	α – 糊精内切 1, 6 – α – 葡醣苷酶(=短梗黴多醣酶)
dextroisomer	右旋异构体	右旋異構體
dextrose	右旋糖	右旋糖
dG(=deoxyguanosine)	脱氧鸟苷	去氧鳥苷
dGDP(=deoxyguanosine diphosphate)	脱氧鸟苷二磷酸	去氧鳥苷二磷酸
dGMP(=deoxyguanosine monophosphate)	脱氧鸟苷一磷酸	去氧鳥苷一磷酸
dGTP(=deoxyguanosine triphosphate)	脱氧鸟苷三磷酸	去氧鳥苷三磷酸
DHA(=docosahexoenoic acid)	二十二碳六烯酸	二十二碳六烯酸
DHEA(=dehydroepiandrosterone)	脱氢表雄酮	去氫異雄固酮
DHFR(=dihydrofolate reductase)	二氢叶酸还原酶	二氫葉酸還原酶
DHT(=dihydrotestosterone)	双氢睾酮	二氫睪酮
dI(=deoxyinosine)	脱氧肌苷	去氧肌苷
diacylglycerol(DAG)	二酰甘油	二醯甘油
diagonal chromatography	对角线层析	對角線層析
diagonal electrophoresis	对角线电泳	對角線電泳
dialkylglycine decarboxylase	二烷基甘氨酸脱羧酶	二烷基甘胺酸脫羧酶
dialysate	透析液	透析液
dialysis	透析	透析
dialysis bag	透析袋	透析袋
dialysis tube(=dialysis bag)	透析管(=透析袋)	透析管
diaminopimelic acid	二氨基庚二酸	二胺基庚二酸
dianthin	香石竹毒蛋白	香石竹毒蛋白
diapause hormone	滞育激素	滯育激素
diastase	淀粉酶制剂	澱粉醣化酶
diastereomer	非对映[异构]体	非對映[立體]異構體
diatomaceous earth	硅藻土	矽藻土
diazonium salt	重氮盐	重氮鹽
dicyclohexylcarbodiimide(DCC)	二环己基碳二亚胺	二環己基碳二亞胺
dideoxy chain-termination method(=San-	双脱氧链终止法(=桑	雙去氧鏈末端終止法

英 文 名	大 陆 名	台 湾 名
ger-Coulson method)	格－库森法)	
dideoxynucleotide	双脱氧核苷酸	雙去氧核苷酸，2′，3′－雙去氧核苷酸
dideoxyribonucleoside triphosphate (ddNTP)	双脱氧核苷三磷酸	雙去氧[核糖]核苷三磷酸，2′，3′－雙去氧核苷 5′－三磷酸
dielectrophoresis	介电电泳	介電電泳
diethylaminoethyl cellulose membrane (DEAE-cellulose membrane)	DEAE 纤维素膜，二乙氨乙基纤维素膜	DEAE 纖維素膜，二乙胺乙基纖維素膜
diethylaminoethyl dextran gel(DEAE-dextran gel)	DEAE 葡聚糖凝胶，二乙氨乙基葡聚糖凝胶	DEAE 葡聚醣凝膠，二乙胺乙基葡聚醣凝膠
diethyl pyrocarbonate(DEPC)	焦碳酸二乙酯	焦碳酸二乙酯
diethylstilbestrol(DES)	乙底酚，二乙基己烯雌酚	二乙基己烯雌酚
differential centrifugation	差速离心	差速離心
differential display PCR	差示聚合酶链反应，差示 PCR	差異性顯示 PCR，差異性顯示聚合酶鏈反應
differential expression	差异表达	差異表達
differential hybridization	差示杂交	差異性雜交
differential screening	差示筛选	差異性雜交反應篩選法
differentiation factor	分化因子	分化因子
diffusate	渗出液	滲出液
digalactosyl diglyceride	双半乳糖甘油二酯	二半乳糖甘油二酯
digitonin	毛地黄皂苷	毛地黃皂苷
diglyceride(=diacylglycerol)	甘油二酯(=二酰甘油)	甘油二酯(=二醯甘油)
digoxigenin system	地高辛精系统	地高辛鹼基系統
dihedral angle	双面角，二面角	二面角
dihydrobiopterin	二氢生物蝶呤	二氫生物蝶呤
dihydrofolate reductase(DHFR)	二氢叶酸还原酶	二氫葉酸還原酶
dihydrolipoamide	二氢硫辛酰胺	二氫硫辛醯胺
dihydrolipoamide dehydrogenase	二氢硫辛酰胺脱氢酶	二氫硫辛醯胺脫氫酶
dihydroorotase	二氢乳清酸酶	二氫乳清酸酶
dihydroorotic acid	二氢乳清酸	二氫乳清酸
dihydropteridine	二氢蝶啶	二氫蝶啶
dihydropteridine reductase	二氢蝶啶还原酶	二氫蝶啶還原酶
dihydrotestosterone(DHT)	双氢睾酮	二氫睪酮
dihydrouracil	二氢尿嘧啶	二氫尿嘧啶

英文名	大陆名	台湾名
dihydrouracil arm(D arm)	二氢尿嘧啶臂，D 臂	二氫尿嘧啶臂
dihydrouracil loop(D loop)	二氢尿嘧啶环，D 环	二氫尿嘧啶環
dihydrouridine	二氢尿苷	二氫尿苷
dihydroxyacetone phosphate	磷酸二羟丙酮	磷酸二羥丙酮
1, 25-dihydroxycholecalciferol	1, 25－二羟胆钙化醇	1, 25－二羥膽鈣化醇
3, 4-dihydroxy phenylalanine(DOPA)	3, 4－二羟苯丙氨酸，多巴	3, 4－二羥苯丙胺酸，多巴
3, 4-dihydroxy phenylethylamine	3, 4－二羟苯乙胺	3, 4－二羥苯乙胺
diiodothyronine	二碘甲腺原氨酸	二碘甲腺胺酸
diiodotyrosine	二碘酪氨酸	二碘酪胺酸
diluent	稀释剂	稀釋劑
dimannosyldiacyl glycerol	二甘露糖二酰甘油	二甘露基二脂醯甘油
γ, γ-dimethylallyl pyrophosphate	γ, γ－二甲丙烯焦磷酸	γ, γ－二甲丙烯焦磷酸
dimethyl sulfate(DMS)	硫酸二甲酯	硫酸二甲酯
dimethyl sulfate footprinting	硫酸二甲酯足迹法	硫酸二甲酯足跡法
dimethyl sulfate protection assay(DMS protection assay)	DMS 保护分析，硫酸二甲酯保护分析	DMS 保護分析，硫酸二甲酯保護分析
dimethyl sulfoxide(DMSO)	二甲基亚砜	二甲亞碸
dinitrobenzene	二硝基苯	二硝基苯
dinitrofluorobenzene(DNFB)	二硝基氟苯	二硝基氟苯
dinitrogenase(=nitrogenase 1)	双固氮酶(=固氮酶组分 1)	雙固氮酶
dinitrogenase reductase(=nitrogenase 2)	双固氮酶还原酶(=固氮酶组分 2)	雙固氮還原酶
dinitrophenol	二硝基酚	二硝基酚
diol lipid	二醇脂质	二醇脂類
dioxygenase	双加氧酶	二加氧酶
dipeptidase	二肽酶	二肽酶
dipeptide	二肽	二肽
dipeptidyl carboxypeptidase Ⅰ(=angiotensin Ⅰ-converting enzyme)	二肽基羧肽酶Ⅰ(=血管紧张肽Ⅰ转化酶)	二肽基羧肽酶Ⅰ(=血管緊張素Ⅰ轉化酶)
diphosphatidylglycerol(=cardiolipin)	双磷脂酰甘油(=心磷脂)	二磷脂醯甘油(=心磷脂)
2, 3-diphosphoglycerate(2, 3-DPG)(=2, 3-bisphosphoglycerate)	2, 3－二磷酸甘油酸(=2, 3－双磷酸甘油酸)	2, 3－二磷酸甘油酸(=2, 3－雙磷酸甘油酸)
diphosphoinositide	二磷酸肌醇磷脂	二磷酸肌醇磷脂，磷脂醯二磷酸肌醇

英 文 名	大 陆 名	台 湾 名
diphthamide	白喉酰胺	白喉醯胺
diphtheria toxin(DT)	白喉毒素	白喉毒素
diptericin	双翅菌肽	雙翅抗菌肽
directed molecular evolution	分子定向进化	分子定向進化
directed sequencing	定向测序	定向測序
direct immunofluorescent technique	直接免疫荧光技术	直接免疫螢光技術
directional cloning	定向克隆	定向克隆
directional selection	定向选择	定向選擇
disaccharide	二糖，双糖	二醣，雙醣
discoidin	网柄菌凝素	盤狀素
discontinuous gel electrophoresis	不连续凝胶电泳	不連續凝膠電泳
discontinuous replication	不连续复制	不連續複製
discriminator	识别子	識別子
disintegration per minute(=decay per minute)	每分钟蜕变数	每分鐘蛻變數
disintegrin	解整联蛋白	去組合蛋白
disk gel electrophoresis	盘状凝胶电泳	圓盤凝膠電泳
dismutase	歧化酶	歧化酶
dispase	分散酶	分散酶，中性蛋白酶
displacement chromatography	顶替层析，置换层析	置換層析
displacement loop(D-loop)	替代环，D 环	替代環
dissimilation	异化[作用]	異化作用
dissociation	解离	解離
dissociation constant	解离常数	解離常數
distal sequence	远侧序列	遠端序列
distal sequence element	远侧序列元件	遠端序列元件
distillation	蒸馏	蒸餾
disulfide bond	二硫键	二硫鍵
diterpene	双萜	雙萜
dithioerythritol(DTE)	二硫赤藓糖醇	二硫赤蘚糖醇
dithiothreitol(DTT)	二硫苏糖醇	二硫蘇糖醇
dITP(=deoxyinosine triphosphate)	脱氧肌苷三磷酸，脱氧次黄苷三磷酸	去氧肌苷三磷酸
diuretic hormone	利尿激素	利尿激素
D loop(=dihydrouracil loop)	二氢尿嘧啶环，D 环	二氫尿嘧啶環
D-loop(=displacement loop)	替代环，D 环	替代環
DMS(=dimethyl sulfate)	硫酸二甲酯	硫酸二甲酯
DMS footprinting(=dimethyl sulfate pro-	DMS 足迹法(=DMS 保	DMS 足跡法(=DMS 保

英 文 名	大 陆 名	台 湾 名
tection assay)	护分析)	護分析)
DMSO(= dimethyl sulfoxide)	二甲基亚砜	二甲亞碸
DMS protection assay(= dimethyl sulfate protection assay)	DMS 保护分析，硫酸二甲酯保护分析	DMS 保護分析，硫酸二甲酯保護分析
DNA(= deoxyribonucleic acid)	脱氧核糖核酸	去氧核糖核酸，脱氧核糖核酸
α-DNA(= α-satellite DNA)	α 样 DNA(= α 卫星 DNA)	α 樣 DNA(= α－衛星 DNA)
DNA adduct	DNA 加合物	DNA 添加物
DNA affinity chromatography	DNA 亲和层析	DNA 親和層析
DNA alkylation	DNA 烷基化	DNA 烷基化
DNA amplification	DNA 扩增	DNA 擴增
DNA amplification polymorphism	DNA 扩增多态性	DNA 擴增多型性
DNA bending	DNA 弯曲	DNA 彎曲
DnaB helicase(= bacterial helicase)	DnaB 解旋酶(= 细菌解旋酶)	DnaB 解旋酶(= 細菌解旋酶)
DNA-binding assay	DNA 结合分析	DNA 結合分析
DNA-binding domain	DNA 结合域	DNA 結合區域
DNA-binding motif	DNA 结合模体	DNA 結合模體
DNA catenation	DNA 连环	DNA 成鏈作用
DNA chip	DNA 芯片	DNA 晶片
DNA circle(= DNA loop)	DNA 环	DNA 環
DNA complexity	DNA 复杂度	DNA 複雜性
DNA crosslink	DNA 交联	DNA 交聯
DNA damage	DNA 损伤	DNA 損傷
DNA damaging agent	DNA 损伤剂	DNA 損傷劑
DNA database	DNA 数据库	DNA 資料庫
DNA-dependent DNA polymerase	依赖于 DNA 的 DNA 聚合酶	依賴 DNA 的 DNA 聚合酶
DNA-dependent RNA polymerase	依赖于 DNA 的 RNA 聚合酶	依賴 DNA 的 RNA 聚合酶
DNA-directed DNA polymerase	DNA 指导的 DNA 聚合酶	DNA 指導的 DNA 聚合酶
DNA-directed RNA polymerase	DNA 指导的 RNA 聚合酶	DNA 指導的 RNA 聚合酶
DNA duplication	DNA 重复	DNA 複製
DNA fingerprint	DNA 指纹	DNA 指紋
DNA fingerprinting	DNA 指纹分析	DNA 指紋鑒定術

英文名	大陆名	台湾名
DNA footprinting	DNA 足迹法	DNA 足跡法
DNA *N*-glycosidase	DNA *N*－糖苷酶	DNA *N*－醣苷酶
DNA *N*-glycosylase	DNA *N*－糖基化酶	DNA *N*－醣基化酶
DNA gyrase	DNA 促旋酶，DNA 促超螺旋酶	DNA 回旋酶
DNA homology	DNA 同源性	DNA 同源性
DNA hybridization	DNA 杂交	DNA 雜交
DNA hypervariable minisatellite	DNA 超变小卫星	DNA 高度變異的小衛星
DNA intercalator	DNA 嵌入剂	DNA 嵌入劑
DNA jumping technique	DNA 跳移技术	DNA 跳躍技術
DNA ladder marker	DNA 梯状标志	DNA 梯狀標誌
DNA library	DNA 文库	DNA 庫
DNA ligase	DNA 连接酶	DNA 連接酶
DNA loop	DNA 环	DNA 環
DNA melting	DNA 解链	DNA 解鏈
DNA methylase	DNA 甲基化酶	DNA 甲基化酶
DNA methylation	DNA 甲基化	DNA 甲基化
DNA methyltransferase（＝DNA methylase）	DNA 甲基转移酶（＝DNA 甲基化酶）	DNA 甲基轉移酶（＝DNA 甲基化酶）
DNA microarray（＝DNA chip）	DNA 微阵列（＝DNA 芯片）	DNA 微陣列
DNA microheterogeneity	DNA 微不均一性	DNA 微不均一性
DNA modification	DNA 修饰	DNA 修飾
DNA packaging	DNA 包装	DNA 包裝
DNA pairing	DNA 配对	DNA 配對
DNA phage	DNA 噬菌体	DNA 噬菌體
DNA photolyase	DNA 光裂合酶	DNA 光裂解酶
DNA pitch	DNA 螺距	DNA 螺距
DNA polymerase（＝repair polymerase）	DNA 聚合酶（＝修复聚合酶）	DNA 聚合酶
DNA polymerase Ⅰ	DNA 聚合酶 Ⅰ	DNA 聚合酶 Ⅰ
DNA polymorphism	DNA 多态性	DNA 多型性
DNA primase	DNA 引发酶	DNA 引發酶
DNA probe	DNA 探针	DNA 探針
DNA rearrangement	DNA 重排	DNA 重排
DNA recombination	DNA 重组	DNA 重組
DNA repair	DNA 修复	DNA 修復
DNA repair enzyme	DNA 修复酶	DNA 修復酶

英 文 名	大 陆 名	台 湾 名
DNA replication	DNA 复制	DNA 複製
DNA replication origin	DNA 复制起点	DNA 複製起點
DNA restriction	DNA 限制性	DNA 限制性
DNase(=deoxyribonuclease)	脱氧核糖核酸酶，DNA 酶	去氧核糖核酸酶，DNA 酶，脱氧核糖核酸酶
DNase footprinting	DNA 酶足迹法	DNA 酶足跡法
DNase Ⅰ footprinting	DNA 酶Ⅰ足迹法	DNA 酶Ⅰ足跡法
DNase Ⅰ hypersensitive site	DNA 酶Ⅰ超敏感部位	DNA 酶Ⅰ超敏感部位
DNase Ⅰ hypersensitivity	DNA 酶Ⅰ超敏感性	DNA 酶Ⅰ超敏感性
DNase Ⅰ-protected footprinting	DNA 酶Ⅰ保护足迹法	DNA 酶Ⅰ保護足跡法
DNase protection assay	DNA 酶保护分析	DNA 酶保護分析
DNA sequence searching	DNA 序列查询	DNA 序列查詢
DNA sequencing	DNA 测序	DNA 定序
DNA shuffling	DNA 混编	DNA 重組技術，DNA 洗牌技術
DNA supercoiling	DNA 超卷曲化	DNA 超捲曲化
DNA synthesis	DNA 合成	DNA 合成
DNA topoisomerase	DNA 拓扑异构酶	DNA 拓撲異構酶
DNA topoisomerase Ⅰ	Ⅰ型 DNA 拓扑异构酶	Ⅰ型 DNA 拓撲異構酶
DNA topoisomerase Ⅱ	Ⅱ型 DNA 拓扑异构酶	Ⅱ型 DNA 拓撲異構酶
DNA topology	DNA 拓扑学	DNA 拓撲學
DNA torsional stress	DNA 扭转应力	DNA 扭轉應力
DNA transfection	DNA 转染	DNA 轉染
DNA transformation	DNA 转化	DNA 轉化
DNA twist	DNA 扭曲	DNA 扭曲
DNA typing	DNA 分型	DNA 分型
DNA untwisting	DNA 解超螺旋	DNA 解超螺旋
DNA unwinding	DNA 解旋	DNA 解螺旋
DNA unwinding enzyme(=DNA helicase)	DNA 解链酶(=DNA 解旋酶)	DNA 解旋酶，DNA 解鏈酶
DNFB(=dinitrofluorobenzene)	二硝基氟苯	二硝基氟苯
DNS method(=dansyl method)	丹磺酰法	丹醯法
DOC(=deoxycorticosterone)	脱氧皮质酮	去氧皮質酮
docking protein	停靠蛋白质	停靠蛋白
docosahexoenoic acid(DHA)	二十二碳六烯酸	二十二碳六烯酸
docosanoic acid(=behenic acid)	二十二烷酸(=山萮酸)	二十二烷酸(=山萮酸)
docosanol	二十二烷醇	二十二烷醇

英文名	大陆名	台湾名
docosatetraenoic acid	二十二碳四烯酸	二十二碳四烯酸
dodecandrin	商陆毒蛋白	商陸毒蛋白
dolichol(=polyprenol)	多萜醇，长萜醇	多萜醇，長萜醇
dolichol oligosaccharide precursor	长萜醇寡糖前体	長萜醇寡醣前趨物
domain	域	區域
dominant active mutant	显性活性突变体	顯性活性突變體
dominant inactive mutant	显性失活突变体	顯性失活突變體
dominant negative mutant(=dominant inactive mutant)	显性负突变体(=显性失活突变体)	顯性負突變體
dominant selectable marker	优势选择标志	優勢選擇標記
Donnan equilibrium	唐南平衡	唐南平衡
donor	供体	提供體
DOPA(=3, 4-dihydroxy phenylalanine)	3,4－二羟苯丙氨酸，多巴	3,4－二羥苯丙胺酸，多巴
dopamine(=3, 4-dihydroxy phenylethyl-amine)	多巴胺(=3,4－二羟苯乙胺)	多巴胺，度巴胺(=3,4－二羥苯乙胺)
dot blotting	斑点印迹[法]	斑點印漬
dot hybridization	斑点杂交	斑點雜交
dotting	打点	打點
double beam photometer	双光束光度计	雙光束光度計
double beam spectrophotometer	双光束分光光度计	雙光束分光光度計
double helix	双螺旋	雙螺旋
double helix model(=Watson-Crick model)	双螺旋模型(=沃森－克里克模型)	雙螺旋模型(=華生－克里克模型)
double oxalate	双草酸盐	雙草酸鹽
double-reciprocal plot	双倒数作图法	雙倒數作圖法
double strand	双链	雙股
double-stranded cDNA(dscDNA)	双链互补 DNA	雙股互補 DNA
double-stranded DNA(dsDNA)	双链 DNA	雙股 DNA
double-stranded helix(=double helix)	双链螺旋(=双螺旋)	雙股螺旋(=雙螺旋)
double-stranded RNA(dsRNA)	双链 RNA	雙股 RNA
double-stranded RNA-dependent protein kinase	依赖双链 RNA 的蛋白激酶	依賴雙股 RNA 的蛋白激酶
double wavelength spectrophotometer	双波长分光光度计	雙波長分光光度計
down promotor mutation	启动子减效突变	啟動子減效突變
down regulation	下调	下降調節
down regulator	下调物	下降調節物
downstream	下游	下游

英 文 名	大 陆 名	台 湾 名
downstream processing	下游处理，下游加工	下游處理，下游加工
downstream sequence	下游序列	下游序列
2，3-DPG(=2，3-diphosphoglycerate)	2，3-二磷酸甘油酸(=2，3-双磷酸甘油酸)	2，3-二磷酸甘油酸(=2，3-雙磷酸甘油酸)
drebin	脑发育调节蛋白	腦發育調節蛋白
D-ribose 1，5-phosphamutase(=deoxyribomutase)	D-核糖1，5-磷酸变位酶(=脱氧核糖变位酶)	D-核糖1，5-磷酸變位酶(=去氧核糖變位酶)
drug-resistance gene	抗药性基因	抗藥性基因
dscDNA(=double-stranded cDNA)	双链互补 DNA	雙股互補 DNA
dsDNA(=double-stranded DNA)	双链 DNA	雙股 DNA
dsDNA-binding domain	双链 DNA 结合域	雙股 DNA 結合區域
D-sphinganine	二氢鞘氨醇	二氫鞘氨醇
dsRNA(=double-stranded RNA)	双链 RNA	雙股 RNA
dsRNA-binding domain	双链 RNA 结合域	雙股 RNA 結合區域
dT(=deoxythymidine)	脱氧胸苷	去氧胸腺苷
DT(=diphtheria toxin)	白喉毒素	白喉毒素
dTDP(=deoxythymidine diphosphate)	脱氧胸苷二磷酸	去氧胸腺苷二磷酸
DTE(=dithioerythritol)	二硫赤藓糖醇	二硫赤蘚糖醇
dTMP(=deoxythymidine monophosphate)	脱氧胸苷一磷酸	去氧胸腺苷一磷酸
dTTP(=deoxythymidine triphosphate)	脱氧胸苷三磷酸	去氧胸腺苷三磷酸
DTT(=dithiothreitol)	二硫苏糖醇	二硫蘇糖醇
dU(=deoxyuridine)	脱氧尿苷	去氧尿苷
dUMP(=deoxyuridine monophosphate)	脱氧尿苷一磷酸(=脱氧尿苷酸)	去氧尿苷一磷酸
duocrinin	促十二指肠液素	促十二指腸液素
duplex	双链体	複式體
duplex DNA	双链体 DNA	複式 DNA
duplex formation	双链体形成	複式體形成
duplication	重复	重複，複製
duplicon	重复子	複製子
dynactin	动力蛋白激活蛋白	動力蛋白活化蛋白
dynamin	发动蛋白	發動蛋白
dynein	动力蛋白	動力蛋白
dynorphin	强啡肽	強啡肽
dysgammaglobulinemia	异常γ球蛋白血症	異常γ-球蛋白血症
dyslipoproteinemia	异常脂蛋白血症	異常脂蛋白血症

英文名	大陆名	台湾名
dystroglycan	肌养蛋白聚糖	肌營養不良蛋白聚醣
dystrophin	肌养蛋白	肌營養不良素

E

英文名	大陆名	台湾名
EAA(=excitatory amino acid)	兴奋性氨基酸	興奮性胺基酸
EB(=ethidium bromide)	溴乙锭	溴[化]乙錠
EC(=enzyme classification)	酶分类	酵素分類
eccrine gland	外分泌腺	外分泌腺
ecdysone	蜕皮素	蛻皮激素
ecdysteroid hormone	蜕皮类固醇激素，20 -羟蜕皮激素	蛻皮類固醇激素，20 -羥蛻皮激素
ECE(=endothelin-converting enzyme)	内皮肽转化酶	內皮肽轉化酶
echinoidin	海胆凝[集]素	海膽凝素
echiststin	锯鳞肽	鋸鱗肽
eclosion hormone	蜕壳激素	蛻殼激素
ectodomain	胞外域	細胞外區域
ectodomain shedding	胞外域脱落	細胞外區域脫落
ectopic expression	异位表达	異位表達
editing	编辑	編輯
editosome	编辑体	編輯體
Edman [stepwise] degradation	埃德曼[分步]降解法	艾德曼[逐步]降解法
EDRF(=endothelium-derived relaxing factor)	内皮细胞源性血管舒张因子	內皮細胞舒血管因子
EDTA(=ethylene diaminetetraacetic acid)	乙二胺四乙酸	乙二胺四乙酸
EF(=elongation factor)	延伸因子	延伸因子
E face of lipid bilayer	脂双层 E 面	脂質雙層的 E 面，脂雙層的向外面
effector	效应物	效應物，效應器
EF hand	EF 手形	EF 手形
EGF(=epidermal growth factor)	表皮生长因子，上皮生长因子	表皮生長因子，上皮生長因子
EGTA(=ethyleneglycol bis(2-aminoethylether)tetraacetic acid)	乙二醇双(2 -氨基乙醚)四乙酸	乙二醇雙(2 -胺基乙醚)四乙酸
EIA(=enzyme immunoassay)	酶免疫测定	酵素免疫分析法
eicosanoic acid(=arachidic acid)	花生酸，二十烷酸	花生酸，二十烷酸

英 文 名	大 陆 名	台 湾 名
eicosanoid	类花生酸，类二十烷酸	類二十烷酸，類花生酸
eicosanol	二十烷醇	二十烷醇
eicosapentaenoic acid(EPA)	二十碳五烯酸	二十碳五烯酸
eIF(=eukaryotic initiation factor)	真核起始因子	真核起始因子
EKLF(=erythroid Krüppel-like factor)	红细胞克吕佩尔样因子	紅血球克呂佩爾樣因子
elafin	弹性蛋白酶抑制剂	彈性蛋白酶抑制劑
elaidic acid	反油酸	反油酸，反十八碳烯-9-酸
elastase	弹性蛋白酶	彈性蛋白酶
elastin	弹性蛋白	彈性蛋白
elastin microfibrin interface located protein	弹性蛋白微原纤维界面定位蛋白，界面蛋白	彈性蛋白微原纖維界面定位蛋白，界面蛋白
elastonectin	弹连蛋白	彈連蛋白
electroblotting	电印迹法	電印漬
electrochemical gradient	电化学梯度	電化學梯度
electrochemical proton gradient	质子电化学梯度	質子電化學梯度
electrochemiluminescence	电化学发光	電化學發光
electrochemistry	电化学	電化學
electrode potential	电极电位	電極電位
electrodialysis	电透析	電透析
electroelution	电洗脱	電溶析
electrofocusing(=isoelectric focusing)	电聚焦(=等电聚焦)	電聚焦(=等電聚焦)
electroimmunodiffusion	电泳免疫扩散	電泳免疫擴散[法]
electron carrier	电子载体	電子載體
electron leakage	电子漏	電子漏
electron-nuclear double resonance (ENDS)	电子-核双共振	電子-核雙共振
electron paramagnetic resonance(EPR) (=electron spin resonance)	电子顺磁共振(=电子自旋共振)	電子順磁共振
electron spin resonance(ESR)	电子自旋共振	電子自旋共振
electron transfer chain(=electron transport chain)	电子传递链	電子傳遞鏈
electron transfer system	电子传递系统	電子傳遞系統
electron transport	电子传递	電子轉移
electron transport chain	电子传递链	電子傳遞鏈
electroosmosis	电渗	電滲[透]
electrophoresis	电泳	電泳[法]
electrophoresis apparatus	电泳仪，电泳装置	電泳儀，電泳裝置

英　文　名	大　陆　名	台　湾　名
electrophoresis pattern(=electrophoretogram)	电泳图[谱]	電泳圖[譜]
electrophoresis tank	电泳槽	電泳槽
electrophoretic analysis	电泳分析	電泳分析
electrophoretic mobility	电泳迁移率	電泳遷移率
electrophoretic mobility shift assay (EMSA)	电泳迁移率变动分析	電泳遷移率變動分析
electrophoretogram	电泳图[谱]	電泳圖[譜]
electrophorogram(=electrophoretogram)	电泳图[谱]	電泳圖[譜]
electroporation	电穿孔	電穿透作用
electrospray mass spectroscopy(ESMS)	电喷射质谱	電噴射質譜
electrotransfer	电转移	電轉移
electrotransformation	电转化法	電轉化法
eleidin	角母蛋白	角母蛋白
element	元件	元件
eleostearic acid	桐油酸，油桐酸	桐油酸，油桐酸
β-elimination	β消除	β－消除
ELISA(=enzyme-linked immunosorbent assay)	酶联免疫吸附测定，酶联免疫吸附分析	酶聯免疫吸附試驗，酵素連結免疫吸附分析
elongation factor(EF)	延伸因子	延伸因子
eluate	洗脱物	洗脫物，洗出物
eluent	洗脱液	洗出液
elution	洗脱	溶析，洗出
elution volume	洗脱体积	洗脫體積
EMBL nucleotide sequence database	EMBL 核苷酸序列数据库	EMBL 核苷酸序列資料庫
embryonic stem cell method	胚胎干细胞法	胚胎幹細胞法
emilin(=elastin microfibrin interface located protein)	弹性蛋白微原纤维界面定位蛋白，界面蛋白	彈性蛋白微原纖維界面定位蛋白，界面蛋白
EMSA(=electrophoretic mobility shift assay)	电泳迁移率变动分析	電泳遷移率變動分析
enantiomer	对映[异构]体	對映[異構]體
3′-end	3′端	3′－端
5′-end	5′端	5′－端
endergonic reaction	吸能反应	吸能反應
end-filling	末端补平	末端補平
end-labeling	末端标记	末端標記
endochitinase(=chitinase)	内切几丁质酶(=壳多	內切幾丁質酶

英文名	大陆名	台湾名
	糖酶)	
endocrine	内分泌	内分泌
endocrine disruptor	内分泌干扰物质	内分泌干擾物質
endodeoxyribonuclease	内切脱氧核糖核酸酶	去氧核糖核酸内切酶
endogenous opioid peptide	内源性阿片样肽	内源性阿片樣肽
endoglin	内皮联蛋白	内皮聯蛋白
endoglucanase	内切葡聚糖酶	葡聚醣内切酶
endoglycosidase	内切糖苷酶	醣苷内切酶
endonexin	内联蛋白	内聯蛋白
endonuclease	内切核酸酶	核酸内切酶
endopeptidase	内肽酶	肽鏈内切酶
endophilin	吞蛋白	吞蛋白
endoribonuclease	内切核糖核酸酶	核糖核酸内切酶
endorphin	内啡肽	内啡肽
endosialin	内皮唾液酸蛋白	内皮唾液酸蛋白
endosome	内体	核内體
endostatin	内皮抑制蛋白	内皮抑制蛋白
endosulfine	内磺蛋白	内磺肽
endothelin(ET)	内皮肽	内皮肽
endothelin-converting enzyme(ECE)	内皮肽转化酶	内皮肽轉化酶
endothelium-derived relaxing factor (EDRF)	内皮细胞源性血管舒张因子	内皮細胞舒血管因子
endotoxin	内毒素	内毒素
end-polishing(=end-filling)	末端补平	末端補平
end-product inhibition	终产物抑制	終產物抑制
ENDS(=electron-nuclear double resonance)	电子-核双共振	電子-核雙共振
energy barrier	能障	能障
energy charge	能荷	能荷
energy metabolism	能量代谢	能量代謝
energy-requiring reaction	需能反应	需能反應
energy-rich bond	高能键	高能鍵
energy-rich phosphate	高能磷酸化合物	高能磷酸化合物
energy transfer	能量传递	能量傳輸,能量轉移
engineered ribozyme	[基因]工程核酶	工程核酶
enhancer	增强子	增強子
enhancer element	增强子元件	增強子元件
enhancer trapping	增强子捕获	增強子捕獲

英　文　名	大　陆　名	台　湾　名
enhancesome	增强体	增強體
enhancosome(=enhancesome)	增强体	增強體
enhanson	增强元	增強元
enkephalin	脑啡肽	腦啡肽
enkephalinase	脑啡肽酶	腦啡肽酶
enol	烯醇	烯醇
enolase	烯醇化酶	烯醇[化]酶
enolpyruvic acid	烯醇丙酮酸	烯醇丙酮酸
5-enolpyruvylshikimate-3-phosphate synthase(EPSP synthase)	5－烯醇式丙酮酰莽草酸－3－磷酸合酶	5－烯醇式丙酮醯莽草酸－3－磷酸合酶
enoyl CoA	烯脂酰辅酶 A	脂烯醯[基]輔酶 A
entactin	巢蛋白	巢蛋白
enterocrinin	促肠液蛋白，促肠液素	促腸液[激]素
enterogastrone	肠抑胃肽，肠抑胃素	腸抑胃肽，腸[泌]抑胃素
enteroglucagon	肠高血糖素	腸高血糖素
enterokinase	肠激酶	腸激酶
enterokinin	肠激肽	腸激肽
enteropeptidase(=enterokinase)	肠肽酶(=肠激酶)	腸肽酶(=腸激酶)
enterostatin	肠抑肽	腸抑肽
enterotoxin	肠毒素	腸毒素
entry site	进入位点	進入部位
envelope glycoprotein	包膜糖蛋白	套膜醣蛋白
environmental hormone	环境激素	环境激素，環境賀爾蒙
enzyme	酶	酶，酵素
enzyme activity	酶活性	酶活性
enzyme catalytic mechanism	酶催化机制	酶催化機制
enzyme classification(EC)	酶分类	酵素分類
enzyme commission nomenclature	酶学委员会命名[法]	酵素命名委員會
enzyme electrode	酶电极	酵素電極
enzyme engineering	酶工程	酵素工程
enzyme immobilization	酶固定化	酵素固定化
enzyme immunoassay(EIA)	酶免疫测定	酵素免疫分析法
enzyme-inhibitor complex	酶－抑制剂复合物	酵素－抑制劑複合物
enzyme kinetics	酶动力学，酶促反应动力学	酵素動力學
enzyme-linked immunosorbent assay (ELISA)	酶联免疫吸附测定，酶联免疫吸附分析	酶聯免疫吸附試驗，酵素連結免疫吸附分析

英　文　名	大　陆　名	台　湾　名
enzyme mechanism	酶作用机制	酵素作用機制
enzyme mismatch cleavage	酶错配剪切	酵素錯配剪切
enzyme multiplicity	酶多重性，酶多样性	酵素多重性，酵素多樣性
enzyme polymorphism	酶多态性	酵素多態性
enzyme reaction mechanism	酶促反应机制	酵素反應機制
enzyme-substrate complex	酶－底物复合物	酵素－受質複合物
enzyme system	酶系	酶系
enzyme unit	酶单位	酵素單位
enzymology	酶学	酵素學
enzymolysis	酶解作用	酵素分解[作用]
eosinophil chemotactic peptide	嗜酸性粒细胞趋化性多肽，嗜伊红粒细胞趋化性多肽	嗜酸性粒細胞趨化性多肽，嗜伊紅粒細胞趨化性多肽
eosinophilopoietin	嗜酸性粒细胞生成素，嗜伊红粒细胞生成素	嗜酸性粒細胞生成素，嗜伊紅粒細胞生成素
eotaxin	嗜酸性粒细胞趋化因子	嗜酸性粒細胞趨化因子
EPA(=eicosapentaenoic acid)	二十碳五烯酸	二十碳五烯酸
epiamastatin	表抑氨肽酶肽	表抑胺肽酶肽
epibolin	外包蛋白	外包蛋白
epiCh(=epicholeslerol)	表胆固醇	表膽甾醇
epicholeslerol(epiCh)	表胆固醇	表膽甾醇
epidermal growth factor(EGF)	表皮生长因子，上皮生长因子	表皮生長因子，上皮生長因子
epidermin	表皮抗菌肽	表皮抗菌肽
epigenetic gene regulation	表观遗传基因调节	漸成的基因調節，後成的基因調節
epigenetic information	表观遗传信息	漸成的資訊，後成的資訊
epigenetic regulation	表观遗传调节	漸成遺傳調節，後成遺傳調節
epiligrin	表皮整联配体蛋白	表皮整聯配體蛋白
epimer	差向异构体	表異構物
epimerase	差向异构酶	表異構酶
epimerization	差向异构化	表異構化作用
epinephrine(=adrenaline)	肾上腺素	腎上腺[髓]素
epiregulin	上皮调节蛋白	上皮調節蛋白
episome	附加体	游離基因體，附加體

英 文 名	大 陆 名	台 湾 名
episome plasmid	附加体质粒	附加體質體
epitaxin	表游因子	表遊因子
epitestosterone	表睾固酮	表睪甾酮
epithelial growth factor(=epidermal growth factor)	表皮生长因子，上皮生长因子	表皮生長因子，上皮生長因子
epithelin	上皮因子	上皮因子
epitope	表位	表位，抗原決定部位
EPO(=erythropoietin)	促红细胞生成素	[促]紅血球生成素，生紅血球素
epoxide hydrolase	环氧化物[水解]酶	環氧化物[水解]酶
EPR(=electron paramagnetic resonance)	电子顺磁共振	電子順磁共振
EPSP synthase(=5-enolpyruvylshikimate-3-phosphate synthase)	5－烯醇式丙酮酰莽草酸－3－磷酸合酶	5－烯醇式丙酮醯莽草酸－3－磷酸合酶
equilibrium constant	平衡常数	平衡常数
equilibrium density-gradient centrifugation	平衡密度梯度离心	平衡密度梯度離心
equilibrium dialysis	平衡透析法	平衡透析法
erabotoxin	半环扁尾蛇毒素	半環扁尾蛇毒素
ergocalciferol(=vitamin D_2)	麦角钙化[固]醇(=维生素 D_2)	麥角鈣化[甾]醇，麥角促鈣醇(=維生素D_2)
ergopeptide	麦角肽	麥角肽
ergosterol	麦角固醇	麥角甾醇
ergotoxin	麦角毒素	麥角毒素
ERK(=extracellular signal-regulated kinase)	胞外信号调节激酶	胞外信號調節激酶
error-prone PCR	易错聚合酶链反应，易错 PCR	錯誤傾向 PCR
erucic acid	[顺]芥子酸	[順]芥子酸，順－13－二十二烯酸，二十二碳－順－13－烯酸
erythro-configuration	赤[藓糖]型构型	赤蘚糖組態
erythrocruorin	无脊椎动物血红蛋白	無脊椎動物血紅蛋白
erythrodextrin	红糊精	紅糊精
erythrogenic acid	生红酸	生紅酸
erythrogenin(=erythropoietin)	促红细胞生成素	[促]紅血球生成素，生紅血球素
erythroid-colony stimulating factor	红细胞集落刺激因子	紅血球集落刺激因子
erythroid Krüppel-like factor(EKLF)	红细胞克吕佩尔样因子	紅血球克呂佩爾樣因子
erythropoietin(EPO)	促红细胞生成素	[促]紅血球生成素，生

英 文 名	大 陆 名	台 湾 名
		紅血球素
erythrose	赤藓糖	赤蘚糖
erythrulose	赤藓酮糖	赤蘚酮糖
esculin	七叶苷	栗糖苷
E site(=exit site)	出口位，E 位	出口位，E 位
ESMS(=electrospray mass spectroscopy)	电喷射质谱	電噴射質譜
ESR(=electron spin resonance)	电子自旋共振	電子自旋共振
essential amino acid	必需氨基酸	必需胺基酸
essential fatty acid	必需脂肪酸	必需脂肪酸
EST(=expressed sequence tag)	表达序列标签	表達序列標籤
esterase	酯酶	酯酶
esterastin	抑酯酶素	抑酯酶素
estradiol	雌二醇	雌[甾]二醇
estrane	雌烷	雌[甾]烷
estrin(=estrogen)	雌激素	雌激素，雌性素，动情素
estriol	雌三醇	雌[甾]三醇
estrogen	雌激素	雌激素，雌性素，动情素
α-estrogen receptor	α 雌激素受体	α－雌激素受體
estrone	雌酮	雌酮
estrophilin	亲雌激素蛋白	親雌激素蛋白
ET(=endothelin)	内皮肽	内皮肽
ethane	乙烷	乙烷
ethanol	乙醇	乙醇
ethanolamine	乙醇胺	乙醇胺
ether	醚	醚
ethidium bromide(EB)	溴乙锭	溴[化]乙錠
ethylene	乙烯	乙烯
ethylene diaminetetraacetic acid(EDTA)	乙二胺四乙酸	乙二胺四乙酸
ethyleneglycol bis(2-aminoethylether) tetraacetic acid(EGTA)	乙二醇双(2－氨基乙醚)四乙酸	乙二醇雙(2－胺基乙醚)四乙酸
N-ethylmaleimide(NEM)	*N*－乙基马来酰亚胺	*N*－乙基馬來醯亞胺
euglobulin	优球蛋白	優球蛋白，真球蛋白
eukaryotic initiation factor(eIF)	真核起始因子	真核起始因子
eukaryotic vector	真核载体	真核載體
excision nuclease	切除核酸酶	切除核酸酶
excitatory amino acid(EAA)	兴奋性氨基酸	興奮性胺基酸

英 文 名	大 陆 名	台 湾 名
exclusion chromatography	排阻层析	排阻層析
exendin	激动肽	激動肽
exergonic reaction	放能反应	放能反應
exfoliatin	脱落菌素	脫葉菌素
exine-held protein	外壁性蛋白质	外壁性蛋白質
exit site(E site)	出口位，E 位	出口位，E 位
exogenous gene	外源基因	外源基因
exoglucanase	外切葡聚糖酶	葡聚醣外切酶
exoglycosidase	外切糖苷酶	醣苷外切酶
exon	外显子	外顯子
exon duplication	外显子重复	外顯子複製
exon insertion	外显子插入	外顯子插入
exon shuffling	外显子混编	外顯子重組
exon skipping	外显子跳读	外顯子漏讀
exon trapping	外显子捕获	外顯子捕獲
exonuclease	外切核酸酶	核酸外切酶
3′→5′ exonucleolytic editing	3′→5′核酸外切编辑	3′→5′核酸外切編輯
exosome complex	外切体复合体	外切體複合物
exotoxin	外毒素	外毒素
expressed sequence tag(EST)	表达序列标签	表達序列標籤
expression cassette	表达组件	表達元件，表達盒
expression cloning	表达克隆	表達克隆，表達選殖
expression library	表达文库	表達庫
expression plasmid	表达质粒	表達質體
expression screening	表达筛选	表達篩選
expression vector	表达载体	表達載體
expressivity	表达度，表现度	表達度
extein	外显肽	外顯肽
extensin	伸展蛋白	伸展蛋白
extension	延伸	延伸
extracellular matrix	胞外基质	胞外基質
extracellular signal-regulated kinase (ERK)	胞外信号调节激酶	胞外信號調節激酶
extrachromosomal DNA	染色体外 DNA	染色體外 DNA
extraction	抽提	萃取
extragenic promoter	基因外启动子	基因外啟動子
extrinsic protein(=peripheral [membrane] protein)	外在蛋白质(=周边[膜]蛋白质)	外在蛋白質(=周圍[膜]蛋白質)

英 文 名	大 陆 名	台 湾 名
ezrin(=cytovillin)	埃兹蛋白(=细胞绒毛蛋白)	細胞絨毛蛋白

F

英 文 名	大 陆 名	台 湾 名
facilitated diffusion	易化扩散，促进扩散	促進擴散
F-actin(=filamentous actin)	纤丝状肌动蛋白，F 肌动蛋白	纖絲狀肌動蛋白，F－肌動蛋白
ρ-factor	ρ 因子	ρ 因子
FACS(=fluorescence-activated cell sorter)	荧光激活细胞分选仪	螢光活化細胞分選儀
factor Xa cleavage site	凝血因子Xa 切点	凝血因子Xa 切點
FAD(=flavin adenine dinucleotide)	黄素腺嘌呤二核苷酸	黃素腺嘌呤二核苷酸
FAK(=focal adhesion kinase)	黏着斑激酶	黏著斑激酶
familial hypercholesterolemia	家族性高胆固醇血症	家族性高膽甾醇血症
familial hypobetalipoproteinemia	家族性低 β 脂蛋白血症	家族性低 β－脂蛋白血症
familial hypocholesterolemia	家族性低胆固醇血症	家族性低膽甾醇血症
farnesol	法尼醇	法尼醇
farnesylcysteine	法尼基半胱氨酸	法尼基半胱胺酸
farnesyl pyrophosphate(FPP)	法尼[基]焦磷酸	法尼基焦磷酸
farnesyl transferase	法尼基转移酶	法尼基轉移酶
Farwestern blotting	蛋白质检测蛋白质印迹法，Farwestern 印迹法	Farwestern 印漬法，Farwestern 墨點法
fasciclin	[微管]成束蛋白	[微管]成束蛋白
fascin	肌成束蛋白	肌成束蛋白
fast protein liquid chromatography(FPLC)	快速蛋白质液相层析	快速蛋白質液相層析
fat-soluble vitamin(=lipid-soluble vitamin)	脂溶性维生素	脂溶性維生素
fatty acid	脂肪酸	脂肪酸
fatty acid-binding protein	脂肪酸结合蛋白质	脂肪酸結合蛋白
fatty acid synthase	脂肪酸合酶	脂肪酸合酶
N-fatty acyl sphingosine(=ceramide)	*N*－脂酰鞘氨醇(=神经酰胺)	*N*－脂醯鞘氨醇
FB5 antigen(=endosialin)	FB5 抗原(=内皮唾液酸蛋白)	
fed-batch cultivation	补料分批培养	饋料批次，饋料批式

英文名	大陆名	台湾名
feedback	反馈	回鐀
feedback inhibition	反馈抑制	回饋抑制
Fehling reaction	费林反应	費林反應
Fehling solution	费林溶液	費林溶液
female sex hormone(=estrogen)	雌激素	雌激素，雌性素，动情素
fermentation	发酵	發酵
fermenter	发酵罐	發酵槽
fermentor(=fermenter)	发酵罐	發酵槽
ferredoxin	铁氧还蛋白	鐵氧化還原蛋白
ferredoxin-NADP$^+$ reductase	铁氧还蛋白－NADP$^+$还原酶	鐵氧化還原蛋白－NADP$^+$還原酶
ferric-chelate reducetase	高铁螯合物还原酶	高鐵螯合物還原酶
ferritin	铁蛋白	鐵蛋白
ferrochelatase	铁螯合酶，亚铁螯合酶	鐵螯合酶，亞鐵螯合酶
ferroxidase	亚铁氧化酶	亞鐵氧化酶
fertilin	致育蛋白	致育蛋白
ferulic acid	阿魏酸	阿魏酸，4－羥－3－甲氧基肉桂酸
feruloyl esterase	阿魏酸酯酶	阿魏酸酯酶
fetal hemoglobin	胎儿血红蛋白	胎血紅素
α-fetoprotein(AFP)	甲胎蛋白	甲胎蛋白
fetuin	胎球蛋白，α 球蛋白	胎球蛋白，α－球蛋白
FFA(=free fatty acid)	游离脂肪酸	游離脂肪酸
FGF(=fibroblast growth factor)	成纤维细胞生长因子	纖維原細胞生長因子
fibrillarin	核仁纤维蛋白	核仁纖維蛋白
fibrillin	原纤蛋白	原纖維蛋白
fibrin	血纤蛋白	[血]纖維蛋白
fibrinogen	血纤蛋白原	[血]纖維蛋白原
fibrinolysin(=plasmin)	纤维蛋白溶酶(=纤溶酶)	血纖維蛋白溶酶(=纖溶酶)
fibrinolysis	纤维蛋白溶解	纖維蛋白溶解
fibrinopeptide	血纤肽	血纖維肽
fibroblast growth factor(FGF)	成纤维细胞生长因子	纖維原細胞生長因子
fibroglycan	纤维蛋白聚糖	纖維蛋白聚醣
fibroin	丝心蛋白	絲心蛋白，生絲素
fibromodulin	纤调蛋白聚糖	纖調蛋白聚醣
fibronectin	纤连蛋白	纖維黏連蛋白，纖維黏

英文名	大陆名	台湾名
		佐素
fibrous protein	纤维状蛋白质	纖維狀蛋白質
ficin	无花果蛋白酶	無花果蛋白酶
ficolin	纤胶凝蛋白	纖膠凝蛋白
field-inversion gel electrophoresis(FIGE)	反转电场凝胶电泳	反轉電場凝膠電泳
FIGE(=field-inversion gel electrophoresis)	反转电场凝胶电泳	反轉電場凝膠電泳
filament bundling protein	纤丝成束蛋白质	纖絲成束蛋白質
filamentous actin(F-actin)	纤丝状肌动蛋白，F肌动蛋白	纖絲狀肌動蛋白，F-肌動蛋白
filament severing protein	纤丝切割性蛋白质	纖絲切割性蛋白質
filamin	细丝蛋白	細絲蛋白
filling-in(=end-filling)	末端补平	末端補平
film electrophoresis	薄膜电泳	薄膜電泳
filter hybridization	滤膜杂交	濾膜雜交
filtration	过滤	過濾
fimbrin	丝束蛋白	毛蛋白，絲束蛋白，菌毛蛋白
fingerprinting	指纹技术	指紋分析技術
first messenger	第一信使	第一信使，一次訊息
Fischer projection	费歇尔投影式	費歇爾投影式
FISH(=fluorescence *in situ* hybridization)	荧光原位杂交	螢光原位雜交
FITC(=fluorescein isothiocyanate)	异硫氰酸荧光素	異硫氰酸螢光素
fixed enzyme(=immobilized enzyme)	固定化酶	固定化酶
fixed phase	固定相	固定相
flagellin	鞭毛蛋白	鞭毛蛋白
flame photometer	火焰光度计	火燄光度計
flanking sequence	旁侧序列	旁側序列
flavin	黄素	黃素
flavin adenine dinucleotide(FAD)	黄素腺嘌呤二核苷酸	黃素腺嘌呤二核苷酸
flavin mononucleotide(FMN)	黄素单核苷酸	黃素一核苷酸
flavin mononucleotide reductase	黄素单核苷酸还原酶	黃素一核苷酸還原酶
flavodoxin	黄素氧还蛋白	黃素氧化還原蛋白
flavoenzyme	黄素酶	黃素酶
flavohemoglobin	黄素血红蛋白	黃素血紅蛋白
flavone	黄酮	黃酮
flavoprotein	黄素蛋白	黃素蛋白

英 文 名	大 陆 名	台 湾 名
flip-flop	翻转	翻轉
flip-flop promoter	翻滚启动子	翻轉啟動子
flow chart	流程图	流程圖
flow cytometry	流式细胞术	流式細胞術
flowering hormone(=anthesin)	开花激素	開花激素
flow programmed chromatography	程序变流层析	程式變流層析
flow-through electrophoresis(=free flow electrophoresis)	流通电泳(=自由流动电泳)	流通電泳
fluid mosaic model	流动镶嵌模型	流動鑲嵌模型
fluorescein isothiocyanate(FITC)	异硫氰酸荧光素	異硫氰酸螢光素
fluorescence	荧光	螢光
fluorescence-activated cell sorter(FACS)	荧光激活细胞分选仪	螢光活化細胞分選儀
fluorescence analysis	荧光分析	螢光分析
fluorescence-based DNA sequencing	荧光法 DNA 测序	螢光法 DNA 測序
fluorescence *in situ* hybridization(FISH)	荧光原位杂交	螢光原位雜交
fluorescence spectrophotometer	荧光分光光度计	螢光分光光度計
fluorescence spectrum	荧光光谱	螢光光譜
fluorimeter(=fluorometer)	荧光计	螢光計
fluorography	荧光显影	螢光顯影
fluorometer	荧光计	螢光計
fluorometry	荧光测定	螢光測定法
fluorospectrophotometry	荧光分光光度法	螢光分光光度法
5-fluorouracil(5-FU)	5-氟尿嘧啶	5-氟尿嘧啶
flush end(=blunt end)	平端	鈍端，鈍性末端
fMet(=formylmethionine)	甲酰甲硫氨酸	甲醯甲硫胺酸
FMN(=flavin mononucleotide)	黄素单核苷酸	黄素一核苷酸
FMN reductase	FMN 还原酶	FMN 還原酶
focal adhesion kinase(FAK)	黏着斑激酶	黏著斑激酶
fodrin	胞衬蛋白	血影蛋白
fold	折叠模式	折疊模式
foldase	折叠酶	折疊酶
fold-back DNA	折回 DNA	折回 DNA
folded chain	折叠链	折疊鏈
folding	折叠	折疊
foldome	折叠组	折疊體
folic acid	叶酸，蝶酰谷氨酸	葉酸，蝶醯穀胺酸
Folin reagent	福林试剂	福林試劑
follicle stimulating hormone(FSH)(=fol-	促卵泡[激]素，促滤泡	促卵泡[激]素，促濾泡

英文名	大陆名	台湾名
litropin)	素	素
follicle stimulating hormone releasing factor(=folliliberin)	促滤泡素释放因子(=促卵泡[激]素释放素)	促濾泡素釋放因子(=促濾泡素釋放素)
follicle stimulating hormone releasing hormone(FSHRH)(=folliliberin)	促卵泡[激]素释放素	促濾泡素釋放素
folliliberin	促卵泡[激]素释放素	促濾泡素釋放素
follistatin	促卵泡[激]素抑释素	促濾泡素抑制素
follitropin	促卵泡[激]素，促滤泡素	促卵泡[激]素，促濾泡素
footprint	足迹	足跡
foreign DNA	外源 DNA	外源 DNA
formaldehyde	甲醛	甲醛
formamidase	甲酰胺酶	甲醯胺酶
formic acid	甲酸	甲酸
formin	形成蛋白	形成蛋白
θ-form replication	θ 型复制	θ 型複製
formylmethionine(fMet)	甲酰甲硫氨酸	甲醯甲硫胺酸
Forssman antigen(=heterophil antigen)	福斯曼抗原(=嗜异性抗原)	福斯曼抗原
forward mutation	正向突变	正向突變
forward primer	正向引物	正向引子
four-helix bundle	四螺旋束	四螺旋捆
Fourier transform	傅里叶变换	傅立葉轉換
FPLC(=fast protein liquid chromatography)	快速蛋白质液相层析	快速蛋白質液相層析
FPP(=farnesyl pyrophosphate)	法尼[基]焦磷酸	法尼基焦磷酸
fractalkine	分形趋化因子	分形趨化因子
fractional precipitation	分级沉淀	分[段]沈澱
fractionation	分级[分离]	分級
fraction collector	分部收集器	分液收集器
fragmentin	片段化酶	片段化酶
fragmin	片段化蛋白	片段化蛋白
frame	框	框
frame hopping	框内跳译，跳码	跳碼
frame overlapping(=reading-frame overlapping)	框重叠(=读框重叠)	碼框重疊
frameshift	移码	移框，框構轉移

英 文 名	大 陆 名	台 湾 名
frameshift mutation	移码突变	移碼突變，框構轉移突變
frameshift suppression	移框阻抑	移碼阻抑
frataxin	共济蛋白	共濟蛋白
free diffusion(=simple diffusion)	自由扩散(=单纯扩散)	自由擴散(=單純擴散)
ree fatty acid(FFA)(=non-esterified fatty acid)	游离脂肪酸(=非酯化脂肪酸)	游離脂肪酸
free flow electrophoresis	自由流动电泳	自由流動電泳
free radical	自由基	自由基
freeze-drier	冻干仪	凍乾儀
freeze-drying	冷冻干燥，冻干，冰冻干燥	冷凍乾燥
freeze-etching	冷冻蚀刻，冰冻蚀刻	冰凍蝕刻
freeze-fracturing	冷冻撕裂，冰冻撕裂	冰凍斷裂
freeze-thaw	冻融	凍融
French cell press	弗氏细胞压碎器，均质机	弗氏細胞壓碎機，細胞均質機
frog skin peptide	蛙皮肽	蛙皮肽
frontal analysis	前沿分析	前沿分析
frontal chromatography	前沿层析	前沿層析
fructan	果聚糖	果聚醣
fructan β-fructosidase(=fructosidase)	果聚糖β果糖苷酶(=果糖苷酶)	果聚醣β-果糖苷酶
fructofuranosan	呋喃果聚糖	聚果呋喃糖
fructofuranosidase	呋喃果糖苷酶	果呋喃糖苷酶
fructokinase	果糖激酶	果糖激酶
fructosan(=fructan)	果聚糖	果聚醣
fructose	果糖	果糖
fructose-1, 6-bisphosphate	果糖-1, 6-双磷酸	果糖-1, 6-雙磷酸
fructose-2, 6-bisphosphate	果糖-2, 6-双磷酸	果糖-2, 6-雙磷酸
fructose-1, 6-diphosphatase(=fructose-1, 6-bisphosphatase)	果糖-1, 6-二磷酸[酯]酶(=果糖-1, 6-双磷酸[酯]酶)	果糖-1, 6-二磷酸酯酶(=果糖-1, 6-雙磷酸酯酶)
fructose-1, 6-diphosphate(=fructose-1, 6-bisphosphate)	果糖-1, 6-二磷酸(=果糖-1, 6-双磷酸)	果糖1, 6-二磷酸(=果糖-1, 6-雙磷酸)
fructose-2, 6-diphosphate(=fructose-2,	果糖-2, 6-二磷酸	果糖-2, 6-二磷酸

英 文 名	大 陆 名	台 湾 名
6-bisphosphate)	(= 果糖 -2, 6 - 双磷酸)	(= 果糖 -2, 6 - 雙磷酸)
fructosemia	果糖血症	果糖血症
fructose-6-phosphate	果糖 -6 - 磷酸	果糖 -6 - 磷酸
fructosidase	果糖苷酶	果糖苷酶
fructoside	果糖苷	果糖苷
fructosuria	果糖尿症	果糖尿症
FSH(= follicle stimulating hormone)	促卵泡[激]素, 促滤泡素	促卵泡[激]素, 促濾泡素
FSHRH(= follicle stimulating hormone releasing hormone)	促卵泡[激]素释放素	促濾泡素釋放素
F-type ATPase(= ATP synthase)	F 型 ATP 酶(= ATP 合酶)	F - 型三磷酸腺苷酶
5-FU(= 5-fluorouracil)	5 - 氟尿嘧啶	5 - 氟尿嘧啶
fucan(= fucoidan)	岩藻多糖	岩藻多醣
fucoidan	岩藻多糖	岩藻多醣
fucoidin(= fucoidan)	岩藻多糖	岩藻多醣
fucosan	岩藻聚糖	岩藻聚醣
fucose	岩藻糖	岩藻糖, 海藻糖
fucosidase	岩藻糖苷酶	岩藻糖苷酶
fucosidosis	岩藻糖苷贮积症	岩藻糖苷貯積症
fucosyltransferase	岩藻糖基转移酶	岩藻糖基轉移酶
fumarase	延胡索酸酶	延胡索酸酶, 反丁烯二酸酶
fumaric acid	延胡索酸, 反丁烯二酸	延胡索酸, 反丁烯二酸
fumarylacetoacetic acid	延胡索酰乙酰乙酸	延胡索醯乙醯乙酸
functional genome	功能基因组	功能基因體
functional genomics	功能基因组学	功能基因體學
functional redundancy	功能丰余性	功能重複性
furanoid acid	呋喃型酸	呋喃型酸
furanose	呋喃糖	呋喃糖
furin	弗林蛋白酶, 成对碱性氨基酸蛋白酶	弗林蛋白酶, 成對鹼性胺基酸蛋白酶
fusion	融合	融合
fusion gene	融合基因	融合基因
fusion protein	融合蛋白	融合蛋白

G

英　文　名	大　陆　名	台　湾　名
GA(=ganglioside)	神经节苷脂	神經節苷脂
GABA(=γ-aminobutyric acid)	γ氨基丁酸	γ-胺基丁酸
galactan	半乳聚糖	半乳聚醣
galactin(=prolactin)	催乳素，促乳素	催乳[激]素，乳促素
galactocerebroside	半乳糖脑苷脂	半乳糖腦苷脂
galactoglucomannan	半乳葡萄甘露聚糖	半乳葡萄甘露聚醣
galactokinase	半乳糖激酶	半乳糖激酶
galactomannan	半乳甘露聚糖	半乳甘露聚醣
galactosamine	半乳糖胺，氨基半乳糖	半乳糖胺，胺基半乳糖
galactose	半乳糖	單乳糖，半乳糖
galactosemia	半乳糖血症	半乳糖血症
galactosialidosis	半乳糖唾液酸贮积症，半乳糖唾液酸代谢病	半乳糖唾液酸代謝病
galactosidase	半乳糖苷酶	半乳糖苷酶
α-galactosidase	α半乳糖苷酶	α-半乳糖苷酶
β-galactosidase	β半乳糖苷酶	β-半乳糖苷酶
galactoside	半乳糖苷	半乳糖苷
galactoside permease	半乳糖苷通透酶	半乳糖苷通透酶
galactoside transacetylase	半乳糖苷转乙酰基酶	半乳糖苷轉乙醯基酶
galactosyl diglyceride	半乳糖甘油二酯	半乳糖甘油二酯
galactosyltransferase	半乳糖基转移酶	半乳糖苷轉移酶
galanin	甘丙肽，神经节肽	甘丙肽
galectin	半乳凝素	半乳凝素
galline	鸡精蛋白	雞精蛋白
gal operon	半乳糖操纵子	半乳糖操縱子
gamma globulin	丙种球蛋白，γ球蛋白	丙種球蛋白，γ-球蛋白
gamone	交配素	交配素，配子激素
ganglio-series	神经节系列	神經節系列
ganglioside(GA)	神经节苷脂	神經節苷脂
gap	缺口	缺口，縫隙
GAP(=GTPase-activating protein)	GTP酶激活蛋白质	GTP酶活化蛋白
gap gene	裂隙基因，缺口基因	缺口基因

英 文 名	大 陆 名	台 湾 名
gas chromatography(GC)	气相层析	氣相層析法
gas chromatography-mass spectrometry (GC-MS)	气相层析－质谱联用	氣相層析質譜聯用
gas-liquid chromatography(GLC)	气液层析	氣液[相]層析法
gas-phase protein sequencer	气相蛋白质测序仪	氣相蛋白質定序儀
gas-solid chromatography(GSC)	气固层析	氣固層析
gastric inhibitory polypeptide(=enterogastrone)	肠抑胃肽，肠抑胃素	腸抑胃肽，腸[泌]抑胃素
gastrin	促胃液素，胃泌素	胃泌激素，胃催素
gastrointestinal hormone	胃肠激素	胃腸道激素
gastrone	抑胃素	抑胃素
GC(=gas chromatography)	气相层析	氣相層析法
GC box	GC 框	GC 框
GC-MS(=gas chromatography-mass spectrometry)	气相层析－质谱联用	氣相層析質譜聯用
GCP(=granulocyte chemotactic peptide)	粒细胞趋化肽	顆粒球趨化肽
G-CSF(=granulocyte colony stimulating factor)	粒细胞集落刺激因子	顆粒細胞集落刺激因子
GDGF(=glioma-derived growth factor)	神经胶质瘤源性生长因子	神經膠質瘤衍生生長因子
GDI(=guanine nucleotide dissociation inhibitor)	鸟嘌呤核苷酸解离抑制蛋白	鳥[嘌呤核]苷酸解離抑制蛋白
GDNF(=glial cell-derived neurotrophic factor)	胶质细胞源性神经营养因子	膠質細胞衍生神經營養因子
GDP(=guanosine diphosphate)	鸟苷二磷酸，鸟二磷	鳥[嘌呤核]苷二磷酸，鳥二磷
GEF(=guanine nucleotide exchange factor)	鸟嘌呤核苷酸交换因子	鳥[嘌呤核]苷酸交換因子
Geiger counter(=Geiger-Müller counter)	盖革计数器(=盖革－米勒计数器)	蓋革計數器(=蓋革－穆勒計數器)
Geiger-Müller counter	盖革－米勒计数器，盖革计数器	蓋革－穆勒計數器
Geiger-Müller tube	盖革－米勒[计数]管	蓋革－穆勒[計數]管
gelatin	明胶	明膠
gel autoradiograph	凝胶放射自显影	凝膠放射自顯影
gel electrophoresis	凝胶电泳	凝膠電泳
gel [filtration] chromatography	凝胶[过滤]层析	凝膠層析，凝膠過濾色譜技術

英　文　名	大　陆　名	台　湾　名
gel mobility shift assay	凝胶迁移率变动分析	凝膠遷移率變動分析
gelonin	多花白树毒蛋白	多花白樹毒蛋白
gel permeation chromatography(GPC) (= gel [filtration] chromatography)	凝胶渗透层析(= 凝胶[过滤]层析)	凝膠滲透層析，膠透層析法
gel retardation assay(= gel mobility shift assay)	凝胶阻滞分析(= 凝胶迁移率变动分析)	凝膠阻滯分析(= 凝膠遷移率變動分析)
gel-shift binding assay(= gel mobility shift assay)	凝胶移位结合分析(= 凝胶迁移率变动分析)	凝膠移位結合分析(= 凝膠遷移率變動分析)
gelsolin	凝溶胶蛋白	凝溶膠蛋白
gene	基因	基因
gene amplification	基因扩增	基因擴增，基因增殖，基因複製
gene analysis	基因分析	基因分析
gene augmentation therapy	基因增强治疗	基因擴大治療
gene battery	基因套群	基因套群
gene chip	基因芯片	基因晶片
gene cloning	基因克隆	基因克隆，基因選殖
gene cluster	基因簇	基因簇，基因群
gene conversion	基因转变	基因轉換
gene copy	基因拷贝	基因拷貝
gene data bank	基因数据库	基因資料庫
gene defect	基因缺陷	基因缺損
gene delivery	基因递送	基因傳遞
gene diagnosis	基因诊断	基因診斷
gene disruption	基因破坏	基因破壞
gene divergence	基因趋异	基因分歧
gene diversity	基因多样性	基因多樣性
gene duplication	基因重复	基因重複
gene expression	基因表达	基因表達
gene expression regulation	基因表达调控	基因表達調控
gene family	基因家族	基因族
gene flow	基因流	基因流動
gene fusion	基因融合	基因融合
gene gun	基因枪	基因槍
gene inactivation	基因失活	基因失活
gene knock-down	基因敲减，基因敲落	基因敲減，基因敲落
gene knock-in	基因敲入	基因敲入

英文名	大陆名	台湾名
gene knock-out	基因敲除，基因剔除	基因剔除
gene library	基因文库	基因文庫，基因資料庫
gene localization	基因定位	基因定位
gene mapping	基因作图	基因作圖
gene mutation	基因突变	基因突變
gene number paradox	基因数悖理	基因數悖理
gene organization	基因组构	基因組構
gene overlapping	基因重叠	基因重疊
gene phylogeny	基因系统发育	基因系統發生學
gene pollution	基因污染	基因污染
gene pool	基因库	基因庫
gene position effect	基因位置效应	基因位置效應
gene probe	基因探针	基因探針
general transcription factor	通用转录因子	通用轉錄因子
gene rearrangement	基因重排	基因重排
gene recombination	基因重组	基因重組
gene redundancy	基因丰余	基因重複性
gene regulation	基因调节	基因調控
gene reiteration(=gene duplication)	基因重复	基因重複
gene replacement	基因置换	基因置換
gene resortment	基因重配	基因重配
gene silencing	基因沉默	基因緘默
gene superfamily	基因超家族	基因超族
gene targeting	基因靶向，基因打靶	基因靶向
gene therapy	基因治疗	基因治療
genetically modified organism(GMO)	遗传修饰生物体	遺傳修飾生物體，遺傳工程體
genetic engineering	基因工程，遗传工程	基因工程，遺傳工程
genetic fingerprint	基因指纹，遗传指纹	基因指紋，遺傳指紋
genetic imprinting	基因印记，遗传印记	遺傳印痕
geneticin	遗传霉素	遺傳黴素
genetic integration	基因整合	基因整合
genetic manipulation	基因操作	基因操作
genetic map	基因图谱，遗传图谱	基因圖譜，遺傳圖譜
genetic marker	遗传标志，遗传标记	遺傳標誌
genetic switch	基因切换，遗传切换	遺傳開關
gene tracking	基因跟踪	基因追蹤
gene transfer	基因转移	基因轉移

英 文 名	大 陆 名	台 湾 名
gene transposition	基因转座	基因轉座
gene trap	基因捕获	基因捕獲
gene vaccine	基因疫苗	基因疫苗
genome	基因组	基因體
genome mapping	基因组作图	基因體作圖
genome organization	基因组组构	基因體組構
genome rearrangement	基因组重排	基因體重排
genome reorganization	基因组重构	基因體重構
genome sequence database	基因组序列数据库	基因體序列資料庫
genomic DNA	基因组 DNA	基因體 DNA
genomic fingerprinting	基因组指纹分析	基因體指紋分析
genomic footprinting	基因组足迹分析	基因體足跡分析
genomic imprinting	基因组印记	基因體印痕
genomic library	基因组文库	基因體庫
genomic map	基因组图谱	基因體圖譜
genomic mapping(=genome mapping)	基因组作图	基因體作圖
genomics	基因组学	基因體學
genomic sequencing	基因组测序	基因體[序列]定序
genomic walking	基因组步移	基因體步查
genonema	基因线，基因带	基因線
genopathy	基因病	基因病
genophore(=genonema)	基因线，基因带	基因線
genosensor	基因传感器	基因感測器
genotype	基因型	基因型
gentianose	龙胆三糖	龍膽三糖
gentiobiose	龙胆二糖	龍膽二糖
geobiochemistry	地球生物化学	地球生物化學
geranylpyrophosphate	牻牛儿[基]焦磷酸	牻牛兒基焦磷酸
gestagen(=progestogen)	孕激素	孕激素
GF(=growth factor)	生长因子	生長因子
GFAP(=glial filament acidic protein)	胶质纤丝酸性蛋白质	神經膠質纖絲酸性蛋白
GFP(=green fluorescence protein)	绿色荧光蛋白	綠色螢光蛋白
GGF(=glial growth factor)	胶质细胞生长因子	膠質細胞生長因子
GH(=growth hormone)	促生长素，生长激素	促生長素，生長激素
gheddic acid	三十四烷酸	三十四烷酸
ghost	血影细胞	形骸細胞
ghrelin	食欲刺激素，胃生长激素释放素	胃生長激素釋放激素

英文名	大陆名	台湾名
giantin	巨蛋白	巨蛋白
gibberellin	赤霉素	赤黴素
GIH(=growth hormone release inhibiting hormone)	促生长素抑制素，生长抑素	生長激素釋放抑制素，體抑素
GIP(=gastric inhibitory polypeptide)	肠抑胃肽，肠抑胃素	腸抑胃肽，腸[泌]抑胃素
GLC(=gas-liquid chromatography)	气液层析	氣液[相]層析法
gliadin	麦醇溶蛋白	麥醇溶蛋白
glial cell-derived neurotrophic factor (GDNF)	胶质细胞源性神经营养因子	膠質細胞衍生神經營養因子
glial fibrillary acidic protein	胶质细胞原纤维酸性蛋白	神經膠質纖維酸性蛋白
glial filament acidic protein(GFAP) (=glial fibrillary acidic protein)	胶质纤丝酸性蛋白质(=胶质细胞原纤维酸性蛋白)	神經膠質纖絲酸性蛋白
glial growth factor(GGF)	胶质细胞生长因子	膠質細胞生長因子
glioma-derived growth factor(GDGF)	神经胶质瘤源性生长因子	神經膠質瘤衍生生長因子
Gln(=glutamine)	谷氨酰胺	穀胺醯胺
global regulation	全局调节，全局调控	全局調節，全局調控
globin	珠蛋白	珠蛋白
globo-series	球系列，红细胞系列糖鞘脂	球系列，紅細胞系列醣鞘脂
globo-series glycosphigolipid	球系列糖	球系列醣鞘脂
globoside	红细胞糖苷脂	紅血球糖苷脂
globular actin	G肌动蛋白	G－肌動蛋白
globular protein	球状蛋白质	球狀蛋白質
globulin	球蛋白	球蛋白
Glu(=glutamic acid)	谷氨酸	穀胺酸
glucagon	胰高血糖素	胰高血糖素，升血糖素
glucagon-like peptide(=enteroglucagon)	胰高血糖素样肽(=肠高血糖素)	胰高血糖素樣肽(=腸高血糖素)
glucanase	葡聚糖水解酶	葡聚醣酶
glucan	葡聚糖	葡聚醣，聚葡萄糖
glucoamylase	葡糖淀粉酶	葡萄糖澱粉酶
glucocerebrosidase	葡糖脑苷脂酶	葡萄糖腦苷脂酶
glucocerebroside	葡糖脑苷脂，葡糖苷神经酰胺	葡萄糖腦苷脂

英 文 名	大 陆 名	台 湾 名
glucocorticoid	糖皮质[激]素	糖皮質激素
glucocorticosteroid(=glucocorticoid)	糖皮质[激]素	糖皮質激素
glucofuranose	呋喃型葡糖	呋喃型葡萄糖
glucogenesis	糖生成，葡糖异生	葡萄糖生成作用
glucogenic amino acid(=glycogenic amino acid)	生糖氨基酸	生醣氨基酸
glucokinase	葡糖激酶	葡萄糖激酶
glucomannan	葡甘露聚糖	葡甘露聚醣
gluconeogenesis	糖异生	葡萄糖新生作用
gluconic acid	葡糖酸	葡萄糖酸
gluconolactone	葡糖酸内酯	葡萄糖酸内酯
glucopyranose	吡喃型葡糖	吡喃型葡萄糖
glucosamine	葡糖胺，氨基葡糖	葡萄糖胺
glucosaminoglycan	葡糖胺聚糖	葡萄糖胺聚醣
glucosan(=glucan)	葡聚糖	葡聚醣，聚葡萄糖
glucose	葡萄糖	葡萄糖
glucose-alanine cycle	葡糖－丙氨酸循环	葡萄糖－丙胺酸循環
glucose effect	葡糖效应	葡萄糖效應
glucose homeostasis	血糖稳态	血糖平衡
glucose isomerase	葡糖异构酶	葡萄糖異構酶
glucose isomerization	葡糖异构化	葡萄糖異構化
glucose oxidase	葡糖氧化酶	葡萄糖氧化酶
glucose-6-phosphatase	葡糖－6－磷酸酶	葡萄糖－6－磷酸酶
glucose-1-phosphate	葡糖－1－磷酸	葡萄糖－1－磷酸
glucose-6-phosphate	葡糖－6－磷酸	葡萄糖－6－磷酸
glucose-6-phosphate dehydrogenase	葡糖－6－磷酸脱氢酶	葡萄糖－6－磷酸脫氫酶
glucose-phosphate isomerase(=phosphoglucoisomerase)	磷酸葡糖异构酶	磷酸葡萄糖異構酶
glucosidase	葡糖苷酶	葡萄糖苷酶
α-glucosidase	α 葡糖苷酶	α－葡萄糖苷酶
β-glucosidase	β 葡糖苷酶	β－葡萄糖苷酶
glucoside	葡糖苷	葡萄糖苷
glucosuria	糖尿	葡萄糖尿症，醣尿症
glucosylation	葡糖基化	葡萄糖基化
glucosylceramidase(=glucocerebrosidase)	葡糖神经酰胺酶(=葡糖脑苷脂酶)	葡萄糖神經醯胺酶(=葡萄糖腦苷脂酶)
glucosyltransferase	葡糖基转移酶	葡萄糖基轉移酶

英 文 名	大 陆 名	台 湾 名
glucuronic acid	葡糖醛酸	葡萄糖醛酸
glucuronidase	葡糖醛酸糖苷酶	葡萄糖醛酸糖苷酶
glucuronolactone	葡糖醛酸内酯	葡萄糖醛酸内酯
glucuronyl transferase	葡糖苷酸基转移酶	葡萄糖醛酸基轉移酶
glumitocin	软骨鱼催产素	軟骨魚催產素，穀催產素
gluose transporter	葡糖转运蛋白	葡萄糖轉運蛋白
glutamate decarboxylase	谷氨酸脱羧酶	穀胺酸脫羧酶
glutamate dehydrogenase	谷氨酸脱氢酶	穀胺酸脫氫酶
glutamate synthase	谷氨酸合酶	穀胺酸合酶
glutamic acid(Glu)	谷氨酸	穀胺酸
glutamic-pyruvic transaminase(GPT)	谷丙转氨酶	穀胺酸－丙胺酸轉胺酶，穀丙轉胺酶，丙胺酸胺基轉移酶
glutamic-oxaloacetic transaminase(GOT)	谷草转氨酶	穀胺酸草醯乙酸轉胺酶，穀草轉胺酶，天門冬胺酸胺基轉移酶
glutaminase	谷氨酰胺酶	穀胺醯胺酶
glutamine(Gln)	谷氨酰胺	穀胺醯胺
γ-glutamyl cycle	γ谷氨酰循环	γ－穀氨醯迴圈
glutamyltransferase	谷氨酰转移酶	穀胺醯轉移酶
glutaredoxin	谷氧还蛋白	穀氧化還原蛋白
glutathione	谷胱甘肽	穀胱甘肽
glutathione peroxidase	谷胱甘肽过氧化物酶	穀胱甘肽過氧化物酶
glutathione reductase	谷胱甘肽还原酶	穀胱甘肽還原酶
glutathione synthetase	谷胱甘肽合成酶	穀胱甘肽合成酶
glutelin	谷蛋白	穀蛋白
glutenin	麦谷蛋白	麥穀蛋白
Gly(=glycine)	甘氨酸	甘胺酸
glycan	聚糖	聚醣
N-glycan	*N*－聚糖	*N*－聚醣
O-glycan	*O*－聚糖	*O*－聚醣
glycan-phosphatidylinositol(G-PI)	聚糖磷脂酰肌醇	聚醣磷脂醯肌醇
glycation	糖化	糖化
glycemin	肝抗胰岛素物质	肝抗胰島素物質
glycentin	活性肠高血糖素	腸高血糖素
glyceraldehyde	甘油醛	甘油醛
glyceraldehyde-3-phosphate	甘油醛－3－磷酸	甘油醛－3－磷酸

英 文 名	大 陆 名	台 湾 名
glyceraldehyde-3-phosphate dehydrogenase	甘油醛 -3 - 磷酸脱氢酶	甘油醛 -3 - 磷酸脱氫酶
glycerate(=glyceric acid)	甘油酸	甘油酸
glycerate pathway	甘油酸途径	甘油酸途徑
glycerate-3-phosphate	甘油酸 -3 - 磷酸	甘油酸 -3 - 磷酸
glyceric acid	甘油酸	甘油酸
glyceride	甘油酯	甘油酯，脂醯基甘油酯
glycerin(=glycerol)	甘油	甘油，1，2，3 - 丙三醇
glycerol	甘油	甘油，1，2，3 - 丙三醇
glycerolipid	甘油脂质	甘油脂類
glycerol monooleate	甘油单油酸酯	甘油單油酸酯
glycerophosphate	甘油磷酸	磷酸甘油
α-glycerophosphate cycle	α 甘油磷酸循环	α - 甘油磷酸循環
glycerophosphatide	甘油磷脂	甘油磷脂
glycerophosphocholine	甘油磷酰胆碱	甘油磷醯膽鹼
glycerophosphoethanolamine(GPE)	甘油磷酰乙醇胺	甘油磷醯乙醇胺
glycerophosphoryl choline(=glycerophosphocholine)	甘油磷酰胆碱	甘油磷醯膽鹼
glycerophosphoryl ethanolamine(=glycerophosphoethanolamine)	甘油磷酰乙醇胺	甘油磷醯乙醇胺
glycinamide ribonucleotide	甘氨酰胺核糖核苷酸	甘胺醯胺核苷酸
glycine(Gly)	甘氨酸	甘胺酸
glycinin	大豆球蛋白	大豆球蛋白
glycobiology	糖生物学	醣類生物學
glycocalyx	糖萼，多糖包被	臘梅糖，外被多糖
glycoconjugate	糖缀合物，糖复合体	醣接合物，醣複合物
glycoform	糖形	醣化形式
glycogen	糖原	醣原，糖原，肝醣
glycogenesis	糖原生成	醣原生成作用
glycogen 6-glucanohydrolase	糖原 -6 - 葡聚糖水解酶	醣原 -6 - 葡聚醣水解酶
glycogenic amino acid	生糖氨基酸	生醣氨基酸
glycogenin	糖原蛋白	醣原蛋白
glycogenolysis	糖原分解	醣原分解作用
glycogenoses	糖原贮积病	醣原貯積症
glycoglyceride	糖基甘油酯	醣基甘油酯
glycolaldehydetransferase(=transketolase)	转羟乙醛基酶(=转酮酶)	轉羥乙醛基酶(=轉酮酶)

英 文 名	大 陆 名	台 湾 名
glycolipid	糖脂	醣脂
glycollic acid	乙醇酸	乙醇酸
N-glycolylneuraminic acid	*N*－羟乙酰神经氨酸	*N*－羥乙醯神經胺酸
glycolysis	糖酵解	醣原酵解，醣分解
N-glycosylation	*N*－糖基化	*N*－醣基化
O-glycosylation	*O*－糖基化	*O*－醣基化
glycome	糖组	醣體
glycomics	糖组学	醣質體學
glycomimetics	拟糖物	擬醣物
glycone	糖基	醣基，糖基
glyconeogenesis	糖原异生	醣新生
glycopeptide	糖肽	醣肽，醣胜
glycophorin	血型糖蛋白，载糖蛋白	血型醣蛋白，載醣蛋白
glycoprotein	糖蛋白	醣蛋白，糖蛋白
glycosaminoglycan	糖胺聚糖	胺基葡聚醣
glycosaminoglycan-binding protein	糖胺聚糖结合蛋白质	胺基葡聚醣結合蛋白質
glycosidase	糖苷酶	醣苷酶，糖苷酶
glycoside	糖苷	醣苷
glycosidic bond	糖苷键	醣苷鍵
glycosphingolipid	鞘糖脂	醣原[神經]鞘脂類，神經醣
glycosyl acylglycerol (＝glycoglyceride)	糖基脂酰甘油(＝糖基甘油酯)	醣基脂醯甘油
glycosylated protein	糖基化蛋白质	醣基化蛋白
glycosylation	糖基化	醣基化作用
glycosylphosphatidyl inositol(GPI)	糖基磷脂酰肌醇	醣基磷脂醯肌醇
glycosylsphingolipid(＝glycosphingolipid)	鞘糖脂	醣原[神經]鞘脂類，神經醣
glycosyltransferase	糖基转移酶	醣基轉移酶
glycotype	糖型	醣型
glycyrrhizin	甘草皂苷，甘草甜素	甘草皂苷
glyoxalic acid	乙醛酸	乙醛酸
glyoxylate cycle	乙醛酸循环	乙醛酸循環
glyoxylate shunt	乙醛酸支路	乙醛酸支路
glyoxysome	乙醛酸循环体	乙醛酸循環體
glypiation	糖基磷脂酰肌醇化	醣基磷脂醯肌醇化
glypican	磷脂酰肌醇蛋白聚糖	磷脂醯肌醇蛋白聚醣
GM-CSF(＝granulocyte-macrophage colo-	粒细胞巨噬细胞集落刺	顆粒細胞/巨噬細胞集

英文名	大陆名	台湾名
ny stimulating factor)	激因子	落刺激因子
GMO(=genetically modified organism)	遗传修饰生物体	遺傳修飾生物體，遺傳工程體
GMP(=guanosine monophosphate)	鸟苷一磷酸，鸟一磷	鳥[嘌呤核]苷一磷酸，鳥一磷
GnRH(=gonadotropin releasing hormone)	促性腺素释放[激]素	促性腺素釋放激素，促性腺素釋放素，性釋素
golgin	高尔基体蛋白	高爾基蛋白
gonad	性腺	性腺
gonadal hormone(=sex hormone)	性激素	性激素
gonadoliberin	促性腺素释放[激]素	促性腺素釋放激素，促性腺素釋放素，性釋素
gonadotropic hormone(GTH)(=gonadotropin)	促性腺[激]素	促性腺[激]素，性促素
gonadotropin	促性腺[激]素	促性腺[激]素，性促素
gonadotropin releasing hormone(GnRH)(=gonadoliberin)	促性腺素释放[激]素	促性腺素釋放激素，促性腺素釋放素，性釋素
gossypol	棉酚	棉子酚，棉子素，棉子毒
GOT(=glutamic-oxaloacetic transaminase)	谷草转氨酶	穀胺酸草醯乙酸轉胺酶，穀草轉胺酶，天門冬胺酸胺基轉移酶
GPC(=gel permeation chromatography)	凝胶渗透层析(=凝胶[过滤]层析)	凝膠滲透層析，膠透層析法
GPE(=glycerophosphoethanolamine)	甘油磷酰乙醇胺	甘油磷醯乙醇胺
GPI(=glycosylphosphatidyl inositol)	糖基磷脂酰肌醇	醣基磷脂醯肌醇
G-PI(=glycan-phosphatidylinositol)	聚糖磷脂酰肌醇	聚醣磷脂醯肌醇
G-protein(=GTP binding protein)	GTP 结合蛋白质，G 蛋白	GTP 結合蛋白，G－蛋白
G-protein coupled receptor	G 蛋白偶联受体	G－蛋白結合受體
G-protein regulatory protein	G 蛋白调节蛋白质	G－蛋白活性調節蛋白
GPT(=glutamic-pyruvic transaminase)	谷丙转氨酶	穀胺酸－丙胺酸轉胺酶，穀丙轉胺酶，丙胺酸胺基轉移酶

英 文 名	大 陆 名	台 湾 名
gradient centrifugation	梯度离心	梯度離心
gradient electrophoresis	梯度电泳	梯度電泳
gradient elution	梯度洗脱	梯度洗提
gradient elution chromatography	梯度洗脱层析	梯度洗提層析
gradient former	梯度形成器	梯度形成器
gradient gel electrophoresis	梯度凝胶电泳	梯度凝膠電泳
gramicidin	短杆菌肽	短桿菌素，減格蘭菌素
grancalcin	颗粒钙蛋白	顆粒鈣蛋白
granin	颗粒蛋白	顆粒蛋白
granuliberin	颗粒释放肽	顆粒釋放肽
granulin	颗粒体蛋白	顆粒蛋白
granulocyte chemotactic peptide(GCP)	粒细胞趋化肽	顆粒球趨化肽
granulocyte colony stimulating factor (G-CSF)	粒细胞集落刺激因子	顆粒細胞集落刺激因子
granulocyte-macrophage colony stimulating factor(GM-CSF)	粒细胞巨噬细胞集落刺激因子	顆粒細胞/巨噬細胞集落刺激因子
Greek key motif	希腊钥匙模体	希臘鑰匙模體
green fluorescence protein(GFP)	绿色荧光蛋白	綠色螢光蛋白
gRNA(=guide RNA)	指导 RNA	指導 RNA
growing fork(=replication fork)	生长叉(=复制叉)	生長叉(=複製叉)
growth factor(GF)	生长因子	生長因子
growth hormone(GH)(=somatotropin)	促生长素，生长激素	促生長素，生長激素
growth hormone regulatory hormone(=somatoliberin)	生长激素调节激素(=促生长素释放素)	生長激素調節激素
growth hormone release inhibiting hormone (GIH)(=somatostatin)	促生长素抑制素，生长抑素	生長激素釋放抑制素，體抑素
GSC(=gas-solid chromatography)	气固层析	氣固層析
GT-AG rule	GT-AG 法则	GT-AG 法則
GTH(=gonadotropic hormone)	促性腺[激]素	促性腺[激]素，性促素
GTP(=guanosine triphosphate)	鸟苷三磷酸，鸟三磷	鳥[嘌呤核]苷三磷酸，鳥三磷
GTPase-activating protein(GAP)	GTP 酶激活蛋白质	GTP 酶活化蛋白
GTP binding protein(G-protein)	GTP 结合蛋白质，G 蛋白	GTP 結合蛋白，G－蛋白
guanidinoacetic acid	胍乙酸	胍乙酸
guanine	鸟嘌呤	鳥嘌呤
guanine deaminase	鸟嘌呤[脱氨]酶	鳥嘌呤脫胺酶
guanine nucleotide binding protein(=GTP	鸟嘌呤核苷酸结合蛋白	鳥[嘌呤核]苷酸結合

英 文 名	大 陆 名	台 湾 名
binding protein)	质(=GTP 结合蛋白质)	蛋白
guanine nucleotide dissociation inhibitor (GDI)	鸟嘌呤核苷酸解离抑制蛋白	鳥[嘌呤核]苷酸解離抑制蛋白
guanine nucleotide exchange factor(GEF)	鸟嘌呤核苷酸交换因子	鳥[嘌呤核]苷酸交換因子
guanosine	鸟苷	鳥[嘌呤核]苷
guanosine diphosphate(GDP)	鸟苷二磷酸，鸟二磷	鳥[嘌呤核]苷二磷酸，鳥二磷
guanosine monophosphate(GMP)	鸟苷一磷酸，鸟一磷	鳥[嘌呤核]苷一磷酸，鳥一磷
guanosine triphosphate(GTP)	鸟苷三磷酸，鸟三磷	鳥[嘌呤核]苷三磷酸，鳥三磷
guanylic acid	鸟苷酸	鳥[嘌呤核]苷一磷酸
guanylin	鸟苷肽	鳥苷肽
guide RNA(gRNA)	指导 RNA	指導 RNA
guide sequence	指导序列	指導序列
gulose	古洛糖	古洛糖
gustin	味[多]肽	味肽
gynocardic acid	大枫子酸	大風子雜酸，13－環戊基－十三烷酸
gypsophilin	丝石竹毒蛋白	絲石竹毒蛋白

H

英 文 名	大 陆 名	台 湾 名
HA(=①hemagglutinin ②hydroxyapatite)	①血凝素，红细胞凝集素 ②羟基磷灰石	①血球凝集素 ②羥基磷灰石
haemerythrin(=hemerythrin)	蚯蚓血红蛋白	蚯蚓血紅蛋白
haemocyanin(=hemocyanin)	血蓝蛋白	血藍蛋白，血青朊
β-hairpin	β 发夹	β－髮夾
hairpin loop	发夹环	髮夾環
hairpin structure	发夹结构	髮夾結構
haptoglobin	触珠蛋白	結合球蛋白
HAT medium	HAT 培养基	HAT 培養基
Haworth projection	哈沃斯投影式	哈沃斯投影式
HCG(=human chorionic gonadotropin)	人绒毛膜促性腺素	人類絨毛膜促性腺[激]素

英 文 名	大 陆 名	台 湾 名
HDL(=high density lipoprotein)	高密度脂蛋白	高密度脂蛋白
HDL-cholesterol	高密度脂蛋白胆固醇	高密度脂蛋白膽固醇
HDP(=helix-destabilizing protein)	螺旋去稳定蛋白质	螺旋去穩性蛋白，螺旋減穩定蛋白
heat shock gene	热激基因，热休克基因	熱休克基因
heat shock protein(Hsp)	热激蛋白	熱休克蛋白
helical structure	螺旋结构	螺旋結構
helicase	解旋酶	解旋酶
helicity	螺旋度	螺旋度
helicorubin	蠕虫血红蛋白	螺血紅蛋白，蝸紅質
helix	螺旋	螺旋
α-helix	α 螺旋	α－螺旋
β-helix	β 螺旋	β－螺旋
α-helix bundle	α 螺旋束	α－螺旋束
helix-destabilizing protein(HDP)	螺旋去稳定蛋白质	螺旋去穩性蛋白，螺旋減穩定蛋白
helix-loop-helix motif(HLH motif)	螺旋－环－螺旋模体	螺旋纏繞螺旋基本花紋
helix parameter	螺旋参数	螺旋參數
help bacteriophage(=help phage)	辅助噬菌体	輔助噬菌體
help phage	辅助噬菌体	輔助噬菌體
help virus	辅助病毒	輔助病毒
hemagglutinin(HA)	血凝素，红细胞凝集素	血球凝集素
hematin	高铁血红素	血質，高鐵血紅素
hematopoietic cytokine	造血细胞因子	造血細胞因子
hematopoietic growth factor	造血生长因子	造血生長因子
hematoxylin	苏木精	蘇木精
heme	血红素	血紅素，血紅質
hemerythrin	蚯蚓血红蛋白	蚯蚓血紅蛋白
hemiacetal	半缩醛	半縮醛
hemicellulase	半纤维素酶	半纖維素酶
hemicellulose	半纤维素	半纖維素
hemiketal	半缩酮	半縮酮
hemi-nested PCR(=semi-nested PCR)	半巢式聚合酶链反应，半巢式 PCR	半巢式 PCR
hemochromoprotein	血色蛋白	血色蛋白
hemocyanin	血蓝蛋白	血藍蛋白，血青朊
hemoflavoprotein	血红素黄素蛋白	血紅素黃素蛋白
hemoglobin	血红蛋白	血紅蛋白

英 文 名	大 陆 名	台 湾 名
hemoglobinuria	血红蛋白尿	血紅素尿症
hemolysin	溶血素	溶血素
hemopexin	血色素结合蛋白	血紅素結合蛋白
hemopoietic cytokine(=hematopoietic cytokine)	造血细胞因子	造血細胞因子
hemopoietic growth factor(=hematopoietic growth factor)	造血生长因子	造血生長因子
hemoporphyrin	血卟啉	血卟啉
hemoprotein	血红素蛋白质	血紅素蛋白
hemosiderin	血铁黄素蛋白	血鐵黃素，血鐵蛋白，血鐵質
heparan sulfate	硫酸乙酰肝素，硫酸类肝素	硫酸乙醯肝素，硫酸類肝素
heparin	肝素	肝素
hepatoalbumin	肝清蛋白	肝白蛋白
hepatocyte growth factor(HGF)	肝细胞生长因子	肝細胞生長因子
hepatoglobulin	肝球蛋白	肝球蛋白
heptose	庚糖	庚糖，七碳糖
herculin	力蛋白	力蛋白
heregulin	调蛋白	調蛋白
heteroduplex	异源双链	異源雙鏈
heteroduplex analysis	异源双链分析	異源雙鏈分析
heterogeneity	不均一性	異質性，不均一性
heterogeneous nuclear RNA(hnRNA)	核内不均一 RNA，核内异质 RNA	異源核 RNA
heterogenicity(=heterogeneity)	不均一性	異質性，不均一性
heterolipid(=complex lipid)	复合脂	複合脂
heterologous gene	异源基因	異源基因
heterologous translational system	异源翻译系统	異源轉譯系統
heterophil antigen	嗜异性抗原	嗜異抗原
heteropolysaccharide	杂多糖	異多醣類
heterotropic effect	异促效应	異配[位]間變構效應
hexaose	六糖	六糖
hexokinase	己糖激酶	己糖激酶
hexosamine	己糖胺	己糖胺
hexosaminidase	氨基己糖苷酶	胺基己糖苷酶
hexosan	己聚糖	聚己醣
hexose	己糖，六碳糖	六碳糖，己糖

英 文 名	大 陆 名	台 湾 名
hexose monophosphate shunt(=pentose-phosphate pathway)	己糖磷酸支路(=戊糖磷酸途径)	己糖一磷酸支路，己糖一磷酸分路(=戊糖磷酸途徑)
hexulose	己酮糖	酮己糖
HGF(=hepatocyte growth factor)	肝细胞生长因子	肝細胞生長因子
HGP(=human genome project)	人类基因组计划	人類基因體計畫
HGPRT(=hypoxanthine-guanine phosphoribosyltransferase)	次黄嘌呤鸟嘌呤磷酸核糖基转移酶	次黄嘌呤－鳥嘌呤轉磷酸核糖基酶
HIF(=hypoxia-inducible factor)	缺氧诱导因子	缺氧誘導因子
high density lipoprotein(HDL)	高密度脂蛋白	高密度脂蛋白
high energy phosphate bond	高能磷酸键	高能磷酸鍵
highly repetitive DNA	高度重复 DNA	高度重複 DNA
highly repetitive sequence	高度重复序列	高度重複序列
high-mannose oligosaccharide	高甘露糖型寡糖	高甘露糖型寡醣
high-mobility group protein(HMG protein)	高速泳动族蛋白	高速泳動族蛋白
high-performance affinity chromatography (HPAC)	高效亲和层析	高效親和層析
high performance liquid chromatography (HPLC)	高效液相层析	高效液相層析法
high pressure liquid chromatography (=high performance liquid chromatography)	高压液相层析(=高效液相层析)	高壓液相層析法
high speed centrifugation	高速离心	高速離心
high throughput capillary electrophoresis	高通量毛细管电泳	高通量毛細管電泳
high voltage electron microscope(HVEM)	高压电镜	高壓電子顯微鏡
high voltage electrophoresis	高压电泳	高壓電泳
Hill equation	希尔方程	希爾方程
Hill plotting	希尔作图法	希爾作圖法
hippocalcin	海马钙结合蛋白	海馬鈣結合蛋白
hippuric acid	马尿酸	馬尿酸
hirudin	水蛭素	水蛭素
His(=histidine)	组氨酸	組胺酸
hisactophilin	富组亲动蛋白	富組親動蛋白
his operon	组氨酸操纵子	組胺酸操縱子
histamine	组胺	組織胺
histidinase	组氨激酶	組胺激酶
histidine(His)	组氨酸	組胺酸

英　文　名	大　陆　名	台　湾　名
histidine-tag	组氨酸标签	組胺酸標簽
histidinol	组氨醇	組胺醇
histidinuria	组氨酸尿	組胺酸尿症
histone	组蛋白	組織蛋白
HLH motif(=helix-loop-helix motif)	螺旋－环－螺旋模体	螺旋纏繞螺旋基本花紋
HLPG(=hyaluronan-and lectin-binding modular proteoglycan)	透明质酸和凝集素结合的调制蛋白聚糖 (=透凝蛋白聚糖)	透明質酸和凝集素結合的調製蛋白聚醣 (=透凝蛋白聚醣)
HMG(=human menopausal gonadotropin)	人绝经促性腺素	人類停經促性腺素
HMG protein(=high-mobility group protein)	高速泳动族蛋白	高速泳動族蛋白
hnRNA(=heterogeneous nuclear RNA)	核内不均一 RNA，核内异质 RNA	異源核 RNA
Hogness box(=TATA box)	霍格内斯框(=TATA 框)	Hogness 框
hollow fiber	中空纤维	中空纖維
holoenzyme	全酶	全酶
holoprotein	全蛋白质	全蛋白質
homeobox(Hox)	同源异形框	同源框，同源區
homeodomain	同源异形域	同源結構域
homeodomain protein(=homeoprotein)	同源域蛋白质(=同源异形蛋白质)	同源域蛋白
homeoprotein	同源异形蛋白质	同源異型蛋白
homeotic gene	同源异形[域编码]基因，*Hox* 基因	同源異型[域編碼]基因，*Hox* 基因
homing	归巢	回歸，尋靶
homing intein	归巢内含肽	回歸內含肽
homing intron	归巢内含子	回歸內含子
homing receptor	归巢受体	回歸受體
homoarginine	高精氨酸	高精胺酸
homochromatography	同系层析	同系層析
homocysteine	高半胱氨酸	高半胱胺酸
homocystine	高胱氨酸	高胱胺酸
homocystinuria	高胱氨酸尿	高胱胺酸尿症
homoduplex	同源双链	同質雙鏈
homogeneity	均一性	均一性，同質性
homogenicity(=homogeneity)	均一性	均一性，同質性

英 文 名	大 陆 名	台 湾 名
homogenizer	匀浆器	勻質機
homogentisic acid	尿黑酸	尿黑酸
homoisoleucine	高异亮氨酸	高異亮胺酸
homolipid(=simple lipid)	单脂	單脂
homolog	①同源物 ②同系物	①同源物 ②同系物
homologous gene	同源基因	同源基因
homologous protein	同源蛋白质	同源蛋白質
homologous recombination	同源重组	同源重組
homology	同源性	同源性，同系性
homopolymeric tailing	同聚物加尾	同聚物加尾
homopolysaccharide	同多糖	同多醣
homoserine	高丝氨酸	高絲胺酸
homotropic effect	同促效应	同配[位]體間變構效應
Hoogsteen base pairing	胡斯坦碱基配对	Hoogsteen 鹼基配對
Hopp-Woods analysis	霍普-伍兹分析	Hopp-Woods 分析
hordein	大麦醇溶蛋白	大麥醇溶蛋白，大麥蛋白
horizontal slab gel electrophoresis	水平板凝胶电泳	水平板凝膠電泳
hormone	激素	激素，荷爾蒙，賀爾蒙
hormone conjugate	激素缀合物	激素接合物
hormone nuclear receptor	激素核受体	激素核受體
hormone receptor	激素受体	激素受體
hormone response element(HRE)	激素应答元件	激素應答元件
hormone signaling	激素信号传送	激素信號傳導
hormonogen	激素原	激素原
hormonogenesis	激素生成	激素生成
hormonoprivia	激素缺乏症	激素缺乏症
hormonosis	激素过多症	激素過多症
horseradish peroxidase(HRP)	辣根过氧化物酶	山葵過氧化酶
hot start	热启动	熱起動
house-keeping gene	管家基因，持家基因	管家基因
Hox(=homeobox)	同源异形框	同源框，同源區
Hox gene(=homeotic gene)	同源异形[域编码]基因，*Hox* 基因	同源異型[域編碼]基因，*Hox* 基因
HPAC(=high-performance affinity chromatography)	高效亲和层析	高效親和層析
HPL(=human placental lactogen)	人胎盘催乳素(=人绒	人類胎盤促乳素(=人

英文名	大陆名	台湾名
	毛膜生长催乳素)	類絨毛膜促生長[激]素)
HPLC(=high performance liquid chromatography)	高效液相层析	高效液相層析法
HRE(=hormone response element)	激素应答元件	激素應答元件
HRP(=horseradish peroxidase)	辣根过氧化物酶	山葵過氧化酶
Hsp(=heat shock protein)	热激蛋白	熱休克蛋白
human chorionic gonadotropin(HCG)	人绒毛膜促性腺素	人類絨毛膜促性腺[激]素
human chorionic somatomammotropin	人绒毛膜生长催乳素	人類絨毛膜促生長[激]素，人類絨毛膜性促素
human gene mapping	人类基因作图	人類基因作圖
human genome project(HGP)	人类基因组计划	人類基因體計畫
human menopausal gonadotropin(HMG)	人绝经促性腺素	人類停經促性腺素
human placental lactogen(HPL)(=human chorionic somatomammotropin)	人胎盘催乳素(=人绒毛膜生长催乳素)	人類胎盤促乳素(=人類絨毛膜促生長[激]素)
humoral factor	体液因子	體液因子
HVEM(=high voltage electron microscope)	高压电镜	高壓電子顯微鏡
hyalectan	透凝蛋白聚糖	透凝蛋白聚醣
hyaluronan(=hyaluronic acid)	透明质酸	透明質酸，玻尿酸，玻糖醛酸
hyaluronan-and lectin-binding modular proteoglycan(HLPG)(=hyalectan)	透明质酸和凝集素结合的调制蛋白聚糖(=透凝蛋白聚糖)	透明質酸和凝集素結合的調製蛋白聚醣(=透凝蛋白聚醣)
hyaluronic acid	透明质酸	透明質酸，玻尿酸，玻糖醛酸
hyaluronidase	透明质酸酶	透明質酸酶，玻尿酸酶，玻糖醛酸酶
hybrid	①杂交体 ②杂合体	①雜交體 ②雜合體
hybridization	杂交	雜交作用，雜交繁殖
hybridization-competition assay	竞争杂交分析	競爭雜交分析
hybridization probe	杂交探针	雜交探針
hybridization stringency	杂交严格性	雜交嚴格性
hybrid molecule	杂交分子	雜交分子
hybrid nucleic acid	杂交核酸	雜交核酸

英　文　名	大　陆　名	台　湾　名
hybridoma	杂交瘤	雜合瘤，雜交瘤
hybrid promotor	杂合启动子	嵌合啟動子
hydratase	水合酶	水合酶
hydrazinolysis	肼解	肼解作用
hydrocortisone	氢化可的松	氫化可的松
hydrogenase	氢化酶	氫化酶
hydrogenation	氢化作用	氫化作用
hydrogen bond	氢键	氫鍵
hydrolase	水解酶	水合－裂解酶
hydrolysis	水解	水解
hydrolytic enzyme(=hydrolase)	水解酶	水合－裂解酶
hydropathy profile	疏/亲水性[分布]图	疏水性分佈圖
hydrophilicity	亲水性	親水性
hydrophobic chromatography	疏水层析	疏水層析
hydrophobic interaction	疏水作用	疏水交互作用
hydrophobic interaction chromatography	疏水作用层析	疏水作用層析
hydrophobicity	疏水性	疏水性
N-hydroxy-2-acetamidofluorene reductase	*N*－羟基－2－乙酰胺基芴还原酶	*N*－羥基－2－乙醯基芴還原酶
N-hydroxyacetylneuraminic acid(=*N*-glycolylneuraminic acid)	*N*－羟乙酰神经氨酸	*N*－羥乙醯神經胺酸
hydroxyapatite(HA)	羟基磷灰石	羥基磷灰石
hydroxybutyrate dehydrogenase	羟丁酸脱氢酶	羥丁酸脱氫酶
β-hydroxybutyric acid	β羟丁酸	β－羥丁酸
25-hydroxycholecalciferol	25－羟胆钙化醇	25－羥膽鈣化醇
17-hydroxycorticosteroid	17－羟皮质类固醇	17－羥皮[質]類甾醇
17-hydroxycorticosterone	17－羟皮质酮	17－羥皮[質]甾酮
hydroxylamine reductase	羟胺还原酶	羥胺還原酶
hydroxylase	羟化酶	羥化酶
hydroxylmethyl transferase	羟甲基转移酶	羥甲基轉移酶
hydroxylysine	羟赖氨酸	羥賴胺酸
β-hydroxy-β-methylglutaryl-CoA	β－羟[基]－β－甲戊二酸单酰辅酶A	β－羥[基]－β－甲戊二酸單醯輔酶A
3-hydroxy-3-methylglutaryl coenzyme A reductase	3－羟[基]－3－甲戊二酸单酰辅酶A还原酶	3－羥[基]－3－甲戊二酸單醯輔酶A還原酶
hydroxynervonic acid	羟基神经酸	羥基神經酸
hydroxyproline(Hyl)	羟脯氨酸	羥脯胺酸

英文名	大陆名	台湾名
hydroxypyruvate phosphate	羟基磷酸丙酮酸	磷酸羥基丙酮酸
hydroxypyruvate reductase	羟基丙酮酸还原酶	羥基丙酮酸還原酶
5-hydroxytryptamine(=serotonin)	5-羟色胺	5-羥色胺
5-hydroxytryptophane	5-羟色氨酸	5-羥色胺酸
hygromycin B	潮霉素 B	潮黴素 B
Hyl(=hydroxyproline)	羟脯氨酸	羥脯胺酸
hylambatin	援木蛙肽	援木蛙肽
hyperbilirubinemia	高胆红素血[症]	高膽紅素血症
hypercalcemia	高血钙	高鈣血症
hyperchromic effect	增色效应	增色效應
hyperchromicity	增色性	增色性
hyperfiltration(=ultrafiltration)	超滤	超濾，超過濾作用
hyperfiltration membrane(=ultrafiltration membrane)	超滤膜	超濾膜
hyperglycemia	高血糖	高糖血症
hyperinsulinism	胰岛素过多症	高胰島素症
hyperlipemia	高脂血症	高脂血症
hypernatremia	高钠血	高鈉血症
hyperphosphatemia	高磷酸盐血症	高磷酸鹽血症
hyperreiterated DNA(=highly repetitive DNA)	高度重复 DNA	高度重複 DNA
hypervariable minisatellite	超变小卫星	超變小衛星
hypervitaminosis	维生素过多症	高維生素症
hypochromic effect	减色效应	減色效應
hypofibrinogenemia	血纤维蛋白原过少	低纖維蛋白原血症
hypogammaglobulinemia	低丙种球蛋白血症	低丙种球蛋白血症
hypoglycemia	低血糖	低糖血症
hypophysin	垂体后叶激素	腦垂體後葉激素
hyporetin(=orexin)	食欲肽	食欲肽
hypotaurine	亚牛磺酸	亞牛磺酸，胺乙基亞磺酸
hypothalamic factor(=hypothalamic hormone)	下丘脑因子(=下丘脑激素)	下視丘因子(=下視丘激素)
hypothalamic hormone	下丘脑激素	下視丘激素
hypothalamic regulatory peptide(=hypothalamic hormone)	下丘脑调节肽(=下丘脑激素)	下視丘調節肽(=下丘腦激素)
hypovitaminosis	维生素缺乏症	低維生素症
hypoxanthine	次黄嘌呤	次黃嘌呤，次黃鹼，亞

英 文 名	大 陆 名	台 湾 名
		黃鹼，6－羥基嘌呤
hypoxanthine deoxyriboside(=deoxyinosine)	次黄嘌呤脱氧核苷(=脱氧肌苷)	次黃嘌呤去氧核苷
hypoxanthine-guanine phosphoribosyltransferase(HGPRT)	次黄嘌呤鸟嘌呤磷酸核糖基转移酶	次黃嘌呤－鳥嘌呤轉磷酸核糖基酶
hypoxanthine riboside(=inosine)	次黄嘌呤核苷(=肌苷)	次黃嘌呤核苷
hypoxanthosine(=inosine)	次黄苷(=肌苷)	次黃苷
hypoxemia	低氧血症	低氧血症
hypoxia-inducible factor(HIF)	缺氧诱导因子	缺氧誘導因子

I

英 文 名	大 陆 名	台 湾 名
IAA(=indole-3-acetic acid)	吲哚－3－乙酸	吲哚－3－乙酸
IκB kinase	IκB 激酶	IκB 激酶
ICE(=ion chromatography exclusion)	离子排斥层析	離子排除層析
ichthulin	鱼卵磷蛋白	魚卵磷蛋白
ichthylepidin	鱼鳞硬蛋白	魚鱗硬蛋白
IDL(=intermediate density lipoprotein)	中密度脂蛋白	中密度脂蛋白
idling reaction	空载反应	閒置反應
idose	艾杜糖	艾杜糖
IDP(=inosine diphosphate)	肌苷二磷酸	肌苷二磷酸
iduronic acid	艾杜糖醛酸	艾杜糖醛酸
IEC(=ion exchange chromatography)	离子交换层析	離子交換層析
IEM(=immunoelectron microscopy)	免疫电镜术	免疫電子顯微鏡術
IFN(=interferon)	干扰素	干擾素
IGIF(=interferon-γ inducing factor)	γ 干扰素诱生因子	γ－干擾素誘生因子
IG region(=intergenic region)	基因间区	基因間區
IL(=interleukin)	白[细胞]介素	白[細胞]介素，介白質
Ile(=isoleucine)	异亮氨酸	異亮胺酸，異白胺酸
image analysis	图像分析	圖像分析
imide	二酰亚胺	醯亞胺
imino acid	亚氨基酸	亞胺基酸
immobilized enzyme	固定化酶	固定化酶
immunoadsorption	免疫吸附	免疫吸附
immunoaffinity chromatography	免疫亲和层析	免疫親和層析
immunoassay	免疫测定，免疫分析	免疫測定法，免疫分析

英 文 名	大 陆 名	台 湾 名
immunoblotting	免疫印迹法	免疫印漬
immunochemiluminescence	免疫化学发光	免疫化學發光
immunochemiluminometry	免疫化学发光分析	免疫化學發光分析
immunodiffusion	免疫扩散	免疫擴散
immunoelectron microscopy(IEM)	免疫电镜术	免疫電子顯微鏡術
immunoelectrophoresis	免疫电泳	免疫電泳
immunoferritin technique	免疫铁蛋白技术	免疫鐵蛋白技術
immunofluorescence	免疫荧光	免疫螢光
immunofluorescence microscopy	免疫荧光显微术	免疫螢光顯微鏡術
immunofluorescent labeling	免疫荧光标记	免疫螢光標記
immunofluorescent technique	免疫荧光技术	免疫螢光技術
immunoglobulin	免疫球蛋白	免疫球蛋白
immunoglobulin binding protein	免疫球蛋白结合蛋白质	免疫球蛋白結合蛋白質
immunoglobulin G	免疫球蛋白 G	免疫球蛋白 G
immunoglobulin heavy chain binding protein	免疫球蛋白重链结合蛋白质	免疫球蛋白重鏈結合蛋白
immunophilin	免疫亲和蛋白	免疫親和蛋白
immunoprecipitation	免疫沉淀	免疫沈澱
immunoscreening	免疫筛选	免疫篩選
IMP(= inosine monophosphate)	肌苷一磷酸	肌苷一磷酸
inactivation	失活	失活
inactive receptor	无活性受体	無活性受體
inclusion body	包含体	包涵體，內涵體
incretin	肠降血糖素	腸降血糖素，腸促胰島素
ρ-independent termination	不依赖 ρ 因子的终止	不依賴 ρ 因子的終止
indirect immunofluorescent technique	间接免疫荧光技术	間接免疫螢光技術
indole-3-acetic acid(IAA)	吲哚-3-乙酸	吲哚-3-乙酸
indole glycerol phosphate synthase	吲哚甘油磷酸合酶	吲哚甘油磷酸合酶
induced fit theory	诱导契合学说	誘導配合學說
inducible enzyme	诱导酶	誘導型酶
inducible expression	诱导型表达	誘導型表達
inducible promoter	诱导型启动子	誘導型啟動子
informosome	信息体	資訊體
in-frame start codon	框内起始密码子	碼框內起始密碼子
in-frame stop codon	框内终止密码子	碼框內終止密碼子
infrared spectrophotometer	红外分光光度计	紅外分光光度計
inhibin	抑制素	抑制素

英　文　名	大　陆　名	台　湾　名
inhibiting gene(=suppressor)	抑制基因(=阻抑基因)	抑制基因(=阻抑基因)
inhibition	抑制	抑制
inhibition domain	抑制[结构]域	抑制域
inhibitory cell surface receptor	抑制性细胞表面受体	抑制性細胞表面受體
initiation codon	起始密码子	起始密碼子
initiation complex	起始复合体	起始複合體
initiation factor	起始因子	起始因子
initiator	起始子	起始子
initiator tRNA	起始 tRNA	起始 tRNA
inner volume	内水体积	內部體積
inorganic pyrophosphate	无机焦磷酸	無機焦磷酸
inosine	肌苷	肌苷
inosine diphosphate(IDP)	肌苷二磷酸	肌苷二磷酸
inosine monophosphate(IMP)	肌苷一磷酸	肌苷一磷酸
inosine triphosphate(ITP)	肌苷三磷酸	肌苷三磷酸
inosinic acid	肌苷酸	肌苷酸
inositol	肌醇，环己六醇	肌醇，環己六醇
inositol lipid 3-kinase	肌醇脂－3－激酶	肌醇脂－3－激酶
inositol monophosphatase	肌醇单磷酸酶	肌醇單磷酸酶
inositol triphosphate(IP_3)	肌醇三磷酸	肌醇三磷酸
insert	插入片段	插入片段
insertion	插入	插入
insertional inactivation	插入失活	插入失活
insertional mutation	插入突变	插入突變
insertion element	插入元件	插入元件
insertion sequence	插入序列	插入序列
insertion vector	插入型载体	插入型載體
inside out	内翻外	內側翻外
inside-out regulation	由内向外调节	由內向外的調節
inside-out signaling	由内向外信号传送	由內向外的信號傳導
in situ electrophoresis	原位电泳	原位電泳
in situ hybridization	原位杂交	原位雜交
in situ PCR	原位聚合酶链反应，原位 PCR	原位 PCR，原位聚合酶鏈反應
in situ synthesis	原位合成	原位合成
insulator	绝缘子	絕緣子
insulin	胰岛素	胰島素
insulinotropin	促胰岛素，胰岛素调理	促胰島素，胰島素調理

英文名	大陆名	台湾名
	素	素
insulin receptor substrate(IRS)	胰岛素受体底物	胰島素受體基質
integral protein	整合蛋白质	整合蛋白質
integrase	整合酶	整合酶
integrin	整联蛋白	整合蛋白
intein	内含肽	內含肽
intensifying screen	增感屏	增強板
interactome	相互作用物组	相互作用物體
interactomics	相互作用物组学	相互作用物體學
intercistronic region	顺反子间区	順反子間區
interferon(IFN)	干扰素	干擾素
interferon-γ inducing factor(IGIF)	γ干扰素诱生因子	γ-干擾素誘生因子
intergenic recombination	基因间重组	基因間重組
intergenic region(IG region)	基因间区	基因間區
intergenic suppression	基因间阻抑	基因間阻抑
interleukin(IL)	白[细胞]介素	白[細胞]介素，介白質
intermediary metabolism	中间代谢	中間代謝
intermediate density lipoprotein(IDL)	中密度脂蛋白	中密度脂蛋白
internalization	内化	內質化
internal mixed functional oxidase	内混合功能氧化酶	內混合功能氧化酶
internal monooxygenase	内单加氧酶	內單加氧酶
internal promoter(=intragenic promoter)	内部启动子(=基因内启动子)	內部啟動子
intersectin	交叉蛋白	交叉蛋白
interspersed repeat sequence	散在重复序列，散布重复序列	散佈型重複序列
intervening sequence(IVS)	间插序列	間插序列，介入序列
intracellular receptor	细胞内受体	細胞內受體
intracellular signaling	细胞内信号传送	細胞內訊號傳送
intracrine	胞内分泌	胞內分泌
intragenic promoter	基因内启动子	基因內啟動子
intragenic suppression	基因内阻抑	基因內阻抑
intrinsic protein(=integral protein)	内在蛋白质(=整合蛋白质)	內在蛋白質(=整合蛋白質)
intrinsic terminator	内在终止子	內在終止子
intron	内含子	內含子，插入序列
intron branch point	内含子分支点	內含子分支點
intron-encoded endonuclease	内含子编码核酸内切酶	內含子編碼核酸內切酶

英　文　名	大　陆　名	台　湾　名
intron homing	内含子归巢	內含子回歸
intron lariat	内含子套索	內含子套索
inulin	菊糖，菊粉	菊粉，菊醣
inulin clearance	菊糖清除率	菊醣廓清
inverse PCR	反向聚合酶链反应，反向 PCR	反向 PCR，反向聚合酶鏈反應
invertase(=fructofuranosidase)	转化酶(=呋喃果糖苷酶)	轉化酶
inverted repeat	反向重复[序列]	反向重複[序列]
inverted terminal repeat(ITR)	末端反向重复[序列]	末端反向重複[序列]
in vitro	体外	體外
in vitro packaging	体外包装	體外組裝
in vitro recombination	体外重组	體外重組
in vitro transcription	体外转录	體外轉錄
in vitro translation	体外翻译	體外轉譯
in vivo	体内	體內
involucrin	内披蛋白，囊包蛋白	外皮蛋白
iodine number	碘值	碘值
iodine value(=iodine number)	碘值	碘值
iodopsin	视青质，视紫蓝质	視紫藍素，視紫藍青質
ion channel	离子通道	離子通道
ion channel protein	离子通道蛋白	離子通道蛋白
ion chromatography exclusion(=ion exclusion chromatography)	离子排斥层析	離子排除層析
ion exchange chromatography(IEC)	离子交换层析	離子交換層析
ion exchanger	离子交换剂	離子交換劑
ion exchange resin	离子交换树脂	離子交換樹脂
ion exclusion chromatography	离子排斥层析	離子排除層析
ionic bond	离子键	離子鍵
ionophore	离子载体	離子載體
ionophoresis	离子电泳	離子電泳
ionotropic receptor	离子通道型受体	離子通道型受體
ion pair	离子对	離子對
ion-pairing chromatography	离子配对层析	離子配對層析
ion retardation	离子阻滞	離子阻滯
iontophoresis	离子透入	離子電滲入法
ion transporter	离子转运蛋白	離子轉運蛋白
IP_3(=inositol triphosphate)	肌醇三磷酸	肌醇三磷酸

英 文 名	大 陆 名	台 湾 名
IPP(=isopentenylpyrophosphate)	异戊烯焦磷酸	異戊烯焦磷酸
IPTG(=isopropylthio-β-D-galactoside)	异丙基硫代－β－D－半乳糖苷	異丙基硫代－β－D－半乳糖苷
iron binding globulin(=transferrin)	运铁蛋白	運鐵蛋白
iron-molybdenum protein	含铁钼蛋白质	含鐵鉬蛋白質
iron protein	含铁蛋白质	含鐵蛋白質
iron-sulphur protein	铁硫蛋白质	鐵－硫蛋白
irreversible inhibition	不可逆抑制	不可逆抑制
IRS(=insulin receptor substrate)	胰岛素受体底物	胰島素受體基質
isanic acid(=erythrogenic acid)	十八碳烯炔酸(=生红酸)	十八碳烯炔酸(=生紅酸)
isoaccepting tRNA	同工 tRNA	同功 tRNA
isoallel	同等位基因	同等位基因
isoamylase	异淀粉酶	異澱粉酶，糖原－6－葡聚醣水解酶
isocaudarner	同尾酶	同尾酸
isocitrate dehydrogenase	异柠檬酸脱氢酶	異檸檬酸脫氫酶
isocitric acid	异柠檬酸	異檸檬酸
isodensity centrifugation	等密度离心	等密度離心
isodesmosine	异锁链素	異鎖鏈素
isoelectric focusing	等电聚焦	等電聚焦
isoelectric focusing electrophoresis	等电聚焦电泳	等電聚焦電泳
isoelectric point	等电点	等電點
isoenzyme	同工酶	同功酶
isoflavone	异黄酮	異黃酮
isoglobo-series	异球系列，异红细胞系列糖鞘脂	異球系列，異紅血球系列醣鞘脂
isohormone	同工激素	同功激素
isoionic point	等离子点	等離子點
isolectin	同工凝集素，同族凝集素	同功凝集素
isoleucine(Ile)	异亮氨酸	異亮胺酸，異白胺酸
isomer	异构体	異構體
isomerase	异构酶	異構酶
isomerism	异构现象	異構現象
isomerization	异构化	異構化
isomorph	同形体	同構體
isopentenyl-diphosphate D-isomerase	异戊烯二磷酸 D－异构	異戊烯二磷酸 D－異構

英 文 名	大 陆 名	台 湾 名
	酶	酶
isopentenylpyrophosphate(IPP)	异戊烯焦磷酸	異戊烯焦磷酸
isopeptide bond	异肽键	異肽鍵
isoprene	异戊二烯	異戊二烯
isoprenoid	类异戊二烯	類異戊二烯
isoprenylation	[异]戊二烯化	[異]戊二烯化
isopropanol	异丙醇	異丙醇
isopropylthio-β-D-galactoside(IPTG)	异丙基硫代-β-D-半乳糖苷	異丙基硫代-β-D-半乳糖苷
isoprotein	同工蛋白质	同功蛋白質
isopycnic centrifugation(=isodensity centrifugation)	等密度离心	等密度離心
isoschizomer	同切点酶，同切点限制性核酸内切酶	同切點酶
isotachophoresis	等速电泳	等速電泳
isotope exchange method	同位素交换法	同位素交換法
isotope labeling	同位素标记	同位素標記
isotopic labeling(=isotope labeling)	同位素标记	同位素標記
isotopic tagging	同位素示踪	同位素示蹤
isotopic tracer	同位素示踪物	同位素示蹤物
isotopic tracing(=isotopic tagging)	同位素示踪	同位素示蹤
ITP(=inosine triphosphate)	肌苷三磷酸	肌苷三磷酸
ITR(=inverted terminal repeat)	末端反向重复[序列]	末端反向重複[序列]
I-type lectin	I 型凝集素	I-型凝集素
IVS(=intervening sequence)	间插序列	間插序列，介入序列

J

英 文 名	大 陆 名	台 湾 名
JA(=jasmonic acid)	茉莉酸	茉莉酸
jacaric acid	肝酸	肝酸，十八碳三烯酸
jasmonic acid(JA)	茉莉酸	茉莉酸
jecorin	肝糖磷脂	肝醣磷脂
jelly roll	胶冻卷	膠凍卷
JH(=juvenile hormone)	保幼激素，咽侧体激素	保幼激素，咽側體激素
JNK(=c-Jun N-terminal kinase)	c-Jun 氨基端激酶	c-Jun 胺基端激酶
jumping library	跳查文库	跳躍庫
junctin	接头蛋白	接頭蛋白

英 文 名	大 陆 名	台 湾 名
junction	衔接点	銜接點
junk DNA	“无用”DNA	次品 DNA
juvenile hormone(JH)	保幼激素，咽侧体激素	保幼激素，咽側體激素
juxtamembrane domain	近膜域	近膜域

K

英 文 名	大 陆 名	台 湾 名
kafirin	高粱醇溶蛋白	高粱醇溶蛋白
kainic acid	红藻氨酸	紅藻胺酸
kairomone	利它素，益它素	種間激素
kalinin	缰蛋白，V 型层粘连蛋白	繮蛋白
kallidin	胰激肽，赖氨酰缓激肽	胰激肽，賴胺酸舒緩激肽
kallidinogen	胰激肽原	胰激肽原
kallikrein	激肽释放酶	激肽釋放酶
kanamycin	卡那霉素	卡那黴素
karatocan	角蛋白聚糖	角蛋白聚醣
Kat	开特	開特，卡他
Katal(=Kat)	开特	開特，卡他
katanin	剑蛋白	劍蛋白
kaurene	贝壳杉烯	貝殼杉烯
kb(=kilobase)	千碱基	千鹼基
KDEL receptor	KDEL 受体	KDEL 受體
kemptide	肯普肽	肯普肽
kentsin	肯特肽，避孕四肽	肯特肽，避孕四肽
kerasin(=glucocerebroside)	角苷脂(=葡糖脑苷脂)	角苷脂(=葡萄糖腦苷脂)
keratan sulfate	硫酸角质素	硫酸角質素
keratin	角蛋白	角蛋白，角質素
keratinase	角蛋白酶	角蛋白酶
keratinocyte growth factor(KGF)	角质细胞生长因子	角質細胞生長因子
keratohyalin	透明胶质	透明膠質
ketal	缩酮	縮酮，酮縮醇
keto acid	酮酸	酮酸
ketoacyl CoA	酮脂酰辅酶 A	酮脂醯輔酶 A
α-ketobutyric acid	α 酮丁酸	α－酮丁酸

英文名	大陆名	台湾名
keto-enol tautomerism	酮－烯醇互变异构	酮－烯醇互變異構
ketogenesis	生酮作用	酮體生成
ketogenic amino acid	生酮氨基酸	生酮胺基酸
ketogenic and glycogenic amino acid	生酮生糖氨基酸	生酮生醣胺基酸
ketogenic hormone	生酮激素	生酮激素
α-ketoglutaric acid	α 酮戊二酸	α－酮戊二酸
ketohexose(=hexulose)	己酮糖	酮己糖
ketone body	酮体	酮體
ketonemia	酮血症	酮血症
ketonuria	酮尿症	酮尿症
ketose	酮糖	酮醣
ketosis	酮中毒	酮中毒
17-ketosteroid	17－酮类固醇	17－酮類固醇
β-ketothiolase(=thiolase)	β 酮硫解酶(=硫解酶)	β－酮硫解酶(=硫解酶)
KGF(=keratinocyte growth factor)	角质细胞生长因子	角質細胞生長因子
kilobase(kb)	千碱基	千鹼基
kilobase pair	千碱基对	千鹼基對
kinase	激酶	激酶
kinectin	驱动蛋白结合蛋白	移動結合蛋白
kinesin	驱动蛋白	驅動蛋白，傳動素
kinetin(=cytokinin)	细胞分裂素，细胞激动素	細胞激動素，激動素
kinetochore protein	动粒蛋白质	動粒蛋白質，著絲性蛋白質
kinetoplast DNA	动质体 DNA	動基體 DNA
kinin	激肽	激肽，基寧
kininase	激肽酶	激肽酶
kininogen	激肽原	激肽原
kininogenase(=kallikrein)	激肽原酶(=激肽释放酶)	激肽原酶(=激肽釋放酶)
kit	试剂盒	試劑盒
Kjeldahl determination	凯氏定氮法	凱氏定氮法，克達法
Klenow enzyme	克列诺酶	克列諾酶
Klenow fragment(=Klenow enzyme)	克列诺片段(=克列诺酶)	克列諾片段
Klenow polymerase(=Klenow enzyme)	克列诺聚合酶(=克列诺酶)	克列諾聚合酶(=克列諾酶)

英 文 名	大 陆 名	台 湾 名
KNF model(=Koshland-Nemethy-Filmer model)	KNF 模型	KNF 模型
Koshland-Nemethy-Filmer model(KNF model)(=sequential model)	KNF 模型(=序变模型)	KNF 模型
Kozak consensus sequence	科扎克共有序列	Kozak 共有序列
Krebs cycle(=tricarboxylic acid cycle)	克雷布斯循环(=三羧酸循环)	Krebs 循環(=三羧酸循環)
Kringle domain	三环结构域	Kringle 域，三環域
Kunitz trypsin inhibitor(=aprotinin)	库尼茨胰蛋白酶抑制剂(=抑蛋白酶多肽)	庫尼胰蛋白酶抑制劑
kynurenic acid	犬尿酸	犬尿酸
kynurenine	犬尿酸原	犬尿酸原

L

英 文 名	大 陆 名	台 湾 名
labeled tracer	标记示踪物	標記追蹤物
labeling	标记	標記
laccase	漆酶	漆化酵素
lac operon	乳糖操纵子	乳醣操縱子
lactalbumin	乳清蛋白	乳白蛋白
β-lactamase	β 内酰胺酶	β－内醯胺酶
lactase	乳糖酶	乳糖酶
lactate dehydrogenase	乳酸脱氢酶	乳酸脫氫酶
lactic acid	乳酸，α 羟基丙酸	乳酸
lactoalbumin(=lactalbumin)	乳清蛋白	乳白蛋白
lactobacillic acid	乳杆菌酸	乳桿菌酸
lactobionic acid	乳糖酸	乳糖酸
lactogen(=prolactin)	催乳素，促乳素	催乳[激]素，乳促素
lactoglobulin	乳球蛋白	乳球蛋白
lactone	内酯	內酯
lactoperoxidase	乳过氧化物酶	乳過氧化物酶
lactosaminoglycan	乳糖胺聚糖	乳糖胺聚醣
lactose	乳糖	乳糖
lacto-series	乳糖系列	乳糖系列
lactosuria	乳糖尿	乳糖尿症
lacto[trans]ferrin	乳[运]铁蛋白	乳[運]鐵蛋白
Laemmli gel electrophoresis(=SDS-poly-	莱氏凝胶电泳(=SDS	Laemmli 氏凝膠電泳

英 文 名	大 陆 名	台 湾 名
acrylamide gel electrophoresis)	聚丙烯酰胺凝胶电泳)	(=SDS 聚丙烯醯胺凝膠電泳)
lagging strand	后随链	延遲股,不連續股
lamin	核[纤]层蛋白,核膜层蛋白	核[纖]層蛋白,薄片質
laminaran	昆布多糖,海带多糖	昆布多醣,海帶多醣
laminaribiose	昆布二糖,海带二糖	昆布二糖,海帶二糖
laminarin(=laminaran)	昆布多糖,海带多糖	昆布多醣,海帶多醣
laminarinase	昆布多糖酶	昆布多醣酶
laminariose(=laminaribiose)	昆布糖(=昆布二糖)	昆布糖
laminin(LN)	层粘连蛋白	海帶胺酸,昆布胺酸
lane	泳道	泳道
lanoceric acid	羊毛蜡酸	羊毛蠟酸
lanocerin	羊毛蜡	羊毛蠟,甘油三羥蠟酸酯
lanolin	羊毛脂	羊毛脂
lanopalmitic acid	羊毛棕榈酸,羊毛软脂酸	羊毛軟脂酸,羊毛棕櫚酸
lanosterin	羊毛固醇	羊毛[甾]醇,羊毛硬脂醇
lanosterol(=lanosterin)	羊毛固醇	羊毛[甾]醇,羊毛硬脂醇
lanthionine	羊毛硫氨酸	羊毛硫胺酸
lanthiopeptin	羊毛硫肽	羊毛硫肽
LAR(=ligation amplification reaction)	连接扩增反应	接合擴增反應
large fragment enzyme	大片段酶	大片段酶
lariat intermediate(=lariat RNA)	套索中间体(=套索 RNA)	套索中間體
lariat RNA	套索 RNA	套索 RNA
LAR protein(=leukocyte common antigen-related protein)	白细胞共同抗原相关蛋白质	白血球共同抗原相關蛋白質
laser Raman spectroscopy	激光拉曼光谱学	鐳射拉曼光譜學
laser scanning confocal microscopy	激光扫描共焦显微镜术	鐳射掃描共聚焦顯微鏡術
laser stimulated Raman scattering	激光增强拉曼散射	鐳射增強拉曼散射
lauric acid	月桂酸	月桂酸,十二烷酸
laurin	月桂酸甘油酯	月桂酸甘油酯,三月桂醯甘油酯,月桂酯

英 文 名	大 陆 名	台 湾 名
LC(=liquid chromatography)	液相层析	液相層析
LCAT(=lecithin-cholesterol acyltransferase)	卵磷脂－胆固醇酰基转移酶	卵磷脂膽固醇醯基轉移酶
LCR(=①locus control region ②ligase chain reaction)	①基因座控制区 ②连接酶链反应	①基因座控制區 ②接合酶鏈反應
LDCF(=lymphocyte-derived chemotactic factor)	淋巴细胞源性趋化因子	淋巴細胞衍生趨化因子
LDL(=low density lipoprotein)	低密度脂蛋白	低密度脂蛋白
leader(=leader sequence)	前导序列	前導序列，前導區
leader peptidase(=signal peptidase)	前导肽酶(=信号肽酶)	前導肽酶(=信號蛋白酶)
leader sequence	前导序列	前導序列，前導區
leading ion	先导离子	前導離子
leading peptide	前导肽	前導肽
leading strand	前导链	前導股
lecithin(=phosphatidylcholine)	卵磷脂(=磷脂酰胆碱)	卵磷脂(=磷脂醯膽鹼)
lecithinase	卵磷脂酶	卵磷脂酶
lecithin-cholesterol acyltransferase(LCAT)	卵磷脂－胆固醇酰基转移酶	卵磷脂膽固醇醯基轉移酶
lectin	凝集素	凝集素
lectin affinity chromatography	凝集素亲和层析	外源凝集素親和層析
lectinophagocytosis	凝集素吞噬	外源凝集素吞噬
left-handed helix	左手螺旋	左手螺旋
left-handed helix DNA(=Z-form DNA)	左手螺旋 DNA(=Z 型 DNA)	左手螺旋 DNA(=Z 型 DNA)
legcholeglobin	豆胆绿蛋白	豆膽綠蛋白
leghemoglobin	豆血红蛋白	豆血紅蛋白
legumin	豆球蛋白	豆球蛋白
LEIA(=luminescent enzyme immunoassay)	发光酶免疫测定，发光酶免疫分析	發光酶免疫分析
lentinan	香菇多糖	香菇多醣
leptin(LP)	瘦蛋白，脂肪细胞激素	瘦蛋白，脂肪細胞激素
lethal gene	致死基因	致死基因
Leu(=leucine)	亮氨酸	亮胺酸，白胺酸
leucine(Leu)	亮氨酸	亮胺酸，白胺酸
leucine aminopeptidase	亮氨酸氨肽酶	亮胺酸胺肽酶
leucine zipper	亮氨酸拉链	亮胺酸拉鏈
leucoagglutinin	白细胞凝集素	白血球凝集素

英 文 名	大 陆 名	台 湾 名
leucokinin	蜚蠊激肽	白血球激肽
leucolysin	白溶素	白血球溶素
leucopyrokinin(LPK)	蜚蠊焦激肽	白血球焦激肽
leucosin(=chrysolaminarin)	亮胶(=亮藻多糖)	亮膠
leukemia inhibitory factor(LIF)	白血病抑制因子	白血病抑制因子
leukocyte common antigen-related protein (LAR protein)	白细胞共同抗原相关蛋白质	白血球共同抗原相關蛋白質
leukocyte elastase	白细胞弹性蛋白酶	白細胞彈性蛋白酶
leukocyte inhibitory factor(LIF)	白细胞移动抑制因子	白細胞移動抑制因子
leukokinin	白激肽	白激肽
leukosialin(=sialophorin)	白唾液酸蛋白(=载唾液酸蛋白)	白唾液酸蛋白
leukotriene	白三烯	白三烯
leupeptin	亮抑蛋白酶肽	亮抑蛋白酶肽
levan(=fructan)	果聚糖	果聚醣
levoisomer	左旋异构体	左旋異構體
levulose	左旋糖	左旋醣，果糖
Lewis antigen(=Lewis blood group substance)	路易斯抗原(=路易斯血型物质)	劉易斯抗原(=劉易斯血型物質)
Lewis blood group substance	路易斯血型物质	劉易斯血型物質
LHC(=light harvesting complex)	集光复合体	集光複合體
LHCP(=light harvesting chlorophyll protein)	集光叶绿体[结合]蛋白质	集光葉綠體蛋白質，集光葉綠體結合蛋白
LHRF(=luteinizing hormone releasing factor)	促黄体素释放因子(=促黄体素释放素)	促黃體激素釋放因子
LHRH(=luteinizing hormone releasing hormone)	促黄体素释放素	促黃體激素釋放激素
LIA(=luminescent immunoassay)	发光免疫测定，发光免疫分析	發光免疫分析
liberin	释放素	釋放素
library	文库	庫
lichenan	地衣多糖，地衣淀粉，地衣胶	地衣多醣，地衣膠
lichenin(=lichenan)	地衣多糖，地衣淀粉，地衣胶	地衣多醣，地衣膠
licopin(=lycopene)	番茄红素	番茄紅素
LIF(=①leukocyte inhibitory factory ②leukemia inhibitory factor)	①白细胞移动抑制因子 ②白血病抑制因子	①白細胞移動抑制因子 ②白血病抑制因子

英 文 名	大 陆 名	台 湾 名
life science	生命科学	生命科學
ligand	配体	配體
ligand-binding pocket	配体结合口袋	配體結合口袋
ligand blotting	配体印迹法	配體印漬法
ligand exchange chromatography	配体交换层析	配體交換層析
ligand-gated ion channel(=ionotropic receptor)	配体门控离子通道(=离子通道型受体)	配體門控離子通道
ligand-gated receptor(=ionotropic receptor)	配体门控受体(=离子通道型受体)	配體門控的受體
ligandin	配体蛋白	配體蛋白
ligand-induced dimerization	配体诱导二聚化	配體誘導的二聚化作用
ligand-induced endocytosis	配体诱导胞吞	配體誘導的胞吞作用
ligand-induced internalization	配体诱导内化	配體誘導的內質化作用
ligand-ligand interaction	配体-配体相互作用	配體-配體相互作用
ligand presentation	配体提呈	配體呈現
ligase	连接酶	接合酶
ligase chain reaction(LCR)	连接酶链反应	接合酶鏈反應
ligation	连接	接合反應
ligation amplification reaction(LAR)	连接扩增反应	接合擴增反應
ligation-anchored PCR	连接锚定聚合酶链反应,连接锚定 PCR	接合錨定 PCR,連接錨定聚合酶鏈反應
ligation-mediated PCR	连接介导聚合酶链反应,连接介导 PCR	接合性 PCR,接合性聚合酶鏈反應
light harvesting chlorophyll protein(LHCP)	集光叶绿体[结合]蛋白质	集光葉綠體蛋白質,集光葉綠體結合蛋白
light harvesting complex(LHC)	集光复合体	集光複合體
lignin	木[质]素	木質素
lignocellulose	木素纤维素	木質纖維素
lignoceric acid	木蜡酸	木蠟酸,掬焦油酸,二十四烷酸
lima bean agglutinin	利马豆凝集素	利馬豆凝集素
limit dextrin(=amylodextrin)	极限糊精	極限糊精,澱粉糊精
limonene	柠烯,苎烯,柠檬油精	苧烯,檸檬油精
linear DNA	线状 DNA	線狀 DNA
linear genome	线性基因组	線狀基因體
Lineweaver-Burk plot(=double-reciprocal plot)	双倒数作图法	雙倒數作圖法
linked gene	连锁基因	連鎖基因

英 文 名	大 陆 名	台 湾 名
N-linked oligosaccharide(=*N*-glycan)	*N*–连接寡糖(=*N*–聚糖)	*N*–聯寡醣
O-linked oligosaccharide(=*O*-glycan)	*O*–连接寡糖(=*O*–聚糖)	*O*–聯寡醣
linker	[人工]接头	聯結子，連接體
linker DNA	接头 DNA	聯結子 DNA
linker insertion	接头插入	聯結子插入
linking number	连环数	連接數
linoleate synthase	亚油酸合酶	亞油酸合酶
linoleic acid	亚油酸	亞油酸，麻油酸
linolenic acid	亚麻酸	亞麻油酸
linseed oil	亚麻子油	亞麻子油
lipaciduria	脂酸尿	脂酸尿
lipase	脂肪酶	脂肪酶
lipemia(=lipidemia)	脂血症	血脂症，脂血症
lipid	脂质	脂類，脂質
lipid bilayer	脂双层	雙分子脂膜，類脂雙層膜
lipidemia	脂血症	血脂症，脂血症
lipid granule	脂粒	脂粒
lipid hydroperoxide	脂质过氧化物	脂質過氧化物
lipid micelle	脂微团	脂微團
lipid microvesicle	脂微泡	脂微泡
lipid monolayer	脂单层	脂單層
lipid peroxidation	脂质过氧化	脂質過氧化
lipid polymorphism	脂多态性	脂類多樣性
lipid second messenger	脂质第二信使	脂質第二信使，脂類二次訊息
lipid-soluble vitamin	脂溶性维生素	脂溶性維生素
lipid storage disease(=lipoidosis)	脂沉积症	脂質貯積症，脂肪代謝障礙
lipoamide	硫辛酰胺	硫辛醯胺，硫脂醯胺
lipoamide dehydrogenase(=dihydrolipoamide dehydrogenase)	硫辛酰胺脱氢酶(=二氢硫辛酰胺脱氢酶)	硫辛醯胺脫氫酶
lipoamide reductase-transacetylase	硫辛酰胺还原转乙酰基酶	硫辛醯胺還原酶–轉乙醯基酶
lipocaic	胰抗脂肪肝因子	胰抗脂肪肝因子
lipocalin	脂质运载蛋白	脂質運載蛋白

英 文 名	大 陆 名	台 湾 名
lipochitooligosaccharide	脂质几丁寡糖	脂質幾丁寡醣
lipochrome	脂色素	脂色素
lipocortin(=annexin Ⅰ)	脂皮质蛋白(=膜联蛋白Ⅰ)	脂皮質蛋白(=膜聯蛋白Ⅰ)
lipodystrophy	脂肪营养不良	脂質營養不良
lipofection	脂质体转染	脂質體轉染
lipofuscin	脂褐素	脂褐質
lipogenesis	脂肪生成	脂肪生成
lipoic acid	硫辛酸	硫辛酸
lipoidosis	脂沉积症	脂質貯積症，脂肪代謝障礙
lipolysis	脂解	脂肪分解
lipomatosis	脂过多症	脂肪過多症
lipomodulin	脂调蛋白	脂調蛋白
lipooligosaccharide	脂寡糖	脂寡醣
lipopeptide	脂肽	脂肽
lipophilic gel chromatography	亲脂凝胶层析	親脂凝膠層析
lipophilicity	亲脂性	親脂性
lipophilin	亲脂素	親脂素
lipophorin	脂转运蛋白	脂轉運蛋白
lipophosphoglycan(LPG)	脂磷酸聚糖	脂磷酸聚醣
lipopolysaccharide(LPS)	脂多糖	脂多醣
lipoprotein	脂蛋白	脂蛋白
lipoprotein lipase	脂蛋白脂肪酶	脂蛋白脂肪酶
lipoprotein signal peptidase	脂蛋白信号肽酶	脂蛋白訊號肽酶
liposis(=lipomatosis)	脂过多症	脂肪過多症
lipositol	肌醇磷脂	肌醇磷脂
liposome	脂质体	脂質體，微脂粒，微脂膜體
liposome entrapment	脂质体包载	脂質體包載
lipostatin	脂肪酶抑制剂	脂肪酶抑制劑
lipotaurine	脂牛磺酸	脂牛磺酸
lipoteichoic acid	脂磷壁酸	脂磷壁酸
lipotrophy	脂肪增多	脂肪增多
lipotropic action	促脂解作用	促脂解作用
lipotropic agent	促脂解剂	抗脂肪肝劑
lipotropic hormone(LPH)(=lipotropin)	促脂解素，抗脂肪肝激素，脂肪动员激素	促脂解[激]素

英 文 名	大 陆 名	台 湾 名
lipotropin	促脂解素，抗脂肪肝激素，脂肪动员激素	促脂解[激]素
lipotropism	抗脂肪肝现象	抗脂肪肝現象
lipovitellin(LVT)	卵黄脂[磷]蛋白	卵黃脂磷蛋白
lipoxin(LX)	脂氧素	脂氧素，三羥二十碳四烯酸
lipoxygenase(LOX)	脂加氧酶	脂氧合酶
lipoyl	硫辛酰基	硫辛醯基
lipoyllysine	硫辛酰赖氨酸	硫脂醯賴胺酸
lipuria	脂尿	脂肪尿
liquid chromatography(LC)	液相层析	液相層析
liquid crystalline state	液晶态	液晶態
liquid-liquid chromatography(LLC)	液液层析	液液層析
liquid-liquid partition chromatography	液液分配层析	液－液分配層析
liquid scintillation counter	液体闪烁计数仪	液體閃爍計數儀
liquid-solid chromatography(LSC)	液固层析	液固層析
liquiritoside	甘草根糖苷	甘草根糖苷
lithocholic acid	石胆酸	石膽酸
litorin	雨滨蛙肽	雨濱蛙肽
livetin	卵黄蛋白	卵黃蛋白
livin	生存蛋白	生存蛋白
LLC(=liquid-liquid chromatography)	液液层析	液液層析
LN(=laminin)	层粘连蛋白	海帶胺酸，昆布胺酸
LNA(=locked nucleic acid)	锁核酸	鎖核酸
loci(复数)(=locus)	基因座	基因座，位點
lock and key theory	锁钥学说	鎖鑰學說
locked nucleic acid(LNA)	锁核酸	鎖核酸
locus	基因座	基因座，位點
locus control region(LCR)	基因座控制区	基因座控制區
locus linkage analysis	基因座连锁分析	基因座連鎖分析
long terminal repeat(LTR)	长末端重复[序列]	長末端重複[序列]
loop	环	環
loricrin	兜甲蛋白	兜甲蛋白
lotus agglutinin	莲子凝集素	蓮子凝集素
low density lipoprotein(LDL)	低密度脂蛋白	低密度脂蛋白
lowly repetitive DNA	低度重复 DNA	低度重複 DNA
low melting-temperature agarose	低熔点琼脂糖	低熔點瓊脂糖
low pressure liquid chromatography	低压液相层析	低壓液相層析

英 文 名	大 陆 名	台 湾 名
Lowry method	劳里法	勞裏法
low speed centrifugation	低速离心	低速離心
low voltage electrophoresis	低压电泳	低壓電泳
LOX(=lipoxygenase)	脂加氧酶	脂氧合酶
LP(=leptin)	瘦蛋白，脂肪细胞激素	瘦蛋白，脂肪細胞激素
LPG(=lipophosphoglycan)	脂磷酸聚糖	脂磷酸聚醣
LPH(=lipotropic hormone)	促脂解素，抗脂肪肝激素，脂肪动员激素	促脂解[激]素
LPK(=leucopyrokinin)	蜚蠊焦激肽	白血球焦激肽
LPS(=lipopolysaccharide)	脂多糖	脂多醣
LSC(=liquid-solid chromatography)	液固层析	液固層析
LTR(=long terminal repeat)	长末端重复[序列]	長末端重複[序列]
luciferase	萤光素酶	螢光酵素
luliberin	促黄体素释放素	促黃體激素釋放激素
lumican	光蛋白聚糖	光蛋白聚醣
luminescent enzyme immunoassay(LEIA)	发光酶免疫测定，发光酶免疫分析	發光酶免疫分析
luminescent immunoassay(LIA)	发光免疫测定，发光免疫分析	發光免疫分析
lupeose(=stachyose)	水苏糖	水蘇[四]糖
luteinizing hormone releasing factor (LHRF)(=luliberin)	促黄体素释放因子 (=促黄体素释放素)	促黃體激素釋放因子
luteinizing hormone releasing hormone (LHRH)(=luliberin)	促黄体素释放素	促黃體激素釋放激素
lutropin	促黄体素	促黃體素
LVT(=lipovitellin)	卵黄脂[磷]蛋白	卵黃脂磷蛋白
LX(=lipoxin)	脂氧素	脂氧素，三羥二十碳四烯酸
lyase	裂合酶	裂解酶
lycopene	番茄红素	番茄紅素
lymphocyte-derived chemotactic factor (LDCF)	淋巴细胞源性趋化因子	淋巴細胞衍生趨化因子
lymphokine	淋巴因子	淋巴激活素，淋巴因子，淋巴球活質
lyophilization(=freeze-drying)	冷冻干燥，冻干，冰冻干燥	冷凍乾燥，凍乾
lyophilizer(=freeze-drier)	冻干仪	凍乾儀
lyphozyme	冻干酶	凍乾酶

英 文 名	大 陆 名	台 湾 名
Lys(=lysine)	赖氨酸	賴胺酸，離胺酸
lysidine	赖胞苷	賴胞苷
lysin	溶素	溶素
lysine(Lys)	赖氨酸	賴胺酸，離胺酸
lysine vasopressin	赖氨酸升压素	賴胺酸加壓素，8－賴胺酸加壓素
lysogen	溶源菌	溶原菌
lysogeny	溶源性	溶原性，溶原現象
lysolecithin(=lysophosphatidylcholine)	溶血卵磷脂(=溶血磷脂酰胆碱)	溶血卵磷脂(=溶血磷脂醯膽鹼)
lysophosphatidic acid	溶血磷脂酸	溶血磷脂酸
lysophosphatidylcholine	溶血磷脂酰胆碱	溶血磷脂醯膽鹼
lysophospholipase	溶血磷脂酶	溶血磷脂酶
lysosomal acid lipase	溶酶体酸性脂肪酶	溶酶體酸性脂肪酶
lysosomal enzymes	溶酶体酶类	溶酶體酶類
lysosomal hydrolase	溶酶体水解酶	溶酶體水解酶
lysosome	溶酶体	溶酶體，溶小體
lysozyme	溶菌酶	溶菌酶
lyticase	溶细胞酶，消解酶	溶細胞酶
lyxose	来苏糖	來蘇糖，異木糖，膠木糖

M

英 文 名	大 陆 名	台 湾 名
mabinlin	马槟榔甜蛋白	馬檳榔甜蛋白
MAC(=membrane attack complex)	攻膜复合物	攻膜複合體
MACIF(=membrane attack complex inhibitory factor)	攻膜复合物抑制因子	攻膜複合體抑制因子
macroarray	大阵列	巨陣列
macroglobulin	巨球蛋白	巨球蛋白
macroglobulinemia	巨球蛋白血症	巨球蛋白血症
macrophage colony stimulating factor(M-CSF)	巨噬细胞集落刺激因子	巨噬細胞集落刺激因子
macrophage inhibition factor(MIF)	巨噬细胞抑制因子	巨噬細胞抑制因子
MAG(=①monoacylglycerol ②myelin associated glycoprotein)	①单酰甘油 ②髓鞘相关糖蛋白	①單醯甘油 ②鞘相關醣蛋白
magainin	爪蟾抗菌肽	爪蟾抗菌肽

英 文 名	大 陆 名	台 湾 名
magnetic immunoassay	磁性免疫测定，磁性免疫分析	磁性免疫分析
maintenance methylase	保持甲基化酶	保持甲基化酶
maize factor(=zeatin)	玉米因子(=玉米素)	玉米因子(=玉米素)
major groove	大沟	主溝槽
major histocompatibility complex(MHC)	主要组织相容性复合体	主要組織相容性複合體
malate-aspartate cycle	苹果酸－天冬氨酸循环	蘋果酸－天門冬胺酸循環
malate dehydrogenase	苹果酸脱氢酶	蘋果酸脫氫酶
maleic acid	马来酸，顺丁烯二酸	馬來酸，順丁烯二酸
malic acid	苹果酸	蘋果酸
malic enzyme	苹果酸酶	蘋果酸酶
malondialdehyde	丙二醛	丙二醛
malonic acid	丙二酸	丙二酸
malonyl CoA	丙二酰辅酶 A，丙二酸单酰辅酶 A	丙二酸單醯輔酶 A
maltase	麦芽糖酶	麥芽糖酶
maltodextrin	麦芽糖糊精	麥芽糖糊精
maltoporin	麦芽糖孔蛋白	麥芽糖孔蛋白
maltose	麦芽糖	麥芽糖
mannan	甘露聚糖	甘露聚醣
mannitol	甘露糖醇	甘露醇
mannopine	甘露氨酸	甘露胺酸
mannopinic acid	甘露鸟氨酸	甘露鳥胺酸
mannose	甘露糖	甘露糖
mannose-binding protein(MBP)	甘露糖结合蛋白质	甘露糖結合蛋白
mannose 6-phosphate receptor(M6PR) (=P-type lectin)	6－磷酸甘露糖受体(=P 型凝集素)	6－磷酸甘露糖受體(=P－型凝集素)
mannosidase	甘露糖苷酶	甘露糖苷酶
mannosidosis	甘露糖苷过多症	甘露苷症
mannuronic acid	甘露糖醛酸	甘露糖醛酸
MAO(=monoamine oxidase)	单胺氧化酶	單胺氧化酶
MAP(=①mitogen-activated protein ②microtubule-associated protein)	①促分裂原活化蛋白质 ②微管相关蛋白质	①促分裂原活化蛋白質 ②微管締合蛋白質
MAPK(=mitogen-activated protein kinase)	促分裂原活化的蛋白激酶，MAP 激酶	促分裂原活化蛋白激酶
MAPKK(=mitogen-activated protein kinase kinase)	促分裂原活化的蛋白激酶激酶，MAP 激酶激	促分裂原活化蛋白激酶激酶

英 文 名	大 陆 名	台 湾 名
	酶	
MAPKKK(=mitogen-activated protein kinase kinase kinase)	促分裂原活化的蛋白激酶激酶激酶，MAP 激酶激酶激酶	促分裂原活化蛋白激酶激酶激酶
margarine	珠酯	瑪琪琳，人工奶油
marker	标志	標記
marker enzyme	标志酶	標記酶
marker gene	标志基因，标记基因	標記基因
mass spectrometry(MS)	质谱法	質譜法
matched sequence	匹配序列	配對序列
maternal-effect gene	母体效应基因	母體效應基因
matrices(复数)(=matrix)	基质	基質
matrix	基质	基質
maturase	成熟酶	成熟酶
Maxam-Gilbert DNA sequencing	马克萨姆－吉尔伯特法	Maxam-Gilbert DNA 測序法，鹼基特異性裂解法，化學降解法
Maxam-Gilbert method(=Maxam-Gilbert DNA sequencing)	马克萨姆－吉尔伯特法	Maxam-Gilbert DNA 測序法，鹼基特異性裂解法，化學降解法
maxizyme	大核酶	大核酶
Mb(=megabase)	兆碱基	兆鹼基
MBP(=mannose-binding protein)	甘露糖结合蛋白质	甘露糖結合蛋白
MBR(=membrane bioreactor)	膜生物反应器	膜生物反應器
McAb(=monoclonal antibody)	单克隆抗体	單株抗體
MCH(=melanin concentrating hormone)	黑素浓集激素	黑色素濃集激素
MCS(=multiple cloning site)	多克隆位点	多克隆位點，多克隆部位，多重選殖位點
M-CSF(=macrophage colony stimulating factor)	巨噬细胞集落刺激因子	巨噬細胞集落刺激因子
MDP(=muramyl dipeptide)	胞壁酰二肽	胞壁醯二肽，*N*－乙醯胞壁醯－D－丙胺醯－D－異穀胺醯胺
mean residue weight	平均残基量	平均殘基量
mechanosensitive channel	机械力敏感通道	機械力敏感通道
mechanotransduction	机械力转导	機械力訊號傳遞
MEF(=migration enhancement factor)	移动增强因子	移動增強因子
megabase(Mb)	兆碱基	兆鹼基

英 文 名	大 陆 名	台 湾 名
megakaryocyte stimulating factor	巨核细胞刺激因子	巨核細胞刺激因子
megalinker	兆碱基接头，兆碱基大范围限制性核酸内切酶接头	兆鹼基接頭，兆鹼基大範圍限制性酶接頭
meganuclease	兆核酸酶	兆核酸酶
megaprep(=megapreparation)	大规模制备	大規模製備
megapreparation	大规模制备	大規模製備
melanin	黑[色]素	黑色素
melanin concentrating hormone(MCH)	黑素浓集激素	黑色素濃集激素
melanocortin	促黑[细胞激]素	促黑激素，促黑色素細胞激素，黑細胞促素
melanocyte stimulating hormone(MSH) (=melanocortin)	促黑[细胞激]素	促黑激素，促黑色素細胞激素，黑細胞促素
melanocyte stimulating hormone regulatory hormone	促黑素调节素	促黑激素調節激素
melanocyte stimulating hormone release inhibiting hormone(MRIH)(=melanostatin)	促黑素抑释素	促黑素釋放抑制素，促黑激素釋放抑制激素
melanocyte stimulating hormone releasing hormone(MSHRH)(=melanoliberin)	促黑素释放素	促黑素釋放素，促黑激素釋放激素
melanoliberin	促黑素释放素	促黑素釋放素，促黑激素釋放激素
melanostatin	促黑素抑释素	促黑素釋放抑制素，促黑激素釋放抑制激素
melanotropin releasing hormone(MRH) (=melanoliberin)	促黑素释放素	促黑素釋放素，促黑激素釋放激素
melanuria	黑素尿	黑色素尿症
melatonin	褪黑[激]素	褪黑激素，*N* -乙醯-5-甲氧色胺
melezitose	松三糖	松三糖
melibiose	蜜二糖	蜜二糖
melissic acid	蜂花酸	蜂花酸，三十烷酸
melittin	蜂毒肽	蜂毒肽
melonotropin(=melanocortin)	促黑[细胞激]素	促黑激素，促黑色素細胞激素，黑細胞促素
melting	解链，熔解	熔解
melting curve	解链曲线	熔解曲線，解鏈曲線
melting temperature	解链温度	熔解溫度，解鏈溫度

英 文 名	大 陆 名	台 湾 名
memapsin	膜天冬氨酸蛋白酶	膜天冬氨酸蛋白酶
membrane anchor	膜锚	膜錨著點
membrane asymmetry	膜不对称性	膜不對稱性
membrane attachment structure	膜附着结构	膜附著結構
membrane attack complex(MAC)	攻膜复合物	攻膜複合體
membrane attack complex inhibitory factor (MACIF)	攻膜复合物抑制因子	攻膜複合體抑制因子
membrane bioreactor(MBR)	膜生物反应器	膜生物反應器
membrane capacitance	膜电容	膜電容
membrane carrier	膜载体	膜載體
membrane channel	膜通道	膜通道
membrane channel protein	膜通道蛋白	膜通道蛋白
membrane coat	膜被	膜被
membrane compartment	膜区室	膜區室
membrane current	膜电流	膜電流
membrane digestion	膜消化	膜分解
membrane-distal region	膜远侧区	膜遠側區
membrane domain	膜[结构]域	膜[結構]區域
membrane dynamics	膜动力学	膜動力學
membrane electrode	膜电极	膜電極
membrane electrophoresis	膜电泳	膜電泳
membrane equilibrium	膜平衡	膜平衡
membrane filter	膜滤器	膜濾器
membrane filtration	膜过滤	膜過濾
membrane fluidity	膜流动性	膜流動性
membrane fusion	膜融合	膜融合
membrane hydrolysis	膜水解	膜水解
membrane immunoglobulin(mIg)	膜免疫球蛋白	膜免疫球蛋白
membrane impedance	膜阻抗	膜阻抗
membrane insertion signal	膜插入信号	膜插入信號
membrane-integrated cone	膜整合锥	膜整合錐
membrane length constant	膜长度常数	膜長度常數
membrane lipid	膜脂	膜脂
membrane localization	膜定位	膜定位
membrane lysis	膜裂解	膜溶解
membrane osmometer	膜渗透压计	膜滲透壓計
membrane partitioning	膜分配	膜分配
membrane permeability	膜通透性	膜通透性

英 文 名	大 陆 名	台 湾 名
membrane pH gradient	膜 pH 梯度	膜 pH 梯度
membrane phospholipid	膜磷脂	膜磷脂
membrane potential	膜电位	膜電位
membrane protein	膜蛋白质	膜蛋白质
membrane protein diffusion	膜蛋白扩散	膜蛋白擴散
membrane protein insertion	膜蛋白插入	膜蛋白插入
membrane protein reconstitution	膜蛋白重建	膜蛋白重建
membrane proton conduction	膜质子传导	膜質子傳導
membrane-proximal region	膜近侧区	膜近側區
membrane pump	膜泵	膜泵
membrane raft	膜筏	膜筏
membrane receptor	膜受体	膜受體
membrane reconstitution	膜重建	膜重建
membrane recruitment	膜募集	膜補充
membrane sealing	膜封闭	膜封接
membrane separation	膜分离	膜分離
membrane skeleton	膜骨架	膜骨架
membrane skeleton protein	膜骨架蛋白	膜骨架蛋白
membrane-spanning protein	穿膜蛋白，跨膜蛋白	跨膜蛋白
membrane-spanning region	穿膜区	跨膜區
membrane synthesis	膜合成	膜合成
membrane teichoic acid	膜磷壁酸	膜磷壁酸
membrane time constant	膜时间常数	膜時間常數
membrane topology	膜拓扑学	膜拓撲學
membrane toxin	膜毒素	膜毒素
membrane trafficking	膜运输	膜運輸
membrane translocation	膜转位	膜轉位
membrane translocator	膜转位蛋白	膜轉位蛋白
membrane transport	膜转运	膜轉運
membrane trigger hypothesis	膜触发假说	膜觸發假說
membrane vesicle	膜性小泡	膜小泡
menadione	甲萘醌，维生素 K_3	甲萘醌，維生素 K_3
menaquinone	甲基萘醌，维生素 K_2	甲基萘醌，維生素 K_2
menotropin	促配子成熟激素	促配子成熟激素
menthol	薄荷醇	薄荷醇
meprin	穿膜肽酶	跨膜肽酶
mercapto-ethanol	巯基乙醇	巰基乙醇
mercapto-ethylamine	巯基乙胺	巰基乙胺，半胱胺

英 文 名	大 陆 名	台 湾 名
β-mercaptopyruvate	β 巯基丙酮酸	β－巯基丙酮酸
merlin(=schwannomin)	膜突样蛋白(=施万膜蛋白)	膜突樣蛋白(=施萬膜蛋白)
meromyosin	酶解肌球蛋白	酶解肌球蛋白
Merrifield synthesis	梅里菲尔德合成法	Merrifield 合成法
mesotocin	鸟催产素，8－异亮氨酸催产素	鳥催產素，8－異亮催產素
message strand	信息链	資訊股
messenger RNA(mRNA)	信使 RNA	信使 RNA
Met(=methionine)	甲硫氨酸	甲硫胺酸
metabolic acidosis	代谢性酸中毒	代謝性酸中毒
metabolic alkalosis	代谢性碱中毒	代謝性鹼中毒
metabolic control	代谢调控	代謝調控
metabolic coupling	代谢偶联	代謝偶聯
metabolic engineering	代谢工程	代謝工程
metabolic enzyme	代谢酶	代謝酶
metabolic pathway	代谢途径	代謝途徑
metabolic pool	代谢库	代謝庫
metabolic rate	代谢率	代謝率
metabolic regulation	代谢调节	代謝調節
metabolic syndrome	代谢综合征	代謝性綜合症
metabolism	新陈代谢，代谢	新陳代謝，代謝
metabolite	代谢物	代謝物
metabolome	代谢物组	代謝物體
metabolomics	代谢物组学	代謝物體學
metabolon	代谢区室	代謝區室
metabotropic receptor	代谢型受体	代謝型受體
metadrenaline	变肾上腺素，间位肾上腺素，3－*O*－甲基肾上腺素	變腎上腺素，間位腎上腺素
metal affinity chromatography	金属亲和层析	金屬親和層析
metalbumin	变清蛋白	變白蛋白，變清蛋白
metal-chelate affinity chromatography (=metal affinity chromatography)	金属螯合亲和层析(=金属亲和层析)	金屬螯合親和層析(=金屬螯合層析)
metal-chelating protein	金属螯合蛋白质	金屬螯合蛋白質
metal [ion] activated enzyme	金属[离子]激活酶	金屬[離子]活化酶
metal-ligand affinity chromatography (=metal affinity chromatography)	金属配体亲和层析(=金属亲和层析)	金屬配體親和層析

英文名	大陆名	台湾名
metalloendoprotease	金属内切蛋白酶	金屬內切蛋白酶
metalloenzyme	金属酶	金屬酶
metalloflavoprotein	金属黄素蛋白	金屬黃蛋白
metallopeptidase	金属肽酶	金屬肽酶
metallopeptide	金属肽	金屬肽
metalloprotease	金属蛋白酶	金屬蛋白酶
metalloprotein	金属蛋白	金屬蛋白
metalloproteinase(=metalloprotease)	金属蛋白酶	金屬蛋白酶
metalloregulatory protein	金属调节蛋白质	金屬調節蛋白
metalloribozyme	金属核酶	金屬核酶
metallothionein(MT)	金属硫蛋白	金屬巰基蛋白
metaprotein	变性蛋白质	變性蛋白質
metarhodopsin	变视紫质	變視紫紅質，後視紫質
methacrylyl-CoA	甲基丙烯酰辅酶 A	甲基丙烯醯 CoA
methaemoglobin(=methemoglobin)	高铁血红蛋白	高鐵血紅素，氧化血紅素，高鐵血紅蛋白
methanol	甲醇	甲醇
methemoglobinemia	高铁血红蛋白血症	高鐵血紅蛋白血症
methemoglobin	高铁血红蛋白	高鐵血紅素，氧化血紅素，高鐵血紅蛋白
methionine(Met)	甲硫氨酸	甲硫胺酸
methionine-specific aminopeptidase	甲硫氨酸特异性氨肽酶	甲硫胺酸特異性胺肽酶
methionine tRNA	甲硫氨酸 tRNA	甲硫胺酸 tRNA
methylase(=methyltransferase)	甲基化酶(=甲基转移酶)	甲基化酶(=甲基轉移酶)
methylation	甲基化	甲基化[作用]
methylation interference assay	甲基化干扰试验	甲基化干擾試驗
methylation specific PCR	甲基化特异性聚合酶链反应，甲基化特异性 PCR	甲基化特異性 PCR，甲基化特異性聚合酶鏈反應
5-methylcytosine	5－甲基胞嘧啶	5－甲基胞嘧啶
N-methyldeoxynojirimycin	*N*－甲基脱氧野尻霉素	*N*－甲基去氧野尻黴素
methylsterol monooxygenase	甲基固醇单加氧酶	甲基固醇單加氧酶
methyltransferase	甲基转移酶	甲基轉移酶
mevaldic acid	3－羟－3－甲戊醛酸	3－羥基－3－甲基戊醛酸
mevalonate-5-pyrophosphate	甲羟戊酸－5－焦磷酸	甲羥戊酸－5－焦磷酸
mevalonic acid	甲羟戊酸	甲羥戊酸，3－甲基－

英 文 名	大 陆 名	台 湾 名
		3,5－二羥基戊酸
MHC(＝major histocompatibility complex)	主要组织相容性复合体	主要組織相容性複合體
micelle	微团	微團
Michaelis constant	米氏常数	米氏常數
Michaelis equation(＝Michaelis-Menten equation)	米氏方程	米－門式方程，米氏方程
Michaelis-Menten equation	米氏方程	米－門式方程，米氏方程
Michaelis-Menten kinetics	米氏动力学	米－門式動力學
microanalysis	微量分析	微量分析
microarray	微阵列	微陣列
microcarrier	微载体	微載體
microcentrifugation	微量离心	微量離心
microcin	微菌素	微菌素
micrococcal nuclease	微球菌核酸酶	微球菌核酸酶
microdissection	显微切割术	顯微切割術
microenvironment	微环境	微觀環境
microfibrillar protein	微原纤维蛋白质	微原纖維蛋白質
microfluorophotometry	显微荧光光度法	顯微螢光光度法
microglobulin	微球蛋白	微球蛋白
microheterogeneity	微不均一性	微不均一性
microinjection	显微注射	顯微注射
micropipet	微量加液器	微量吸管
microRNA(miRNA)	微 RNA	微 RNA
microsatellite DNA	微卫星 DNA	微衛星 DNA
microsatellite DNA polymorphism	微卫星 DNA 多态性	微衛星 DNA 多型性
microsomal enzymes	微粒体酶类	微粒體酶類
microspectrophotometer	显微分光光度计	顯微分光光度計
microtubule-associated protein(MAP)	微管相关蛋白质	微管締合蛋白質
microtubule severing protein	微管切割性蛋白质	微管切割蛋白質
microvitellogenin	微卵黄原蛋白，卵黄原蛋白Ⅱ	微卵黃原蛋白
middle repetitive DNA	中度重复 DNA	中度重複 DNA
midkine(MK)	中期因子	中腎蛋白因子
MIF(＝①migration inhibition factor ②macrophage inhibition factor)	①移动抑制因子 ②巨噬细胞抑制因子	①移動抑制因子 ②巨噬細胞抑制因子
mIg(＝membrane immunoglobulin)	膜免疫球蛋白	膜免疫球蛋白

英 文 名	大 陆 名	台 湾 名
migration enhancement factor(MEF)	移动增强因子	移動增強因子
migration inhibition factor(MIF)	移动抑制因子	移動抑制因子
migration rate	迁移速率	遷移率
millipore filtration	微孔过滤	微孔過濾
mimosine	含羞草氨酸	含羞草胺酸
mineralocorticoid	盐皮质[激]素	鹽皮質激素，礦物皮質激素
mineralocorticoid receptor(MR)	盐皮质[激]素受体	鹽皮質激素受體，礦物皮質激素受體
minicell	小细胞	小細胞
miniprep(=minipreparation)	小规模制备	小規模製備
minipreparation	小规模制备	小規模製備
minisatellite DNA	小卫星 DNA	小衛星 DNA
minizyme	小核酶	小核酶
minor base(=unusual base)	稀有碱基	稀有鹼基
minor groove	小沟	小溝
minor nucleoside	稀有核苷	稀有核苷
MIP(=molecular imprinting polymer)	分子印记聚合物	分子拓印聚合物
MIR(=multiple isomorphous replacement)	多重同晶置换	多重同晶置換
miRNA(=microRNA)	微 RNA	微 RNA
mischarging	错载	錯載
miscoding	错编	錯誤編碼
misfolding	错折叠	錯誤折疊
misincorporation	错参	錯參
misinsertion	错插	錯插
mismatching(=mispairing)	错配	錯配
mismatch repair	错配修复	錯配修復
mispairing	错配	錯配
missense mutation	错义突变	誤義突變
mistletoe lectin	槲寄生凝集素	槲寄生凝集素
MIT(=molecular imprinting technique)	分子印记技术	分子拓印技術
mitochondrial ATPase	线粒体 ATP 酶	粒線體 ATP 酶
mitochondrial DNA(mtDNA)	线粒体 DNA	粒線體 DNA
mitochondrial membrane	线粒体膜	粒線體膜
mitochondrial RNA processing enzyme	线粒体 RNA 加工酶	粒線體 RNA 加工酶
mitogen-activated protein(MAP)	促分裂原活化蛋白质	促分裂原活化蛋白質
mitogen-activated protein kinase(MAPK)	促分裂原活化的蛋白激	促分裂原活化蛋白激酶

英 文 名	大 陆 名	台 湾 名
	酶，MAP 激酶	
mitogen-activated protein kinase kinase (MAPKK)	促分裂原活化的蛋白激激酶激酶，MAP 激酶酶	促分裂原活化蛋白激酶激酶
mitogen-activated protein kinase kinase kinase(MAPKKK)	促分裂原活化的蛋白激酶激酶激酶，MAP 激酶激酶激酶	促分裂原活化蛋白激酶激酶激酶
mitogenic factor	促分裂因子	促分裂因子
mixed functional oxidase(=monooxygenase)	混合功能氧化酶(=单加氧酶)	混合功能氧化酶
MK(=midkine)	中期因子	中腎蛋白因子
Mlu DNA polymerase	*Mlu* DNA 聚合酶	*Mlu* DNA 聚合酶
mobile phase	流动相	流動相
mobility	迁移度	遷移率
moderately repetitive DNA(=middle repetitive DNA)	中度重复 DNA	中度重複 DNA
moderately repetitive sequence	中等重复序列	中等重複序列
modification enzyme	修饰酶	修飾酶
modification methylase	修饰性甲基化酶	修飾性甲基化酶
modification system	修饰系统	修飾系統
modified base	修饰碱基	修飾鹼基
modified nucleoside	修饰核苷	修飾核苷
modulating system	调制系统	調節系統
modulation	调制	調節
modulator	调制物	調節物，調節基因
module	模件	序列元件
moesin	膜突蛋白	膜突蛋白
molality	重量摩尔浓度	重量莫耳濃度
molarity	体积摩尔浓度	体积莫耳濃度
molasses	糖蜜	糖蜜
molecular beacon	分子导标	分子信標
molecular biology	分子生物学	分子生物學
molecular chaperone(=chaperone)	分子伴侣	分子保護子
molecular cloning	分子克隆	分子克隆，分子選殖
molecular disease	分子病	分子疾病
molecular exclusion chromatography(=gel [filtration] chromatography)	分子排阻层析(=凝胶[过滤]层析)	分子排阻層析(=凝膠[過濾]層析)
molecular genetics	分子遗传学	分子遺傳學

英 文 名	大 陆 名	台 湾 名
molecular hybridization	分子杂交	分子雜交
molecular imprinting polymer(MIP)	分子印记聚合物	分子拓印聚合物
molecular imprinting technique(MIT)	分子印记技术	分子拓印技術
molecular marker	分子标志	分子標誌
molecular mimicry	分子模拟	分子類比
molecular model	分子模型	分子模型
molecular probe	分子探针	分子探針
molecular sieve	分子筛	分子篩
molecular sieve chromatography(=gel [filtration] chromatography)	分子筛层析(=凝胶[过滤]层析)	分子篩層析
molecular weight cut-off	截留分子量	截留分子量
molecular weight ladder marker	分子量梯状标志	分子量梯狀標誌
molecular weight marker	分子量标志	分子量標誌
molecular weight standard	分子量标准	分子量標準
molten-globule state	熔球态	熔球態
momorcochin S	木鳖毒蛋白 S	木鼈根毒蛋白 S
momordin	苦瓜毒蛋白	苦瓜毒蛋白
monellin	应乐果甜蛋白，莫内甜蛋白	應樂果甜蛋白，莫内甜蛋白
monoacylglycerol(MAG)	单酰甘油	單醯甘油
monoamine oxidase(MAO)	单胺氧化酶	單胺氧化酶
monoamine transporter	单胺转运[蛋白]体	單胺轉運蛋白
monochromator	单色器，单色仪	單色器，單色儀
monocistron	单顺反子	單順反子
monocistronic mRNA	单顺反子 mRNA	單順反子 mRNA
monoclonal antibody(McAb)	单克隆抗体	單株抗體
Monod-Wyman-Changeux model(MWC model)(=concerted model)	MWC 模型(=齐变模型)	MWC 模型，齊變模型，對稱模型
monoenoic acid	单烯酸	單烯酸
monoglyceride(=monoacylglycerol)	甘油单酯(=单酰甘油)	甘油單酯(=單醯甘油)
monokine	单核因子	單核因子
monomer	单体	單體
mononucleotide	单核苷酸	單核苷酸
mono-olein	单油酰甘油	單油醯甘油[酯]
monooleoglyceride(=mono-olein)	单油酰甘油	單油醯甘油[酯]
monooxygenase	单加氧酶	單加氧酶
monosaccharide	单糖	單醣，單糖

英 文 名	大 陆 名	台 湾 名
monoterpene	单萜	單萜
montanic acid	褐煤酸	褐煤酸，二十八烷酸
moricin	家蚕抗菌肽	家蠶抗菌肽
mortalin(MOT)	寿命蛋白	壽命蛋白
mosaic genome	镶嵌基因组，嵌合基因组	嵌合基因體
mosaic protein	镶嵌蛋白质	鑲嵌蛋白質
mosaic structure	镶嵌结构	鑲嵌結構
MOT(=mortalin)	寿命蛋白	壽命蛋白
motif	模体	模體，蛋白質功能決定部位
motilin	促胃动素	胃動素
motor protein	马达蛋白质	動力型蛋白質
movement protein	移动性蛋白质	移動性蛋白質
moving boundary electrophoresis	移动界面电泳	移界電泳
moving zone electrophoresis(=moving boundary electrophoresis)	移动区带电泳(=移动界面电泳)	移動區帶電泳
M6PR(=mannose 6-phosphate receptor)	6-磷酸甘露糖受体(=P 型凝集素)	6-磷酸甘露糖受體(=P-型凝集素)
MR(=mineralocorticoid receptor)	盐皮质[激]素受体	鹽皮質激素受體，礦物皮質激素受體
MRH(=melanotropin releasing hormone)	促黑素释放素	促黑素釋放素，促黑激素釋放激素
MRIH(=melanocyte stimulating hormone release inhibiting hormone)	促黑素抑释素	促黑素釋放抑制素，促黑激素釋放抑制激素
mRNA(=messenger RNA)	信使 RNA	信使 RNA
mRNA cap	mRNA 帽	mRNA 帽
mRNA cap binding protein(=cap binding protein)	mRNA 帽结合蛋白质(=帽结合蛋白质)	mRNA 帽結合蛋白質
mRNA capping	mRNA 加帽	mRNA 加帽
mRNA degradation pathway	mRNA 降解途径	mRNA 降解途徑
mRNA differential display	mRNA 差异显示	mRNA 差異顯示
mRNA guanyltransferase	mRNA 鸟苷转移酶	mRNA 鳥苷轉移酶
mRNA polyadenylation	mRNA 多腺苷酸化	mRNA 聚腺苷酸化
mRNA precursor(=primary transcript)	mRNA 前体(=初级转录物)	mRNA 前體
mRNA stability	mRNA 稳定性	mRNA 穩定性
MS(=mass spectrometry)	质谱法	質譜法

英 文 名	大 陆 名	台 湾 名
MSH(=melanocyte stimulating hormone)	促黑[细胞激]素	促黑激素，促黑色素細胞激素，黑細胞促素
MSHRH(=melanocyte stimulating hormone releasing hormone)	促黑素释放素	促黑素釋放素，促黑激素釋放激素
MT(=metallothionein)	金属硫蛋白	金屬巰基蛋白
mtDNA(=mitochondrial DNA)	线粒体 DNA	粒線體 DNA
mucin	黏蛋白	黏蛋白，黏液素，黏質
mucopeptide	葡糖胺肽，黏肽	黏肽
mucopolysaccharide(=glycosaminoglycan)	黏多糖(=糖胺聚糖)	黏多醣(=醣胺聚醣)
mucopolysaccharidosis	黏多糖贮积症	黏多醣貯積病
mucoprotein(=mucin)	黏蛋白	黏蛋白，黏液素，黏質
mucosa	黏膜	黏膜
Müllerian inhibiting substance	米勒管抑制物质	繆勒抑制物質
multicistronic mRNA(=polycistronic mRNA)	多顺反子 mRNA	多順反子 mRNA
multicloning site(=multiple cloning site)	多克隆位点	多克隆位點，多克隆部位，多重選殖位點
multi-colony stimulating factor(multi-CSF)	多集落刺激因子	多潛能集落刺激因子
multicolumn chromatography(=multidimensional chromatography)	多维层析	多維層析
multicopy gene	多拷贝基因	多拷貝基因
multi-CSF(=multi-colony stimulating factor)	多集落刺激因子	多潛能集落刺激因子
multidimensional chromatography	多维层析	多維層析
multidimensional nuclear magnetic resonance spectroscopy	多维核磁共振波谱学	多維核磁共振波譜學
multienzyme cluster(=multienzyme complex)	多酶簇(=多酶复合物)	多酶簇(=多酶複合物)
multienzyme complex	多酶复合物	多酶複合物
multienzyme protein	多酶蛋白质	多酶蛋白質
multienzyme system	多酶体系	多酶體系
multifunctional enzyme	多功能酶	多功能酶
multimer	多体	多聚體
multiple cloning site(MCS)	多克隆位点	多克隆位點，多克隆部位，多重選殖位點
multiple forms of an enzyme(=enzyme	酶多态性	酵素多態性

英　文　名	大　陆　名	台　湾　名
polymorphism)		
multiple isomorphous replacement(MIR)	多重同晶置换	多重同晶置換
multiplex PCR	多重聚合酶链反应，多重 PCR	多重 PCR，多重聚合酶鏈反應
mungbean nuclease	绿豆核酸酶	綠豆核酸酶
muramic acid	胞壁酸	胞壁酸
muramidase(= lysozyme)	胞壁酸酶(= 溶菌酶)	胞壁質酶(= 溶菌酶)
muramyl dipeptide(MDP)	胞壁酰二肽	胞壁醯二肽，*N* - 乙醯胞壁醯- D -丙胺醯- D - 異穀胺醯胺
mutagen	诱变剂	誘變原
mutant	突变体	突變體
mutarotase	变旋酶	變旋酶
mutarotation	变旋	變旋[現象]
mutase	变位酶	變位酶
mutation	突变	突變作用
muton	突变子	突變子
MWC model(= Monod-Wyman-Changeux model)	MWC 模型	MWC 模型，齊變模型，對稱模型
mycothione reductase	氧化型真菌硫醇还原酶	真菌硫酮還原酶
myelin	髓磷脂，髓鞘质	髓磷脂
myelin associated glycoprotein(MAG)	髓鞘相关糖蛋白	鞘相關醣蛋白
myelin basic protein	髓鞘碱性蛋白质	髓鞘鹼性蛋白質
myelin oligodendroglia glyceprotein	髓鞘寡突胶质糖蛋白	鞘寡突膠質醣蛋白
myelin protein	髓鞘蛋白质	髓鞘蛋白質
myelin proteolipid(= lipophilin)	髓磷脂蛋白脂质(= 亲脂素)	髓磷脂蛋白脂類(= 親脂素)
myeloblastin	成髓细胞蛋白酶	成髓細胞蛋白酶
myeloperoxidase	髓过氧化物酶	髓過氧化物酶
myoalbumin	肌清蛋白	肌白蛋白，肌清蛋白，肌蛋白素
myogen	肌质蛋白，肌浆蛋白	肌漿蛋白，肌凝蛋白
myogenin	肌细胞生成蛋白	肌細胞生成蛋白
myoglobin	肌红蛋白	肌紅蛋白
myoglobinuria	肌红蛋白尿	肌紅蛋白尿症
myo-inositol	肌 - 肌醇	肌 - 肌醇
myokinase	肌激酶	肌激酶
myomodulin	肌调肽	肌調肽

英 文 名	大 陆 名	台 湾 名
myosin	肌球蛋白	肌凝蛋白
myosin light chain kinase	肌球蛋白轻链激酶	肌凝蛋白輕鏈激酶
myostatin	肌生成抑制蛋白	肌生成抑制蛋白
myostromin	肌基质蛋白	肌基質蛋白
myricyl alcohol	蜂蜡醇	蜂蠟醇，三十烷醇
myristic acid	豆蔻酸	豆蔻酸，十四烷酸
myristin	豆蔻酸甘油酯，豆蔻酰甘油	豆蔻酸甘油酯，三豆蔻酸甘油
myristoylation	豆蔻酰化	豆蔻醯化，十四醯化
myticin	贻贝抗菌肽	貽貝抗菌肽
mytilin	贻贝杀菌肽	貽貝殺菌肽
mytimycin	贻贝抗真菌肽	貽貝抗真菌肽

N

英 文 名	大 陆 名	台 湾 名
NAD(=nicotinamide adenine dinucleotide)	烟酰胺腺嘌呤二核苷酸，辅酶 I	菸鹼醯胺腺嘌呤二核苷酸，輔酶 I
NADH(=reduced nicotinamide adenine dinucleotide)	还原型烟酰胺腺嘌呤二核苷酸，还原型辅酶I	還原態的菸鹼醯胺腺嘌呤二核苷酸
NADH-coenzyme Q reductase(=NADH dehydrogenase complex)	NADH－辅酶 Q 还原酶(=NADH 脱氢酶复合物)	NADH－輔酶 Q 還原酶
NADH-cytochrome b_5 reductase	NADH－细胞色素 b_5 还原酶	NADH－細胞色素 b_5 還原酶
NADH dehydrogenase complex	NADH 脱氢酶复合物	NADH 脫氫酶複合物
NAD kinase	烟酰胺腺嘌呤二核苷酸激酶，NAD 激酶	NAD 激酶
$NAD^+/NADP^+$-dependent dehydrogenase	依赖 $NAD^+/NADP^+$ 的脱氢酶	依賴 $NAD^+/NADP^+$ 的脫氫酶
NADP(=nicotinamide adenine dinucleotide phosphate)	烟酰胺腺嘌呤二核苷酸磷酸，辅酶 II	菸鹼醯胺腺嘌呤二核苷酸磷酸，輔酶 II
NADPH(=reduced nicotinamide adenine dinucleotide phosphate)	还原型烟酰胺腺嘌呤二核苷酸磷酸，还原型辅酶 II	還原態的菸鹼醯胺腺嘌呤二核苷酸磷酸
Na^+, K^+-ATPase	钠钾 ATP 酶	鈉鉀 ATP 酶
naked gene	裸基因	裸基因
nanocrystal molecule	纳米晶体分子	奈米晶體分子

英 文 名	大 陆 名	台 湾 名
nanoelectromechanical system(NEMS)	纳米电机系统	奈米電機系統
nanogram(ng)	纳克	奈克
nanometer(nm)	纳米	奈米
nanopore	纳米微孔	奈米微孔
nanotechnology	纳米技术	奈米技術
naphthol	萘酚	萘酚
naringin	柚皮苷	柚皮苷
narrow groove(=minor groove)	窄沟(=小沟)	窄溝(=小溝)
nascent chain transcription analysis	新生链转录分析	新生鏈轉錄分析
nascent peptide	新生肽	新生肽
nascent RNA(=primary transcript)	新生 RNA(=初级转录物)	新生 RNA
native gel electrophoresis	非变性凝胶电泳	非變性凝膠電泳
native polyacrylamide gel electrophoresis	非变性聚丙烯酰胺凝胶电泳	非變性聚丙烯醯胺凝膠電泳
natriuretic hormone	利尿钠激素	鈉尿激素
natriuretic peptide	利尿钠肽	鈉尿肽
NC(=nitrocellulose)	硝酸纤维素	硝酸纖維素
NCAM(=neural cell adhesion molecule)	神经细胞黏附分子	神經細胞黏附分子
NDP(=nucleoside diphosphate)	核苷二磷酸	核苷二磷酸
nearest neighbor sequence analysis	毗邻序列分析	毗鄰序列分析
near-infrared spectrometry(NIR)	近红外光谱法	近紅外光譜法
nebulin	伴肌动蛋白	伴肌動蛋白
nectin	连接蛋白，柄蛋白	連接蛋白，柄蛋白
NEFA(=non-esterified fatty acid)	非酯化脂肪酸	非酯化脂肪酸
negative control	①负调控 ②阴性对照	①負調控 ②陰性對照組
negative cooperation	负协同	負協同作用
negative effector	负效应物	負效應物
negative feedback	负反馈	負回饋
negatively supercoiled DNA	负超螺旋 DNA	負超螺旋 DNA
negative regulation	负调节，下调[节]	負調節作用
negative-sense strand	负义链	負義股
negative strand	负链	負股
negative supercoil	负超螺旋	負超螺旋
negative supercoiling	负超螺旋化	負超螺旋化
NEM(=*N*-ethylmaleimide)	*N*-乙基马来酰亚胺	*N*-乙基馬來醯亞胺
NEMS(=nanoelectromechanical system)	纳米电机系统	奈米電機系統

英 文 名	大 陆 名	台 湾 名
neoendorphin	新内啡肽	新內啡肽
neolacto-series	新乳糖系列	新乳糖系
neomycin	新霉素	新黴素
neomycin phosphotransferase(NPT)	新霉素磷酸转移酶	新黴素磷酸轉移酶
nephelometer(= turbidimeter)	比浊计，浊度计	濁度計，散射比濁計
nephelometry(= turbidimetry)	比浊法，浊度[测量]法	濁度測定法，散射比濁法
nephrocalcin	肾钙结合蛋白	腎鈣結合蛋白
NER(= nucleotide excision repair)	核苷酸切除修复	核苷酸切除修復
nerve growth factor(NGF)	神经生长因子	神經生長因子
nervon	神经苷脂，烯脑苷脂	神經苷脂，烯腦苷脂
nervonic acid	神经酸	神經酸，二十四碳－顺－15－烯酸
nested PCR	巢式聚合酶链反应，巢式 PCR	巢式 PCR，巢式聚合酶鏈反應
nested primer	巢式引物	巢式引子
nestin	神经上皮干细胞蛋白	神經表皮幹蛋白，幹蛋白
netropsin	纺锤菌素	紡錘菌素
neural cell adhesion molecule(NCAM)	神经细胞黏附分子	神經細胞黏附分子
neuraminic acid	神经氨酸	神經胺酸
neuraminidase	神经氨酸酶	神經胺酸酶
neuregulin(NRG)	神经调节蛋白	神經調節蛋白
neurexin	神经连接蛋白	神經連接蛋白
neurocalcin	神经钙蛋白	神經鈣蛋白
neurocan	神经蛋白聚糖	神經蛋白聚醣
neurocrine	神经分泌	神經分泌
neurofascin	神经束蛋白	神經束蛋白
neurofibromin	神经纤维瘤蛋白	神經纖維瘤蛋白
neurofilament protein	神经纤丝蛋白	神經纖絲蛋白
neuroglian	神经胶质蛋白	神經膠質蛋白
neuroglobin	神经珠蛋白	神經珠蛋白
neurogranin	神经颗粒蛋白	神經顆粒蛋白
neurohormone	神经激素	神經激素
neurohypophyseal hormone(= hypophysin)	垂体后叶激素	腦垂體後葉激素
neurokeratin	神经角蛋白	神經角蛋白
neurokinin K	神经激肽 K	神經激肽 K

英 文 名	大 陆 名	台 湾 名
neuroleukin	神经白细胞素	神經白細胞素
neuroligin(NL)	神经配蛋白	神經連接蛋白
neurolin	神经生长蛋白	神經生長蛋白
neuromedin(NM)	神经调节肽，神经介肽	神經調節肽，神經介肽
neuromedin B	神经调节肽 B	神經調節肽 B
neuromedin U(NMU)	神经调节肽 U	神經調節肽 U
neuromodulin	神经调制蛋白	神經調製蛋白
neuronal plasma membrane receptor	神经元质膜受体	神經原生質膜受體
neuronectin(=tenascin)	神经粘连蛋白(=生腱蛋白)	神經黏連蛋白
neuropeptide	神经肽	神經肽
neurophysin	后叶激素运载蛋白，神经垂体素运载蛋白	後葉激素運載蛋白
neurosporene	链孢红素	鏈孢紅素
neurotactin	神经趋化因子	神經趨化因子
neurotensin	神经降压肽	神經降壓肽
neurotoxin	神经毒素	神經毒素
neurotrophic cytokine(=neurotrophic factor)	神经营养细胞因子(=神经营养因子)	神經營養細胞素
neurotrophic factor	神经营养因子	神經營養因子
neurotrophin	神经营养蛋白	神經營養蛋白
neutral fat(=triacylglycerol)	中性脂肪(=三酰甘油)	中性脂肪
neutral protease	中性蛋白酶	中性蛋白酶
neutral proteinase(=neutral protease)	中性蛋白酶	中性蛋白酶
neutron diffraction	中子衍射	中子繞射
neutrophil activating protein	中性粒细胞激活蛋白	嗜中性白血球活化蛋白，嗜中性白血球活化因子
nexin	微管连接蛋白	[微管]連接蛋白
nexus	融合膜	結合膜，融合膜
ng(=nanogram)	纳克	奈克
NGF(=nerve growth factor)	神经生长因子	神經生長因子
NG2 proteoglycan	NG2 蛋白聚糖	NG2 蛋白聚醣
NHP(=nonhistone protein)	非组蛋白型蛋白质	非組蛋白型蛋白質
niacin(=nicotinic acid)	烟酸，尼克酸，维生素 B_5	菸酸
niacinamide(=nicotinamide)	烟酰胺，尼克酰胺	菸鹼醯胺，菸醯胺

英文名	大陆名	台湾名
nicastrin	呆蛋白	呆蛋白
nick	切口	切口
nickase	切口酶	切口酶
nicked circular DNA	带切口环状 DNA	帶切口環狀 DNA
nicked DNA	带切口 DNA	帶切口 DNA
nick translation	切口平移，切口移位	缺斷轉譯
nick-closing enzyme(=DNA topoisomerase Ⅰ)	切口闭合酶(=Ⅰ型 DNA 拓扑异构酶)	切口閉合酶
nicotinamide adenine dinucleotide(NAD)	烟酰胺腺嘌呤二核苷酸，辅酶Ⅰ	菸鹼醯胺腺嘌呤二核苷酸，輔酶Ⅰ
nicotinamide adenine dinucleotide phosphate(NADP)	烟酰胺腺嘌呤二核苷酸磷酸，辅酶Ⅱ	菸鹼醯胺腺嘌呤二核苷酸磷酸，輔酶Ⅱ
nicotinamide	烟酰胺，尼克酰胺	菸鹼醯胺，菸醯胺
nicotine	烟碱	菸鹼，煙鹼
nicotinic acid	烟酸，尼克酸，维生素 B_5	菸酸
nidogen(=entactin)	巢蛋白	巢蛋白
nigrin	接骨木毒蛋白	接骨木毒蛋白
ninhydrin	茚三酮	茚三酮
ninhydrin reaction	茚三酮反应	茚三酮反應
NIR(=near-infrared spectrometry)	近红外光谱法	近紅外光譜法
nisin	乳链菌肽	乳酸鏈球菌肽
nitrate reductase	硝酸盐还原酶	硝酸還原酶
nitric oxide	一氧化氮	一氧化氮
nitric oxide synthase(NOS)	一氧化氮合酶	一氧化氮合酶
nitrite reductase	亚硝酸还原酶	亞硝酸還原酶
nitrocellulose(NC)(=cellulose nitrate)	硝酸纤维素	硝酸纖維素
nitrocellulose [filter] membrane	硝酸纤维素[滤]膜，NC 膜	硝化纖維素膜，硝化纖維素濾膜
nitrogenase	固氮酶	固氮酶
nitrogenase 1	固氮酶组分 1	固氮酶組分 1
nitrogenase 2	固氮酶组分 2	固氮酶組分 2
nitrogen balance(=nitrogen equilibrium)	氮平衡	氮平衡
nitrogen cycle	氮循环	氮循環
nitrogen equilibrium	氮平衡	氮平衡
nitrogen fixation	固氮	固氮作用
nitroquinoline-*N*-oxide reductase	硝基喹啉 - *N* - 氧化物还原酶	硝基喹啉 - *N* - 氧化物還原酶

英　文　名	大　陆　名	台　湾　名
NL(=neuroligin)	神经配蛋白	神經連接蛋白
nm(=nanometer)	纳米	奈米
NM(=neuromedin)	神经调节肽，神经介肽	神經調節肽，神經介肽
NMD(=nonsense-mediated mRNA decay)	无义介导的 mRNA 衰变	無義介導的 mRNA 衰變
NMP(=nucleoside monophosphate)	核苷一磷酸	核苷一磷酸
NMR(=nuclear magnetic resonance)	核磁共振	核磁共振
NMU(=neuromedin U)	神经调节肽 U	神經調節肽 U
nod gene(=nodulation gene)	结瘤基因，*nod* 基因	根瘤基因，*nod* 基因
nodulation gene	结瘤基因，*nod* 基因	根瘤基因，*nod* 基因
NOE(=nuclear Overhauser effect)	核奥弗豪泽效应	核奧弗豪澤效應
noggin	头蛋白	頭蛋白
nojirimycin	野尻霉素	野尻黴素
nonbilayor lipid	非双层脂	非雙層脂
non-coding region	非编码区	非編碼區
non-coding sequence	非编码序列	非編碼序列
non-coding strand	非编码链	非編碼股
noncompetitive inhibition	非竞争性抑制	非競爭性抑制
noncyclic photophosphorylation	非循环光合磷酸化	非循環式光合磷酸化
nondenaturing gel electrophoresis (=native gel electrophoresis)	非变性凝胶电泳	非變性凝膠電泳
nondenaturing polyacrylamide gel electrophoresis(=native polyacrylamide gel electrophoresis)	非变性聚丙烯酰胺凝胶电泳	非變性聚丙烯醯胺凝膠電泳
non-essential amino acid	非必需氨基酸	非必需胺基酸
non-essential fatty acid	非必需脂肪酸	非必需脂肪酸
non-esterified fatty acid(NEFA)	非酯化脂肪酸	非酯化脂肪酸
nonhistone protein(NHP)	非组蛋白型蛋白质	非組蛋白型蛋白質
non-ionic detergent	非离子去污剂	非離子去污劑
non-protein nitrogen	非蛋白质氮	非蛋白氮
non-protein respiratory quotient(NPRQ)	非蛋白质呼吸商	非蛋白質呼吸商
nonradioactive labeling(=nonradiometric labeling)	非放射性标记	非放射性標記
nonradiometric labeling	非放射性标记	非放射性標記
nonreceptor tyrosine kinase	非受体酪氨酸激酶	非受體酪胺酸激酶
nonreductive polyacrylamide gel electrophoresis	非还原性聚丙烯酰胺凝胶电泳	非還原性聚丙烯醯胺凝膠電泳
nonrepetitive DNA(=unique [sequence]	非重复 DNA(=单一	非重複 DNA

英文名	大陆名	台湾名
DNA)	[序列]DNA)	
nonribosomal peptide synthetase(NRPS)	非核糖体肽合成酶	非核糖體肽合成酶
nonsense codon(=termination codon)	无义密码子(=终止密码子)	無義密碼子(=終止密碼子)
nonsense-mediated mRNA decay(NMD)	无义介导的 mRNA 衰变	無義介導的 mRNA 衰變
nonsense-mediated mRNA degradation (=nonsense-mediated mRNA decay)	无义介导的 mRNA 降解(=无义介导的 mRNA 衰变)	無義介導的 mRNA 降解(=無義介導的 mRNA 衰變)
nonsense mutant	无义突变体	無義突變體
nonsense mutation	无义突变	無義突變
nonsense suppression	无义阻抑	無義阻抑
nonsense suppressor	无义阻抑基因，无义阻抑因子	無意義阻抑基因
non-specific inhibition	非特异性抑制	非專一性抑制
non-specific inhibitor	非特异性抑制剂	非專一性抑制劑
nonstop frame	无终止框	無終止碼框
nontranscribed spacer	非转录间隔区	非轉錄間隔區
nontranslated region(=untranslated region)	非翻译区	非轉譯區
non-Watson-Crick base pairing	非沃森－克里克碱基对	非華生－克里克鹼基對
nopaline	胭脂碱，胭脂氨酸	胭脂鹼，胭脂胺酸
nopaline synthase(NS)	胭脂碱合酶	胭脂鹼合酶
nopalinic acid(=ornaline)	胭脂鸟氨酸(=鸟氨胭脂碱)	胭脂鳥胺酸(=鳥胺胭脂鹼)
noradrenalin	去甲肾上腺素	正腎上腺素，去甲腎上腺素
norepinephrine(=noradrenalin)	去甲肾上腺素	正腎上腺素，去甲腎上腺素
norleucine	正亮氨酸	正亮胺酸
normal-phase chromatography	正相层析	正相層析
Northern blotting	RNA 印迹法，Northern 印迹法	RNA 印漬，北方墨漬法
Northern hybridization	RNA 杂交，Northern 杂交	北方雜交
Northwestern blotting	RNA－蛋白质印迹法	北方－西方印漬法，RNA－蛋白質印漬法
norvaline	正缬氨酸	正纈胺酸

英 文 名	大 陆 名	台 湾 名
NOS(=nitric oxide synthase)	一氧化氮合酶	一氧化氮合酶
notexin	虎蛇毒蛋白	虎蛇毒蛋白
NPRQ(=non-protein respiratory quotient)	非蛋白质呼吸商	非蛋白質呼吸商
NPT(=neomycin phosphotransferase)	新霉素磷酸转移酶	新黴素磷酸轉移酶
NRG(=neuregulin)	神经调节蛋白	神經調節蛋白
NRPS(=nonribosomal peptide synthetase)	非核糖体肽合成酶	非核糖體肽合成酶
NS(=nopaline synthase)	胭脂碱合酶	胭脂鹼合酶
N-terminal	N 端	N－端
NTP(=nucleoside triphosphate)	核苷三磷酸	核苷三磷酸
NTS(=nuclear translocation signal)	核转位信号	核移位訊號
nuclear gene	核基因	核基因
nuclear intron	核内含子	核內含子
nuclear localization	核定位	核定位
nuclear localization signal	核定位信号	核定位訊號
nuclear magnetic resonance(NMR)	核磁共振	核磁共振
nuclear magnetic resonance spectroscopy	核磁共振波谱法	核磁共振波譜法
nuclear membrane	核膜	核膜
nuclear Overhauser effect(NOE)	核奥弗豪泽效应	核奧弗豪澤效應
nuclear pore	核孔	核孔
nuclear pore complex	核孔复合体	核孔複合體
nuclear proteoglycan	细胞核蛋白聚糖	細胞核蛋白聚醣
nuclear receptor	核受体	核受體
nuclear RNA	核 RNA	核 RNA
nuclear run-off assay	核转录终止分析	核失控[轉錄]分析
nuclear run-on [transcription] assay (=nascent chain transcription analysis)	核连缀[转录]分析 (=新生链转录分析)	核連綴分析，連綴轉錄分析(=新生鏈轉錄分析)
nuclear translocation signal(NTS)	核转位信号	核移位訊號
nuclease	核酸酶	核酸酶
nuclease protection assay	核酸酶保护分析	核酸酶保護分析
nucleic acid	核酸	核酸
nucleic acid data bank	核酸数据库	核酸資料庫
nucleic acid hybridization	核酸杂交	核酸雜交
nucleic acid probe	核酸探针	核酸探針
nucleohistone	核酸组蛋白	核組蛋白
nucleolar RNA	核仁 RNA	核仁 RNA

英文名	大陆名	台湾名
nucleolin	核仁蛋白	核仁蛋白
nucleophosmin	核仁磷蛋白	核仁磷蛋白
nucleoplasmin	核质蛋白	核質蛋白
nucleoporin	核孔蛋白	核孔蛋白
nucleoprotein	核蛋白	核蛋白
nucleosidase	核苷酶	核苷酶
nucleoside	核苷	核苷
nucleoside diphosphate(NDP)	核苷二磷酸	核苷二磷酸
nucleoside monophosphate(NMP)	核苷一磷酸	核苷一磷酸
nucleoside triphosphate(NTP)	核苷三磷酸	核苷三磷酸
nucleosome	核小体	核小體
nucleosome assembly	核小体装配	核小體裝配
nucleosome core particle	核小体核心颗粒	核小體核心顆粒
nucleotidase	核苷酸酶	核苷酸酶
nucleotide	核苷酸	核苷酸
nucleotide excision repair(NER)	核苷酸切除修复	核苷酸切除修復
nucleotide pair	核苷酸对	核苷酸對
nucleotide residue	核苷酸残基	核苷酸殘基
nucleotide sequence	核苷酸序列	核苷酸序列，核酸的一級結構
nucleotide sugar	核苷酸糖	核苷酸糖
nucleotidyl hydrolase(=nucleotidase)	核苷酸水解酶(=核苷酸酶)	核苷酸水解酶(=核苷酸酶)
nucleotidyltransferase	核苷酸[基]转移酶	核苷酸[基]轉移酶
null mutation	无效突变	無效突變
nut site	*nut* 位点	*nut* 位點
nylon membrane	尼龙膜	尼龍膜

O

英文名	大陆名	台湾名
occludin	闭合蛋白	閉合蛋白
ochre codon	赭石密码子	赭石型密碼子
ochre mutant	赭石突变体	赭石型突變體
ochre mutation	赭石突变	赭石型突變
ochre suppression	赭石阻抑	赭石型阻抑
ochre suppressor	赭石阻抑基因，赭石阻抑因子	赭石型阻抑基因，赭石型校正基因

英文名	大陆名	台湾名
OCT(=ornithine carbamyl transferase)	鸟氨酸氨甲酰基转移酶	鳥胺酸胺甲醯基轉移酶
octacosanol	二十八烷醇	二十八烷醇
octadecatetraenoic acid	十八碳四烯酸	十八碳四烯酸
octaose	八糖	八糖
octopamine	章胺	章魚胺
octopine	章鱼碱，章鱼氨酸	章魚鹼，章魚胺酸
octopine synthase(OS)	章鱼碱合酶	章魚鹼合酶
octose	辛糖	辛糖
octulose	辛酮糖	辛酮糖
octulosonic acid	辛酮糖酸	辛酮糖酸
OD(=optical density)	光密度	光密度
oestrogen(=estrogen)	雌激素	雌激素，雌性素，动情素
OG(=osteoglycin)	骨甘蛋白聚糖	骨甘蛋白聚醣
OGP(=osteogenic growth polypeptide)	成骨生长性多肽	成骨生長性多肽
Okazaki fragment	冈崎片段	岡崎片段
oleic acid	油酸	油酸
olein	油酸甘油酯，油酰甘油	油酸甘油，三油酸甘油酯
oleophobic compound	疏油性化合物	疏油性化合物
oleophyllic compound	亲油性化合物	親油性化合物
oleosin	油质蛋白	油質蛋白
olfactory cilia protein	嗅觉纤毛蛋白质	嗅覺纖毛蛋白質
olfactory receptor	嗅觉受体	嗅覺受體
2′, 5′-oligo(A)(=2′, 5′-oligoadenylate)	2′, 5′－寡腺苷酸，2′, 5′－寡(A)	2′, 5′－寡腺苷酸，2′, 5′－寡(A)
2′, 5′-oligoadenylate	2′, 5′－寡腺苷酸，2′, 5′－寡(A)	2′, 5′－寡腺苷酸，2′, 5′－寡(A)
2′, 5′-oligoadenylate synthetase	2′, 5′－寡腺苷酸合成酶	2′, 5′－寡腺苷酸合成酶
oligodeoxy[ribo]nucleotide	寡脱氧[核糖]核苷酸	寡聚去氧[核糖]核苷酸
oligodeoxythymidylic acid	寡脱氧胸苷酸，寡(dT)	寡聚去氧胸苷酸
oligo(dT)(=oligodeoxythymidylic acid)	寡脱氧胸苷酸，寡(dT)	寡聚去氧胸苷酸
oligo(dT)-cellulose	寡脱氧胸苷酸纤维素，寡(dT)纤维素	寡聚去氧胸腺苷酸纖維素
oligo(dT)-cellulose affinity chromatography	寡脱氧胸苷酸纤维素亲和层析，寡(dT)纤	寡聚去氧胸腺苷酸纖維素親和層析

英　文　名	大　陆　名	台　湾　名
	维素亲和层析	
oligomer	寡聚体	寡聚物，低聚物
oligomeric protein	寡聚蛋白质	寡聚蛋白質
oligonucleotide array	寡核苷酸微阵列	寡聚核苷酸微陣列
oligonucleotide ligation assay	寡核苷酸连接分析	寡聚核苷酸連接分析
oligonucleotide-[directed] mutagenesis	寡核苷酸[定点]诱变	寡聚核苷酸指導的誘變，寡聚核苷酸誘變
oligopeptide	寡肽	寡肽
oligo[ribo]nucleotide	寡[核糖]核苷酸	寡聚[核糖]核苷酸
oligosaccharide	寡糖	寡醣
oligosaccharin	寡糖素	寡醣素
oligosaccharyltransferase(OT)	寡糖基转移酶	寡醣轉移酶
oncogene	癌基因	致癌基因
oncogene protein(=oncoprotein)	癌基因蛋白质(=癌蛋白)	致癌基因蛋白質
oncomodulin	癌调蛋白	癌調蛋白
oncoprotein	癌蛋白	致癌蛋白
oncostatin M	抑癌蛋白 M	抑瘤蛋白 M
one carbon metabolism	一碳代谢	一碳代謝
one carbon unit	一碳单位	一碳單位
opal codon	乳白密码子	乳白密碼子
open circular DNA	开环 DNA	開放式環狀 DNA
open reading frame(ORF)	可读框	開放讀碼區
operator(=operator gene)	操纵基因	操縱基因，操作基因
operator gene	操纵基因	操縱基因，操作基因
operon	操纵子	操縱子
opine	冠瘿碱，冠瘿氨酸	冠瘿鹼，冠瘿胺酸
opioid peptide	阿片样肽	類鴉片樣肽
opsin	视蛋白	視蛋白
optical activity(=optical rotation)	光学活性(=旋光性)	光學活性
optical biosensor protein	光生物传感性蛋白质	光生物感應蛋白質
optical density(OD)	光密度	光密度
optical isomerism	旋光异构	旋光異構
optical rotation	旋光性	旋光
optical rotatory dispersion(ORD)	旋光色散	旋光色散
optimum pH	最适 pH	最適 pH
optimum temperature	最适温度	最適溫度
optrode	光极	光極

英文名	大陆名	台湾名
ORC(=origin recognition complex)	起始点识别复合体	起始點識別複合體
ORD(=optical rotatory dispersion)	旋光色散	旋光色散
orexin	食欲肽	食欲肽
ORF(=open reading frame)	可读框	開放讀碼區
origin recognition complex (ORC)	起始点识别复合体	起始點識別複合體
ornaline	鸟氨胭脂碱	鳥胺胭脂鹼
ornithine	鸟氨酸	鳥胺酸
ornithine carbamyl transferase(OCT)	鸟氨酸氨甲酰基转移酶	鳥胺酸胺甲醯基轉移酶
ornithine cycle	鸟氨酸循环	鳥胺酸循環
ornithine decarboxylase	鸟氨酸脱羧酶	鳥胺酸脱羧酶
ornithine transcarbamylase(=ornithine carbamyl transferase)	鸟氨酸转氨甲酰酶 (=鸟氨酸氨甲酰基转移酶)	鳥胺酸轉胺甲醯酶 (=鳥胺酸胺甲醯基轉移酶)
orosomucoid(= α_1-acid glycoprotein)	血清类黏蛋白(= α_1 酸性糖蛋白)	血清類黏蛋白
orotic acid	乳清酸	乳清酸
orotidine	乳清苷	乳清酸核苷
orotidine monophosphate(=orotidylic acid)	乳清苷一磷酸(=乳清苷酸)	乳清酸核苷一磷酸
orotidylic acid	乳清苷酸	乳清苷酸
orphan gene	孤独基因	離析基因
orphan receptor	孤儿受体	孤兒受體
orphon(=orphan gene)	孤独基因	離析基因
ortet	源株	源株，母無性繁殖系
oryzenin	米谷蛋白	米穀蛋白
OS(=octopine synthase)	章鱼碱合酶	章魚鹼合酶
osmometer	渗透压计	滲透壓計
osmosis	渗透[作用]	滲透
osmotic pressure	渗透压	滲透壓
ossein	骨胶原	骨膠原
osteoadherin	骨黏附蛋白聚糖	骨黏附蛋白聚醣
osteocalcin	骨钙蛋白	骨鈣蛋白
osteogenic growth peptide	成骨生长性肽	成骨生長性肽
osteogenic growth polypeptide(OGP)	成骨生长性多肽	成骨生長性多肽
osteogenin	成骨蛋白，骨生成蛋白	成骨蛋白
osteoglycin(OG)	骨甘蛋白聚糖	骨甘蛋白聚醣
osteoinductive factor(=osteoglycin)	骨诱导因子(=骨甘蛋白聚糖)	骨誘導因子

英 文 名	大 陆 名	台 湾 名
osteonectin	骨粘连蛋白	骨黏連蛋白
osteopontin	骨桥蛋白	骨橋蛋白
OT(=oligosaccharyltransferase)	寡糖基转移酶	寡醣轉移酶
outer membrane	外膜	外膜
outflow	流出液	流出液
outron	末端内含子	末端內含子
ovalbumin	卵清蛋白	卵清蛋白
overexpression	超表达	過量表達
overhang	单链突出端	單鏈突出端
overlapping open reading frame	重叠可读框	重疊開放讀碼區
ovomucin	卵黏蛋白	卵黏蛋白
ovomucoid	卵类黏蛋白	卵類黏蛋白
ovorubin	卵红蛋白	卵紅蛋白
ovotransferrin(=conalbumin)	卵运铁蛋白(=伴清蛋白)	卵運鐵蛋白
ovotyrin(=vitellin)	卵黄磷蛋白，卵黄磷肽	卵黃磷蛋白，卵黃磷肽
ovoverdin	虾卵绿蛋白	蝦卵綠蛋白
oxalic acid	草酸	草酸，乙二酸
oxaloacetic acid	草酰乙酸	草醯乙酸
oxalosuccinic acid	草酰琥珀酸	草醯琥珀酸
oxidant	氧化剂	氧化劑
oxidase	氧化酶	氧化酶
β-oxidation	β 氧化	β－氧化
oxidation-reduction reaction	氧化还原反应	氧化還原
oxidative deamination	氧化脱氨作用	氧化脫胺
oxidative phosphorylation	氧化磷酸化	氧化磷酸化
oxido-reductase	氧化还原酶，氧还酶	氧化還原酶，氧還酶
5-oxoproline(=pyroglutamic acid)	5－氧脯氨酸(=焦谷氨酸)	5－氧脯胺酸
oxybiotin	氧化生物素	氧合生物素
oxygenase	加氧酶，氧合酶	加氧酶，氧合酶
oxyhemoglobin	氧合血红蛋白	氧合血紅素
oxymyoglobin	氧合肌红蛋白	氧合肌紅蛋白
oxytocin	催产素	催產素

P

英 文 名	大 陆 名	台 湾 名
PA(=phosphatidic acid)	磷脂酸	磷脂酸
PAC(=P1 artificial chromosome)	P1 人工染色体	P1 人工染色體
pacemaker enzyme	定步酶	定步酶
packaging	包装	包裝
packaging extract	包装提取物	包裝萃取物
PAGE(=polyacrylamide gel electrophoresis)	聚丙烯酰胺凝胶电泳	聚丙烯醯胺凝膠電泳
PAL(=phenylalanine ammonia-lyase)	苯丙氨酸氨裂合酶	苯丙胺酸氨裂解酶
paleobiochemistry	古生物化学	古生物化學
palindrome	回文对称	迴文，旋轉對稱順序
palindromic sequence	回文序列	迴文序列
palmitic acid	棕榈酸，软脂酸	棕櫚酸，軟脂酸，十六烷酸
palmitin	棕榈酸甘油酯	棕櫚酸甘油酯，棕櫚精，軟脂酸甘油，三棕櫚酸甘油
palmitoleic acid	棕榈油酸	棕櫚油酸
palmitoyl Δ^9-desaturase	软脂酰 Δ^9 脱饱和酶	軟脂醯 Δ^9 去飽和酶
pancreastatin	胰抑释素，胰抑肽	胰抑素，胰抑肽
pancreatic amylase	胰淀粉酶	胰澱粉酶
pancreatic elastase	胰弹性蛋白酶	胰彈性蛋白酶
pancreatic polypeptide	胰多肽	胰多肽
pancreozymin	促胰酶素	胰酶催素
panning	淘选	淘選
panose	潘糖	6－α－葡萄基麥芽糖
pantothenic acid	泛酸	泛酸，遍多酸
papain	木瓜蛋白酶	木瓜蛋白酶
paper chromatography	纸层析	紙層析，濾紙層析法
paper electrophoresis	纸电泳	紙電泳
PAPS(=3′-phosphoadenosine-5′-phosphosulfate)	3′－磷酸腺苷－5′－磷酰硫酸	3′－磷酸腺苷－5′－磷醯硫酸
PAP staining(=peroxidase-antiperoxidase staining)	过氧化物酶－抗过氧化物酶染色，PAP 染色	過氧化物酶－抗過氧化物酶染色

英 文 名	大 陆 名	台 湾 名
paracasein	副酪蛋白，衍酪蛋白	副酪蛋白，衍酪蛋白
paracodon	副密码子	副密碼子
paracrine	旁分泌	旁分泌
parafusin	融膜蛋白	融膜蛋白
paraglobulin	副球蛋白	副球蛋白
paralbumin	副清蛋白，副白蛋白	副白蛋白，副清蛋白
paralbuminemia	副清蛋白血症	副白蛋白血症
parallel DNA triplex	平行 DNA 三链体	平行 DNA 三鏈體
paralogous gene	种内同源基因	重組同源基因
paramylon	①副淀粉 ②原生动物糖	①副澱粉 ②原生動物醣
paramylum(=paramylon)	①副淀粉 ②原生动物糖	①副澱粉 ②原生動物醣
paramyosin	副肌球蛋白	副肌球蛋白
paraprotein	副蛋白质	病變蛋白
parathyroid hormone(PTH)	甲状旁腺激素	甲狀旁腺激素，副甲狀腺素
parental DNA	亲代 DNA	親代 DNA
parental genomic imprinting	亲代基因组印记	親代基因組印痕
parinaric acid(=octadecatetraenoic acid)	十八碳四烯酸	十八碳四烯酸
parotin	腮腺素	腮腺素
PARP(=poly(ADP-ribose)polymerase)	多腺苷二磷酸核糖聚合酶	多聚腺苷二磷酸核糖聚合酶，多聚 ADP－核糖聚合酶
particle bombardment	粒子轰击	粒子轟擊
particle electrophoresis	粒子电泳	粒子電泳
particle gun	粒子枪	粒子槍
P1 artificial chromosome(PAC)	P1 人工染色体	P1 人工染色體
partitional coefficient	分配系数	分配係數
partition chromatography	分配层析	分配層析
parvalbumin	小清蛋白	小白蛋白，小清蛋白
parvulin	细蛋白	小分子肽醯脯胺醯順反異構酶
PAS reaction(=periodic acid-Schiff reaction)	过碘酸希夫反应	高碘酸希夫反應
passenger DNA	过客 DNA	過客 DNA
passive diffusion	被动扩散	被動擴散
passive transport	被动转运	被動轉運

英 文 名	大 陆 名	台 湾 名
Pasteur effect	巴斯德效应	巴斯德效應
patch clamping	膜片钳	膜片鉗
paxillin	桩蛋白	樁蛋白
PC(=①phosphorylcholine ②phosphatidylcholine)	①磷酰胆碱 ②磷脂酰胆碱	①磷醯膽鹼 ②磷脂醯膽鹼
P1 cloning	P1 克隆	P1 克隆
PCNA(=proliferating cell nuclear antigen)	增殖细胞核抗原	細胞核增生抗原
PCR(=polymerase chain reaction)	聚合酶链反应	聚合酶鏈反應
PCR cloning	聚合酶链反应克隆，PCR 克隆	PCR 克隆
PCR-ELISA	PCR 酶联免疫吸附测定	PCR 酶聯免疫吸附測定分析
PCR splicing	聚合酶链反应剪接，PCR 剪接	PCR 剪接
PDCAAS(=protein digestibility-corrected amino acid scoring)	蛋白质可消化性评分	蛋白質消化率校正的胺基酸計分法
PDGF(=platelet-derived growth factor)	血小板源性生长因子	血小板衍生生長因子
PDI(=protein disulfide isomerase)	蛋白质二硫键异构酶	蛋白質二硫鍵異構酶
PE(=phosphatidylethanolamine)	磷脂酰乙醇胺	磷脂醯乙醇胺
pectate disaccharide-lyase	果胶酸二糖裂合酶	果膠酯二醣裂合酶
pectate lyase	果胶酸裂合酶	果膠酸裂合酶
pectin	果胶	果膠
pectinase	果胶酶	果膠酶
pectin esterase	果胶酯酶	果膠酯酶
pectinic acid	果胶酯酸	果膠酯酸
pectin lyase	果胶裂合酶	果膠裂合酶
pectolytic enzyme	溶果胶酶，果胶溶酶	溶果膠酶，果膠溶解酶
pedin	水螅肽	棘皮蛋白
PEG precipitation(=polyethylene glycol precipitation)	聚乙二醇沉淀	聚乙二醇沈澱，PEG 沈澱
penicillin acylase(=penicillin amidase)	青霉素酰化酶(=青霉素酰胺酶)	青黴素醯化酶
penicillin amidase	青霉素酰胺酶	青黴素醯胺酶
penicillin amidohydrolase(=penicillin amidase)	青霉素酰胺水解酶(=青霉素酰胺酶)	青黴素醯胺水解酶
penicillinase	青霉素酶	青黴素酶
pentagastrin	五肽促胃液素	五肽促胃酸激素

英 文 名	大 陆 名	台 湾 名
pentaose	五糖	五糖
pentosan	戊聚糖	戊聚醣
pentose	戊糖	戊糖，五碳糖
pentose-phosphate pathway	戊糖磷酸途径	戊糖磷酸途徑
pentraxin	正五聚蛋白	正五聚蛋白
PEP(=phosphoenolpyruvate)	磷酸烯醇丙酮酸	磷酸烯醇丙酮酸
pepocin	西葫芦毒蛋白	西葫蘆毒蛋白
pepscan(=peptide scanning technique)	肽扫描技术	肽掃描技術
pepsin	胃蛋白酶	胃蛋白酶
pepsinogen	胃蛋白酶原	胃蛋白酶原
pepsitensin	胃酶解血管紧张肽	胃酶[解]血管緊張素
pepstatin	胃蛋白酶抑制剂	胃蛋白酶抑制素
peptidase	肽酶	肽酶
peptide	肽	肽
peptide bond	肽键	肽鍵
peptide chain	肽链	肽鏈
peptide-ELISA	肽-酶联免疫吸附测定，肽-酶联免疫吸附分析	肽-酵素連結免疫吸附分析
peptide-*N*-glycosidase F	肽-*N*-糖苷酶 *F*	肽-*N*-糖苷酶 F
peptide library	肽文库	肽庫
peptide map	肽图	肽圖
peptide mapping	肽作图	肽作圖
peptide nucleic acid(PNA)	肽核酸	肽核酸
peptide plane	肽平面	肽平面
peptide scanning technique	肽扫描技术	肽掃描技術
peptide synthesis	肽合成	肽合成
peptide transporter	肽转运蛋白体	肽運載蛋白
peptide unit	肽单元	肽單元
peptidoglycan	肽聚糖	肽聚醣
peptidyl-dipeptidase A(=angiotensin I-converting enzyme)	肽基二肽酶 A(=血管紧张肽 I 转化酶)	肽基二肽酶 A
peptidyl-prolyl cis-trans isomerase (PPIase)	肽基脯氨酰基顺反异构酶	肽基脯胺醯基順反異構酶
peptidyl site(P site)	肽酰位，P 位	肽基部位，P 位
peptidyl transferase	肽酰转移酶	肽基轉移酶
peptidyl-tRNA	肽酰 tRNA	肽基轉移 RNA
peptone	胨	[蛋白]腖

英文名	大陆名	台湾名
perforin	穿孔蛋白	穿孔蛋白
periodate oxidation	过碘酸氧化	過碘酸氧化
periodic acid-Schiff reaction(PAS reaction)	过碘酸希夫反应	高碘酸希夫反應
peripheral [membrane] protein	外周[膜]蛋白质	周圍[膜]蛋白質
peripheral myelin protein	外周髓鞘型蛋白质	周圍髓鞘型蛋白質
peripherin	外周蛋白	周圍蛋白
periplasmic binding protein	周质结合蛋白质	周質結合蛋白質
peristaltic pump	蠕动泵	蠕動泵
perlecan	串珠蛋白聚糖	串珠蛋白聚醣
permeability	[通]透性	可透性
permease	通透酶	滲透酶，透膜酶
permeation	通透	滲透作用
permeation chromatography	渗透层析	滲透層析
permissive cell	允许细胞	許可細胞
permselective membrane	选择通透膜	選擇性通透膜
permselectivity	通透选择性	選擇通透性
peroxidase	过氧化物酶	過氧化物酶
peroxidase-antiperoxidase staining(PAP staining)	过氧化物酶-抗过氧化物酶染色，PAP 染色	過氧化物酶-抗過氧化物酶染色
peroxisome	过氧化物酶体	過氧化物酶體
persitol	鳄梨糖醇	鱷梨糖醇
petroselinic acid	岩芹酸	岩芹酸
P face of lipid bilayer	脂双层 P 面	類脂雙層膜的 P 面，脂雙層的質膜面
PFK(=phosphofructokinase)	磷酸果糖激酶	磷酸果糖激酶
pfu(=plaque forming unit)	噬斑形成单位	噬菌斑形成單位
Pfu DNA polymerase	*Pfu* DNA 聚合酶	*Pfu* DNA 聚合酶
pg(=pictogram)	皮克	皮克
PG(=①prostaglandin ②phosphatidyl glycerol)	①前列腺素 ②磷脂酰甘油	①前列腺素 ②磷脂醯甘油
PGM(=phosphoglucomutase)	磷酸葡糖变位酶，葡糖磷酸变位酶	磷酸葡萄糖變位酶
PHA(=phytohemagglutinin)	植物凝集素，红肾豆凝集素	植物血凝素
phage	噬菌体	噬菌體
phagemid	噬粒	噬菌粒
phage peptide library	噬菌体肽文库	噬菌體肽庫

英 文 名	大 陆 名	台 湾 名
phage random peptide library	噬菌体随机肽文库	噬菌體隨機肽庫
phage [surface] display	噬菌体[表面]展示	噬菌體[表面]展示
λ phage terminase	λ 噬菌体末端酶	λ－噬菌體末端酶
phalloidin	鬼笔[毒]环肽	鬼筆環肽
phallotoxin	毒蕈肽	毒蕈肽
pharmacogenetics	药物遗传学	藥物遺傳學
pharmacogenomics	药物基因组学	藥物基因體學
phaseolin	菜豆蛋白	腰豆蛋白
phase transition	相变	相變
phase transition temperature	相变温度	相變溫度
Phe(=phenylalanine)	苯丙氨酸	苯丙胺酸
phenolphthalein	酚酞	酚酞
phenome	表型组	表型體
phenomics	表型组学	表型體學
phenotype	表型	表型
phenylacetamidase	苯乙酰胺酶	苯乙醯胺酶
phenylactic acid	苯乳酸	苯乳酸
phenylalanine(Phe)	苯丙氨酸	苯丙胺酸
phenylalanine ammonia-lyase(PAL)	苯丙氨酸氨裂合酶	苯丙胺酸氨裂解酶
phenylethanolamine-*N*-methyltransferase (PNMT)	苯基乙醇胺－*N*－甲基转移酶	苯基乙醇胺－*N*－甲基轉移酶
phenylethylamine	苯乙胺	苯乙胺
phenylhydrazine	苯肼	苯肼
phenylisothiocyanate(PITC)	异硫氰酸苯酯	苯異硫氰酸鹽
phenylketonuria(PKU)	苯丙酮尿症	苯丙酮尿症
phenylmethylsulfonyl fluoride(PMSF)	苯甲基磺酰氟	苯甲基磺醯氟
phenylpyruvic acid	苯丙酮酸	苯丙酮酸
pheophytin	脱镁叶绿素，褐藻素	脫鎂葉綠素
pheromone	信息素	信息素，外激素
phorbol	佛波醇，大戟二萜醇	佛波醇
phorbol ester	佛波酯，大戟二萜醇酯	佛波酯
phorbol ester response element	佛波酯应答元件	佛波酯應答元件
phosphatase	磷酸[酯]酶	磷酸酶
phosphate method	磷酸酯法	磷酸酯法
phosphatidase(=phospholipase)	磷脂酶	磷脂酶
phosphatide(=phospholipid)	磷脂	磷脂
phosphatidic acid(PA)	磷脂酸	磷脂酸
phosphatidylcholine(PC)	磷脂酰胆碱	磷脂醯膽鹼

英 文 名	大 陆 名	台 湾 名
phosphatidylethanolamine(PE)	磷脂酰乙醇胺	磷脂醯乙醇胺
phosphatidyl glycerol(PG)	磷脂酰甘油	磷脂醯甘油
phosphatidylinositol(PI)	磷脂酰肌醇	磷脂醯肌醇
phosphatidylinositol 4,5-bisphosphate (PIP_2)	磷脂酰肌醇 4, 5 – 双磷酸	磷脂醯肌醇 4, 5 – 雙磷酸
phosphatidylinositol cycle	磷脂酰肌醇循环	磷脂醯肌醇循環
phosphatidylinositol glycan	磷脂酰肌醇聚糖	磷脂醯肌醇聚醣
phosphatidylinositol kinase	磷脂酰肌醇激酶	磷脂醯肌醇激酶
phosphatidylinositol phosphate(PIP)	磷脂酰肌醇磷酸	磷脂醯肌醇磷酸
phosphatidylinositol response	磷脂酰肌醇应答	磷脂醯肌醇應答
phosphatidylinositol-3-kinase(=inositol lipid 3-kinase)	磷脂酰肌醇 3 – 激酶 (=肌醇脂 –3 – 激酶)	磷脂醯肌醇 3 – 激酶 (=肌醇脂 –3 – 激酶)
phosphatidylserine(PS)	磷脂酰丝氨酸	磷脂醯絲胺酸
phosphite method(=phosphite triester method)	亚磷酸酯法(=亚磷酸三酯法)	亞磷酸酯法
phosphite triester method	亚磷酸三酯法	亞磷酸三酯法
3′-phosphoadenosine-5′-phosphosulfate (PAPS)	3′ – 磷酸腺苷 –5′ – 磷酰硫酸	3′ – 磷酸腺苷 –5′ – 磷醯硫酸
phosphoamino acid	磷酸氨基酸	磷酸胺基酸
phosphoamino acid analysis	磷酸氨基酸分析	磷酸胺基酸分析
phosphodiesterase	磷酸二酯酶	磷酸二酯酶
phosphodiester bond	磷酸二酯键	磷酸二酯鍵
phosphodiester method(=phosphate method)	磷酸二酯法(=磷酸酯法)	磷酸二酯法
phosphoenolpyruvate(PEP)(=phosphoenolpyruvic acid)	磷酸烯醇丙酮酸	磷酸烯醇丙酮酸
phosphoenolpyruvate carboxykinase	磷酸烯醇丙酮酸羧化激酶，烯醇丙氨酸磷酸羧激酶	磷酸烯醇丙酮酸羧化激酶
phosphoenolpyruvate-sugar phosphotransferase	磷酸烯醇丙酮酸 – 糖磷酸转移酶	磷酸烯醇丙酮酸 – 糖磷酸轉移酶
phosphoenolpyruvic acid	磷酸烯醇丙酮酸	磷酸烯醇丙酮酸
phosphoester transfer	磷酸酯转移	磷酸酯轉移
phosphofructokinase(PFK)	磷酸果糖激酶	磷酸果糖激酶
phosphoglucoisomerase	磷酸葡糖异构酶	磷酸葡萄糖異構酶
phosphoglucomutase(PGM)	磷酸葡糖变位酶，葡糖磷酸变位酶	磷酸葡萄糖變位酶
phosphogluconate dehydrogenase	磷酸葡糖酸脱氢酶	磷酸葡萄糖酸脱氫酶

英 文 名	大 陆 名	台 湾 名
phosphogluconate shunt(=pentose-phosphate pathway)	葡糖酸磷酸支路(=戊糖磷酸途径)	葡萄糖酸磷酸支路(=戊糖磷酸途徑)
3-phosphoglyceraldehyde(=glyceraldehyde-3-phosphate)	3－磷酸甘油醛(=甘油醛－3－磷酸)	3－磷酸甘油醛
phosphoglyceraldehyde dehydrogenase	磷酸甘油醛脱氢酶	磷酸甘油醛脱氫酶
phosphoglycerate	磷酸甘油酸	磷酸甘油酸
3-phosphoglycerate(=glycerate-3-phosphate)	3－磷酸甘油酸(=甘油酸－3－磷酸)	3－磷酸甘油酸
phosphoglycerate kinase	磷酸甘油酸激酶	磷酸甘油酸激酶
phosphoglyceromutase	磷酸甘油酸变位酶	磷酸甘油酸變位酶
phosphohexokinase	磷酸己糖激酶	磷酸六碳糖激酶
phosphoinositidase	磷酸肌醇酶	磷酸肌醇酶
phosphoinositide	磷酸肌醇	磷酸肌醇
phosphoketolase	磷酸转酮酶	磷酸轉酮酶
phosphokinase(=kinase)	磷酸激酶(=激酶)	磷酸激酶(=激酶)
phospholipase	磷脂酶	磷脂酶
phospholipid	磷脂	磷脂
phospholipid bilayer	磷脂双层	磷脂雙層
phospholipoprotein	磷酸脂蛋白	磷酸脂蛋白
phosphomonoester bond	磷酸单酯键	磷酸單酯鍵
phosphoprotein	磷蛋白	磷蛋白
phosphoramidite method	亚磷酰胺法	亞磷醯胺法
phosphoramidon	膦酰二肽	膦醯二肽
phosphoribosyl glycinamide formyltransferase	磷酸核糖甘氨酰胺甲酰基转移酶	磷酸核糖甘胺醯胺甲醯基轉移酶
phosphoribosyl pyrophosphate(PRPP)	磷酸核糖基焦磷酸	磷酸核糖基焦磷酸
phosphorolysis	磷酸解	磷酸解[作用]
phosphorothioate oligonucleotide	硫代磷酸寡核苷酸	硫代磷酸寡核苷酸
phosphorylase	磷酸化酶	磷酸化酶
phosphorylase kinase	磷酸化酶激酶	磷酸化酶激酶
phosphorylation	磷酸化作用	磷酸化作用
phosphorylcholine(PC)	磷酰胆碱	磷醯膽鹼
phosphoserine	磷酸丝氨酸	磷酸絲胺酸
phosphothreonine	磷酸苏氨酸	磷酸蘇胺酸
phosphotidylinositol turnover	磷脂酰肌醇转换	磷脂醯肌醇轉換
phosphotransferase	磷酸转移酶	磷酸轉移酶
phosphotriester method	磷酸三酯法	磷酸三酯法
phosphotungstic acid	磷钨酸	磷鎢酸

英 文 名	大 陆 名	台 湾 名
phosphotyrosine	磷酸酪氨酸	磷酸酪胺酸
phosphotyrosine kinase	磷酸酪氨酸激酶	磷酸酪胺酸激酶
phosphotyrosine phosphatase(=protein tyrosine phosphatase)	磷酸酪氨酸磷酸酶(=蛋白质酪氨酸磷酸酶)	磷酸酪胺酸磷酸酶
phosvitin	卵黄高磷蛋白	卵黄高磷蛋白
photoaffinity labeling	光亲和标记	光親和標記
photoaffinity probe	光亲和探针	光親和探針
photobilirubin	光胆红素	光膽紅素
photodensitometer(=densitometer)	光密度计	光密度計
photolyase(=DNA photolyase)	光裂合酶(=DNA 光裂合酶)	光解酶，光裂解酶
photometer	光度计	光度計
photophosphorylation	光合磷酸化	光合磷酸化[作用]
photopolymerization	光聚合	光聚合[作用]
photopsin	光视蛋白	光視蛋白
photoreactive yellow protein	光敏黄蛋白	光激活黃蛋白質
photorespiration	光呼吸[作用]	光呼吸
photosynthate	光合产物	光合產物
photosynthesis	光合作用	光合作用
photosynthetic carbon reduction cycle (=Calvin cycle)	光合碳还原环(=卡尔文循环)	光合碳還原環(=卡爾文循環)
photosynthetic product(=photosynthate)	光合产物	光合產物
phototransduction	光转导	光轉導
phrenosin(=cerebron)	羟脑苷脂	羥腦苷脂
phthioic acid (=tuberculostearic acid)	结核菌酸(=结核硬脂酸)	結核菌酸(=結核硬脂酸)
phycobilin protein(=phycobiliprotein)	藻胆[色素]蛋白，胆藻[色素]蛋白	藻膽[色素]蛋白
phycobiliprotein	藻胆[色素]蛋白，胆藻[色素]蛋白	藻膽[色素]蛋白
phycobilisome	藻胆[蛋白]体	藻膽[蛋白]體
phycocyanin	藻蓝蛋白	藻藍蛋白
phycoerythrin	藻红蛋白	藻紅蛋白
phyllocaerulein(=phyllocaerulin)	叶泡雨蛙肽	葉泡雨蛙肽
phyllocaerulin	叶泡雨蛙肽	葉泡雨蛙肽
phyllolitorin	叶泡雨滨蛙肽	葉泡雨濱蛙肽
phylloquinone(=phytylmenaquinone)	叶绿醌(=叶绿基甲萘	葉綠醌(=葉綠基甲萘

英 文 名	大 陆 名	台 湾 名
	醌)	醌)
physalaemin	泡蛙肽	泡蛙肽
physical map	物理图[谱]	物理圖譜
physiological saline	生理盐水	生理鹽水
phytanic acid	植烷酸	植烷酸
phytic acid	植酸，肌醇六磷酸	植酸，肌醇六磷酸
phytoecdysone	植物蜕皮素	植物蛻皮素
phytoglycogen	植物糖原	植物醣原
phytohemagglutinin(PHA)	植物凝集素，红肾豆凝集素	植物血凝素
phytohormone	植物激素	植物激素
phytol	叶绿醇，植醇	葉綠醇，植醇
phytoremediation	植物治理法	植物復育法
phytosterol	植物固醇	植物甾醇
phytosulfokine(PSK)	植物硫酸肽	植物硫酸肽
phytoxanthin	叶黄素，胡萝卜醇	葉黃素，胡蘿蔔醇
phytylmenaquinone	叶绿基甲萘醌，维生素 K_1	植物甲基萘醌類，葉綠醌，維生素 K_1
PI(=phosphatidylinositol)	磷脂酰肌醇	磷脂醯肌醇
picolinic acid	吡啶甲酸	吡啶甲酸
picric acid	苦味酸	苦味酸
pictogram(pg)	皮克	皮克
pilin	菌毛蛋白	線毛蛋白
pimelic acid	庚二酸	庚二酸
pineal hormone	松果体激素	松果體激素
pinellin	半夏蛋白	半夏蛋白
pinene	蒎烯	蒎烯
PIP(=phosphatidylinositol phosphate)	磷脂酰肌醇磷酸	磷脂醯肌醇磷酸
PIP_2(=phosphatidylinositol 4, 5-bisphosphate)	磷脂酰肌醇4，5-双磷酸	磷脂醯肌醇4，5-雙磷酸
pipinin	豹蛙肽	豹蛙肽
PITC(=phenylisothiocyanate)	异硫氰酸苯酯	苯異硫氰酸鹽
pitocin(=oxytocin)	催产素	催產素
pitressin(=vasopressin)	升压素，加压素	升壓素，後葉加壓素
pituitary hormone	垂体激素	[腦下]垂體激素
PKG(=cGMP-dependent protein kinase)	依赖 cGMP 的蛋白激酶	依賴 cGMP 的蛋白激酶
PKU(=phenylketonuria)	苯丙酮尿症	苯丙酮尿症
PL(=placental lactogen)	胎盘催乳素(=绒毛膜	胎盤促乳素(=絨毛膜

英 文 名	大 陆 名	台 湾 名
	生长催乳素)	生長催乳激素)
placental globulin	胎盘球蛋白	胎盤球蛋白
placental lactogen(PL)(= chorionic somatomammotropin)	胎盘催乳素(= 绒毛膜生长催乳素)	胎盤促乳素(= 絨毛膜生長催乳激素)
plakoglobin	斑珠蛋白	斑珠蛋白
plant growth regulator	植物生长调节剂	植物生長調節劑
plaque	噬斑	噬菌斑，溶菌斑
plaque forming unit(pfu)	噬斑形成单位	噬菌斑形成單位
plasmagene	胞质基因，核外基因	胞質基因，核外基因
plasma kallikrein	血浆型激肽释放酶	血漿型激肽釋放酶
plasmalemma	质膜	原生質膜，質膜
plasmalemmasome	质膜体	質膜體
plasmalogen(= acetal phosphatide)	缩醛磷脂	縮醛磷脂
plasma membrane(= plasmalemma)	质膜	原生質膜，質膜
plasma thromboplastin component(PTC)	血浆凝血激酶	血漿凝血活素
plasmid	质粒	質體
plasmid copy number	质粒拷贝数	質體拷貝數
plasmid incompatibility	质粒不相容性	質體不相容性
plasmid instability	质粒不稳定性	質體不穩定性
plasmid maintenance sequence	质粒维持序列	質體維持序列
plasmid partition	质粒分配	質體分配
plasmid phenotype	质粒表型	質體表型
plasmid replication	质粒复制	質體複製
plasmid replicon	质粒复制子	質體複製子
plasmid rescue	质粒获救，质粒拯救	質體拯救
plasmid transfection	质粒转染	質體轉染
plasmid transformation	质粒转化	質體轉化
plasmin	纤溶酶	[血]纖維蛋白溶酶
plasminogen	纤溶酶原	[血]纖維蛋白溶酶原
plasmogene(= plasmagene)	胞质基因，核外基因	胞質基因，核外基因
plasmon	胞质基因组	胞質基因體
plastid DNA	质体 DNA	質體 DNA
plastin(= fimbrin)	丝束蛋白	毛蛋白，絲束蛋白，菌毛蛋白
plastocyanin	质体蓝蛋白，质体蓝素	質體藍素
plastogene	质体基因	質體基因
plastoquinone	质体醌	質體醌
plate electrophoresis	板电泳	板電泳

英　文　名	大　陆　名	台　湾　名
platelet-derived growth factor(PDGF)	血小板源性生长因子	血小板衍生生長因子
β-pleated sheet(=β-sheet)	β片层	β-折板
pleckstrin	普列克底物蛋白	普列克底物蛋白
plectin	网蛋白	網蛋白
pleiomorphism(=polymorphism)	多态性	多型性
pleiotropic gene	多效基因	多效性基因
plus-minus method	加减法	加減法
PMSF(=phenylmethylsulfonyl fluoride)	苯甲基磺酰氟	苯甲基磺醯氟
PNA(=peptide nucleic acid)	肽核酸	肽核酸
PNMT(=phenylethanolamine-*N*-methyltransferase)	苯基乙醇胺-*N*-甲基转移酶	苯基乙醇胺-*N*-甲基轉移酶
PNP(=purine nucleoside phosphorylase)	嘌呤核苷磷酸化酶	嘌呤核苷磷酸化酶，嘌呤核苷磷解酶
podocalyxin	足萼糖蛋白	足萼糖蛋白
point mutation	点突变	點突變
poly(A)(=polyadenylic acid)	多腺苷酸，多(A)	多聚腺苷酸
polyacrylamide gel	聚丙烯酰胺凝胶	聚丙烯醯胺凝膠
polyacrylamide gel electrophoresis (PAGE)	聚丙烯酰胺凝胶电泳	聚丙烯醯胺凝膠電泳
polyadenylate polymerase	多腺苷酸聚合酶，多(A)聚合酶	多聚腺苷酸聚合酶，多聚(A)聚合酶
polyadenylation	多腺苷酸化	多聚腺苷酸化
polyadenylation signal	多腺苷酸化信号	多聚腺苷酸化信號
polyadenylic acid	多腺苷酸，多(A)	多聚腺苷酸
poly(ADP-ribose)polymerase(PARP)	多腺苷二磷酸核糖聚合酶	多聚腺苷二磷酸核糖聚合酶，多聚ADP-核糖聚合酶
polyamine	多胺	多胺
poly(A) polymerase(=polyadenylate polymerase)	多腺苷酸聚合酶，多(A)聚合酶	多聚腺苷酸聚合酶，多聚(A)聚合酶
poly(A) RNA	多(A)RNA	多聚腺苷酸RNA
poly(A) tail	多(A)尾	多聚腺苷酸尾巴
polycistron	多顺反子	多順反子
polycistronic mRNA	多顺反子mRNA	多順反子mRNA
polyclonal antibody	多克隆抗体	多克隆抗體
polycloning site(=multiple cloning site)	多克隆位点	多克隆位點，多克隆部位，多重選殖位點
polydeoxyribonucleotide synthetase	多脱氧核糖核苷酸合成	多聚脱氧核糖核苷酸合

英 文 名	大 陆 名	台 湾 名
	酶	成酶
polyethylene	聚乙烯	聚乙烯
polyethylene glycol	聚乙二醇	聚乙[烯]二醇
polyethylene glycol precipitation(PEG precipitation)	聚乙二醇沉淀	聚乙二醇沈澱，PEG 沈澱
polygalacturonase	多半乳糖醛酸酶	多聚半乳糖醛酸酶
polygene	多基因	多基因
polygenic theory	多基因学说	多基因學說
polyhedrin	多角体蛋白	多角體蛋白
polyinosinic acid-polycytidylic acid	多肌胞苷酸，多(I)·多(C)	多聚肌苷酸多聚胞苷酸，多聚(I)·多聚(C)
poly(I)·poly(C)(=polyinosinic acid-polycytidylic acid)	多肌胞苷酸，多(I)·多(C)	多聚肌苷酸多聚胞苷酸，多聚(I)·多聚(C)
polylactosamine	多乳糖胺	多聚乳糖胺
polylinker	多位点人工接头	多位點[人工]接頭
polymer	多聚体	聚合體
polymerase	聚合酶	聚合酶
polymerase chain reaction(PCR)	聚合酶链反应	聚合酶鏈反應
polymorphism	多态性	多型性
polynucleotide kinase	多核苷酸激酶	多聚核苷酸激酶
polynucleotide ligase	多核苷酸连接酶	多聚核苷酸連接酶
polynucleotide phosphorylase	多核苷酸磷酸化酶	多聚核苷酸磷酸化酶
polyol	多元醇	多元醇
polypeptide	多肽	多肽
polypeptide chain	多肽链	多肽鏈
polypeptide hormone	多肽激素	多肽激素
polyphenol	多酚	多酚
polyphenol oxidase	多酚氧化酶	多酚氧化酶
polyprenol	多萜醇，长萜醇	多萜醇，長萜醇
polypropylene	聚丙烯	聚丙烯
poly[ribo]nucleotide	多[核糖]核苷酸	多聚[核糖]核苷酸
polyribosome(=polysome)	多核糖体	多核糖體
polysaccharide	多糖	多醣
polysialic acid(PSA)	多唾液酸	多聚唾液酸
polysome	多核糖体	多核糖體
poly(U)(=polyuridylic acid)	多尿苷酸，多(U)	多尿苷酸，多(U)
polyunsaturated fatty acid	多不饱和脂肪酸	多元不飽和脂肪酸
polyuridylic acid	多尿苷酸，多(U)	多尿苷酸，多(U)

英 文 名	大 陆 名	台 湾 名
polyvinylpyrrolidone(PVP)	聚乙烯吡咯烷酮	聚乙烯吡咯烷酮
POMC(=proopiomelanocortin)	阿黑皮素原	促黑激素肽，皮質激素肽原
ponticulin	膜桥蛋白	膜橋蛋白
pontin protein	桥蛋白质	橋蛋白質
pore-forming protein	成孔蛋白	成孔蛋白
porin	[膜]孔蛋白	孔蛋白
porphobilinogen	卟胆原，胆色素原	膽色素原，紫質原
porphobilinogen deaminase	卟胆原脱氨酶，胆色素原脱氨酶	膽色素原脱胺酶，紫質原脱胺酶
porphyrin	卟啉	卟啉
porphyrinogen	卟啉原	卟啉原
positional cloning	定位克隆	定位克隆，定位選殖
positive effector	正效应物	正效應物
positive feedback	正反馈	正回饋
positively supercoiled DNA	正超螺旋 DNA	正超螺旋 DNA
positive regulation	正调节，上调[节]	正調節
positive regulator	正调物	正調物
positive strand	正链	正股
positive supercoil	正超螺旋	正超螺旋
positive supercoiling	正超螺旋化	正超螺旋化
postalbumin	后清蛋白，后白蛋白	後白蛋白，後清蛋白
post-replication repair	复制后修复	複製後修復
post-replicative mismatch repair	复制后错配修复	複製後錯配修復
post-transcriptional maturation	转录后成熟	轉錄後成熟
post-transcriptional processing	转录后加工	轉錄後加工
post-transcription gene silencing	转录后基因沉默	轉錄後基因沈默
post-translational modification	翻译后修饰	轉譯後修飾
post-translational processing	翻译后加工	轉譯後加工
Potter-Elvehjem homogenizer	波－伊匀浆器	波－伊氏勻質器
PPIase(=peptidyl-prolyl cis-trans isomerase)	肽基脯氨酰基顺反异构酶	肽基脯胺醯基順反異構酶
PQQ(=pyrroloquinoline quinone)	吡咯并喹啉醌	吡咯並喹啉醌
prealbumin	前清蛋白	前白蛋白，前清蛋白
prebiotic chemistry	前生命化学	前生命化學
precursor	前体	前驅物
precursor RNA(pre-RNA)	RNA 前体	RNA 前驅物
pre-electrophoresis	预电泳	預電泳

英 文 名	大 陆 名	台 湾 名
pregenome	前基因组	前基因體
pregenomic mRNA	前基因组 mRNA	前基因體 mRNA
pregnane	孕固烷	孕甾烷
pregnanediol	孕二醇	孕甾二醇，妊二醇
pregnanedione	孕烷二酮	孕甾二酮
pregnenolone	孕烯醇酮	孕烯醇酮，妊醇酮
prehybridization	预杂交	預雜交
prekallikrein	前激肽释放酶	前激肽釋放酶
prenylation(=isoprenylation)	[异]戊二烯化	[異]戊二烯化
preparative biochemistry	制备生物化学	製備生物化學
pre-POMC(=preproopiomelanocortin)	前阿黑皮素原	先-腦啡-黑色素激素-腎上腺皮質素激素
prepriming complex(=preprimosome)	预引发复合体(=引发体前体)	預引發複合體，預引發體，引發前體
preprimosome	引发体前体	引發前體
preproenkephalin	前脑啡肽原	前腦啡肽原
preprohormone	前激素原	前激素原
preproinsulin	前胰岛素原	前胰島素原
preproopiomelanocortin(pre-POMC)	前阿黑皮素原	先-腦啡-黑色素激素-腎上腺皮質素激素
preproprotein	前蛋白质原	前蛋白質原
pre-RNA(=precursor RNA)	RNA 前体	RNA 前驅物
presenilin	衰老蛋白	早老素
prespliceosome	剪接前体，前剪接体	剪接前體，前剪接體
presteady state	前稳态	穩態前
prestin	快蛋白	快蛋白
previtamin(=provitamin)	维生素原	維生素原
PRF(=prolactin releasing factor)	催乳素释放因子(=催乳素释放素)	催乳[激]素釋放因子
PRH(=prolactin releasing hormone)	催乳素释放素	催乳[激]素釋放[激]素
Pribnow box	普里布诺框	普裏布諾框
PRIF(=prolactin release inhibiting factor)	催乳素释放抑制因子(=催乳素释放抑制素)	催乳[激]素釋放抑制因子
PRIH(=prolactin release inhibiting hor-	催乳素释放抑制素，催	催乳[激]素釋放抑制

英 文 名	大 陆 名	台 湾 名
mone)	乳素抑释素	[激]素
primary bile acid	初级胆汁酸	初級膽汁酸
primary culture	原代培养	初級培養
primary metabolism	初生代谢	初級代謝
primary metabolite	初生代谢物	初級代謝物
primary scintillator	第一闪烁剂	第一閃爍劑
primary structure	一级结构	一級結構
primary transcript	初级转录物	初級轉錄物
primase	引发酶	引發酶
primer	引物	引子
primer extension	引物延伸	引子延伸
primer repair	引物修补	引子修補
primer walking	引物步移,引物步查	引子步進法
primeverose	樱草糖	櫻草糖
priming	引发	致敏,引發
primosome	引发体	引發體
prion	朊病毒,普里昂	病原性蛋白顆粒
pristanic acid	降植烷酸	降植烷酸,四甲基十五烷酸
Pro(=proline)	脯氨酸	脯胺酸
probe	探针	探針
probe retardation assay(=gel mobility shift assay)	探针阻滞分析(=凝胶迁移率变动分析)	探針阻滯分析(=凝膠遷移率變動分析)
procarboxypeptidase	羧肽酶原	羧肽酶原
processing	加工	加工
processing protease	加工蛋白酶	加工蛋白酶
procollagen	前胶原	膠原蛋白原
proctolin	直肠肽	原肛肽
prodynorphin	强啡肽原	強啡肽原
proelastase	弹性蛋白酶原	彈性蛋白酶原
proelastin(=tropoelastin)	原弹性蛋白,弹性蛋白原	原彈性蛋白,彈性蛋白原
proenkephalin	脑啡肽原	腦啡肽原
proenzyme	酶原	酶原
profibrin(=fibrinogen)	血纤蛋白原	[血]纖維蛋白原
profibrinolysin(=plasminogen)	纤维蛋白溶酶原(=纤溶酶原)	血纖維蛋白溶酶原(=纖溶酶原)
profilin	组装抑制蛋白	肌動蛋白抑制蛋白

英 文 名	大 陆 名	台 湾 名
progesterone	孕酮，黄体酮	黃體酮，孕酮
progestin	黄体制剂	孕激素，黃體酮
progestogen	孕激素	孕激素
progestone(=progestin)	黄体制剂	孕激素，黃體酮
programmed cell death	细胞程序性死亡	程序性細胞死亡
prohibitin	抗增殖蛋白	抑制素
prohormone convertase	激素原转化酶	原激素轉化酶
proinflammatory cytokine	促炎性细胞因子	發炎前期細胞激素
proinflammatory protein	促炎症蛋白质	發炎前期蛋白
prolactin	催乳素，促乳素	催乳[激]素，乳促素
prolactin release inhibiting factor(PRIF) (=prolactin release inhibiting hormone)	催乳素释放抑制因子 (=催乳素释放抑制素)	催乳[激]素釋放抑制因子
prolactin release inhibiting hormone (PRIH)	催乳素释放抑制素，催乳素抑释素	催乳[激]素釋放抑制[激]素
prolactin releasing factor(PRF)(=prolactoliberin)	催乳素释放因子(=催乳素释放素)	催乳[激]素釋放因子
prolactin releasing hormone(PRH) (=prolactoliberin)	催乳素释放素	催乳[激]素釋放[激]素
prolactoliberin	催乳素释放素	催乳[激]素釋放[激]素
prolamine(=prolamin)	谷醇溶蛋白	穀醇溶蛋白
prolamin	谷醇溶蛋白	穀醇溶蛋白
prolidase	氨酰[基]脯氨酸二肽酶	胺醯基脯胺酸二肽酶
proliferating cell nuclear antigen(PCNA)	增殖细胞核抗原	細胞核增生抗原
proliferin	增殖蛋白	增殖蛋白
prolinase	脯氨酰氨基酸二肽酶	脯胺醯胺基酸二肽酶
proline(Pro)	脯氨酸	脯胺酸
proline dehydrogenase	脯氨酸脱氢酶	脯胺酸脫氫酶
prolinuria	脯氨酸尿症	脯胺酸尿症
promoter	启动子	啟動子
promoter clearance	启动子清除	啟動子清除
promoter clear time	启动子清除时间	啟動子清除時間
promoter damping	启动子减弱	啟動子減弱
promoter element	启动子元件	啟動子元件
promoter escape	启动子解脱	啟動子解脫
promoter occlusion	启动子封堵	啟動子封堵

英文名	大陆名	台湾名
promoter suppression	启动子阻抑	啟動子抑制
promoter trapping	启动子捕获	啟動子捕獲
pronase	链霉蛋白酶	鏈黴蛋白酶
proofreading	校对	校對
proofreading activity	校对活性	校對活性
proopiomelanocortin(POMC)	阿黑皮素原	促黑激素肽，皮質激素肽原
properdin	备解素	備解素，制菌前素，血清滅菌蛋白
prophage	原噬菌体	原噬菌體
propionic acid	丙酸	丙酸
propionic acidemia	丙酸血症	丙酸血症
propionic aciduria	丙酸尿症	丙酸尿症
propionyl coenzyme A	丙酰辅酶 A	丙醯輔酶 A
proportional counter	正比计数器	正比計數器
proprotein	蛋白质原	蛋白[質]原
proprotein convertase	蛋白质原转换酶	蛋白質原轉換酶
prostacyclin	前列环素	環前列腺素
prostaglandin(PG)	前列腺素	前列腺素
prostaglandin dehydrogenase	前列腺素脱氢酶	前列腺素脱氫酶
prostanoic acid	前列腺烷酸	前列腺烷酸
prostanoid	前列腺素类激素	前列腺素類激素
prostatein	前列腺蛋白	前列腺蛋白
protamine	鱼精蛋白	魚精蛋白
protease	蛋白酶	蛋白[水解]酶
protease nexin	蛋白酶连接蛋白	蛋白酶連接蛋白
proteasome	蛋白酶体	蛋白酶體
protegrin	抗微生物肽	抗微生物肽
protein	蛋白质	蛋白質
protein array	蛋白质阵列	蛋白質陣列
proteinase(=protease)	蛋白酶	蛋白[水解]酶
α_1-proteinase inhibitor	α_1 蛋白酶抑制剂	α_1 –蛋白酶抑制劑
protein chip	蛋白质芯片	蛋白質晶片
protein data bank(=protein database)	蛋白质数据库	蛋白質資料庫
protein database	蛋白质数据库	蛋白質資料庫
protein digestibility-corrected amino acid scoring(PDCAAS)	蛋白质可消化性评分	蛋白質消化率校正的胺基酸計分法
protein disulfide isomerase(PDI)	蛋白质二硫键异构酶	蛋白質二硫鍵異構酶

英文名	大陆名	台湾名
protein disulfide oxidoreductase(=protein disulfide reductase)	蛋白质二硫键氧还酶(=蛋白质二硫键还原酶)	蛋白質二硫鍵氧化還原酶
protein disulfide reductase	蛋白质二硫键还原酶	蛋白質二硫鍵還原酶
proteinemia	蛋白血症	蛋白血症
protein engineering	蛋白质工程	蛋白質工程
protein family	蛋白质家族	蛋白質[家]族
protein-glutamate methylesterase	蛋白质谷氨酸甲酯酶	蛋白質谷胺酸甲酯酶
protein histidine kinase	蛋白质组氨酸激酶	蛋白質組胺酸激酶
protein isoform	蛋白质异形体	蛋白質同分異構物
protein kinase	蛋白激酶	蛋白激酶
protein kinase kinase	蛋白激酶激酶	蛋白激酶激酶
protein mapping	蛋白质作图	蛋白質作圖
protein microarray(=protein chip)	蛋白质微阵列(=蛋白质芯片)	蛋白質微陣列
proteinoid	类蛋白质	類蛋白質
protein phosphatase	蛋白磷酸酶	蛋白質磷酸酶
protein sequencing	蛋白质测序	蛋白質定序
protein serine/threonine kinase	蛋白质丝氨酸/苏氨酸激酶	蛋白質絲胺酸/蘇胺酸激酶
protein serine/threonine phosphatase	蛋白质丝氨酸/苏氨酸磷酸酶	蛋白質絲胺酸/蘇胺酸磷酸酶
protein splicing	蛋白质剪接	蛋白質剪接
protein synthesis	蛋白质合成	蛋白質合成
protein translocator	蛋白质转位体	蛋白質轉運物
protein truncation test(PTT)	蛋白质截短试验，蛋白质截断测试	蛋白質截斷測試
protein tyrosine kinase(PTK)	蛋白质酪氨酸激酶	蛋白質酪胺酸激酶
protein tyrosine phosphatase(PTP)	蛋白质酪氨酸磷酸酶	蛋白質酪胺酸磷酸酶
proteoglycan	蛋白聚糖	蛋白聚醣
proteolipid	蛋白脂质	蛋白脂質，蛋白脂類
proteolysis	蛋白质水解	蛋白質水解
proteolytic enzyme(=protease)	蛋白水解酶(=蛋白酶)	蛋白[水解]酶
proteome	蛋白质组	蛋白質體
proteome chip	蛋白质组芯片	蛋白質體晶片
proteome database	蛋白质组数据库	蛋白質體資料庫
proteomics	蛋白质组学	蛋白質體學

英 文 名	大 陆 名	台 湾 名
prothoracicotropic hormone(PTTH)	促前胸腺激素	促前胸腺激素
prothrombin	凝血酶原	凝血酶原
protobiochemistry	原始生物化学	原生物化學
protogene	原基因	原基因
protomer	原聚体	原體
proton magnetic resonance	质子核磁共振	質子核磁共振
proton pump	质子泵	質子泵
proto-oncogene(=cellular oncogene)	原癌基因(=细胞癌基因)	原致癌基因
protoporphyrin	原卟啉	原卟啉
protruding terminus	突出末端	突出末端
prourokinase	尿激酶原	尿激酶原
provitamin D_3(=7-dehydrocholesterol)	维生素 D_3 原(=7－脱氢胆固醇)	維生素 D_3 原
provitamin	维生素原	維生素原
PRPP(=phosphoribosyl pyrophosphate)	磷酸核糖基焦磷酸	磷酸核糖基焦磷酸
PS(=phosphatidylserine)	磷脂酰丝氨酸	磷脂醯絲胺酸
PSA(=polysialic acid)	多唾液酸	多聚唾液酸
pseudo-cyclic photophosphorylation	假循环光合磷酸化	假循環光合磷酸化
pseudo-feedback inhibition	拟反馈抑制	擬回饋抑制
pseudogene	假基因	假基因
pseudoglobulin	假球蛋白，拟球蛋白	假球蛋白，擬球蛋白
pseudohemoglobin	假血红蛋白	假血紅蛋白
pseudokeratin	假角蛋白	假角蛋白
pseudoknot	假结	假結
pseudopeptidoglycan	假肽聚糖	假肽聚醣
pseudosubstrate	假底物	假底物，假基質
pseudouridine	假尿苷	假尿苷
pseudouridylic acid	假尿苷酸	假尿苷酸
psicose	阿洛酮糖	阿洛酮糖
P site(=peptidyl site)	肽酰位，P 位	肽基部位，P 位
PSK(=phytosulfokine)	植物硫酸肽	植物硫酸肽
psychosine	鞘氨醇半乳糖苷	[神經]鞘胺醇半乳糖苷
PTC(=plasma thromboplastin component)	血浆凝血激酶	血漿凝血活素
pteroic acid	蝶酸	蝶酸
pteroylglutamic acid(=folic acid)	叶酸，蝶酰谷氨酸	葉酸，蝶醯穀胺酸

英　文　名	大　陆　名	台　湾　名
PTH(=parathyroid hormone)	甲状旁腺激素	甲狀旁腺激素，副甲狀腺素
PTK(=protein tyrosine kinase)	蛋白质酪氨酸激酶	蛋白質酪胺酸激酶
PTP(=protein tyrosine phosphatase)	蛋白质酪氨酸磷酸酶	蛋白質酪胺酸磷酸酶
PTT(=protein truncation test)	蛋白质截短试验，蛋白质截断测试	蛋白質截斷測試
PTTH(=prothoracicotropic hormone)	促前胸腺激素	促前胸腺激素
ptyalin	唾液淀粉酶	唾液澱粉酶
P-type lectin	P 型凝集素	P －型凝集素
Pu(=purine)	嘌呤	嘌呤
pull-down experiment	牵出试验	牽出試驗
pullulan	短梗霉聚糖	普魯聚醣
pullulanase	短梗霉多糖酶	支鏈澱粉酶
pulse [alternative] field gel electrophoresis	脉冲[交变]电场凝胶电泳	脈衝電場凝膠電泳，脈衝交變電場凝膠電泳
pulse-chase labeling	脉冲追踪标记	脈衝追蹤標記
pulsed Fourier transform NMR spectrometer	脉冲傅里叶变换核磁共振[波谱]仪	脈衝傅立葉變換核磁共振光譜儀
pupation hormone	化蛹激素	化蛹激素
Pur(=purine)	嘌呤	嘌呤
purine(Pu, Pur)	嘌呤	嘌呤
purine nucleoside	嘌呤核苷	嘌呤核苷
purine nucleoside phosphorylase(PNP)	嘌呤核苷磷酸化酶	嘌呤核苷磷酸化酶，嘌呤核苷磷解酶
purine nucleotide	嘌呤核苷酸	嘌呤核苷酸
purine nucleotide cycle	嘌呤核苷酸循环	嘌呤核苷酸循環
puromycin	嘌呤霉素	嘌呤黴素
purple membrane protein	紫膜蛋白质	紫膜蛋白質
pustulan	石耳葡聚糖	石耳葡聚醣
putrescine	腐胺	腐胺，丁二胺
PVP(=polyvinylpyrrolidone)	聚乙烯吡咯烷酮	聚乙烯吡咯烷酮
pyosin	绿脓蛋白	綠膿菌素
Pyr(=pyrimidine)	嘧啶	嘧啶
pyranose	吡喃糖	吡喃糖
pyridine	吡啶	吡啶
pyridoxal	吡哆醛	吡哆醛
pyridoxal phosphate	磷酸吡哆醛	磷酸吡哆醛
pyridoxamine	吡哆胺	吡哆胺

英 文 名	大 陆 名	台 湾 名
pyridoxine	吡哆醇	吡哆醇，維生素 B_6
pyrimidine(Pyr)	嘧啶	嘧啶
pyrimidine dimer	嘧啶二聚体	嘧啶二聚體
pyrimidine nucleoside	嘧啶核苷	嘧啶核苷
pyrimidine nucleotide	嘧啶核苷酸	嘧啶核苷酸
pyroglobulin	热球蛋白	熱球蛋白
pyroglutamic acid	焦谷氨酸	焦谷胺酸，5－氧脯胺酸
pyrophosphatase	焦磷酸酶	焦磷酸酶
pyrophosphorylase	焦磷酸化酶	焦磷酸化酶
pyrrole	吡咯	吡咯
pyrroloquinoline quinone(PQQ)	吡咯并喹啉醌	吡咯並喹啉醌
pyrrolysine	吡咯赖氨酸	吡咯賴胺酸
pyruvate decarboxylase	丙酮酸脱羧酶	丙酮酸脫羧酶
pyruvate dehydrogenase complex	丙酮酸脱氢酶复合物	丙酮酸脫氫酶複合物
pyruvate kinase	丙酮酸激酶	丙酮酸激酶
pyruvic acid	丙酮酸	丙酮酸
pythonic acid	蟒蛇胆酸	蟒蛇膽酸

Q

英 文 名	大 陆 名	台 湾 名
Q(=queuosine)	辫苷	Q 核苷
qPCR(=quantitative PCR)	定量聚合酶链反应，定量 PCR	定量 PCR
Qβ replicase	Qβ 复制酶	Qβ 複製酶
Qβ replicase technique	Qβ 复制酶技术	Qβ 複製酶技術
quadruplex DNA(=tetraplex DNA)	四链体 DNA	四鏈體 DNA，四顯性組合 DNA
quantitative PCR(qPCR)	定量聚合酶链反应，定量 PCR	定量 PCR
quantitative trait locus	数量性状基因座	數量性狀基因座
quaternary structure	四级结构	四級結構
quelling	压抑	壓抑
queuosine(Q)	辫苷	Q 核苷
quinary structure	五级结构	五級結構
quinic acid	奎尼酸	奎寧酸
quinoprotein	醌蛋白	醌蛋白

R

英文名	大陆名	台湾名
rabphilin	Rab 亲和蛋白	Rab 親和蛋白
RACE(=rapid amplification of cDNA end)	cDNA 末端快速扩增法	cDNA 末端快速擴增法
racemase	消旋酶	消旋酶
racemization	外消旋化	外消旋化
radial chromatography	径向层析	徑向層析
radiation biochemistry	辐射生物化学	輻射生物化學
radioactive isotope	放射性同位素	放射性同位素
radiobiochemistry	放射生物化学	放射生物化學
radioimmunoassay(RIA)	放射免疫测定，放射免疫分析	放射免疫分析，放射免疫擴散[法]
radioimmunochemistry	放射免疫化学	放射免疫化學
radioimmunoelectrophoresis	放射免疫电泳	放射免疫電泳
radioimmunoprecipitation	放射免疫沉淀法	放射免疫沈澱法
radioisotope scanning	放射性同位素扫描	放射性同位素掃描
radioreceptor assay	放射性受体测定，放射性受体分析	放射受體分析
radixin	根蛋白	根蛋白
raffinose	棉子糖	棉子糖，蜜三糖
raft lipid	筏脂	筏脂
Ramachandran map	拉氏图	拉氏圖
Raman spectrum analysis	拉曼光谱分析	拉曼光譜分析
ranatensin	蛙紧张肽，蛙肽	蛙肽
random coil	无规卷曲	不規則形，隨意螺線
randomly amplified polymorphic DNA (RAPD)	随机扩增多态性 DNA	隨機擴增多型性 DNA
random oligonucleotide mutagenesis	随机寡核苷酸诱变	隨機寡核苷酸誘變
random PCR	随机聚合酶链反应，随机 PCR	隨機 PCR，隨機聚合酶鏈反應
random primer	随机引物	隨機引子
random primer labeling	随机引物标记	隨機引子標記
RAPD(=randomly amplified polymorphic DNA)	随机扩增多态性 DNA	隨機擴增多型性 DNA

英　文　名	大　陆　名	台　湾　名
rapid amplification of cDNA end(RACE)	cDNA 末端快速扩增法	cDNA 末端快速擴增法
rapid flow technique	速流技术	速流技術
rapid-reaction kinetics	快速反应动力学	快速反應動力學
RAR(=retinoic acid receptor)	视黄酸受体	視黃酸受體
rare codon	罕用密码子	罕用密碼子
Ras-dependent protein kinase	依赖于 Ras 的蛋白激酶	依賴於 Ras 的蛋白激酶
Ras protein	Ras 蛋白	Ras 蛋白
rate-limiting step	限速步骤	速率決定步驟
rate-zonal centrifugation	速率区带离心	速率區帶離心
RBP(=retinol-binding protein)	视黄醇结合蛋白质，维甲醇结合蛋白质	視黃醇結合蛋白
RCF(=relative centrifugal force)	相对离心力	相對離心力
RDE(=receptor destroying enzyme)	受体破坏酶	受體破壞酶
reactive oxygen species (ROS)	活性氧类	活性氧類
reading-frame overlapping	读框重叠	讀碼框重疊
reading-frame displacement(=frameshift)	读框移位(=移码)	讀碼框移位(=移碼)
read-through	连读，通读	通讀，破讀
read-through mutation	连读突变	通讀突變
read-through suppression	连读阻抑	通讀阻抑
read-through translation	连读翻译	通讀轉譯
reagent	试剂	試劑
real-time PCR	实时聚合酶链反应，实时 PCR	即時 PCR，即時聚合酶鏈反應
real-time RT-PCR	实时逆转录聚合酶链反应，实时逆转录 PCR	即時 RT－PCR，即時逆轉錄 PCR
reannealing	重退火	重復性
rearranging gene	重排基因	重排基因
receptor	受体	受體
receptor destroying enzyme(RDE)	受体破坏酶	受體破壞酶
receptor fitting	受体适配法	受體適配法
receptor kinase	受体蛋白激酶	受體蛋白激酶
receptor-mediated control	受体介导的调节作用	受體介導的調控作用
receptor-mediated endocytosis	受体介导的胞吞	受體介導的細胞胞吞作用
receptor-mediated pinocytosis	受体介导的胞饮	受體介導的細胞胞飲作用
receptor reserve	受体储备	受體儲備
receptor superfamily	受体超家族	受體超族

英 文 名	大 陆 名	台 湾 名
receptor tyrosine kinase(RTK)	受体酪氨酸激酶	受體酪胺酸激酶
receptosome(= endosome)	纳入体(= 内体)	納入體(= 內體)
recessed terminus	凹端	凹端
recognition	识别	識別
recognition element	识别元件	識別元件
recognition sequence	识别序列	識別序列
recombinant	重组体	重組體
recombinant clone	重组克隆	重組克隆
recombinant DNA	重组 DNA	重組 DNA
recombinant DNA technique	重组 DNA 技术	重組 DNA 技術
recombinant protein	重组蛋白质	重組蛋白
recombinant RNA	重组 RNA	重組 RNA
recombinase	重组酶	重組酶
recombination	重组	重組
recombination activating gene	重组活化基因	重組活化基因
recombineering	重组工程	重組工程
recoverin	恢复蛋白	恢復蛋白
redox(= oxidation-reduction reaction)	氧化还原反应	氧化還原
redox enzyme(= oxido-reductase)	氧化还原酶，氧还酶	氧化還原酶，氧還酶
reduced nicotinamide adenine dinucleotide (NADH)	还原型烟酰胺腺嘌呤二核苷酸，还原型辅酶I	還原態的菸鹼醯胺腺嘌呤二核苷酸
reduced nicotinamide adenine dinucleotide phosphate(NADPH)	还原型烟酰胺腺嘌呤二核苷酸磷酸，还原型辅酶Ⅱ	還原態的菸鹼醯胺腺嘌呤二核苷酸磷酸
reducing terminus	还原末端	還原末端
reductase	还原酶	還原酶
redundant DNA	丰余 DNA	豐餘 DNA
refolding	重折叠	重折疊
refractometer	折光计	屈光計
regulation	调节	調節
regulator	调节物，调节剂	調節物，調節劑
regulatory cascade	调节级联	調節級聯
regulatory circuit	调节回路	調節回路
regulatory domain	调节域	調節[結構]域
regulatory element	调节元件	調節元件
regulatory enzyme	调节酶	調節酶
regulatory factor	调节因子	調節因子
regulatory gene	调节基因	調節基因

英 文 名	大 陆 名	台 湾 名
regulatory network	调节网络	調節網路
regulatory region	调节区	調節區
regulatory site	调节部位	調節位點
regulatory subunit	调节亚基	調節亞基
regulome	调节组	調節體
regulomics	调节组学	調節體學
regulon	调节子	調節子
relative centrifugal force(RCF)	相对离心力	相對離心力
relative mobility	相对迁移率	相對遷移率
relaxation protein	松弛蛋白	鬆弛蛋白
relaxation time	弛豫时间	鬆弛時間
relaxed [circular] DNA	松弛[环状]DNA	鬆弛[環狀]DNA
relaxed plasmid	松弛型质粒	鬆弛型質體
relaxin	松弛素	鬆弛素
release factor	释放因子	釋放因子
remodeling	重塑	重塑
renaturation	复性	復性
renin	血管紧张肽原酶，肾素	血管緊張素原酶，腎素
repair	修复	修復
repair endonuclease	修复内切核酸酶	修復內切核酸酶
repair enzyme	修复酶	修復酶
repairosome	修复体	修復體
repair polymerase	修复聚合酶	修復聚合酶
repetitive DNA	重复 DNA	重複 DNA
repetitive sequence	重复序列	重複序列
replacement vector	取代型载体	取代型載體
replica plating	复印接种，影印培养	複製平板
replicase	复制酶	複製酶
replication	复制	複製
replication bubble	复制泡	複製泡
replication-competent vector	可复制型载体	可複製型載體
replication complex(=replisome)	复制体	複製體
replication error	复制错误	複製錯誤
replication eye(=replication bubble)	复制眼(=复制泡)	複製眼(=複製泡)
replication factory model	复制工厂模型	複製工廠模型
replication fork	复制叉	複製叉
replication intermediate(RI)	复制中间体	複製中間體
replication licensing factor(RLF)	复制执照因子	複製執照因子

英 文 名	大 陆 名	台 湾 名
replication polymerase	复制聚合酶	複製聚合酶
replication slipping	复制滑移	複製滑移
replication terminator	复制终止子	複製終止子
replicative cycle	复制周期	複製週期
replicative form	复制型	複製型
replicative form DNA	复制型 DNA	複製型 DNA
replicative helicase	复制解旋酶	複製解旋酶
replicative phase	复制期	複製期
replicon	复制子	複製子
replisome	复制体	複製體
reporter(=reporter gene)	报道基因	報導基因
reporter gene	报道基因	報導基因
reporter molecule	报道分子	報導分子
reporter transposon	报道转座子	報導轉座子
reporter vector	报道载体	報導載體
representational difference analysis	差异显示分析，代表性差异分析	代表性差異分析
repression	阻遏	阻遏
repressor	阻遏物，阻遏蛋白	阻遏物，阻遏蛋白
reptilase	蛇毒凝血酶	蛇毒凝血酶
resensitization	复敏	復敏
resident DNA	常居 DNA	常居 DNA
residue	残基	殘基
resilin	节肢弹性蛋白	節肢彈性蛋白
resin	树脂	樹脂
resistance gene	抗性基因	抗性基因
resistin	抗胰岛素蛋白	抵抗素
resolution	分辨率	分辨率，解析度，清晰度
resolvase	解离酶	分辨酶
resolving gel(=separation gel)	分离胶	分離膠
respiratory chain	呼吸链	呼吸鏈
respiratory pigment	呼吸色素	呼吸色素
respiratory quotient(RQ)	呼吸商	呼吸商
response element	应答元件	應答元件，反應元件
responsive element(=response element)	应答元件	應答元件，反應元件
restrictin	限制蛋白	限制蛋白
restriction analysis	限制性[内切酶]酶切	限制性分析，限制性内

英 文 名	大 陆 名	台 湾 名
	分析	切酶酶切分析
restriction endonuclease	限制性内切核酸酶	限制性內切核酸酶
restriction endonuclease mapping(=restriction mapping)	限制性内切核酸酶作图(=限制性酶切作图)	限制性內切核酸酶作圖
restriction [endonuclease] map	限制[性内切核酸酶]图谱	限制性圖譜, 限制性內切核酸酶圖譜
restriction enzyme(=restriction endonuclease)	限制性酶(=限制性内切核酸酶)	限制性酶
restriction fragment	限制性[内切酶]酶切片段	限制性片段, 限制性內切酶酶切片段
restriction fragment length polymorphism	限制性酶切片段长度多态性	限制性片段長度多型性
restriction mapping	限制性酶切作图	限制性作圖
restriction [modification] system	限制[修饰]系统	限制[修飾]系統
restriction site	限制[性酶切]位点	限制性位點
restriction site protection experiment	限制[性酶切]位点保护试验	限制性位點保護試驗
retardation	阻滞	阻滯
retention coefficient	保留系数	保留係數
retention time	保留时间	保留時間
retention volume	保留体积	保留體積
reticulin	网硬蛋白	網硬蛋白
reticulocalbin	网钙结合蛋白	網鈣結合蛋白
reticulocyte lysate	网织红细胞裂解物	網織紅血球裂解物
retinal	视黄醛	視黃醛
retinal dehydrogenase	视黄醛脱氢酶	視黃醛脫氫酶
retinal oxidase	视黄醛氧化酶	視黃醛氧化酶
retinoblastoma protein	成视网膜细胞瘤蛋白	視網膜胚細胞瘤蛋白質
retinoic acid	视黄酸, 维甲酸, 维生素 A_1 酸	視黃酸, 維生素 A_1 酸
retinoic acid receptor(RAR)	视黄酸受体	視黃酸受體
retinoid	类视黄醇	類視黃醇
retinoid X receptor(RXR)	类视黄醇 X 受体	類視黃醇 X 受體
retinol(=vitamin A)	视黄醇(=维生素 A)	視黃醇, 維生素 A_1 醇, 抗幹眼醇
retinol-binding protein(RBP)	视黄醇结合蛋白质, 维甲醇结合蛋白质	視黃醇結合蛋白
retinyl palmitate	棕榈酰视黄酯, 棕榈酸	棕櫚酸視黃酯

英 文 名	大 陆 名	台 湾 名
	视黄酯	
retroelement	逆转录元件	逆轉錄元件
retroposition(=retrotransposition)	逆转录转座	逆轉錄轉座
retroposon(=retrotransposon)	逆[转录]转座子	逆[轉錄]轉座子
retroregulation	反向调节	逆向調節，逆轉錄調節
retrosterone	反类固酮	反類固酮
retrotransposition	逆转录转座	逆轉錄轉座
retrotransposon	逆[转录]转座子	逆[轉錄]轉座子
retroviral vector	逆转录病毒载体	逆轉錄病毒載體
reverse biochemistry	反向生物化学	反向生物化學
reverse biology	反向生物学	反向生物學
reverse dialysis	反向透析	反向透析
reversed-phase high-performance liquid chromatography(RP-HPLC)	反相高效液相层析	反相高效液相層析
reversed-phase partition chromatography	反相分配层析	反相分配層析
reversed-phase ion pair chromatography (=ion-pairing chromatography)	反相离子对层析(=离子配对层析)	反相離子對層析
reverse mutation(=back mutation)	回复突变	回復突變
reverse osmosis	反相渗透	反滲透
reverse PCR	逆聚合酶链反应，逆PCR	逆 PCR，逆聚合酶鏈反應
reverse phase chromatography	反相层析	反相層析
reverse primer	反向引物	逆向引子
reverse rocket immunoelectrophoresis	逆向火箭免疫电泳	逆向火箭免疫電泳
reverse self-splicing	反向自剪接	反向自剪接
reverse splicing	反向剪接	反向剪接
reverse transcriptase	逆转录酶，反转录酶	逆轉錄酶，反轉錄酶
reverse transcription	逆转录，反转录	逆轉錄，反轉錄
reverse transcription PCR(RT-PCR)	逆转录聚合酶链反应，逆转录 PCR	逆轉錄 PCR，逆轉錄聚合酶鏈反應
reverse turn(=β-turn)	β 转角	β－轉角，β－彎
reversible inhibition	可逆抑制	可逆抑制
revistin	逆转录酶抑制剂	逆轉錄酶抑制劑
rhamnose	鼠李糖	鼠李糖
rhodanese	硫氰酸生成酶	硫氰酸生成酶
rhodopsin	视紫[红]质	視紫質
RI(=replication intermediate)	复制中间体	複製中間體
RIA(=radioimmunoassay)	放射免疫测定，放射免	放射免疫分析，放射免

英 文 名	大 陆 名	台 湾 名
	疫分析	疫擴散[法]
riboflavin(=vitamin B_2)	核黄素(=维生素 B_2)	核黃素(=維生素 B_2)
ribonuclease	核糖核酸酶	核糖核酸酶
ribonuclease A	核糖核酸酶 A	核糖核酸酶 A
ribonuclease H	核糖核酸酶 H	核糖核酸酶 H
ribonuclease P	核糖核酸酶 P	核糖核酸酶 P
ribonuclease T1	核糖核酸酶 T1	核糖核酸酶 T1
ribonucleic acid(RNA)	核糖核酸	核糖核酸
ribonucleoprotein [complex]	核糖核蛋白[复合体]	核糖核蛋白[複合體]
ribonucleoprotein particle	核糖核蛋白颗粒	核糖核蛋白顆粒
ribonucleoside	核糖核苷	核糖核苷
ribonucleoside diphosphate reductase	核苷二磷酸还原酶	核苷二磷酸還原酶
ribonucleoside triphosphate reductase	核苷三磷酸还原酶	核苷三磷酸還原酶
ribonucleotide	核糖核苷酸	核糖核苷酸
ribonucleotide reductase	核糖核苷酸还原酶	核糖核苷酸還原酶
ribophorin	核糖体结合糖蛋白	核糖體結合糖蛋白，核糖體受體蛋白
ribopolymer	核糖核酸多聚体	核糖核酸多聚體
ribose	核糖	核糖
ribosomal DNA	核糖体 DNA	核糖體 DNA
ribosomal frameshift	核糖体移码	核糖體移碼
ribosomal gene	核糖体基因	核糖體基因
ribosomal RNA	核糖体 RNA	核糖體 RNA
ribosomal subunit	核糖体亚基	核糖體亞基
ribosome	核糖体	核糖體
ribosome assembly	核糖体装配	核糖體裝配
ribosome binding site	核糖体结合位点	核糖體結合位點
ribosome entry site	核糖体进入位点	核糖體進入位點
ribosome inactivating protein(RIP)	核糖体失活蛋白质	核糖體失活蛋白質
ribosome movement	核糖体移动	核糖體移動
ribosome recognition site (=ribosome binding site)	核糖体识别位点(=核糖体结合位点)	核糖體識別部位
ribosylation	核糖基化	核糖基化作用
ribothymidine(=thymine ribnucleoside)	核糖胸[腺]苷(=胸腺嘧啶核糖核苷)	核糖胸苷
ribozyme	核酶	核酶
ribulose	核酮糖	核酮糖
ribulose-1, 5-bisphosphate carboxylase/	核酮糖 -1, 5 - 双磷酸	核酮糖二磷酸羧化酶/

英 文 名	大 陆 名	台 湾 名
oxygenase(rubisco)(=carboxydismutase)	羧化酶/加氧酶(=羧基歧化酶)	加氧酶
ribulose bisphosphate	核酮糖双磷酸	雙磷酸核酮糖
ribulose-1, 5-diphosphate carboxylase (=carboxydismutase)	核酮糖-1, 5-二磷酸羧化酶(=羧基歧化酶)	核酮糖-1, 5-二磷酸羧化酶
ricin	蓖麻毒蛋白	蓖麻毒蛋白
ricinoleic acid(=ricinolic acid)	蓖麻油酸, 12-羟油酸	蓖麻酸
ricinolic acid	蓖麻油酸, 12-羟油酸	蓖麻酸
Rieske protein	里斯克蛋白质, 质体醌-质体蓝蛋白还原酶	Rieske 蛋白質
rifampicin	利福平	利福平
rifamycin	利福霉素	利福黴素
RIP(=ribosome inactivating protein)	核糖体失活蛋白质	核糖體失活蛋白質
RLF(=replication licensing factor)	复制执照因子	複製執照因子
R loop	R 环	R 環
RNA(=ribonucleic acid)	核糖核酸	核糖核酸
RNA branch point	RNA 分支点	RNA 分支點
RNA conformation	RNA 构象	RNA 構象
RNA-dependent DNA polymerase(=reverse transcriptase)	依赖于 RNA 的 DNA 聚合酶(=逆转录酶)	依賴 RNA 的 DNA 聚合酶
RNA-dependent RNA polymerase(=replicase)	依赖于 RNA 的 RNA 聚合酶(=复制酶)	依賴 RNA 的 RNA 聚合酶
RNA-directed DNA polymerase(=reverse transcriptase)	RNA 指导的 DNA 聚合酶(=逆转录酶)	RNA 指導的 DNA 聚合酶
RNA editing	RNA 编辑	RNA 編輯
RNA encapsidation	RNA 衣壳化	RNA 包被作用
RNA exprot	RNA 输出	RNA 輸出
RNA folding	RNA 折叠	RNA 折疊
RNA footprinting	RNA 足迹法	RNA 足跡法
RNA helicase	RNA 解旋酶	RNA 解旋酶
RNAi(=RNA interference)	RNA 干扰	RNA 干擾
RNA interference(RNAi)	RNA 干扰	RNA 干擾
RNA ligase	RNA 连接酶	RNA 連接酶
RNA localization	RNA 定位	RNA 定位
RNA mapping	RNA 作图	RNA 作圖
RNA methylase	RNA 甲基化酶	RNA 甲基化酶

英　文　名	大　陆　名	台　湾　名
RNA nucleotidyltransferase	RNA 核苷酸转移酶	RNA 核苷醯轉移酶
RNA packaging	RNA 包装	RNA 包裝
RNA polymerase	RNA 聚合酶	RNA 聚合酶
RNA probe	RNA 探针	RNA 探針
RNA processing	RNA 加工	RNA 加工
RNA pseudoknot	RNA 假结	RNA 假結
RNA recombination	RNA 重组	RNA 重組
RNA replicase	RNA 复制酶	RNA 複製酶
RNA replication	RNA 复制	RNA 複製
RNA restriction enzyme	RNA 限制性酶	RNA 限制性酶
RNA silencing	RNA 沉默	RNA 緘默
RNA splicing	RNA 剪接	RNA 剪接
RNA stability	RNA 稳定性	RNA 穩定性
RNA targeting	RNA 靶向	RNA 標靶
RNA trafficking(=RNA transport)	RNA 转运，RNA 运输	RNA 轉運，RNA 運輸
RNA transcriptase(=replicase)	RNA 转录酶(=复制酶)	RNA 轉錄酶
RNA transfection	RNA 转染	RNA 轉染
RNA transport	RNA 转运，RNA 运输	RNA 轉運，RNA 運輸
RNA trans-splicing	RNA 反式剪接	RNA 反式剪接
RNA world	RNA 世界	RNA 世界
RNome	RNA 组	RNA 體
RNomics	RNA 组学	RNA 體學
rocket [immuno] electrophoresis	火箭[免疫]电泳	火箭[免疫]電泳
rolling circle replication	滚环复制	滾環複製
room temperature	室温	室溫
ROS(=reactive oxygen species)	活性氧类	活性氧類
Rossman fold	罗斯曼折叠模式	羅斯曼折疊
rotamase(=peptidyl-prolyl cis-trans isomerase)	旋转异构酶(=肽基脯氨酰基顺反异构酶)	旋轉異構酶(=肽基脯胺醯基順反異構酶)
rotary evaporator	旋转蒸发器	旋轉蒸發器
rotating thin-layer chromatography	旋转薄层层析	旋轉薄層層析
RP-HPLC(=reversed-phase high-performance liquid chromatography)	反相高效液相层析	反相高效液相層析
RQ(=respiratory quotient)	呼吸商	呼吸商
RTK(=receptor tyrosine kinase)	受体酪氨酸激酶	受體酪胺酸激酶
RT-PCR(=reverse transcription PCR)	逆转录聚合酶链反应，逆转录 PCR	逆轉錄 PCR，逆轉錄聚合酶鏈反應

英 文 名	大 陆 名	台 湾 名
R_0t value	R_0t 值	R_0t 值
rubisco(=ribulose-1, 5-bisphosphate carboxylase/oxygenase)	核酮糖-1，5-双磷酸羧化酶/加氧酶	核酮糖二磷酸羧化酶/加氧酶
running buffer	运行缓冲液	電泳緩衝液
run-off transcription assay(=nuclear run-off assay)	核转录终止分析	核失控[轉錄]分析
run-on transcription assay	连缀转录分析	連綴轉錄分析
R_f value	R_f 值	R_f 值
RXR(=retinoid X receptor)	类视黄醇 X 受体	類視黄醇 X 受體
RYN method	RYN 法	RYN 法

S

英 文 名	大 陆 名	台 湾 名
SA(=①specific activity ②salicylic acid)	①比活性 ②水杨酸，邻羟基苯甲酸	①比活性 ②水楊酸，鄰羥基苯甲酸
sabinene	桧萜，桧烯	檜萜，薩界檜萜
sabinic acid	桧酸	檜酸，薩界檜酸
sabinol	桧萜醇	薩界檜萜醇
saccharic acid(=aldaric acid)	糖二酸	糖二酸
saccharide	糖	醣類，糖
saccharin	糖精	糖精
saccharogenic amylase	糖化淀粉酶	醣澱粉酶
saccharopine	酵母氨酸	酵母胺酸，戊二醯離胺酸
saccharopine dehydrogenase	酵母氨酸脱氢酶	酵母胺酸脱氫酶，戊二醯離胺酸脱氫酶
salicylic acid(SA)	水杨酸，邻羟基苯甲酸	水楊酸，鄰羥基苯甲酸
salivary amylase(=ptyalin)	唾液淀粉酶	唾液澱粉酶
salmin	鲑精蛋白	鮭精蛋白
salting-in	盐溶	鹽溶
salting-out	盐析	鹽析
salvage pathway	补救途径	補救途徑
SAM(=*S*-adenosylmethionine)	*S*-腺苷基甲硫氨酸	*S*-腺苷基甲硫胺酸
sandwich assay	夹心法分析	夾心法分析
Sanger-Coulson method	桑格-库森法	Sanger 法
santalene	檀香萜	檀香萜
saponification	皂化作用	皂化作用

英 文 名	大 陆 名	台 湾 名
saponification number	皂化值	皂化值
saporin	皂草毒蛋白	皂草毒蛋白
sarafotoxin	角蝰毒素	角蝰毒素
sarcalumenin	肌钙腔蛋白	肌鈣腔蛋白
α-sarcin	α 帚曲毒蛋白	α－帚曲毒蛋白
sarcolemma	肌膜	肌膜
sarcosine	肌氨酸	肌胺酸
sarcosine dehydrogenase	肌氨酸脱氢酶	肌胺酸脱氢酶，甲基甘胺酸脱氫酶
sarcotoxin	麻蝇抗菌肽	麻蠅抗菌肽
satellite DNA	卫星 DNA	衛星 DNA
α-satellite DNA	α 卫星 DNA	α－衛星 DNA
satellite RNA	卫星 RNA	衛星 RNA
saturated fatty acid	饱和脂肪酸	飽和脂肪酸
saturation analysis	饱和分析	飽和分析
saturation hybridization	饱和杂交	飽和雜交
saturation mutagenesis	饱和诱变	飽和誘變
sauvagine	蛙皮降压肽	蛙皮降壓肽
SBA(=soybean agglutinin)	大豆凝集素	大豆凝集素
SBH(=sequencing by hybridization)	杂交测序	雜交測序
scanning confocal microscopy	扫描共焦显微镜术	掃描共聚焦顯微鏡術
scanning densitometer	光密度扫描仪	光密度掃描器
scanning tunnel electron microscope (STEM)	扫描隧道电镜	掃描隧道電子顯微鏡
scanning tunnel microscope(STM)	扫描隧道显微镜	掃描隧道顯微鏡
Scatchard analysis	斯卡查德分析	Scatchard 分析
Scatchard equation	斯卡查德方程	Scatchard 方程式
Scatchard plotting	斯卡查德作图	Scatchard 作圖，斯卡恰作圖法
scavenger receptor	清道夫受体	清道夫受體
Schiff base	希夫碱	希夫鹼
Schwannoma-derived growth factor	施万细胞瘤源性生长因子	施万細胞瘤源性生長因子
schwannomin	施万膜蛋白	施万膜蛋白
scinderin	肌切蛋白	肌切蛋白
scintillation cocktail	闪烁液	閃爍液
scintillation counter	闪烁计数仪	閃爍計數器
scleroglycan	小核菌聚糖	小核菌聚醣

英文名	大陆名	台湾名
scleroprotein	硬蛋白	硬蛋白
sclerotin	壳硬蛋白	殼硬蛋白
scombron	鲭组蛋白	鯖組蛋白
scombrone(=scombron)	鲭组蛋白	鯖組蛋白
scotophobin	恐暗肽	恐暗肽
scotopsin	暗视蛋白	暗視蛋白
SCP(=sterol carrier protein)	固醇载体蛋白质	固醇載體蛋白，運固醇蛋白
screening	筛选	篩選
scRNA(=small cytoplasmic RNA)	胞质小 RNA	胞質小 RNA
scyllitol	鲨肌醇	鯊肌醇
scyllo-inositol(=scyllitol)	鲨肌醇	鯊肌醇
scymnol	鲨胆固醇	鯊膽固醇
SD sequence(=Shine-Dalgarno sequence)	SD 序列	Shine-Dalgarno 序列
SDS-polyacrylamide gel electrophoresis	SDS 聚丙烯酰胺凝胶电泳	SDS 聚丙烯醯胺凝膠電泳
secondary bile acid	次级胆汁酸	次級膽汁酸
secondary hydrogen bond	二级氢键	二級氫鍵
secondary metabolism	次生代谢	二級代謝
secondary metabolite	次生代谢物	二級代謝物
secondary scintillator	第二闪烁剂	第二閃爍劑
secondary structure	二级结构	二級結構
secondary structure prediction	二级结构预测	二級結構預測
second messenger	第二信使	第二信使
second messenger molecule	第二信使分子	第二信使分子
second messenger pathway	第二信使通路	第二信使路徑
second signal system	第二信号系统	第二信號系統
secretase	分泌酶	分泌酶
β-secretase(=memapsin)	β 分泌酶(=膜天冬氨酸蛋白酶)	β－分泌酶
secreted receptor	分泌型受体	分泌型受體
secretin	促胰液素	促腸泌素，腸泌肽
secretinase	促胰液肽酶	腸促胰液肽酶
secretogranin(=chromogranin B)	分泌粒蛋白(=嗜铬粒蛋白 B)	分泌粒蛋白
secretory piece	分泌[肽]片	分泌[肽]段
sedimentation	沉降	沈降作用

英 文 名	大 陆 名	台 湾 名
sedimentation coefficient	沉降系数	沈降係數
sedimentation equilibrium	沉降平衡	沈降平衡
sedoheptulose	景天庚酮糖	景天庚酮糖
selachyl alcohol	鲨油醇	鯊油醇
selectable marker	选择性标志	選擇性標誌
selectin	选凝素	選凝素
selective marker(=selectable marker)	选择性标志	選擇性標誌
selective medium	选择培养基	選擇培養基
selenium-containing tRNA	含硒 tRNA	含硒 tRNA
selenocysteine	硒代半胱氨酸	硒代半胱胺酸
selenoenzyme	含硒酶	含硒酶
selenoprotein	含硒蛋白质	含硒蛋白質
selenouridine	硒尿苷	硒尿苷
selfish DNA	自在 DNA	自私的 DNA
self-replicating nucleic acid	自复制核酸	自複製核酸
self-replication	自复制	自複製
self-splicing	自剪接	自剪接
self-splicing intron	自剪接内含子	自剪接內含子
semenogelin	精胶蛋白	精膠蛋白
semiconservative replication	半保留复制	半保留複製
semicontinuous replication	半不连续复制	半不連續複製
semilethal gene	半致死基因	半致死基因
semi-microanalysis	半微量分析	半微量分析
semi-nested PCR	半巢式聚合酶链反应，半巢式 PCR	半巢式 PCR
sense codon	有义密码子	有意義密碼子
sense strand	有义链	有意義鏈
sentinel cell	岗哨细胞	崗哨細胞
separation gel	分离胶	分離膠
septanose	环庚糖	七環糖
sequenator(=sequencer)	序列分析仪，测序仪	測序儀
sequence	序列	序列
sequence alignment	序列排比，序列比对	序列排比
sequence motif	序列模体	序列模体，序列結構域
sequence pattern	序列模式	序列模式
sequencer	序列分析仪，测序仪	測序儀
sequence-tagged site(STS)	序列标签位点	序列標誌位點
sequencing	测序	測序

英　文　名	大　陆　名	台　湾　名
sequencing by hybridization(SBH)	杂交测序	雜交測序
sequential model	序变模型	序變模型
sequestrin	钳合蛋白	鉗合蛋白
sequon	序列段	序列段
Ser(=serine)	丝氨酸	絲胺酸
serglycin	丝甘蛋白聚糖	絲甘蛋白聚醣
sericin	丝胶蛋白	絲膠蛋白
serine(Ser)	丝氨酸	絲胺酸
serine esterase	丝氨酸酯酶	絲胺酸酯酶
serine proteinase(=serine esterase)	丝氨酸蛋白酶(=丝氨酸酯酶)	絲胺酸蛋白酶
serine/threonine kinase	丝氨酸/苏氨酸激酶	絲胺酸－蘇胺酸激酶
serine/threonine phosphatase	丝氨酸/苏氨酸磷酸酶	絲胺酸－蘇胺酸磷酸酶
serine/threonine protease	丝氨酸/苏氨酸蛋白酶	絲胺酸－蘇胺酸蛋白酶
serotonin	5－羟色胺	5－羥色胺
serotonin receptor	5－羟色胺受体	5－羥色胺受體
serpin	丝酶抑制蛋白	絲酶抑制蛋白
serum	血清	血清
serum thymic factor	血清胸腺因子	血清胸腺因子
sesquiterpene	倍半萜	倍半萜
sesquiterpene cyclase	倍半萜环化酶	倍半萜環化酶
Sevag method	谢瓦格提炼法	謝瓦格抽提法
seven transmembrane domain receptor	七穿膜域受体	七跨膜域受體
severin	[肌动蛋白]切割蛋白	肌割蛋白
sex-determining gene	性别决定基因	性別決定基因
sex hormone	性激素	性激素
sex hormone binding globulin(SHBG)	性激素结合球蛋白	性激素結合球蛋白
sex-linked gene	性连锁基因	性聯基因
SGF(=skeletal growth factor)	骨骼生长因子	骨骼生長因子
SHBG(=sex hormone binding globulin)	性激素结合球蛋白	性激素結合球蛋白
SH2 domain(=Src homology 2 domain)	SH2 域	Src 同源 2 域，SH2 域
SH3 domain(=Src homology 3 domain)	SH3 域	Src 同源 3 域，SH3 域
shearing	切变	切變
β-sheet	β 片层	β－折板
shikimic acid	莽草酸	莽草酸
Shine-Dalgarno sequence(SD sequence)	SD 序列	Shine-Dalgarno 序列
short interfering RNA (=small interfering RNA)	干扰短 RNA(=干扰小 RNA)	小片段干擾核酸，干擾小 RNA

英 文 名	大 陆 名	台 湾 名
short tandem repeat(STR)(=microsatellite DNA)	短串联重复(=微卫星DNA)	短串聯重複
shotgun [cloning] method	鸟枪[克隆]法	霰彈槍法
shotgun sequencing	鸟枪法测序	霰彈槍法測序
shuttle vector	穿梭载体	穿梭載體
sialic acid	唾液酸	唾液酸
sialic acid-binding lectin	唾液酸结合凝集素	唾液酸結合凝集素
sialic acid-recognizing immunoglobulin superfamily lectin(siglec)	识别唾液酸的免疫球蛋白超家族凝集素	識別唾液酸的免疫球蛋白超家族凝集素
sialidase(=neuraminidase)	唾液酸酶(=神经氨酸酶)	唾液酸酶
sialoadhesin	唾液酸黏附蛋白	唾液酸黏附蛋白
sialoglycopeptide	唾液酸糖肽	唾液酸醣肽
sialoglycoprotein	唾液酸糖蛋白	唾液酸醣蛋白
sialoglycosphingolipid	唾液酸鞘糖脂	唾液酸醣神經鞘脂
sialogogic peptide	催涎肽	催涎肽
sialophorin	载唾液酸蛋白，载涎蛋白	載唾液酸蛋白，載涎蛋白，白唾液酸蛋白
sialyloligosaccharide	唾液酸寡糖	唾液酸寡醣
sialyltransferase	唾液酰基转移酶	唾液醯基轉移酶
siastatin	唾液酸酶抑制剂	唾液酸酶抑制劑
sickle hemoglobin	镰刀状血红蛋白	鐮刀狀血紅蛋白
side chain	侧链	側鏈
side effect	副作用	副作用
side product	副产物	副產物
side reaction	副反应	副反應
siderophilin	亲铁蛋白	親鐵蛋白
sieboldin	蓝篩朴毒蛋白	藍篩樸毒蛋白
siglec(=sialic acid-recognizing immunoglobulin superfamily lectin)	识别唾液酸的免疫球蛋白超家族凝集素	識別唾液酸的免疫球蛋白超家族凝集素
signal amplification	信号放大	信號放大
signal-anchor sequence	信号锚定序列	信號錨定序列
signal convergence	信号会聚	信號會聚
signal divergence	信号发散	信號發散
signal domain	信号域	信號域
signaling	信号传送	信號傳送
signaling network	信号传送网络	信號傳送網路
signaling pathway	信号通路	信號路徑

英 文 名	大 陆 名	台 湾 名
signaling system	信号传送系统	信號傳送系統
signal patch	信号斑	信號斑
signal peptidase	信号肽酶	信號肽酶
signal peptidase Ⅰ	信号肽酶Ⅰ	信號肽酶Ⅰ
signal peptidase Ⅱ	信号肽酶Ⅱ	信號肽酶Ⅱ
signal peptide	信号肽	信號肽
signal peptide peptidase(SPP)	信号肽肽酶	信號肽肽酶
signal recognition particle(SRP)	信号识别颗粒	信號識別顆粒
signal recognition particle receptor receptor(=docking protein)	信号识别颗粒受体(=停靠蛋白质)	信號識別顆粒受體
signal regulatory protein(SIRP)	信号调节蛋白	信號調節蛋白
signal sequence(=signal peptide)	信号序列(=信号肽)	信號序列
signal sequence receptor(SSR)	信号序列受体	信號序列受體
signal-to-noise ratio	信噪比	信號噪声比
signal transducer and activator of transcription(STAT)	信号转导及转录激活蛋白	信號轉導子和轉錄活化子
signal transduction	信号转导	信號轉導
signal transduction pathway	信号转导途径	信號轉導路徑
silanization(=silanizing)	硅烷化	矽烷化
silanizing	硅烷化	矽烷化
silencer	沉默子	沈默子
silent allele	沉默等位基因	沈默等位基因
silver staining	银染	銀染
simple diffusion	单纯扩散	簡單擴散
simple lipid	单脂	單脂
simple protein	单纯蛋白质	單純蛋白質
simple sequence length polymorphism (SSLP)	简单序列长度多态性	簡單序列長度多型性
simple sequence repeat(SSR)	简单序列重复	簡單重複序列
simple sequence repeat polymorphism (SSRP)	简单重复序列多态性	簡單序列重複多型性
sinapic acid(=erucic acid)	[顺]芥子酸	[順]芥子酸，順-13-二十二烯酸，二十二碳-順-13-烯酸
sinapine	芥子酰胆碱酯	芥子酸膽鹼酯
sinapyl alcohol	芥子醇	芥子醇
single-copy DNA(=unique [sequence] DNA)	单拷贝 DNA(=单一[序列]DNA)	單拷貝 DNA

英文名	大陆名	台湾名
single-copy gene	单拷贝基因	單拷貝基因
single-copy sequence	单拷贝序列	單拷貝序列
single nucleotide polymorphism(SNP)	单核苷酸多态性	單一核苷酸多型性
single-strand-binding protein(=relaxation protein)	单链结合蛋白(=松弛蛋白)	單鏈結合蛋白
single-strand cDNA(sscDNA)	单链互补 DNA	單鏈互補 DNA
single-strand conformation polymorphism (SSCP)	单链构象多态性	單鏈構象多型性，單鏈 DNA 構象多型性
single-stranded DNA(ssDNA)	单链 DNA	單鏈 DNA
single-stranded RNA(ssRNA)	单链 RNA	單鏈 RNA
single-strand specific exonuclease	单链特异性外切核酸酶	單鏈特異性外切核酸酶
singlet oxygen	单线态氧	單一態氧
SIP(=sleep inducing peptide)	睡眠诱导肽(=δ 睡眠诱导肽)	睡眠誘導肽(=δ－睡眠肽)
siRNA(=small interfering RNA)	干扰小 RNA	小片段干擾 RNA
siRNA random library	干扰小 RNA 随机文库	小片段干擾核酸隨機文庫，siRNA 隨機文庫
SIRP(=signal regulatory protein)	信号调节蛋白	信號調節蛋白
site-directed mutagenesis	位点专一诱变，定点诱变	定位誘變，定點誘變
site-specific mutagenesis(=site-directed mutagenesis)	位点专一诱变，定点诱变	定位誘變，定點誘變
sitosterol	谷固醇	穀甾醇，穀脂醇
sitosterolemia	谷固醇血症	穀脂醇血症
size exclusion chromatography(=steric exclusion chromatography)	大小排阻层析(=空间排阻层析)	尺寸排除色層分析法
skelemin	骨架蛋白	骨架蛋白
skeletal growth factor(SGF)	骨骼生长因子	骨骼生長因子
skeleton protein	骨架型蛋白质	骨架型蛋白質
slab electrophoresis(=plate electrophoresis)	板电泳	板電泳
δ-sleep inducing peptide	δ 睡眠诱导肽，δ 睡眠肽	δ－睡眠肽
sleep inducing peptide(SIP)(=δ-sleep inducing peptide)	睡眠诱导肽(=δ 睡眠诱导肽)	睡眠誘導肽(=δ－睡眠肽)
slot blotting	狭线印迹法	沙漏印漬法
small cytoplasmic RNA(scRNA)	胞质小 RNA	胞質小 RNA
small GTPase	小 GTP 酶	小 GTP 酶

英文名	大陆名	台湾名
small interfering RNA(siRNA)	干扰小 RNA	小片段干擾 RNA
small non-messenger RNA(snmRNA)	非编码小 RNA	非編碼小 RNA
small nuclear ribonucleoprotein particle (snRNP, snurp)	核小核糖核蛋白颗粒	核内核酸蛋白小粒
small nuclear RNA(snRNA)	核小 RNA	小分子胞核 RNA
small nucleolar RNA(snoRNA)	核仁小 RNA	小分子核仁 RNA
small ribosomal RNA	核糖体小 RNA	小分子核糖體 RNA
small temporal RNA(stRNA)	时序小 RNA	小分子不穩定 RNA
snail gut enzyme	蜗牛肠酶	蝸牛腸酶
snake venom phosphodiesterase	蛇毒磷酸二酯酶	蛇毒磷酸二酯酶
SNAP(=synaptosome-associated protein)	突触小体相关蛋白质	突觸小體相關蛋白質
snmRNA(=small non-messenger RNA)	非编码小 RNA	非編碼小 RNA
snoRNA(=small nucleolar RNA)	核仁小 RNA	小分子核仁 RNA
SNP(=single nucleotide polymorphism)	单核苷酸多态性	單一核苷酸多型性
snRNA(=small nuclear RNA)	核小 RNA	小分子胞核 RNA
snRNP(=small nuclear ribonucleoprotein particle)	核小核糖核蛋白颗粒	核内核酸蛋白小粒
S1 nuclease	S1 核酸酶	S1 核酸酶
S1 [nuclease] mapping	S1[核酸酶]作图	S1[核酸酶]作圖
S1 nuclease protection assay	S1 核酸酶保护分析	S1 核酸酶保護分析
snurp(=small nuclear ribonucleoprotein particle)	核小核糖核蛋白颗粒	核内核酸蛋白小粒
SOCS(=suppressor of cytokine signaling)	细胞因子信号传送阻抑物	細胞因子信號傳送阻抑物
SOD(=superoxide dismutase)	超氧化物歧化酶	超氧化物歧化酶
sodium potassium pump	钠钾泵	鈉鉀泵
solid phase technique	固相技术	固相技術
solid scintillation counter	固体闪烁计数仪	固體閃爍計數器
soluble receptor(=secreted receptor)	可溶性受体(=分泌型受体)	可溶性受體
solvent-perturbation method	溶剂干扰法	溶劑干擾法
SOM(=somatomedin)	生长调节肽，生长调节素，生长素介质	促生長因子，生長素介質
somatic gene therapy	体细胞基因治疗	體細胞基因治療
somatoliberin	促生长素释放素	生長激素釋放[激]素
somatomedin(SOM)	生长调节肽，生长调节素，生长素介质	促生長因子，生長素介質
somatostatin	促生长素抑制素，生长	生長激素釋放抑制素，

英 文 名	大 陆 名	台 湾 名
	抑素	體抑素
somatotropin	促生长素，生长激素	促生長素，生長激素
somatotropin release inhibiting factor	促生长素释放抑制因子	生長激素釋放抑制因子
somatotropin release inhibiting hormone	促生长素释放抑制激素	促生長素釋放抑制激素
somatotropin releasing factor(SRF) (=somatoliberin)	促生长素释放因子 (=促生长素释放素)	生長激素釋放因子
somatotropin releasing hormone(=somatoliberin)	促生长素释放素	生長激素釋放[激]素
sophorose	槐糖	槐糖
sorbitan	山梨聚糖	山梨聚醣
sorbitol	山梨糖醇	山梨糖醇
sorbose	山梨糖	山梨糖
sorcin	抗药蛋白	抗藥蛋白
sorting	分拣，分选	分揀，分選
sorting signal	分拣信号	揀選信號
Southern blotting	DNA 印迹法，Southern 印迹法	南方印漬法，DNA 印漬法
Southern hybridization(=DNA hybridization)	Southern 杂交(=DNA 杂交)	南方雜交(=DNA 雜交)
Southwestern blotting	DNA－蛋白质印迹法	南方－西方印漬法
Soxhlet extractor	索氏提取器	索氏提取器
soybean agglutinin(SBA)	大豆凝集素	大豆凝集素
SP(=substance P)	P 物质	P 物質
space-filling model	空间充填模型，空间结构模型	空間填塞式分子模型
spacer arm	隔离臂	隔離臂
spacer DNA	间隔 DNA	間隔 DNA
spacer gel	成层胶	成層膠
spacer RNA	间隔 RNA	間隔 RNA
specific activity(SA)	比活性	比活性
specific activity of enzyme	酶比活性	酶比活性
specific activity of label	标记物比活性	標記物比活性
specificity	专一性	專一性
spectinomycin	壮观霉素	壯觀黴素
spectral analysis	光谱分析	光譜分析
spectrin	血影蛋白	血影蛋白，紅細胞膜內蛋白
spectroanalysis(=spectral analysis)	光谱分析	光譜分析

英 文 名	大 陆 名	台 湾 名
spectrofluorometer(=fluorescence spectrophotometer)	荧光分光光度计	螢光分光光度計
spectroflurimeter(=fluorescence spectrophotometer)	荧光分光光度计	螢光分光光度計
spectrophotometer	分光光度计	分光光度計
spermaceti wax(=cetin)	鲸蜡，软脂酸鲸蜡酯	鯨蠟，軟脂酸鯨蠟酯
spermatin	精液蛋白	精液蛋白
spermatine(=spermatin)	精液蛋白	精液蛋白
spermidine	亚精胺，精脒	亞精胺，精脒，精胺素
spermine	精胺	精胺
spermol	鲸蜡醇	鯨蠟醇
4-sphingenine(=sphingosine)	鞘氨醇	神經胺醇
sphingol(=sphingosine)	鞘氨醇	神經胺醇
sphingolipid	鞘脂	神經鞘脂類
sphingomyelinase	鞘磷脂酶	神經鞘磷脂酶
sphingomyelin	鞘磷脂	神經鞘磷脂
sphingophospholipid(=sphingomyelin)	鞘磷脂	神經鞘磷脂
sphingosine	鞘氨醇	神經胺醇
spin labeling	自旋标记	自旋標記
spinophilin	亲棘蛋白	親棘蛋白
splice acceptor	剪接接纳体	剪接接納體
spliced leader RNA	剪接前导 RNA	剪接前導 RNA
splice donor	剪接供体	剪接供體
spliceosome	剪接体	剪接體
spliceosome cycle	剪接体循环，剪接体周期	剪接體循環
splice site(=splicing site)	剪接位点	剪接位點
splice variant(=splicing variant)	剪接变体	剪接變體
splicing	剪接	剪接
splicing complex	剪接复合体	剪接複合物
splicing factor	剪接因子	剪接因子
splicing junction	剪接接头	剪接接頭
splicing mutation	剪接突变	剪接突變
splicing overlapping extension PCR	剪接重叠延伸聚合酶链反应，剪接重叠延伸 PCR	剪接重疊延伸 PCR
splicing signal	剪接信号	剪接信號
splicing site	剪接位点	剪接位點

英 文 名	大 陆 名	台 湾 名
3′-splicing site(=splice acceptor)	3′剪接位点(=剪接接纳体)	3′-剪接位點
5′-splicing site(=splice donor)	5′剪接位点(=剪接供体)	5′-剪接位點
splicing variant	剪接变体	剪接變體
split protein	脱落蛋白质	斷裂蛋白質
spongin	海绵硬蛋白	海綿質
SPP(=signal peptide peptidase)	信号肽肽酶	信號肽肽酶
SP6 RNA polymerase	SP6 RNA 聚合酶	SP6 RNA 聚合酶
spun-column chromatography	离心柱层析	離心柱層析
squalane	鲨烷	角鯊烷
squalene	鲨烯	角鯊烯
squidulin	乌贼蛋白	烏賊蛋白
Src homology 2 domain(SH2 domain)	SH2 域	Src 同源 2 域，SH2 域
Src homology 3 domain(SH3 domain)	SH3 域	Src 同源 3 域，SH3 域
SRF(=somatotropin releasing factor)	促生长素释放因子	生長激素釋放因子
SRP(=signal recognition particle)	信号识别颗粒	信號識別顆粒
sscDNA(=single-strand cDNA)	单链互补 DNA	單鏈互補 DNA
SSCP(=single-strand conformation polymorphism)	单链构象多态性	單鏈構象多型性，單鏈 DNA 構象多型性
ssDNA(=single-stranded DNA)	单链 DNA	單鏈 DNA
SSH(=suppressive substraction hybridization)	阻抑消减杂交	阻抑刪減的雜交作用
SSLP(=simple sequence length polymorphism)	简单序列长度多态性	簡單序列長度多型性
SSR(=①simple sequence repeat ②signal sequence receptor)	①简单序列重复 ②信号序列受体	①簡單重複序列 ②信號序列受體
ssRNA(=single-stranded RNA)	单链 RNA	單鏈 RNA
SSRP(=simple sequence repeat polymorphism)	简单重复序列多态性	簡單序列重複多型性
stability	稳定性	穩定性
stable expression	稳定表达	穩定表達
stable transfection	稳定转染	穩定轉染
stachyose	水苏糖	水蘇[四]糖
stacking gel(=spacer gel)	浓缩胶(=成层胶)	濃縮膠(=成層膠)
Stanniocalcin(STC)	斯坦尼钙调节蛋白	司坦尼鈣調節蛋白
staphylocoagulase	[葡萄球菌]凝固酶	[金黃色葡萄球菌]凝固酶

英 文 名	大 陆 名	台 湾 名
staphylococcal nuclease	金葡菌核酸酶	金黄色葡萄球菌核酸酶
staphylokinase	金葡菌激酶，葡激酶	金黄色葡萄球菌激酶，葡激酶
starch	淀粉	澱粉
starch gel electrophoresis	淀粉凝胶电泳	澱粉凝膠電泳
start codon(=initiation codon)	起始密码子	起始密碼子
STAT(=signal transducer and activator of transcription)	信号转导及转录激活蛋白	信號轉導子和轉錄活化子
statin	胆固醇合成酶抑制剂	膽固醇合成酶抑制劑
stationary phase(=fixed phase)	固定相	固定相
STC(=Stanniocalcin)	斯坦尼钙调节蛋白	司坦尼鈣調節蛋白
steady state	稳态	穩定態
steapsase(=steapsin)	胰脂肪酶	胰脂肪酶
steapsin(=triglyceride lipase)	胰脂肪酶(=三酰甘油脂肪酶)	胰脂肪酶
stearic acid	硬脂酸	硬脂酸，十八烷酸
stearin	硬脂酸甘油酯	硬脂酸甘油酯，三硬脂酸甘油酯
stearoyl Δ^9-desaturase	硬脂酰 Δ^9 脱饱和酶	硬脂醯 Δ^9 去飽和酶
stearyl alcohol	十八烷醇	十八烷醇
STEM(=scanning tunnel electron microscope)	扫描隧道电镜	掃描隧道電子顯微鏡
stem cell growth factor	干细胞生长因子	幹細胞生長因子
stem-loop structure	茎－环结构	莖－環結構
stepwise gradient	分级式梯度	分級式梯度
stercobilin	粪胆素	糞膽色素
stercobilinogen	粪胆素原	糞膽色素原
stercorin(=coprostanol)	粪固醇	糞甾醇，糞硬脂醇
sterculic acid	苹婆酸	蘋婆酸
stereoselectivity	立体选择性	立體選擇性
stereospecificity	立体专一性	立體專一性
steric exclusion chromatography	空间排阻层析	空間排除層析法
steroid	类固醇	類固醇，類甾醇
steroid acid	类固醇酸	類固醇酸
steroid alkaloid	类固醇生物碱	類固醇生物鹼
steroid hormone	类固醇激素	類固醇激素
steroid [hormone] receptor	类固醇[激素]受体	類固醇[激素]受體
steroidogenesis	类固醇生成	類固醇生成

英 文 名	大 陆 名	台 湾 名
steroid receptor coactivator	类固醇受体辅激活物	類固醇受體輔激活物
steroid receptor superfamily	类固醇受体超家族	類固醇受體超族
sterol	固醇	甾醇，固醇
sterol alkaloid	固醇类生物碱	固醇類生物鹼
sterol-4-carboxylate 3-dehydrogenase	4－羧基固醇 3－脱氢酶	4－羧基固醇－3－脱氫酶
sterol carrier protein(SCP)	固醇载体蛋白质	固醇載體蛋白，運固醇蛋白
sticky end(＝cohesive end)	黏端	黏性末端
stigmasterol	豆固醇	豆固醇
STM(＝scanning tunnel microscope)	扫描隧道显微镜	掃描隧道顯微鏡
Stokes radius	斯托克斯半径	斯托克半徑
stop codon(＝termination codon)	终止密码子	終止密碼子
STR(＝short tandem repeat)	短串联重复(＝微卫星 DNA)	短串聯重複
strand	链	鏈，股
β-strand	β[折叠]链	β－[折疊]鏈
strand separating gel electrophoresis	链分离凝胶电泳	鏈分離凝膠電泳
streptavidin	链霉抗生物素蛋白，链霉亲和素	鏈黴親和素
streptobiosamine	链霉二糖胺	鏈黴二糖胺
streptodornase	链球菌 DNA 酶	鏈球菌 DNA 酶
streptogramin	链阳性菌素	鏈陽性菌素
streptokinase	链激酶，链球菌激酶	鏈球菌激酶
streptolysin	链球菌溶血素	鏈球菌溶血素
streptose	链霉糖	鏈黴糖
stress hormone	应激激素	壓力激素
stress protein	应激蛋白质	逆境蛋白
stringent plasmid	严紧型质粒	嚴謹性質粒
stripped hemoglobin	剥离的血红蛋白	剝離的血紅蛋白
stripped membrane	剥离膜	剝離膜
stripped transfer RNA	剥离的转移 RNA	剝離的轉移 RNA
stRNA(＝small temporal RNA)	时序小 RNA	小分子不穩定 RNA
stromatin	基质蛋白	基質蛋白
stromelysin	溶基质蛋白酶	溶基質蛋白酶
strong acid type ion exchanger	强酸型离子交换剂	強酸型離子交換劑
strong anion exchanger(＝strong base type ion exchanger)	强阴离子交换剂(＝强碱型离子交换剂)	強陰離子交換劑

英 文 名	大 陆 名	台 湾 名
strong base type ion exchanger	强碱型离子交换剂	強鹼型離子交換劑
strong cation exchanger(=strong acid type ion exchanger)	强阳离子交换剂(=强酸型离子交换剂)	強陽離子交換劑
strophanthobiose	毒毛旋花二糖	毒毛旋花二糖
structural biology	结构生物学	結構生物學
structural domain	结构域	結構域
structural element	结构元件	結構元件
structural gene	结构基因	結構基因
structural genomics	结构基因组学	結構基因體學
structural molecular biology	结构分子生物学	結構分子生物學
structural motif(=fold)	结构模体(=折叠模式)	結構模體(=折疊模式)
STS(=sequence-tagged site)	序列标签位点	序列標誌位點
sturin	鲟精肽，鲟精蛋白	鱘精蛋白
S-type lectin(=galectin)	S 型凝集素(=半乳凝素)	S 型凝集素
subcloning	亚克隆	亞克隆
subcutin	亚角质	亞角質
suberic acid	辛二酸	辛二酸，軟木酸
suberin	软木脂	軟木脂
subfamily	亚家族	亞家族
sublethal gene	亚致死基因	亞致死基因
sublibrary	子文库	子庫
submaxillary gland protease	颌下腺蛋白酶	頜下腺蛋白酶
substance P(SP)	P 物质	P 物質
substantial equivalence	实质等同性	實質等同性
substrate	底物	基質，底物，受質
substrate cycle	底物循环	基質循環
substrate in chromatography	层析基质	層析基質
substrate phosphorylation	底物磷酸化	底物磷酸化
subtilin	枯草菌素	枯草菌素
subtilisin	枯草杆菌蛋白酶	枯草桿菌蛋白酶
subtracted cDNA library	消减 cDNA 文库，扣除 cDNA 文库	經刪減篩選法處理的 cDNA 庫
subtracted library	消减文库，扣除文库	經刪減篩選法處理的基因庫
subtracted probe	消减探针，扣除探针	刪減的探針
subtracting hybridization	消减杂交，扣除杂交	刪減的雜交作用

英 文 名	大 陆 名	台 湾 名
subunit	亚基，亚单位	亞基，亞單位
subunit association	亚基缔合	亞基締合
subunit-exchange chromatography	亚基交换层析	亞基交換層析
succinate dehydrogenase	琥珀酸脱氢酶	琥珀酸脫氫酶
succinic acid	琥珀酸	琥珀酸，丁二酸
succinoglycan	琥珀酰聚糖	琥珀醯聚醣
succinylcholine	琥珀酰胆碱	琥珀醯膽鹼，丁二醯膽鹼
succinylcoenzyme A	琥珀酰辅酶 A	琥珀醯輔酶 A，丁二醯輔酶 A
sucrase	蔗糖酶	蔗糖酶
sucrose	蔗糖	蔗糖
sucrose density-gradient	蔗糖密度梯度	蔗糖密度梯度
sugar	糖	醣類，糖
sugar nucleotide (=nucleotide sugar)	糖核苷酸(=核苷酸糖)	糖核苷酸
sugar nucleotide transporter	糖核苷酸转运蛋白	糖核苷酸轉運蛋白
suicide enzyme	自杀酶	自殺酶
suicide method	自杀法	自殺法
suicide substrate	自杀底物	自殺底物
sulfatase	硫酸酯酶	硫酸酯酶
sulfatidase	硫[脑]苷脂酶	硫腦苷脂酶
sulfatide	硫[脑]苷脂	硫腦苷脂
sulfhydryl protease(=thiol protease)	巯基蛋白酶	巰基蛋白酶
sulfite oxidase	亚硫酸盐氧化酶	亞硫酸氧化酶
sulfolipid	硫脂	硫脂
sulfotransferase	磺基转移酶	磺基轉移酶
sulfurtransferase	硫转移酶	硫轉移酶
supercoiled DNA	超螺旋 DNA	超螺旋 DNA
supercritical fluid chromatography	超临界液体层析	超臨界液體層析
superfamily	超家族	超族
superhelical DNA(=supercoiled DNA)	超螺旋 DNA	超螺旋 DNA
superhelical twist(=superhelix)	超螺旋	超螺旋
superhelix	超螺旋	超螺旋
supernatant	上清液	上清液
superoperon	超操纵子	超操縱子
superoxide anion	超氧阴离子	超氧陰離子
superoxide dismutase(SOD)	超氧化物歧化酶	超氧化物歧化酶

英 文 名	大 陆 名	台 湾 名
super-secondary structure	超二级结构	超二級結構
suppression	阻抑	阻抑
suppression PCR	阻抑聚合酶链反应，阻抑 PCR	阻抑 PCR
suppressive substraction hybridization (SSH)	阻抑消减杂交	阻抑刪減的雜交作用
suppressor	阻抑基因	阻抑基因
suppressor of cytokine signaling(SOCS)	细胞因子信号传送阻抑物	細胞因子信號傳送阻抑物
suppressor tRNA	阻抑 tRNA，校正 tRNA	阻抑 tRNA，校正 tRNA
supramolecular reaction	超分子反应	超分子反應
surface-active agent(=surfactant)	表面活化剂	表面活性劑
surfactant protein	表面活性型蛋白质	表面活性型蛋白質
surfactant	表面活化剂	表面活性劑
surfactin	表面活性肽	表面活性肽
survivin	存活蛋白	存活蛋白
suspension culture	悬浮培养	懸浮培養
Svedberg unit	斯韦德贝里单位	史式單位，斯伯單位
swainsonine	苦马豆碱	苦馬豆鹼
swinging-bucket rotor	吊篮式转头	吊籃式轉頭，水平轉子
swing-out rotor(=swinging-bucket rotor)	水平转头(=吊篮式转头)	吊籃式轉頭，水平轉子
switch gene	开关基因	開關基因
swivelase(=DNA topoisomerase Ⅰ)	转轴酶(=Ⅰ型DNA拓扑异构酶)	轉軸酶
symbols for mix-bases	混合碱基符号	混合核苷酸鹼基符號
symport	同向转运	同向轉移
synapsin	突触蛋白	突觸蛋白
synaptobrevin	小突触小泡蛋白	小突觸小泡蛋白
synaptojanin	突触小泡磷酸酶	突觸小泡磷酸酶
synaptophysin	突触小泡蛋白	突觸小泡蛋白
synaptoporin	突触孔蛋白	突觸孔蛋白
synaptosome-associated protein(SNAP)	突触小体相关蛋白质	突觸小體相關蛋白質
synaptotagmin	突触结合蛋白	突觸結合蛋白
synchrotron	同步加速器	同步加速器
syncolin(=fasciclin)	[微管]成束蛋白	[微管]成束蛋白
syndecan	黏结蛋白聚糖	黏結蛋白聚醣
syndecan-2(=fibroglycan)	黏结蛋白聚糖 2(=纤	黏結蛋白聚醣 2

英 文 名	大 陆 名	台 湾 名
	维蛋白聚糖)	
syndecan-4(=amphiglycan)	黏结蛋白聚糖 4(=双栖蛋白聚糖)	黏結蛋白聚醣 4
syndecan family	黏结蛋白聚糖家族	黏結蛋白聚醣家族
syndesine	联赖氨酸	聯賴胺酸
synemin	联丝蛋白	聯絲蛋白
synergism	协同作用	協同作用
synexin(=annexin Ⅶ)	会联蛋白(=膜联蛋白Ⅶ)	會聯蛋白(=膜聯蛋白Ⅶ)
synomone	互利素，互益素	互利素
synonymous codon	同义密码子	同義密碼子
synonymous mutation	同义突变	同義突變
syntaxin	突触融合蛋白	突觸融合蛋白
syntenic gene	同线基因	同線基因
synthase	合酶	合酶
synthesizer	合成仪	合成儀
synthetase	合成酶	合成酶
synuclein	突触核蛋白	突觸核蛋白
syringic acid	丁香酸	丁香酸
systemin	系统素	系統素

T

英 文 名	大 陆 名	台 湾 名
tachykinin	速激肽	速激肽
tachyplesin	鲎抗菌肽	鱟抗菌肽
tachysterol	速固醇	速甾醇
TAF(=tumor angiogenesis factor)	肿瘤血管生长因子	腫瘤血管生長因子
TAG(=triacylglycerol)	三酰甘油	三醯甘油酯
tagatose	塔格糖	塔格糖
tailing	加尾	加尾，拖尾
TAL(=tyrosine ammonia-lyase)	酪氨酸氨裂合酶	酪胺酸氨裂解酶
talin	踝蛋白	連絲蛋白
talose	塔罗糖	塔羅糖
Tamm-Horsfall glycopotein	T-H 糖蛋白	Tamm-Horsfall 醣蛋白
tandem enzyme	串联酶	串聯酶
tankyrase	端锚聚合酶	端錨聚合酶
tannase	鞣酸酶	鞣酸酶

英 文 名	大 陆 名	台 湾 名
TAP(=①transporter of antigenic peptide ②tick anticoagulant peptide)	①抗原肽转运[蛋白]体 ②壁虱抗凝肽，蜱抗凝肽	①抗原肽運輸蛋白體 ②壁虱抗凝肽，蜱抗凝肽
Taq DNA ligase	*Taq* DNA 连接酶	*Taq* DNA 連接酶
Taq DNA polymerase	*Taq* DNA 聚合酶	*Taq* DNA 聚合酶
target DNA	靶 DNA	標的 DNA
targeting	靶向，寻靶作用	標的作用
targeting sequence	靶向序列	標的序列
tartaric acid	酒石酸	酒石酸
TATA-binding protein(TBP)	TATA 结合蛋白质	TATA 結合蛋白
TATA box	TATA 框	TATA 框
taurine	牛磺酸，氨基乙磺酸	牛磺酸
tautomer	互变异构体	互變異構體
tautomerism	互变异构	互變異構
TBG(=thyroxine binding globulin)	甲状腺素结合球蛋白	[四碘]甲狀腺素結合球蛋白
TBP(=TATA-binding protein)	TATA 结合蛋白质	TATA 結合蛋白
TCC(=terminal complement complex)	终端补体复合物(=攻膜复合物)	末端補體複合體(=攻膜複合體)
T cell growth factor(TCGF)	T 细胞生长因子	T 細胞生長因子
T cell replacing factor	T 细胞置换因子	T 細胞置換因子
TCGF(=T cell growth factor)	T 细胞生长因子	T 細胞生長因子
T-DNA(=transfer DNA)	转移 DNA	轉移 DNA
T4 DNA ligase	T4 DNA 连接酶	T4 DNA 連接酶
TDP(=thymidine diphosphate)	胸苷二磷酸	胸苷二磷酸
TdT(=terminal deoxynucleotidyl transferase)	末端脱氧核苷酸转移酶	末端脫氧核苷醯轉移酶
TEBG(=testosterone-estradiol binding globulin)	睾酮雌二醇结合球蛋白(=性激素结合球蛋白)	睪固酮雌二醇結合球蛋白(=性激素結合球蛋白)
teichoic acid	磷壁酸	臺口酸，包壁酸
teichuronic acid	糖醛酸磷壁酸	糖醛酸磷壁酸
tektin	筑丝蛋白	築絲蛋白
telecrine	远距[离]分泌	遠距離分泌
telomerase	端粒酶	端粒酶
telomere	端粒	端粒
temperate phage	温和噬菌体	溫和性噬菌體
temperature-sensitive gene	温度敏感基因	溫度敏感基因

英 文 名	大 陆 名	台 湾 名
temperature-sensitive mutant(ts mutant)	温度敏感突变体	溫度敏感變異株
temperature-sensitive mutation(ts mutation)	温度敏感突变	溫度敏感突變
template	模板	模板
template strand	模板链	模板鏈
temporal gene	时序基因	時程性基因
temporal regulation	时序调节	時程性調節
tenascin	生腱蛋白	腱生蛋白
tensin	张力蛋白	張力蛋白
tenuin	纤细蛋白	細絲蛋白
terminal analysis	末端分析	末端分析
terminal complement complex(TCC) (=membrane attack complex)	终端补体复合物(=攻膜复合物)	末端補體複合體(=攻膜複合體)
terminal deletion	末端缺失	末端缺失
terminal deoxynucleotidyl transferase(TdT)	末端脱氧核苷酸转移酶	末端脫氧核苷醯轉移酶
terminal glycosylation	末端糖基化	末端糖基化
terminal oxidase	末端氧化酶	末端氧化酶
terminal uridylyltransferase(TUTase)	末端尿苷酸转移酶	末端尿苷酸轉移酶
terminase	末端酶	末端酶
termination codon	终止密码子	終止密碼子
termination sequence	终止序列	終止序列
termination signal	终止信号	終止信號
terminator	终止子	終止子
terpene	萜	萜類，松烯油
terpenoid	类萜	類萜
terpinene	萜品烯	萜品烯
terpineol	萜品醇	萜品醇
tertiary hydrogen bond	三级氢键	三級氫鍵
tertiary structure	三级结构	三級結構
testican	睾丸蛋白聚糖	睾丸蛋白聚醣
testosterone	睾酮	睾固酮
testosterone-estradiol binding globulin (TEBG)(=sex hormone binding globulin)	睾酮雌二醇结合球蛋白(=性激素结合球蛋白)	睾固酮雌二醇結合球蛋白(=性激素結合球蛋白)
tetanus toxin	破伤风毒素	破傷風毒素
tethered ligand	束缚配体	束縛配體
tetracosanoic acid (=lignoceric acid)	二十四烷酸(=木蜡酸)	二十四烷酸(=木蠟酸)
tetracosenic acid (=nervonic acid)	二十四碳烯酸(=神经	二十四碳烯酸(=神經

英 文 名	大 陆 名	台 湾 名
	酸)	酸)
tetrahydrofolate dehydrogenase	四氢叶酸脱氢酶	四氫葉酸脫氫酶
tetrahydrofolic acid	四氢叶酸	四氫葉酸
tetranectin	四联凝[集]素	四聯凝素
tetraplex DNA	四链体 DNA	四鏈體 DNA,四顯性組合 DNA
tetrasaccharide	四糖	四醣
tetraspanin	四次穿膜蛋白	四次跨膜蛋白
TF(=transfer factor)	转移因子	轉移因子
TGF(=transforming growth factor)	转化生长因子	轉化生長因子
TGL(=triglyceride lipase)	三酰甘油脂肪酶	甘油三酯脂肪酶
TH(=tyrosine hydroxylase)	酪氨酸羟化酶	酪胺酸羥化酶
thalassaemia(=thalassemia)	珠蛋白生成障碍性贫血,地中海贫血	地中海型貧血
thalassemia	珠蛋白生成障碍性贫血,地中海贫血	地中海型貧血
thanatogene	死亡基因	致死基因
thaumatin	奇异果甜蛋白	奇異果甜蛋白
thermolysin	嗜热菌蛋白酶	嗜熱菌蛋白酶
thermophilic protease(=thermolysin)	嗜热菌蛋白酶	嗜熱菌蛋白酶
THF(=thymic humoral factor)	胸腺体液因子	胸腺體液因子
thiamine(=vitamin B_1)	硫胺素(=维生素 B_1)	硫胺素(=維生素 B_1)
thiamine pyrophosphate(TPP)	硫胺素焦磷酸	焦磷酸硫胺素
thin-layer chromatography(TLC)	薄层层析	薄層層析
thiochrome	硫色素,脱氧硫胺	硫色素,脫氧硫胺
thioesterase	硫酯酶	硫酯酶
thioglucosidase	硫葡糖苷酶	硫葡萄糖苷酶
thiokinase	硫激酶	硫激酶
thiolase	硫解酶	硫解酶
thiol protease	巯基蛋白酶	巰基蛋白酶
thiophilic absorption chromatography	亲硫吸附层析	親硫吸附層析
thiophilic interaction chromatography (=thiophilic absorption chromatography)	亲硫作用层析(=亲硫吸附层析)	親硫作用層析
thioredoxin	硫氧还蛋白	硫氧化還原蛋白
thioredoxin-disulfide reductase	硫氧还蛋白-二硫键还原酶	硫氧化還原蛋白-二硫鍵還原酶
thioredoxin peroxidase(TPx)	硫氧还蛋白过氧化物酶	硫氧化還原蛋白過氧化

英 文 名	大 陆 名	台 湾 名
		物酶
third-base degeneracy	第三碱基简并性	第三鹼基簡併性
Thr(=threonine)	苏氨酸	蘇胺酸，羥丁胺酸
threo-configuration	苏[糖]型构型	蘇[糖]型構型
threo-isomer	苏糖型异构体	蘇糖型異構體
threonine(Thr)	苏氨酸	蘇胺酸，羥丁胺酸
threonine deaminase	苏氨酸脱氨酶	蘇胺酸脫胺酶
threonine dehydratase(=threonine deaminase)	苏氨酸脱水酶(=苏氨酸脱氨酶)	蘇胺酸脫水酶
threose	苏糖	蘇糖
thrombin	凝血酶	凝血酶
thrombin cleavage site	凝血酶切割位点	凝血酶切割位點
β-thromboglobulin	β血小板球蛋白	β－血小板球蛋白
thrombokinase(=thromboplastin)	促凝血酶原激酶	凝血致活酶
thrombomodulin	凝血调节蛋白	凝血調節蛋白
thromboplastinogen	凝血酶原致活物原	凝血致活酶酶原，抗血友病因子 A
thromboplastin	促凝血酶原激酶	凝血致活酶
thrombopoietin(TPO)	血小板生成素	血小板生成素，血小板生長因子
thrombospondin	血小板应答蛋白	血小板应答蛋白，血栓反應素
thrombosthenin	血栓收缩蛋白	血栓收縮蛋白
thromboxane(TX)	凝血噁烷，血栓烷	前列凝素
Thx(=thyroxine)	甲状腺素，四碘甲腺原氨酸	甲狀腺素，四碘甲素
thymic humoral factor(THF)	胸腺体液因子	胸腺體液因子
thymidine	胸苷	胸苷
thymidine diphosphate(TDP)	胸苷二磷酸	胸苷二磷酸
thymidine kinase(TK)	胸苷激酶	胸苷激酶
thymidine monophosphate(TMP)	胸苷一磷酸	胸苷一磷酸
thymidine triphosphate(TTP)	胸苷三磷酸	胸苷三磷酸
thymidylate kinase	胸苷酸激酶	胸[腺核]苷酸激酶
thymidylic acid	胸苷酸	胸[腺核]苷酸
thymin(=thymosin)	胸腺素	胸腺素
thymine	胸腺嘧啶	胸腺嘧啶
thymine arabinoside(araT)	阿糖胸苷	阿[拉伯]糖胸苷
thymine dimer	胸腺嘧啶二聚体	胸腺嘧啶二聚體

英 文 名	大 陆 名	台 湾 名
thymine ribnucleoside	胸腺嘧啶核糖核苷	胸腺嘧啶核糖核苷
thymocresin	胸腺促生长素	胸腺促生長素
thymol	麝香草酚	麝香草酚
thymopoietin	胸腺生成素	胸腺生成素，生胸腺素
thymosin	胸腺素	胸腺素
thymostimulin	胸腺刺激素	胸腺刺激素
thynnin	鲔精蛋白	鮪精蛋白
thyroglobulin	甲状腺球蛋白	甲狀腺球蛋白
thyroid hormone	甲状腺激素	甲狀腺激素
thyroid hormone receptor	甲状腺激素受体	甲狀腺激素受體
thyroid hormone response element	甲状腺激素应答元件	甲狀腺素應答元件
thyroid stimulating hormone(TSH)(=thyrotropin)	促甲状腺[激]素	促甲狀腺[激]素
thyroid stimulating immunoglobulin(TSI)	刺激甲状腺免疫球蛋白	促甲狀腺免疫球蛋白
thyroliberin	促甲状腺素释放素	促甲狀腺素釋放[激]素，甲促素釋素
thyromodulin(=neuromedin B)	促甲状腺素调节素(=神经调节肽 B)	促甲狀腺素調節素(=神經調節肽 B)
thyronine	甲[状]腺原氨酸	甲狀腺原胺酸，3，5，3′-三碘甲狀腺原胺酸
thyrotropin releasing factor(TRF)(=thyroliberin)	促甲状腺素释放因子(=促甲状腺素释放素)	促甲狀腺素釋放因子
thyrotropin releasing hormone(TRH)(=thyroliberin)	促甲状腺素释放素	促甲狀腺素釋放[激]素，甲促素釋素
thyrotropin	促甲状腺[激]素	促甲狀腺[激]素
thyroxine(Thx)	甲状腺素，四碘甲腺原氨酸	甲狀腺素，四碘甲素
thyroxine binding globulin(TBG)	甲状腺素结合球蛋白	[四碘]甲狀腺素結合球蛋白
thyroxine binding prealbumin(=transthyretin)	甲状腺素结合前清蛋白(=甲状腺素视黄质运载蛋白)	[四碘]甲狀腺素結合前白蛋白(=甲狀腺素視黃質運載蛋白)
tick anticoagulant peptide(TAP)	壁虱抗凝肽，蜱抗凝肽	壁虱抗凝肽，蜱抗凝肽
TIM(=triose-phosphate isomerase)	丙糖磷酸异构酶	丙糖磷酸異構酶
Ti plasmid(=tumor-inducing plasmid)	致瘤质粒，Ti 质粒	腫瘤誘導質粒，Ti 質粒
tissue kallikrein	组织型激肽释放酶	組織型激肽釋放酶
tissue-specific extinguisher	组织特异性消失基因	組織特異性消失基因

英 文 名	大 陆 名	台 湾 名
tissue thromboplastin	组织凝血激酶	組織凝血致活酶
tissue-type plasminogen activator(tPA)	组织型纤溶酶原激活物	組織血纖維蛋白溶酶原活化劑
titer	①滴度 ②效价	①滴定度 ②效價，值
titin	肌巨蛋白	肌巨蛋白
TK(=thymidine kinase)	胸苷激酶	胸苷激酶
TLC(=thin-layer chromatography)	薄层层析	薄層層析
TMG(=trimethylguanosine)	三甲基鸟苷	三甲基鳥苷
TMP(=thymidine monophosphate)	胸苷一磷酸	胸苷一磷酸
tmRNA(=transfer-messenger RNA)	转移－信使 RNA	轉移－信使 RNA
Tn(=transposon)	转座子	轉座子
TNF(=tumor necrosis factor)	肿瘤坏死因子	腫瘤壞死因子
tocopherol(=ergosterol)	生育酚(=麦角固醇)	生育酚，維他命 E
toluidine blue	甲苯胺蓝	胺甲苯藍
top agar	顶层琼脂	頂層瓊脂
topoisomerase	拓扑异构酶	拓撲異構酶
topoisomer	拓扑异构体	拓撲異構體
topological isomer(=topoisomer)	拓扑异构体	拓撲異構體
toxic cyclic peptide	毒环肽	毒環肽
toxin	毒素	毒素
δ-toxin	δ 毒素	δ－毒素
toxoid	类毒素	類毒素
tPA(=tissue-type plasminogen activator)	组织型纤溶酶原激活物	組織血纖維蛋白溶酶原活化劑
TPO(=thrombopoietin)	血小板生成素	血小板生成素，血小板生長因子
T4 polynucleotide kinase	T4 多核苷酸激酶，T4 激酶	T4 多核苷酸激酶
TPP(=thiamine pyrophosphate)	硫胺素焦磷酸	焦磷酸硫胺素
TPx(=thioredoxin peroxidase)	硫氧还蛋白过氧化物酶	硫氧化還原蛋白過氧化物酶
tracer	示踪物	示蹤物
tracer technique	示踪技术	示蹤技術
track(=lane)	泳道	泳道
tracking dye	示踪染料	示蹤染料
trailing ion	尾随离子	尾隨離子
transacetylation	转乙酰基作用	轉乙醯化
trans-aconitate 2-methyltransferase	反式乌头酸－2－甲基	反式烏頭酸－2－甲基

英　文　名	大　陆　名	台　湾　名
	转移酶	轉移酶
trans-aconitate 3-methyltransferase	反式乌头酸-3-甲基转移酶	反式烏頭酸-3-甲基轉移酶
trans-[acting] factor	反式[作用]因子	反式作用因子
trans-acting ribozyme	反式作用核酶	反式作用核酶
trans-acting RNA	反式作用 RNA	反式作用 RNA
trans-activation	反式激活	異位活化作用
trans-activator	反式激活蛋白	異位活化因子
transacylase(=acyltransferase)	转酰基酶(=酰基转移酶)	轉醯基酶(=醯基轉移酶)
transacylation	转酰基作用	轉醯基作用
transaldolase	转醛醇酶，转二羟丙酮基酶	轉醛醇酶
transaminase(=aminotransferase)	转氨酶(=氨基转移酶)	轉胺基酶(=胺基轉移酶)
transamination	转氨基作用	轉胺基作用
transbilayer helix	跨双层螺旋	跨雙層螺旋
transcarbamylase(=carbamyl transferase)	转氨甲酰酶(=氨甲酰基转移酶)	轉胺甲醯酶(=胺甲醯轉移酶)
transcarboxylase(=carboxyl transferase)	转羧基酶(=羧基转移酶)	轉羧基酶(=羧基轉移酶)
transcellular transport	穿胞转运，跨胞转运	跨細胞轉運
trans-cleavage	反式切割	反式切割
transcobalamin	钴胺传递蛋白	鈷胺傳遞蛋白
transcortin	运皮质激素蛋白	運皮質激素蛋白
transcribed spacer	转录间隔区	轉錄間隔區
transcript	转录物	轉錄物
transcriptase	转录酶	轉錄酶
transcription	转录	轉錄
transcription activation	转录激活	轉錄啟動
transcriptional arrest	转录停滞	轉錄停滯
transcriptional attenuation	转录弱化	轉錄弱化
transcriptional attenuator	转录弱化子	轉錄弱化子
transcriptional enhancer	转录增强子	轉錄增強子
transcription bubble	转录泡	轉錄泡
transcription complex	转录复合体	轉錄複合體
transcription elongation	转录延伸	轉錄延伸
transcription factor	转录因子	轉錄因子
transcription fidelity	转录保真性	轉錄精確度

英 文 名	大 陆 名	台 湾 名
transcription initiation	转录起始	轉錄起始
transcription initiation factor	转录起始因子	轉錄起始因子
transcription machinery	转录机器	轉錄機器
transcription pausing	转录暂停	轉錄停頓
transcription regulation	转录调节	轉錄調節
transcription repression	转录阻遏	轉錄阻遏
transcription termination	转录终止	轉錄終止
transcription termination factor	转录终止因子	轉錄終止因子
transcription terminator	转录终止子	轉錄終止子
transcription unit	转录单位	轉錄單位
transcriptome	转录物组	轉錄物體
transcriptomics	转录物组学	轉錄物體學
transcytosis	胞吞转运	穿細胞運輸
transdeamination	联合脱氨作用	聯合脫胺作用
transducin	转导蛋白	轉導蛋白
transductant	转导子	轉導子
transduction	转导	轉導[作用]
transesterification	转酯基作用	轉酯作用
transfectant	转染子	轉染子
transfection	转染	轉染
transfection efficiency	转染率	轉染率
transferase	转移酶	轉移酶
transfer DNA(T-DNA)	转移 DNA	轉移 DNA
transfer factor(TF)	转移因子	轉移因子
transfer-messenger RNA(tmRNA)	转移－信使 RNA	轉移－信使 RNA
transferrin	运铁蛋白	運鐵蛋白
transfer RNA(tRNA)	转移 RNA	轉移 RNA
transformant	转化体，转化子	轉化體
transformation	转化	轉化作用
transformation efficiency	转化率	轉化率
transforming factor	转化因子	轉化因子
transforming growth factor(TGF)	转化生长因子	轉化生長因子
transgene	转基因	基因轉殖
transgenesis	转基因作用	基因轉殖作用
transgenic organism	转基因生物	基因轉殖的生物
transgenics	转基因学	基因轉殖學
transgenome	转基因组	基因轉移組
transglutaminase	转谷氨酰胺酶	轉谷胺醯酶

英 文 名	大 陆 名	台 湾 名
transglycosylase(=glycosyltransferase)	转糖基酶(=糖基转移酶)	轉糖苷酶(=糖苷轉移酶)
transglycosylation	转糖基作用	轉糖苷作用
transhydrogenase	转氢酶	轉氫酶
transhydroxylation	转羟基作用	轉羥基
transhydroxylmethylase(=hydroxylmethyl transferase)	转羟甲基酶(=羟甲基转移酶)	轉羥甲基酶(=羥甲基轉移酶)
transient expression	短暂表达，瞬时表达	暫時表現
transient transfection	短暂转染	暫時轉染
transimidation	转亚氨基作用	轉亞胺基
trans-isomer	反式异构体	反式異構體
trans-isomerism	反式异构	反式異構
transition	转换	轉換
transition state	过渡态	過渡態
transition state analogue	过渡态类似物	過渡態類似物
transit peptide	转运肽	轉運肽
transketolase	转酮酶	轉酮酶
translation	翻译	轉譯
translation frameshift	翻译移码	轉譯移碼
translation initiation	翻译起始	轉譯起始
translation initiation codon	翻译起始密码子	轉譯起始密碼子
translation initiation factor	翻译起始因子	轉譯起始因子
translation machinery	翻译装置	轉譯機器
translation regulation	翻译调节	轉譯調節
translation repression	翻译阻遏	轉譯阻遏
translocation	易位	轉位
translocation protein(=translocator)	易位蛋白质	易位體
translocator	易位蛋白质	易位體
transmembrane channel	穿膜通道，跨膜通道	跨膜通道
transmembrane channel protein	穿膜通道蛋白	跨膜通道蛋白
transmembrane domain	穿膜域，跨膜域	跨膜域
transmembrane domain receptor	穿膜域受体	跨膜域受體
transmembrane facilitator	穿膜易化物	跨膜易化劑
transmembrane gradient	穿膜梯度	跨膜梯度
transmembrane helix	穿膜螺旋	跨膜螺旋
transmembrane potential	穿膜电位，跨膜电位	跨膜電位
transmembrane protein(=membrane-spanning protein)	穿膜蛋白，跨膜蛋白	跨膜蛋白

英 文 名	大 陆 名	台 湾 名
transmembrane signaling	穿膜信号传送	跨膜信号传送，跨膜信號傳導
transmembrane signal transduction	穿膜信号转导，跨膜信号转导	跨膜信號轉導
transmembrane transport	穿膜转运，跨膜转运	跨膜運輸
transmembrane transporter	穿膜转运蛋白	跨膜運輸蛋白
transmethylase(=methyltransferase)	转甲基酶(=甲基转移酶)	轉甲基酶(=甲基轉移酶)
transmission	传导	傳導
transmitter-gated ion channel	递质门控离子通道	递质门控离子通道，遞質調控型離子通道
transparent plaque	透明噬斑	透明噬斑
transpeptidylase(=peptidyl transferase)	转肽酰酶(=肽酰转移酶)	轉肽基酶，肽基轉移酶
transpeptidylation	转肽基作用	轉肽基
transport	转运	運輸
transporter	转运体	運輸蛋白體
transporter of antigenic peptide(TAP)	抗原肽转运[蛋白]体	抗原肽運輸蛋白體
transport protein	转运蛋白	運輸蛋白
transposable element	转座元件	转座元件，可移位因子
transposase	转座酶	轉座酶
transposition	转座	轉座
transposition protein	转座蛋白质	轉座蛋白質
transposon(Tn)	转座子	轉座子
trans-regulation	反式调节	反式調節
transrepression	反式阻遏	反式阻遏
trans-splicing	反式剪接	反式剪接
transsulfation	转硫酸基作用	轉硫酸基
transthyretin	甲状腺素视黄质运载蛋白	甲狀腺素視黃質運載蛋白
transversion	颠换	顛換，易位
trasylol(=aprotinin)	抑蛋白酶多肽	抑蛋白酶多肽
traumatic acid	愈伤酸	癒傷酸
trefoil peptide	三叶肽	三葉肽
trehalase	海藻糖酶	海藻糖酶
trehalose	海藻糖	海藻糖
TRF(=thyrotropin releasing factor)	促甲状腺素释放因子	促甲狀腺素釋放因子
TRH(=thyrotropin releasing hormone)	促甲状腺素释放素	促甲狀腺素釋放[激]

英文名	大陆名	台湾名
		素，甲促素釋素
triacetin(=acetin)	三乙酰甘油(=乙酸甘油酯)	三乙酸甘油酯
triacylglycerol(TAG)	三酰甘油	三醯甘油酯
tributyrin(=butyrin)	三丁酰甘油(=丁酸甘油酯)	三丁酸甘油酯(=丁酸甘油酯)
tricaprin(=caprin)	三癸酰甘油(=癸酸甘油酯)	三癸酸甘油酯(=癸酸甘油酯)
tricaproin(=caproin)	三己酰甘油(=己酸甘油酯)	三己酸甘油酯(=己酸甘油酯)
tricaprylin(=caprylin)	三辛酰甘油(=辛酸甘油酯)	三辛酸甘油酯(=辛酸甘油酯)
tricarboxylic acid cycle	三羧酸循环	三羧酸循環
trichohyalin	毛透明蛋白	毛透明蛋白
trichosanthin	天花粉蛋白	天花粉蛋白
trigger factor	触发因子	觸發因子
triglyceride(=triacylglycerol)	甘油三酯(=三酰甘油)	三醯甘油，三酸甘油酯
triglyceride lipase(TGL)	三酰甘油脂肪酶	甘油三酯脂肪酶
trihydroxymethyl aminomethane	三羟甲基氨基甲烷	三羥甲基氨基甲烷
3, 5, 3′-triiodothyronine	3, 5, 3′-三碘甲腺原氨酸	3, 5, 3′-三碘甲腺原胺酸
trilaurin(=laurin)	三月桂酰甘油(=月桂酸甘油酯)	三月桂酸甘油酯(=月桂醯甘油酯)
trimethylguanosine(TMG)	三甲基鸟苷	三甲基鳥苷
trimyristin(=myristin)	豆蔻酸甘油酯，豆蔻酰甘油	豆蔻酸甘油酯，三豆蔻酸甘油
triolein(=olein)	油酸甘油酯，油酰甘油	油酸甘油，三油酸甘油酯
triose	丙糖	丙糖，三碳糖
triose-phosphate isomerase(TIM)	丙糖磷酸异构酶	丙糖磷酸異構酶
tripalmitin(=palmitin)	棕榈酸甘油酯	棕櫚酸甘油酯，棕櫚精，軟脂酸甘油，三棕櫚酸甘油
tripalmitylglycerol(=palmitin)	三软脂酰甘油(=棕榈酸甘油酯)	三軟脂醯甘油(=棕櫚酸甘油酯)
triphosphoinositide(=phosphatidylinositol 4, 5-bisphosphate)	三磷酸肌醇磷脂(=磷脂酰肌醇4, 5-双磷酸)	三磷酸肌醇磷脂(=磷脂醯肌醇4, 5-雙磷酸)

英 文 名	大 陆 名	台 湾 名
triple helix	三股螺旋	三鏈螺旋
triple-stranded DNA	三链 DNA	三鏈 DNA
triplet	三联体	三聯體
triplet code(=codon)	三联体密码(=密码子)	三聯體密碼
triplex	三链体	三鏈體
triplex DNA	三链体 DNA	三鏈體 DNA
trisaccharide	三糖	三醣
triskelion	三脚蛋白[复合体]	三腳蛋白[複合體]
tristearin(=stearin)	硬脂酸甘油酯	硬脂酸甘油酯，三硬脂酸甘油酯
tristeroylglycerol(=stearin)	三硬脂酰甘油(=硬脂酸甘油酯)	三硬脂酸甘油酯(=硬脂酸甘油酯)
tRNA(=transfer RNA)	转移 RNA	轉移 RNA
T4 RNA ligase	T4 RNA 连接酶	T4 RNA 連接酶
T3 RNA polymerase	T3 RNA 聚合酶	T3 RNA 聚合酶
T7 RNA polymerase	T7 RNA 聚合酶	T7 RNA 聚合酶
tRNA precursor	tRNA 前体	tRNA 前體
trophoblast protein	滋养层蛋白质	滋養層蛋白質
tropocollagen	原胶原	原膠原
tropoelastin	原弹性蛋白，弹性蛋白原	原彈性蛋白，彈性蛋白原
tropomodulin	原肌球蛋白调节蛋白	原肌球調節蛋白
tropomyosin	原肌球蛋白	原肌球蛋白
troponin	肌钙蛋白	肌鈣蛋白
Trp(=tryptophan)	色氨酸	色胺酸
trp operon	色氨酸操纵子	色胺酸操縱子
trypan blue	锥虫蓝，台盼蓝	錐蟲藍
trypanothione	锥虫硫酮	錐蟲硫酮
trypsin	胰蛋白酶	胰蛋白酶
trypsinogen	胰蛋白酶原	胰蛋白酶原
tryptamine	色胺	色胺
tryptophan(Trp)	色氨酸	色胺酸
tryptophane(=tryptophan)	色氨酸	色胺酸
tryptophyllin	色氨肽	色胺肽
TSH(=thyroid stimulating hormone)	促甲状腺[激]素	促甲狀腺[激]素
TSI(=thyroid stimulating immunoglobulin)	刺激甲状腺免疫球蛋白	促甲狀腺免疫球蛋白
ts mutant(=temperature-sensitive mu-	温度敏感突变体	溫度敏感變異株

英 文 名	大 陆 名	台 湾 名
tant)		
ts mutation(=temperature-sensitive mutation)	温度敏感突变	溫度敏感突變
Tth DNA polymerase	*Tth* DNA 聚合酶	*Tth* DNA 聚合酶
TTP(=thymidine triphosphate)	胸苷三磷酸	胸苷三磷酸
tube gel electrophoresis (=disk gel electrophoresis)	管式凝胶电泳(=盘状凝胶电泳)	管式凝膠電泳(=盤狀凝膠電泳)
tuberculostearic acid	结核硬脂酸	結核硬脂酸
tuberin	结节蛋白	结节蛋白
tubulin	微管蛋白	微管蛋白
tuftsin	促吞噬肽，脾白细胞激活因子	促吞噬肽，塔夫茲肽
tumor angiogenesis factor(TAF)	肿瘤血管生长因子	腫瘤血管生長因子
tumor-inducing plasmid(Ti plasmid)	致瘤质粒，Ti 质粒	腫瘤誘導質粒，Ti 質粒
tumor necrosis factor(TNF)	肿瘤坏死因子	腫瘤壞死因子
tumor suppressor gene	肿瘤抑制基因(=抑癌基因)	腫瘤阻抑基因(=抑癌基因)
tumor suppressor protein	肿瘤阻抑蛋白质	抑癌蛋白
tumstatin	抑瘤蛋白	抑瘤蛋白
turanose	松二糖	松二糖
turbidimeter	比浊计，浊度计	濁度計，散射比濁計
turbidimetry	比浊法，浊度[测量]法	濁度測定法，散射比濁法
turbid plaque	混浊噬斑	混濁噬斑
β-turn	β 转角	β－轉角，β－彎
turnover number(=catalytic constant)	转换数(=催化常数)	轉換數
TUTase(=terminal uridylyltransferase)	末端尿苷酸转移酶	末端尿苷酸轉移酶
T-vector	T 载体	T 載體
twist	扭转	扭轉
twisting number	扭转数	盤繞數
twitchin	颤搐蛋白	顫搐蛋白
two-dimensional chromatography	双向层析	二維層析
two-dimensional electrophoresis	双向电泳	二維電泳
two-dimensional gel electrophoresis	双向凝胶电泳	二維凝膠電泳
two-dimensional NMR	二维核磁共振	二維核磁共振
two-dimensional structure	二维结构	二維結構
two-hybrid system	双杂交系统	雙雜交系統
TX(=thromboxane)	凝血噁烷，血栓烷	前列凝素

英　文　名	大　陆　名	台　湾　名
Ty element	Ty 元件	Ty 元件
type Ⅱ DNA methylase	Ⅱ型 DNA 甲基化酶	Ⅱ型 DNA 甲基化酶
type Ⅱ restriction enzyme	Ⅱ型限制性内切酶	Ⅱ型限制性内切酶
Tyr(=tyrosine)	酪氨酸	酪胺酸
tyramine	酪胺	酪胺
tyrocidine	短杆菌酪肽	短桿菌酪肽
tyrosinase	酪氨酸酶	酪胺酸酶
tyrosine(Tyr)	酪氨酸	酪胺酸
tyrosine ammonia-lyase(TAL)	酪氨酸氨裂合酶	酪胺酸氨裂解酶
tyrosine hydroxylase(TH)	酪氨酸羟化酶	酪胺酸羥化酶
tyrosine kinase	酪氨酸激酶	酪胺酸激酶
tyrosine phosphatase	酪氨酸磷酸酯酶	酪胺酸磷酸酯酶
tyrothricin	短杆菌素，混合短杆菌肽	混合短桿菌肽，短桿菌素
tyvelose	泰威糖	泰威糖

U

英　文　名	大　陆　名	台　湾　名
UAG mutation suppressor (=amber suppressor)	UAG 突变阻抑基因(=琥珀突变阻抑基因)	UAG 突變阻抑基因，UAG 突變校正基因
UAS(=upstream activating sequence)	上游激活序列	上游激活序列
ubiquinone	泛醌	泛醌
ubiquitin	泛素	泛素，泛激素
ubiquitin-activating enzyme	泛素活化酶	泛素活化酶
ubiquitination	泛素化	泛素化
ubiquitin carrier protein	泛素载体蛋白质	泛素載體蛋白質
ubiquitin-conjugated protein	泛素缀合蛋白质	泛素綴合蛋白質
ubiquitin-conjugating enzyme	泛素缀合酶	泛素綴合酶
ubiquitin-dependent proteolysis	依赖于泛素的蛋白酶解	依賴泛素的蛋白水解
ubiquitin-protein conjugate	泛素－蛋白质缀合物	泛素－蛋白質綴合物
ubiquitin-protein kinase	泛素蛋白激酶	泛素蛋白激酶
ubiquitin-protein ligase	泛素－蛋白质连接酶	泛素－蛋白質連接酶
UDG(=uracil-DNA glycosidase)	尿嘧啶－DNA 糖苷酶	尿嘧啶－DNA 糖苷酶
UDP(=uridine diphosphate)	尿苷二磷酸，尿二磷	尿苷二磷酸，尿二磷
UDPG(=uridine diphosphate glucose)	尿苷二磷酸葡糖	尿苷二磷酸葡萄糖
UDP-sugar(=uridine diphosphate sugar)	尿苷二磷酸－糖	尿苷二磷酸－糖

英 文 名	大 陆 名	台 湾 名
UK(=urokinase)	尿激酶	尿激酶
ultracentrifugation	超速离心	超速離心
ultrafilter	超滤器	超濾器
ultrafiltration	超滤	超濾，超過濾作用
ultrafiltration concentration	超滤浓缩	超濾濃縮
ultrafiltration membrane	超滤膜	超濾膜
ultrasonication	超声波作用	超聲波作用，超音波破碎
ultraviolet [irradiation] crosslinking(UV [irradiation] crosslinking)	紫外[照射]交联	紫外光[照射]交叉聯結反應
ultraviolet specific endonuclease	紫外线特异的内切核酸酶	紫外特异的內切核酸酶
umber codon(=opal codon)	棕土密码子(=乳白密码子)	棕土密碼子(=乳白密碼子)
UMP(=uridine monophosphate)	尿苷一磷酸，尿一磷	尿苷一磷酸，尿一磷
unassigned reading frame	功能未定读框	功能未定讀碼框
uncoating ATPase	脱壳 ATP 酶	脫殼 ATP 酶
uncoating enzyme	脱壳酶	脫殼酶，脫外被酶
uncompetitive inhibition	反竞争性抑制	反競爭性抑制
uncoupler(=uncoupling agent)	解偶联剂	解偶聯劑
uncoupling	解偶联	解偶聯
uncoupling agent	解偶联剂	解偶聯劑
undecaprenol	[细菌]十一萜醇，细菌萜醇	細菌十一萜醇，細菌萜醇
unfolding	解折叠，伸展	解折疊，去折疊
unichromosomal gene library	单一染色体基因文库	單一染色體基因庫
unidentified reading frame(URF)	产物未定读框	產物未定讀碼框
unidirectional replication	单向复制	單向複製
uniport	单向转运	單向運輸
unique [sequence] DNA	单一[序列]DNA	單一[序列]DNA
universal code	通用密码	通用密碼
universal genetic code(=universal code)	通用密码	通用密碼
universal primer	通用引物	通用引子
unsaturated fatty acid	不饱和脂肪酸	不飽和脂肪酸
unselected marker	非选择性标记	非選擇性標記
unspecific monooxygenase(=aryl hydrocarbon hydroxylase)	非特异性单加氧酶(=芳烃羟化酶)	非特異性單加氧酶
untranslated region(UTR)	非翻译区	非轉譯區

英 文 名	大 陆 名	台 湾 名
3′-untranslated region(3′-UTR)	3′非翻译区	3′ – 非轉譯區
5′-untranslated region(5′-UTR)	5′非翻译区	5′ – 非轉譯區
untwisting enzyme	解超螺旋酶	解超螺旋酶
unusual base	稀有碱基	稀有鹼基
unwinding	解旋	解旋
unwinding enzyme(= untwisting enzyme)	解超螺旋酶	解超螺旋酶
unwinding protein	解链蛋白质	解鏈蛋白質
uPA(= urokinase-type plasminogen activator)	尿激酶型纤溶酶原激活物	尿激酶型血纖蛋白溶酶原激活劑
uperolein	耳腺蛙肽	耳腺蛙肽
up regulation	上调	向上調節
up regulator	上调因子	向上調節因子
upstream activating sequence(UAS)	上游激活序列	上游激活序列
upward capillary transfer	上行毛细转移	上行毛細轉移
uracil	尿嘧啶	尿嘧啶, 2, 4 – 二羥基嘧啶
uracil-DNA glycosidase(UDG)	尿嘧啶 – DNA 糖苷酶	尿嘧啶 – DNA 糖苷酶
uracil-DNA glycosylase(= uracil-DNA glycosidase)	尿嘧啶 – DNA 糖基水解酶(= 尿嘧啶 – DNA 糖苷酶)	尿嘧啶 – DNA 糖基水解酶(= 尿嘧啶 – DNA 糖苷酶)
uracil interference assay	尿嘧啶干扰试验	尿嘧啶干擾試驗
urate oxidase(= uricase)	尿酸氧化酶	尿酸氧化酶
urea	尿素, 脲	尿素, 脲
urea cycle(= ornithine cycle)	尿素循环(= 鸟氨酸循环)	脲循環(= 鳥胺酸循環)
urease	脲酶, 尿素酶	脲酶, 尿素酵素
ureogenesis	尿素生成	尿素生成
ureotelism	排尿素型代谢	排尿素型代謝
URF(= unidentified reading frame)	产物未定读框	產物未定讀碼框
uric acid	尿酸	尿酸
uricase(= urate oxidase)	尿酸酶(= 尿酸氧化酶)	尿酸酵素(= 尿酸氧化酶)
uricotelism	排尿酸型代谢	排尿酸型代謝
uridine	尿苷	尿苷, 尿嘧啶核苷
uridine diphosphate(UDP)	尿苷二磷酸, 尿二磷	尿苷二磷酸, 尿二磷
uridine diphosphate glucose(UDPG)	尿苷二磷酸葡糖	尿苷二磷酸葡萄糖
uridine diphosphate sugar(UDP-sugar)	尿苷二磷酸 – 糖	尿苷二磷酸 – 糖
uridine monophosphate(UMP)	尿苷一磷酸, 尿一磷	尿苷一磷酸, 尿一磷

英 文 名	大 陆 名	台 湾 名
uridine triphosphate(UTP)	尿苷三磷酸，尿三磷	尿苷三磷酸，尿三磷
uridylic acid	尿苷酸	尿[嘧啶核]苷酸
uridyl transferase	尿苷酰转移酶	尿苷醯轉移酶
urobilin	尿胆素	尿膽素
urobilinogen	尿胆素原	尿膽素原
urocanase	尿刊酸酶	尿刊酸酶
urocanic acid	尿刊酸	尿刊酸
urocortin	尾促皮质肽	尿促皮質素
urodilatin	尿舒张肽	尿舒張肽
urogastrone	尿抑胃素	尿抑胃素
urokinase(UK)	尿激酶	尿激酶
urokinase-type plasminogen activator (uPA)	尿激酶型纤溶酶原激活物	尿激酶型血纖蛋白溶酶原激活劑
uromodulin	尿调制蛋白	尿調製蛋白，尿調理素
uropepsin	尿胃蛋白酶	尿胃蛋白酶
uropepsinogen	尿胃蛋白酶原	尿胃蛋白酶原
uropontin	尿桥蛋白	尿橋蛋白
uroporphyrin	尿卟啉	尿卟啉，尿紫質
uroporphyrinogen	尿卟啉原	尿卟啉原 ，尿紫質原
urotensin	尾紧张肽	尿緊張素，硬骨魚緊張肽
ursodeoxycholic acid	熊脱氧胆酸	熊脫氧膽酸
usnein(=usnic acid)	松萝酸，地衣酸	松蔓酸，地衣酸
usnic acid	松萝酸，地衣酸	松蔓酸，地衣酸
usninic acid(=usnic acid)	松萝酸，地衣酸	松蔓酸，地衣酸
uteroferrin	子宫运铁蛋白	子宮運鐵蛋白
uteroglobin	子宫珠蛋白	子宮球蛋白
UTP(=uridine triphosphate)	尿苷三磷酸，尿三磷	尿苷三磷酸，尿三磷
UTR(=untranslated region)	非翻译区	非轉譯區
3′-UTR(=3′-untranslated region)	3′非翻译区	3′－非轉譯區
5′-UTR(=5′-untranslated region)	5′非翻译区	5′－非轉譯區
utrophin	肌营养相关蛋白	肌養相關蛋白
UV [irradiation] crosslinking(=ultraviolet [irradiation] crosslinking)	紫外[照射]交联	紫外光[照射]交叉聯結反應
uvomorulin	桑椹[胚]黏着蛋白	桑椹[胚]黏著蛋白

V

英 文 名	大 陆 名	台 湾 名
vaccenic acid	反型异油酸	反型異油酸，十八碳－反－11－烯酸
vacuolar proton ATPase	液泡质子 ATP 酶，V 型 ATP 酶	液泡質子 ATP 酶，V 型 ATP 酶
vacuum transfer	真空转移	真空轉移
Val(=valine)	缬氨酸	纈胺酸
valine(Val)	缬氨酸	纈胺酸
valosin	缬酪肽	纈酪肽
vancidity	酸败	酸敗
vancomycin	万古霉素	萬古黴素
vanillic acid	香草酸	香草酸
vanillyl mandelic acid(VMA)	香草扁桃酸	香草扁桃酸
van Slyke apparatus	范斯莱克仪	範斯萊克儀
variable arm	可变臂	可變臂
variable loop	可变环	可變環
variable number of tandem repeat(VNTR) (=minisatellite DNA)	可变数目串联重复 (=小卫星 DNA)	可變數目串聯重複
vascular cell adhesion molecule(VCAM)	血管细胞黏附分子	血管細胞黏附分子
vascular endothelial growth factor(VEGF)	血管内皮生长因子	血管內皮生長因子
vasoactive intestinal contractor(VIC)	血管活性肠收缩肽	血管活性小腸收縮肽
vasoactive intestinal peptide(VIP)	血管活性肠肽	血管活性小腸肽
vasoactive peptide	血管活性肽	血管活性肽
vasodilatin	血管舒张肽	血管舒张肽，血管舒張素
vasodilator-stimulated phosphoprotein	血管舒张剂刺激磷蛋白	血管舒張劑刺激磷蛋白
vasopressin	升压素，加压素	升壓素，後葉加壓素
vasotocin(=arginine vasotocin)	8－精催产素，加压催产素	8－精胺酸加壓催產素，加壓催產素
VCAM(=vascular cell adhesion molecule)	血管细胞黏附分子	血管細胞黏附分子
vector	载体	載體
vectorette	载体小件	小載體
VEGF(=vascular endothelial growth factor)	血管内皮生长因子	血管內皮生長因子

英 文 名	大 陆 名	台 湾 名
venom peptide	毒液肽	毒液肽
venom phosphodiesterase(=snake venom phosphodiesterase)	蛇毒磷酸二酯酶	蛇毒磷酸二酯酶
Vent DNA polymerase	*Vent* DNA 聚合酶	*Vent* DNA 聚合酶
vernalic acid	斑鸠菊酸	班鳩菊酸，環氧-十八碳-9-烯酸，12,13-環氧油酸
vernolic acid(=vernalic acid)	斑鸠菊酸	班鳩菊酸，環氧-十八碳-9-烯酸，12,13-環氧油酸
verotoxin	维罗毒素	維羅毒素
versican	多能蛋白聚糖	多能蛋白聚醣
vertical rotor	垂直转头	直立式轉子
vertical slab gel electrophoresis	垂直板凝胶电泳	直立式板凝膠電泳
very low density lipoprotein(VLDL)	极低密度脂蛋白	極低密度脂蛋白
VIC(=vasoactive intestinal contractor)	血管活性肠收缩肽	血管活性小腸收縮肽
vicianose	荚豆二糖	莢豆二糖
vicilin	豌豆球蛋白	豌豆球蛋白
vignin	豇豆球蛋白	豇豆球蛋白
villikinin	肠绒毛促动素	腸絨毛收縮素
villin	绒毛蛋白	絨毛蛋白
vimentin	波形蛋白	微絲蛋白
vinculin	黏着斑蛋白	黏著斑蛋白
viosterol(=calciferol)	钙化[固]醇(=维生素D_2)	沈鈣固醇，促鈣醇，鈣化醇(=維生素D_2)
VIP(=vasoactive intestinal peptide)	血管活性肠肽	血管活性小腸肽
viral oncogene(v-oncogene)	病毒癌基因，v 癌基因	病毒癌基因，v-癌基因
virion	病毒粒子，毒粒	病毒粒子
viroid	类病毒	類病毒，無殼病毒
virotoxin	鳞柄毒蕈肽	毒蕈肽
virus	病毒	病毒
viscometer	黏度计	黏度計
viscumin(=mistletoe lectin)	槲寄生凝集素	槲寄生凝集素
viscusin	槲寄生毒蛋白	槲寄生毒蛋白
visinin	视锥蛋白	視錐蛋白
visnin(=cholecalcin)	胆钙蛋白	膽鈣蛋白
visual chromoprotein	视色蛋白质	視色蛋白質

英 文 名	大 陆 名	台 湾 名
vitamin	维生素	維生素，維他命
vitamin A	维生素 A	維生素 A
vitamin B_1	维生素 B_1	維生素 B_1
vitamin B_2	维生素 B_2	維生素 B_2
vitamin B_6	维生素 B_6	維生素 B_6
vitamin B_{12}	维生素 B_{12}	維生素 B_{12}
vitamin B complex	复合维生素 B	複合維生素 B
vitamin C	维生素 C	維生素 C
vitamin D	维生素 D	維生素 D
vitamin D_2	维生素 D_2	維生素 D_2
vitamin D_3	维生素 D_3	維生素 D_3
vitamin E	维生素 E	維生素 E
vitamin K	维生素 K	維生素 K
vitamin PP	维生素 PP	維生素 PP
vitellin	卵黄磷蛋白，卵黄磷肽	卵黄磷蛋白，卵黄磷肽
vitellogenin	卵黄原蛋白，卵黄生成素	卵黄原蛋白，卵黄生成素
vitellomucoid	卵黄类黏蛋白	卵黄類黏蛋白
vitronectin	玻连蛋白，血清铺展因子	透明質蛋白，血清鋪展因子
VLDL(=very low density lipoprotein)	极低密度脂蛋白	極低密度脂蛋白
VMA(=vanillyl mandelic acid)	香草扁桃酸	香草扁桃酸
VNTR(=variable number of tandem repeat)	可变数目串联重复 (=小卫星 DNA)	可變數目串聯重複
void volume	外水体积	空隙體積
volatile fatty acid	挥发性脂肪酸	揮發性脂肪酸
volkensin	蒴莲根毒蛋白	蒴蓮根毒蛋白
voltage-gated ion channel	电压门控离子通道	电压门控離子通道
v-oncogene(=viral oncogene)	病毒癌基因，v 癌基因	病毒癌基因，v－癌基因
vortex	漩涡振荡器	漩渦振蕩器
V8 protease	V8 蛋白酶	V8 蛋白酶

W

英 文 名	大 陆 名	台 湾 名
wall effect	壁效应	器壁效應
Warburg respirometer	瓦尔堡呼吸计，瓦氏呼	瓦爾堡呼吸計，瓦氏呼

英 文 名	大 陆 名	台 湾 名
	吸计	吸計
Waring blender	瓦氏高速捣碎器	瓦氏高速搗碎器
water-soluble vitamin	水溶性维生素	水溶性維生素
Watson-Crick base pairing	沃森－克里克碱基配对	華生－克里克鹼基配對
Watson-Crick model	沃森－克里克模型	華生－克里克模型，瓦特生－克里克模型
wax	蜡	蠟
wax alcohol	蜡醇，二十六[烷]醇	蠟醇，二十六烷醇
weak acid type ion exchanger	弱酸型离子交换剂	弱酸型離子交換劑
weak anion exchanger(=weak base type ion exchanger)	弱阴离子交换剂(=弱碱型离子交换剂)	弱陰離子交換劑
weak base type ion exchanger	弱碱型离子交换剂	弱鹼型離子交換劑
weak cation exchanger(=weak acid type ion exchanger)	弱阳离子交换剂(=弱酸型离子交换剂)	弱陽離子交換劑
Western blotting	蛋白质印迹法，Western印迹法	西方印墨法，蛋白質印墨法
WGA(=wheat-germ agglutinin)	麦胚凝集素	麥胚凝集素
wheat-germ agglutinin(WGA)	麦胚凝集素	麥胚凝集素
wheat-germ extract	麦胚抽提物	麥胚抽提物
wide groove(=major groove)	宽沟(=大沟)	寬溝(=主溝槽)
wobble hypothesis	摆动假说	搖擺假說
wobble pairing	摆动配对	搖擺配對
wobble rule	摆动法则	搖擺法則
wound hormone	愈伤激素	癒傷激素
writhing number	缠绕数	超螺旋數
wybutosine	怀丁苷	懷丁苷
wyosine	怀俄苷	懷俄苷

X

英 文 名	大 陆 名	台 湾 名
xanthine	黄嘌呤	黃嘌呤，2，6－二羥基嘌呤
xanthine-guanine phosphoribosyltransferase	黄嘌呤－鸟嘌呤磷酸核糖转移酶	黃嘌呤－鳥嘌呤磷酸核糖轉移酶
xanthine oxidase	黄嘌呤氧化酶	黃嘌呤氧化酶
xanthine phosphoribosyltransferase (XPRT)	黄嘌呤磷酸核糖转移酶	黃嘌呤磷酸核糖轉移酶

英 文 名	大 陆 名	台 湾 名
xanthosine	黄苷	黃[嘌呤核]苷
xanthosine monophosphate(XMP) (=xanthylic acid)	黄苷一磷酸(=黄苷酸)	黃[嘌呤核]苷一磷酸
xanthurenic acid	黄尿酸	黃尿酸
xanthylic acid	黄苷酸	黃苷酸
xenopsin	爪蟾肽	爪蟾肽
xiphin	剑鱼精蛋白	劍魚精蛋白
XMP(=xanthosine monophosphate)	黄苷一磷酸(=黄苷酸)	黃[嘌呤核]苷一磷酸
XPRT(=xanthine phosphoribosyltransferase)	黄嘌呤磷酸核糖转移酶	黃嘌呤磷酸核糖轉移酶
X-ray crystallography	X 射线晶体学	X 射線結晶學
X-ray diffraction	X 射线衍射	X 射線繞射
xylan	木聚糖	木聚醣
xylanase	木聚糖酶	木聚醣酶
xylene cyanol FF	二甲苯腈蓝 FF	二甲苯藍 FF
xylitol	木糖醇	木糖醇
xyloglucan	木葡聚糖	木葡聚醣
xylose	木糖	木醣
xylose isomerase	木糖异构酶	木醣異構酶
xylulose	木酮糖	木酮醣
xylulose dehydrogenase	木酮糖脱氢酶	木酮醣脫氫酶
xylulose 5-phosphate	木酮糖 -5 - 磷酸	木酮醣 -5 - 磷酸
xylulose reductase	木酮糖还原酶	木酮醣還原酶

Y

英 文 名	大 陆 名	台 湾 名
YAC(=yeast artificial chromosome)	酵母人工染色体	人造酵母染色體
yeast artificial chromosome(YAC)	酵母人工染色体	人造酵母染色體
yeast two-hybrid system	酵母双杂交系统	酵母雙雜交系統

Z

英 文 名	大 陆 名	台 湾 名
ZE(=zonal electrophoresis)	区带电泳	区带電泳
zeatin	玉米素	玉米素
zea xanthin diglucoside	玉米黄质二葡糖苷	玉米黃質二葡萄糖苷
zein	玉米醇溶蛋白	玉米醇溶蛋白

英文名	大陆名	台湾名
zeocin	吉欧霉素	吉歐黴素
zero-order reaction	零级反应	零級反應
Z-form DNA	Z 型 DNA	Z 型 DNA
zigzag DNA(=Z-form DNA)	Z 型 DNA	Z 型 DNA
zinc enzyme	锌酶，含锌酶	[含]鋅酶
zinc finger	锌指	鋅手指
zinc peptidase	锌肽酶	鋅肽酶
zinc protease	锌蛋白酶	[含]鋅蛋白酶
zonadhesin	透明带黏附蛋白	透明帶黏附蛋白
zonal centrifugation	区带离心	区带離心
zonal electrophoresis(ZE)	区带电泳	区带電泳
zoosterol	动物固醇	動物甾醇
zwitterion	兼性离子，两性离子	雙性離子，兩性離子
zwitterionic buffer	兼性离子缓冲液	雙性離子緩衝液
zwitterion pair chromatography (=ion-pairing chromatography)	兼性离子配对层析 (=离子配对层析)	雙性離子配對層析 (=離子配對層析)
zymogen(=proenzyme)	酶原	酶原
zymogram	酶谱	酶譜
zymolase(=lyticase)	溶细胞酶，消解酶	溶細胞酶
zymolyase(=lyticase)	溶细胞酶，消解酶	溶細胞酶
zymolysis(=enzymolysis)	酶解作用	酵素分解[作用]
zymosan	酵母聚糖	酵母聚醣
zymosterol	酵母固醇	酵母甾醇
zyxin	斑联蛋白	斑聯蛋白